U0396192

结构 · 形式 · 建筑研究丛书

从范式到找形
——建筑设计的结构方法

戴航 王倩 著

东南大学出版社
南京

内容提要

本书从结构本体出发研究建筑形态生成方法。本书注重技术逻辑、结构内生形态以及与建筑系统要素的关联和互动。结构形态及空间配置的非预设和非确定的找形思维是本书的主线,通过找形打破传统结构范式和选型的思维,使结构技术和逻辑成为建筑形态生成的独特源泉。

本书全面梳理结构找形的历史和技术发展脉络,研究结构与建筑形态产生和演绎的技术逻辑和规律,并总结凝练了找形的具体路径,同时在挖掘结构形态多样性基础上推演建筑形态生成方法。

本书基于传统方法和数字化平台演示操作了大量实践性设计案例,完整构建了基于结构找形的建筑设计的系统思维,并形成了建筑设计的结构性方法,对建筑设计有直接指导和应用价值,同时对结构工程设计也有借鉴和启示作用。

本书可作为建筑学、结构工程学及相关专业设计、科研以及教学参考用书。

图书在版编目(CIP)数据

从范式到找形:建筑设计的结构方法 / 戴航,王倩
著 . —南京:东南大学出版社,2019.12
ISBN 978-7-5641-8698-2

Ⅰ . ①从… Ⅱ . ①戴… ②王… Ⅲ . ①建筑结构 – 结
构设计 Ⅳ . ① TU2

中国版本图书馆 CIP 数据核字(2019)第 294365 号

从范式到找形——建筑设计的结构方法
Cong Fanshi Dao Zhaoxing——Jianzhu Sheji De Jiegou Fangfa

著 者	戴 航 王 倩	
出版发行	东南大学出版社	
社 址	南京市四牌楼 2 号	邮编:210096
出 版 人	江建中	
网 址	http://www.seupress.com	
责任编辑	戴 丽	
责任印制	周荣虎	
经 销	全国各地新华书店	
印 刷	南京新世纪联盟印务有限公司	

开 本	787 mm×1092 mm	1/16
印 张	21.75	
字 数	450 千字	
版 次	2019 年 12 月第 1 版	
印 次	2019 年 12 月第 1 次印刷	
书 号	ISBN 978-7-5641-8698-2	
定 价	78.00 元	

经 销:全国各地新华书店
发行热线:025-83790519 83791830

丛书总序

国内建筑学的教育中，结构是基础课程，通常不在设计教学的序列。以作者长期在东南大学建筑学院的技术教学的授课或设计课程辅导的经历，结构这种自闭性的教学很难建立与建筑设计的联系，在经历本科的技术课程学习后，大多数建筑学的硕士、博士研究生对结构的知识依然是一片茫然。在传统的教学框架下，结构体系被预构，结构构件被模件化，结构问题与设计核心要素（空间、形式、环境等）基本被割裂，建筑设计中的结构问题仿佛一律可以采用机械方式和重复动作（体系选型、柱网复制等）解决，如此，技术的精彩无处可觅，结构的兴奋点荡然无存。

然而，结构作为建筑的承重和建造的基本问题，在当下设计实践中越来越得到重视，一些建筑师对结构的思考和应用已经跨越了专业的界限，与此同时许多建筑作品也重新让我们看到技术无可替代的魅力和结构的价值。事实上，很长时间以来，一些国外高校建筑学设计主线教育中结构问题总是被强化和突出的，在设计中通常对结构与结构技术介入的思考是非常深入的，建筑与结构联合设计教学的方式也是备受推崇的。

无论从建筑学教育还是建筑设计的操作，对结构以及相关技术融入的相关问题的深入思考都是必要和必需的，这也是本系列丛书研究写作的动因。本系列丛书站在建筑学的平台上，讨论结构技术问题，重新审视结构的作为，研究建筑与结构的双向互动关系，在此基础上深入探讨技术对设计的渗透。

本系列丛书的研究基于以下要点：

讨论场景：不在传统的技术与建筑的正交坐标系里研究相互的发展和关联，作者认为在传统的场景中，技术与建筑的交汇是离散和偶然的，不具备典型的意义和普遍价值，在本系列丛书中，建筑与结构技术的关系如同双螺旋染色体结构，在空间和时间上，二者相互支撑，相互促进，并共同呈现。

思维转换：结构＝结构+……。本系列丛书在两方面重新讨论结构完整的定义，一方面是结构本身的完整定义，另一方面是结构以外的属性叠加。本研究丛书从更宽泛的角度延伸了结构作为建筑骨架的定义内容，使结构从扁平化的刚性骨架支撑，恢复为立体的形态设计对象，从而使形态多样、灵动鲜活的结构个体设计创作变为可能。此思维旨在研究和挖掘结构的建筑属性，并建立建筑与结构交互的基础。

状态回归：建筑=结构，本系列丛书的研究试图回归到源点状态：就是建筑与结构整合和一体化的状态，在这个整合的状态下，重新思考结构问题，建立对结构系统的关注，引发建筑设计动作。

设计方法：结构作为建筑设计的起点和策略。结构是建筑的子系统，结构子系统的设计可能是技术自身的闭环操作，也更可能转换为面向建筑的主要问题之一。本系统丛书中，结构始终作为建筑设计问题呈现，结构作为设计手段，技术作为设计方法。

具体操作：结构技术逻辑与建筑形式逻辑的转换，结构设计要素与建筑设计要素的属性关联，结构技术与平面以及空间几何（视觉图像）的相互转换，上述转换的具体操作均在本系列丛书的设计案例研究分析中展现，目的是强化研究策略的可操作性。

本系列研究丛书是基于多年的建筑学的本科、研究生的技术教学，得益和收获于多年研究团队共同努力以及长期研究成果积累，也是对目前国内的建筑学技术教育以及相关建筑设计实践的积极回应，其目的是通过努力挖掘技术内涵，使技术真正体现意义和价值，并本质性助力设计水平的提升。

前　言

　　结构初始形态由结构自身功能决定，同时又受到建筑整体影响。在当下科学技术迅猛发展的时代，建筑回归对技术的关注是现代建筑设计中呈现的一个突出现象。其中，结构作为技术载体和建筑本体，其价值和意义得以重新审视。从技术的角度，建筑结构的意义是实现对自然力的有效抵抗，但建筑设计同样关切的是结构形态作为空间要素的最终呈现。结构一方面是其抗力基本功能的物化形式，另一方面作为实体形态，其与建筑形式、建筑空间以及建筑环境之间的互动也是建筑设计中必须面对和思考的。

　　本书讨论的结构找形是一种设计思维，结构形态的非预设和不确定是找形的前提，这显然打破了结构标准化的范式思维。结构构件及体系的范式（标准化或模块化）是基于传统惯性认知及特定环境下历史沉淀的结果，现代建筑工业化方向无疑助推了其发展；必须指出，结构范式不是结构形态的固有面目，也不是技术逻辑演绎的必然结果；基于结构标准化的范式只是结构多样化中的一种主观选择，绝对不是结构形态的唯一。结构找形的意义在于回归本体，从力的逻辑重新出发，寻求结构的形态生成的方法和路径，从而跳出结构选型的程式化窠臼，让结构形态从选型变为一种设计。

　　追求结构形态的多样性并提供建筑形态生成设计的崭新方法是本书的目的，而结构找形是实现这两个目标的有效手段和方法。其基本的思路是通过找形，顺应力的逻辑，根据结构要素调控生成多样化的形态，同时叠加建筑的关联参数干预，产生最终建筑形态。实质上，本书研究的结构找形是从关注结构本体形态出发的一种建筑融合设计的思维和方法。

　　本书从历史以及技术发展两个维度，全面梳理结构找形的发展脉络，研究结构形态产生的规律，并揭示其背后技术逻辑和建筑的影响因素；本书站在建筑设计的平台上，从理论高度分析结构找形动因，从技术逻辑上凝练总结找形的实现路径，并从实践上明确实现的具体方法和手段。

　　需要强调的是，本书内容直接面向设计实践操作，基于传统数学力学试验和计算机数字模拟两个平台，本书演示操作了大量实践性案例设计。计算机模拟平台在实现并拓展了传统的数学力学结构找形方法的同时，整合了计算机算法逻辑及建筑的多参数联动，形成了完整和系统的结构找形思维，提出了建筑形态生成独特的方法和实现路径。同时，本书对建筑系统设计中的结构动态适应机制的建立做了深入探讨，使结构技术和逻辑转化为一种形态设计方法，并真正融入建筑设计。

　　东南大学建筑学院土木方建筑工作室（Atelier Groundwork Architecture）团队长期致力于结构与建筑一体化设计研究，这些都是相关研究的坚实基础和动力之源。真诚地感谢东南大学出版社戴丽副社长对《结构·形式·建筑研究》系列丛书的策划和大力支持。限于作者能力有限，书中错漏在所难免，请广大读者不吝指正。

目 录

绪　论

0.1　发展中的建筑形式与结构形态

0.1.1　建筑形式的发展

从范式到多元：在现代主义之后的建筑形态发展历程中，有两次变革对结构形态的演变产生了重要的影响。第一次是后现代主义在对现代主义标准化范式批判当中，受到哲学和艺术层面激进观念的影响以及全球化、多元化的冲击，建筑师们打破了既定规则，不断突破以正交体系和欧几里得几何为主导的建筑形态体系。建筑师已不再局限于用功能、造型、比例等有限的尺度作为审视建筑形态的唯一标准，设计原则的重心逐渐从形式、空间到场所、环境，从艺术与不同文化到信息、生态学、建筑符号学、建筑心理学、环境心理学等进行转移和拓展。这也提出了标准化范式之外，建筑形态对其物理内核——结构形态向着多元化发展的要求。

从静态到动态：第二次重要的变革，是近几十年来随着结构材料技术、计算机技术以及生产方式的改变，极大地促成了建筑形态在性能化的同时高度的自由化，用富于动感与变异的形态语言探索异质性的建筑表达；同时建筑领域还出现了向时空维度上探索建筑形态的可能，出现了诸如折叠、拓扑、变形、平滑混合和柔性形态等概念作为形态发展的理论指导，这些概念强调以动态拓展、融合差异性的思维看待建筑形态的发展，这也在多元化的基础上，对物理形态提出了新的要求——"可拓展性"。可拓展性意味着对建筑形态的研究，从静态物理形态的创新，向着整合建筑形态动态进化、解决建筑形态与环境矛盾、整合建筑系统内部要素、共同推演建筑不同系统效率、控制建筑形态对偶然性事件的应变等问题的动态演变，建筑形态设计中的可拓展性也是适应当代复杂化建筑形态的重要基础之一。

从独立到复合：在当代可持续思想以及复杂性建筑观下，建筑系统的各个子系统间紧密的非线性作用，同时也催生了对建筑子系统功能复合化的需求，建筑的各个子系统间（包括结构系统）并非独立对立的状态而是非线性关系，各个要素承载着协同其他系统以及优势互补的职责。一方面，与现代主义皮骨分离及二元对立的思维方式不同，结构形态的多元化已经渗透到建筑形态的各个层面，同时承载着结构功能、艺术审美、空间建构、建筑表皮以及物理环境等功能的多种职责；另一方面，不同于集中关注技术功能的高技派，结构形态的复合化，也为解决不同系统功能矛盾、建筑形态差异性冲突提供了可能的技术策略，具有整体可持续性发展的潜能。例如对木构传统"结构即意匠"[①]的传承、当代信息化下强调无差异性的"超平 Superflat"[②]、"超表皮 Hypersurface"[③]等理念在结构系统中的表现也都集中体现了这种复合化需求，结构形态的复合化是当代复杂性建筑语境下整合发展可持续性建筑形态的重要趋势之一。

0.1.2　结构形态特征的变化

与空间高度整合：尽管结构问题在建筑学中一直以来都隶属于工程问题，但在塑造空间作用上，结构形态又具有开发空间多样性的潜能。正如佩雷（Auguste Perret）所述"建筑是空间的艺术，它通过结构表达自己，并且只要与空间发生关系就属于建筑的领域，建筑在空间构造中完成自己，界定、封闭或者围合空间"[④]，结构形态的需求与演变存在于与结构和空间的关系当中，总的来说，结构与空间的关系，在历史发展中主要经历了整合—分离—再整合的过程[⑤]：18 世纪的西方古典建筑一直以原始的建构方式，在不断改进厚重的砖石、混凝土墙的过程中，将结构潜在的作为建筑房间[⑥]的主体内容，例如勒杜（Claude Nicolas Ledoux）的蒙莫郎西旅馆（Hotel De Montmorency）（图 0-2（a）），结构与空间没有明确的界限，空间的变动即是结构的变动；自现代主义提出皮骨分离的概念，成功地将空间的流动性从结构限制中剥离，在柯布西耶的多米诺体系（图 0-1（b））中可以看到这种结构与空间的分裂关系，这种关系一直持续到 20 世纪 60 年代社会对多元化需求下，结构形态才又重新整合到空间变动中，出现了诸如埃克赛特图书馆（Phillips Exeter Academy Library）（图 0-1（c））的整合设计；随着当代信息社会对空间流动性、透明性、扁平化等的诠释，结构形态也开始作为启发空间营造的主体，不仅是物质性的支撑，还从界面、尺度、体积等各个层面渗透到建筑空间的精神性建构中，例如德国伦韦格火葬场（Baumschulenweg）（图 0-1（d））和赖特（Frank Lloyd Wright）的古根海姆博物馆（Solomon R. Guggenheim Museum）（图 0-1（e））；在克拉克（Roger H. Clark）对历史建筑类型学图绘中的网格变化，也能够诠释这种空间变动与结构的关系，从圆厅别墅（Villa Rotonda）（图 0-1（a））中结构网格与功能房间的一致，到巴塞罗那德国展馆（Barcelona Pavilion）（图 0-2（b））中不受网格干扰的独立性，再到康（Louis Kahn）的特灵顿浴室（Trenton Bath

---

① "结构即意匠"是增田一真对日本传统木构的继承与发展总结的特点之一。
② 超平 Superflat 是五十岚太郎（Igarashi Taro）在建筑中引入的概念，强调对建筑表皮中无差异性的关注，这也体现在"将结构装饰、围护集约化地并置于表层之上，通过形状（图形化形态）或像素（像素化形态）呈现视觉信息"超越理性主义的日本当代建筑中。
③ 超表皮 Hypersurface 是史蒂芬·佩雷拉（Stephen Perella）提出的"信息与空间、实物与虚拟媒体的复合体"，其中也包含了对结构与装饰、表皮与结构二元对立关系的统一。
④ 肯尼思·弗兰姆普敦．建构文化研究 [M]．北京：中国建筑工业出版社，2000：89
⑤ 戴航，张冰．结构·空间·界面的整合设计及表现 [M]．南京：东南大学出版社，2016：15
⑥ 空间概念在 19 世纪末才成为建筑的核心话题，在此之前一直以房间代替。

（a）圆厅别墅　（b）多米诺体系　（c）埃克赛特图书馆　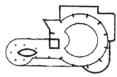（d）伦韦格火葬场　（e）古根海姆博物馆

图 0-1　结构与空间从整合到分离再到整合的发展过程

（a）蒙莫郎西旅馆　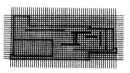（b）巴塞罗那展馆　（c）特灵顿浴室　（d）美国东馆　（e）Tama 艺术大学图书馆

图 0-2　结构网格从正交到多样化的发展过程

图 0-1/2 来源：罗杰·H. 克拉克，迈克尔·波斯 . 世界建筑大师名作图析 [M]. 北京：中国建筑工业出版社，1997

House）（图 0-2（c））和美国东馆（East of American National Art Gallery）中斜向网格与空间一致（图 0-2（d）），直至东京 Tama 艺术大学图书馆（Tama Library）中网格以曲线的方式与空间拓变一致的发展（图 0-2（e）），结构一步步从原始建构经历了与空间的分裂，在新的冲突中重新整合到当代建筑空间的拓变中。无论是空间形态还是结构自身的系统，当代建筑都在对结构提出新的要求，正如罗杰·克拉克对结构属性的诠释"结构可以确定空间、形成单元、连接交通流线、指示运动方向，或进行组合和调整……也能够加强交通流线与使用空间的联系，突出对称、均衡和等级关系……"[1]，结构已然不再是孤立的支撑系统，在复杂的建筑系统中，结构已经成为整合多属性的、联动空间推演和建构空间营造的特殊载体。

结构体系拓变的多样化：建筑空间形态的自由化以及结构与空间的整合趋势下，空间形态对结构体系提出了多样化的需求，结构营造空间的方式也越加丰富。一方面，多元化体系类型适用于空间形态的表现，而不再按建筑空间尺度进行结构选型，中小尺度也不拘泥于框架体系或墙板作体系，例如伊东丰雄（Toyo Ito）用壳体结构构筑冥想之森屋面的起伏形态（图 0-3（a）），以及喜马拉雅中心以空心筒的结构方式塑造非线性立面形式（图 0-3（b））。另一方面，在整合空间构形的同时，结构体系在原有标准化的基础上也有了新的突破，结构构件组织以一种具有活力的、可拓展的、丰富的方式参与到空间构型中，郭屹民 [2] 对近几十年一些经典日本建筑师作品进行了图解总结，其中不乏出现以结构激发空间构形和营造的例子，例如乃村工艺社大厦通过支柱在空间位置上的重构来制造空间的动态性（图 0-3（c）），升屋本店则以既是墙又作为梁的三角形结构构件分割、围合以

① Clark R H, Pause M. Precedents in architecture: analytic diagrams, formative idea, and partis[M]. 4th Edition. New Jersey:John Wiley& Sons, 2012
② 郭屹民 . 结构制造：日本当代建筑形态研究 [M]. 上海：同济大学出版社，2016:144-211

及连通空间（图0-3（d））。自由空间的概念已经从单纯的空间自由发展到整合结构自由的空间自由（完整的空间自由）。无论是在表现空间流动性还是差异性、透明性，或结构在空间中的隐匿、凸显、弱化等表现方面，结构都已经完全能够渗透并影响建筑空间设计。

随着建筑空间形态的复杂化，以及在结构体系类型不断丰富的基础上，结构体系之间的组合方式越来越多元化，同时也出现了更加复杂的情况——一种无法用传统结构类型定义的、介于不同结构体系间的、概念混沌的结构类型。较为典型的案例有台中大都会歌剧院的腔体结构（图0-4（a）），其中墙与楼板浑然一体，结构为墙板结构、壳结构以及腔体结构的混合体；在仙台媒体中心的柱子结构中也出现了新的混合体系——网筒结构（图0-4（b）），一种既是占据空间的筒体，同时又是混合斜向网格的结构体系，扎哈设计的阿利耶夫文化中心（Heydar Aliyev Cultural Center）网架结构同样为从屋顶到表皮再到一体化的支撑方式（图0-4（c））。这些新的结构类型不断出现，结构体系不再以传统分类中标准化的模式复制，而是随着不同空间需求展现出新的形象，结构体系类型逐渐走向了一种界限模糊以及混合化的新发展模式。

在整个发展过程中，空间形态由相对严谨的欧式几何规则到动态柔性、具有不确定性

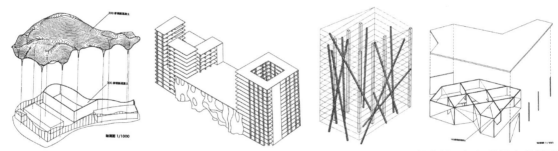

（a）冥想之森壳体屋面　（b）喜马拉雅中心空心筒立面　（c）乃村工艺社大厦斜支撑　（d）升屋本店斜墙
图0-3　结构渗透并影响空间设计；图片来源：郭屹民.结构制造：日本当代建筑形态研究 [M].上海：同济大学出版社，2016

（a）台中大都会歌剧院腔体结构　　（b）仙台媒体中心网筒结构　　（c）一体化网壳结构
图0-4　当代建筑中出现的新结构体系；图片来源：www.google.com，www.archdaily.com

和明显的涌现性和复杂性，空间形态变化的驱动使结构体系从单一明确到混合模糊、从标准模式到寻求变化与个性、从单纯物理支撑到整合空间拓变以及空间表现。简而言之，空间设计在各个层面上对结构体系的"变"提出了新要求，"变"是当代结构形态适应建筑空间的主要特征。"多元化""可拓展性"以及"复合化"是建筑形态适应当代环境以及社会发展过程中，对结构形态创新提出的新需求，同时也都是建筑创新的原动力。

0.2　建筑形式中的结构本体

　　计算机技术以及建造水平的迅猛发展，不仅拓展了人们探寻建筑形式的范围和速度，同时也扩展了创造性的表达手段，这使得建筑师对建筑形式自由的探索达到了前所未有的高度，当建筑空间与形式实现了高度自由化的同时，应当反思"形式自由化"背后的建筑内涵与意义，以及当下建筑设计发展中结构相关的问题与弊端。

　　缺失结构本体的形式主义：20世纪末开始，数字化建模技术解放了形式创新的壁垒，如今已经成为建筑设计的必要手段，建筑形式的创新也从传统几何逐渐拓展到非欧几里得几何学空间、计算机几何以及拓扑几何等更加复杂的形式领域，然而，自由化的几何形式是否始终要建立在结构理性之上，遵循力学逻辑与构造逻辑，而不是过分追求形式而导致结构本体的缺失，这是首先需要思考的问题之一。

　　随着建筑行业的分工日趋细化，建筑设计与结构形态设计关系也呈现出相互剥离的状态，大致有两种趋势：第一种较为普遍，即建筑师在空间构想的基础上，采用结构标准范式；第二种是结构师基于结构技术对结构形态的创新。前者由于脱离了技术构想，从而导致低效结构性能的建筑形态，使很多方案只能停留在图纸阶段；而后者则偏重于结构实验与修正，很少能够深入到建筑空间的设计流程中。就这两个层面而言，如果缺失对建筑结构本体的思考，当今数字化时代下自由化建筑设计发展便会存在很大的局限性，这也意味着建筑师必然要重新审视建筑与结构的设计关联。

　　传统结构方法与当代建筑形式求变的矛盾：现有的结构方法是否可以指导或正确推进不断涌现的形式浪潮，如何借助现有的技术手段来实现建筑形式的自由化创作，从而丰富和完善建筑设计的多维内涵，这是当代建筑设计中的核心问题之一。

　　传统结构分类方法源于系统哲学以及工业化生产方式，然而基于从系统各个部分的二元对立关系，却很难解释当代浑然一体的、平滑的建筑形态特征。除此之外，传统的结构分类具有技术的不可动摇性，对于建筑空间而言，只是简单的分类思维，尚且还并不能归并为建筑类型学的范畴，很难与其他要素关联互动产生复杂的涌现现象。在建筑设计层面中，现代主义所强调的结构类型本质上是"工业化大量生产与利益最大化的最佳模式"[①]，

[①] 郭屹民. 结构制造：日本当代建筑形态研究 [M]. 上海：同济大学出版社，2016：93

通过"型"来强调皮骨分离中的标准化原型，然而这种范式越来越无法满足当代多元化的人文主义社会需求，批量定制的新生产方式也亟待被新的模式所推广与充分利用，无论是从种类范围上或是变化程度上，都逐渐出现了无法适应当代复杂性建筑空间形态的现象，目前的结构标准类型不足以支撑理解与探索越来越多样化的新建筑空间形态。

传统结构分类应用除了根据建筑空间尺度进行分类外，最重要的考虑是便于工程师的计算与分析，显然这种过于明确定义的结构类别规则是服务于预先计划的、按部就班的设计过程，这并不能为当代不确定空间设计中的结构性方式提供长远的发展。

一方面，由于工程师首要考虑的问题是结构技术分析，这种原始的结构种类在建筑设计中首先显现出技术的确定性。另一方面，结构体系作为对应某种形式的安全模板，建筑空间依据不同跨度的"模板选择"以及"造型匹配"，是结构体系介入建筑设计中的主要方式，从而奠定了现代主义建筑以来对结构体系形式化的选型思维。

这种制度化的认知方式也逐渐葬送了结构在启发和整合建筑空间应变的可能性，虽然这样的问题恰巧在现代主义模式化的"皮骨分离"的盒子式建筑中得以隐藏[1]，然而20世纪60年代后，技术理性的重现以及后现代主义中充斥着形式与技术的种种矛盾，这不仅使建筑师们开始要求结构的可变性与非预定，高度自由的空间形式也对设计师提出了新的要求。但现实是，结构工程领域不可能也没有职责为当代不确定的空间形态罗列所有结构类型，以及针对不同空间推演过程提供每一种结构类型，这既是浪费资源又是不现实的。换句话说，一种结构类型如何在空间推演中拓变与应用取决于建筑师的设计与决策。结构类型的创新是革命性的，其革命性就在于其应用方面具有无限潜在的可能，工程师提供的模板更多的适用于现代主义标准化模式中各个方面（建造、经济、普适、性能等）权衡下相对合理的一种可能，随着空间特征、技术方式、评价标准、设计需求的不断变化，当代建筑空间的不确定需要建筑师建立一种新的思维，去主动挖掘这些结构类型中还未被开发的种种可能，以及研究发现结构类型如何拓变的规律和方式，为建筑空间和形式推演设计提供有效的结构性方法。

建筑可持续发展中缺失科学的结构设计方法：高度自由的建筑形式设计是否保证了建筑的可持续发展，在走向更加复杂的建筑形式的同时，建筑师是否能够以科学的结构方法，保证在建筑长远发展的目标基础上，实现高效率的创新设计，这是当下建筑可持续发展急需解决的问题。

当今世界朝着数字化、信息化趋势发展的同时，全球尤其中国也普遍存在城市化、生态和可持续发展等复杂性问题，20世纪80年代"高技派"在设计中转变经济观念，提倡借助结构技术合理利用和节约能源，探索可持续发展的途径。随着新材料、新结构技术以及数字化技术的不断发展，当代建筑向着适应性的生态方向发展已经成为建筑设计的主导

---

[1] 在现代主义皮骨分离的设计模式下，主要以结构不变、空间可变的方式进行。

趋势，但也面临着新问题：一方面，计算机技术、结构技术以及生态技术的整合不仅为建筑表现提供了新的形式，也为建筑渗透到城市环境提供了新的途径，而如何协同并高效地将其应用在建筑形式的设计过程中，是设计师需要决策的核心问题之一；另一方面，数字化平台与建造技术虽然带来了高效的工作方式，然而建筑学长期以来依靠结构型式模板进行设计应用，在结构设计方法上仍然保留着低效的工作模式，在这一点上，建筑师缺乏科学的、技术性的结构设计方法，是导致结构性技术很难整合到设计初期的根本原因。因此，如何为设计师建立一种科学有效的结构性设计方法，在结构技术与建筑创作中建立一座实时并行的桥梁，使得设计初期就能够整合结构技术、生态技术，将问题集中于设计初期阶段，以此来节约能源和降低成本；如何在建筑形态逐渐多样化和复杂化，材料资源短缺、环境影响以及技术竞争等多方压力下，设计建造出更轻质、更低成本可持续发展的建筑形式，是当今建筑发展的重要课题。

0.3　建筑形式与结构形态的殊途同归

复杂性理论的指导：复杂性是当代建筑理论及建筑实践的探索科学的重要指导之一，复杂性科学引发了愈加强烈的丰富化与结构复杂化的建筑走势，同时也为建筑师提供了整合设计的新方向。跨学科复杂性汇聚了新的概念，建筑学科亦非往昔较为封闭的内部问题，而多是普遍联系、跨学科的现实问题。在复杂性理论的指导下，逐渐出现了诸如"结构建筑学（Archi-Neering Design）"[1]、"结构生态学（Structural Ecologies）"[2]等的新建筑理论，为建筑师在形式主义浪潮的迷茫中提供了明确的指导方向。正如2010年奥克斯曼（Robert Oxman）首次提出新结构主义："当下的建筑设计、建筑工程与建筑技术融合滋生的新实践，对结构逻辑和结构建造具有重大的导向作用，势必将建立替代标准化设计和建造的新秩序"[3]。相较于传统结构理念，新的理论强调在建筑设计过程中高度整合结构及其技术的重要性，聚焦对空间、结构和材料之间综合逻辑的表现，从而生成高度动态的综合体。除此之外，建筑师与结构工程师之间的创新合作也被视为实现建筑技术整合的重要手段。这些理论在复杂性理论的指导下应运而生，指导着更加复杂自由的建筑设计发展，并在建筑教育、理论研究与工程实践中产生广泛有益的影响。

从绝对到相对的结构理性：结构理性一直是提倡结构贯穿建筑形式设计的理论脉络，然而在数字化技术大融合的当代，其发展趋势也逐渐从绝对理性转向了更加具有适应性的

---

① 结构建筑学（Archi-Neering）是欧美与日本近年来几乎同时兴起的建筑设计新思维，强调结构不只是支撑建筑造型或生产，而是挖掘结构在建筑学中的意义和价值，培养和强化建筑理念和空间形态。
② 结构生态学研究生物体如何在环境中进行结构适应调整，是基于仿生学的结构创新研究，该概念由汤姆·威斯康（Tom Wiscombe）在其《结构生态学》中系统提出。
③ Rivka Oxman, Robert Oxman. The new structuralism: design, engineering and architectural technologies [J]. Architectural Design, 2010(4): 14-23

相对理性方向。一方面，不仅在建筑领域意识到了与结构整合的重要性，在结构工程领域，也开始出现了类似结构向着建筑表现整合的趋势。在这一点上，日本工程师们在 2017 年结构建筑学讨论会中给予了积极的响应[①]：斋藤公男将日本建筑中存在的结构称为整体的（Holistic）结构设计，它是一种"整体有机把握下的设计"[②]，即结构与建筑是一种并置的关系，结构能够渗透入建筑的各个层面，甚至能够主导意念下的设计构思，而非仅仅是一种实现手段。同样的，在工程师池田昌宏看来[③]，结构设计与建筑设计存在共同的设计语言，而结构设计在建筑形态以及其他方面的设计中都具有同等的重要性，他甚至将建筑设计与结构设计并置。无论是斋藤公男的整体设计还是池田昌宏的共同语言，都意味着，传统结构服务于建筑或结构作为建筑形式的评估优化手段，这种绝对理性的工具手段已然改变，转而是趋向于高度整合建筑的设计方式：一种崭新的建筑设计方法。

另一方面，正是由于结构向着建筑渗透的整合趋势，在建筑表现上，绝对遵循结构逻辑的理性表现也转向了相对理性的建筑表现。从高技派注重技术凸显的建筑形式，到追求轻质设计的结构消隐，结构及其技术逻辑不再被以形式化的方式强调，取而代之的是一种新的建筑表现，这种结构形式在视觉上的弱化不仅带来了新的艺术审美和空间营造，也意味着结构角色的转变——结构不再是单纯的技术支撑，更重要的是同时具有发展下一阶段设计的潜能，这也使得建筑师对结构的关注从形式表象更进一步深入到设计营造的探讨中，实现真正意义上结构与建筑的整合设计。

0.3.1　另辟蹊径的建筑形式设计思维

结构找形（Structural Form-Finding）是西方近十年伴随着理论变迁和设计范式更迭下密集出现的建筑词汇，在 20 世纪中期就已经出现，其实践活动则可以追溯到文艺复兴时期，高迪（Antonio Gaudi）通过悬链线对圣家族教堂拱顶进行找形设计[④]。结构找形完全不同于传统结构形式分类应用的结构设计方法，它的内容一直是伴随着结构技术和建筑理论的发展而不断完善，其应用学科跨越了土木工程与建筑两个学科，并随着计算机技术的发展，拓展到了生物学以及计算机学科的知识领域。在 20 世纪末这一术语的使用开始在西方建筑学领域内呈爆发式增长，其形态应用范围远远超越了传统的结构范式，其实现手段也更加多样化和性能化，并且其不断更新的技术内核为建筑设计提供了源源不断的创新内涵。可以说当代复杂性建筑趋势以及对结构可变的需求，再一次激发了结构找形的活动，也可以说结构找形的潜能价值，随着当代跨学科的发展需求再次呈现。本书即是基于这种新的形式设计思维——

[①] 2017 年结构建筑学研究国际学术论坛，东南大学。
[②] 郭屹民. 传统再现的技术途径：日本的建筑形态与结构设计的关系及脉络 [J]. 时代建筑，2013（5）：21
[③] 郭屹民. 传统再现的技术途径：日本的建筑形态与结构设计的关系及脉络 [J]. 时代建筑，2013（5）：23
[④] 袁中伟. 找形研究——从高迪到矶崎新对合理形式的探索 [J]. 建筑师，2008（05）：27-30

结构找形的基础上，探究适应当代以及未来复杂性建筑发展的结构性设计方法。

0.3.2　技术工具作为设计方法

在新建筑理论指导下，结构找形开启了一种从技术作为方法的设计思维：

首先，结构找形开拓了一种跨学科的结构性设计方法。一直以来由于两个学科的分裂，尤其是国内高校的教育制度和设计院结构配合的附属地位，原有知识分科中封闭的、线性静态思维方式无法满足复杂建筑学科的发展要求，回归到本质即是缺失技术性的结构设计方法。结构找形提供了一种融合多学科知识技术的新契机，跨学科知识的运用能够从根本上弥补新理论下缺失的设计内核，发展出相适宜的结构性设计方法。

其次，结构找形既包含了自上而下的思维整合，又包含了自下而上的技术整合。基于结构技术方法和逻辑进行建筑创新是它的实现途径：结构找形在设计初期提供解决设计问题的技术性手段，在设计推演中适时地进行结构分析、优化与评估，帮助建筑师实现通过操作技术转换为兼具性能化的设计创新。建筑与结构技术的重新聚合，能够为建筑发展孕育出一种新的物质实践。

除此之外，结构找形方法是从技术根源上探索多元化、性能化的设计创新，同时计算机技术则进一步地放大了这种可能性：随着数字化技术以及结构有限元分析技术的革新，一些交互技术平台也雨后春笋般的出现，参数化模型交互平台如今也已经可以实现结构与建筑信息的链接，基于这些技术手段，建筑师的设计方式已经不仅仅局限于后期与结构师的合作中，通过新的技术手段则能够在方案初期快速精准地获取形态结果，甚至能够在一定条件下尽可能穷尽设计结果，这极大地拓展了新设计方法探索建筑创新的广度与深度，为结构找形的长远发展提供了坚实的基础。

0.4　本书内容与框架

0.4.1　内容

本书以基于结构找形的设计方法为主要内容，从对结构找形的历史发展和思维、具体的技术路径方法以及建筑应用与拓展几个层面进行详细阐述：

第一部分为找形思维及其发展，包含两个章节的内容，第一章"建筑系统中结构找形设计的背景及思维的建立"，结合语义分析法、文献研究法对结构找形设计概念和思维的介绍，并且从建筑理论层面诠释结构找形在建筑系统中的定位和特征。第二章"结构找形发展的历史脉络"，结合案例研究和文献研究方法，从历史角度介绍结构找形的发展沿革，全面剖析其发展过程中技术动因和理论指导，并具体阐释结构找形在当代建筑发展下的技术支撑及其发展趋势。

第二部分为传统的结构找形方法及其设计试验，进一步总结归纳了传统结构找形方法的技术路径和操作方法，并进行了量化的设计试验。依据不同的找形方法类型，将其分为两个章节的内容，第三章为"自然结构模拟找形"，结合仿生学知识以及模拟分析研究方法，探讨了基于自然设计原型以及动态模拟的类推设计方法。第四章"基于力学图解的找形设计试验"，结合目前工程领域的力学图解技术，探讨了基于力学图解推演的形态设计，扩充和完善了建筑图解方法。

第三部分是以数字化技术为分水岭，探索计算机技术下的新结构找形方法。其中第五章"数字化平台的找形设计试验"，结合技术分析方法，以总结归纳与对比的方式探讨了数字化技术革新下，传统结构找形方法在技术路径和操作方法上的革新和拓展；第六章"拓扑优化的找形设计试验"则探讨了基于数字化技术的新找形方法，总结归纳了其技术路径与实际操作。

第四部分是基于结构找形在当代建筑发展中的定位，从复杂性的建筑系统层面，阐释结构找形设计驱动的"建筑适应"特征，探讨当代复杂性建筑趋势下，结构找形设计应用策略以及相应的建筑适应表现。第七章"建筑系统中结构找形的动态适应策略"，结合案例研究讨论了在建筑系统设计中，结构找形方法的适应性策略和建筑形态表现。第八章"融入建筑设计的结构找形"，基于结构找形方法建立了结构体系的拓扑关系，并结合案例研究讨论了结构找形方法的应用策略和建筑空间表现。

0.4.2 框架结构（见图 0-5）

0.5 本书的价值

本书主要意义和价值如下：

1. 全面梳理结构找形的历史发展脉络，在总结结构找形方法演变动因基础上，研判其发展趋势。

从技术方法的革新和建筑思维演变两个层面对结构找形的发展进行了全面的梳理；详细分析了在静力学、材料力学以及计算力学发展下结构找形作为技术工具的演变过程；基于结构理性主义对结构找形发展的思维指导，强化从范式思维到不确定性思维转变下对结构找形发展的驱动，指出了生态建筑与技术适应下的结构找形发展趋势；剖析了跨学科平台下结构找形从技术工具到设计思维的转变。弥补了建筑视角下结构找形发展脉络梳理的空白，为后续结构找形创作实践打下坚实的基础，并为建筑师进行结构找形研究明确了方向。

2. 基于传统方法和数字化平台，全面系统地解析了结构找形的原理，技术方法和实现路径。

从传统人工和数字化平台两个层面，提出了具有建筑与结构共识性的结构找形方法。解析了基于自然原型的模拟找形、基于力学图解的推演找形的两种传统方法；研究了数字化平台下对传统找形方法的拓展，以及基于算法的拓扑优化找形方法。对上述方法的力学原理、技术路径以及具体的操作手段进行了详细阐释，建立了一种具有技术支撑的、可操作的、科学的结构性设计方法，使建筑师在设计初期具备跨学科思维能力并实现性能化的设计。

3. 在建筑系统中，通过结构找形，建立从技术工具到设计方法的思维，为建筑设计创作开辟了新途径。

基于当代建筑发展的语境，在复杂性哲学思想和理论支撑下，将工程领域中作为技术工具的结构找形上升到建筑系统内的设计方法，提出了突破传统范式的、基于结构技术的结构找形设计思维。明晰了结构找形是建筑系统内重要的语言转换机制之一，剖析了结构找形在实现性能化形态创新方面的重要价值，同时借助数字化平台，挖掘了结构找形设计思维发展关联建筑空间共同演绎、发展多样化、不确定设计的潜在优势，为建筑师提供一种整合结构性能的新设计思维方式，拓展出一个通过结构找形进行建筑形态设计创作的新途径。

4. 用大量结构形态生成案例的操作结合结构的定量分析，揭示形态的技术理性，验证结构找形设计方法的价值和意义。

首先是对传统的结构找形方法的演示与探索：基于自然模拟方法对人体结构原型进行了结构形式的转译、基于图解静力学对传统斗栱形式逻辑进行了拓展，并分别基于两种方法以经典建筑案例为原型进行深度分析与形式的拓展；其次是基于计算机平台的结构找形方法的演示与探索：一方面基于传统找形的数字化方法，分别对杆系形式、面系形式以及界面肌理进行找形操作探索；另一方面基于新的拓扑优化方法，对连续步行梁桥、空间中的竖向支撑结构、有孔洞的结构表皮、杆系结构表皮以及空间结构组织形态进行找形探索；在此基础上进行了量化的对比、评估与验证。通过量化的、探索性的演示，挖掘结构找形方法在形态创新各个层面上的价值与优势，在揭示技术理性的同时，为发展多样化的形式提供具体方向。

5. 提出了结构动态适应性策略和方法，为结构与建筑的融合设计方法提供具体指引。

突破传统结构分类思维，以拓扑学思维为指导，从结构找形特征出发，提出了突破传统范式的动态适应性策略；提出了结构找形以动态适应的方式呼应建筑形式的逻辑，提炼了结构找形的动态适应具体策略，深入分析了结构适应性与空间设计融合的特征与潜能；弥补了整合建筑空间设计的结构性方法的空白，并拓展了基于结构技术进行建筑思考的广度和深度。

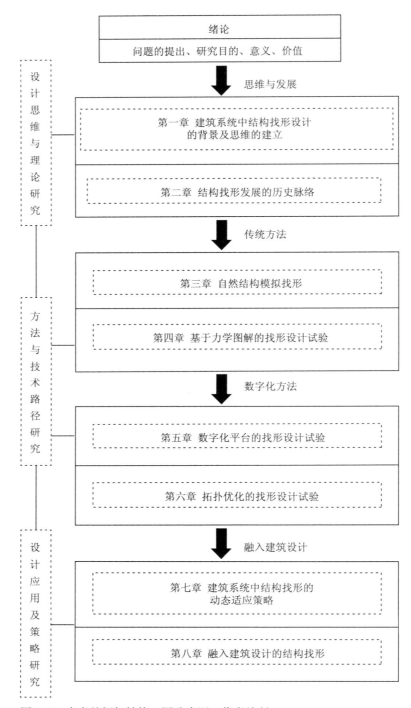

图 0-5　本书的框架结构；图片来源：作者绘制

第一章 建筑系统中结构找形设计的背景及思维的建立

1.1 关于结构形态设计的研究及实践

1.1.1 国外的相关研究及实践

早期原理性的探索时期： 结构形态设计创新的研究，一直以来都是伴随着新的结构材料、建造技术和体系形式不断拓展。从材料和建造层面对结构形式的研究，早在文艺复兴时期就已成形，法国建筑师维欧勒·勒·杜克（Eugène-Emmanuel Viollet-le-Duc）曾在力学原理和建造程序考量下，探索不同材料的动态组合形式[①]，勒·杜克还通过向人体结构学习，并尝试将力学逻辑应用在教堂项目的修复设计中[②]。在勒·杜克的影响下，西班牙建筑师拉斐尔·古斯塔维诺（Rafael Guastavino）也利用结构找形的图解方法发展了加泰罗尼亚拱的结构形式[③]。同样受到勒·杜克和古斯塔维诺的影响，安东尼奥·高迪（Antonio Gaudi）通过结构找形方式探索了拱结构的合理形式，并将其应用在西班牙圣家堂设计项目中[④]。

西方对结构体系形式创新的研究，直到 20 世纪后半叶才基本走向成熟，其大多归功于结构工程师以及身兼双职的建筑工程师。一方面，20 世纪初钢筋混凝土开始应用于建筑桥梁结构设计中，罗伯特·马亚尔（Robert Maillart），奈尔维（Nervi Pier Luigi）、爱德华·托罗哈（Eduardo Torroja）、菲利克斯·坎德拉（Félix Candela）等结构师在大量的工程实践中将桁架、框架以及壳体结构形式创新进行了全面的研究与探索[⑤⑥⑦⑧]。另一方面，在第二次世界大战背景下，德国的弗雷·奥托（Frei Otto）将结构形式的创新拓展到了轻型集约的方向，利用结构找形方法对索膜结构、悬挂结构、网壳以及充气结构形式进行探索研究[⑨⑩]。菲利普·德鲁（Philip Drew）还进一步对奥托从自然界启发的结构形态设

① Eugène Emmanue Viollet-le-Duc, Entretiens sur l'architecture[M]. Paris: Morel&Cie, 1872
② Eugène Emmanue Viollet-le-Duc, Hearn M F. The architectural theory of Viollet-le-Duc[M]. Cambridge:The MIT Press, 1990
③ 孟宪川，赵辰. 图解静力学简史[J]. 建筑师，2012（6）：33-40
④ 袁中伟. 找形研究：从高迪到矶崎新对合理形式的探索[J]. 建筑师，2008（5）:27-30
⑤ Nervi Pier Luigi. Aesthetics and technology in building[M].Cambridge:Harvard University Press, 1965
⑥ Eduardo Torroja. Philosophy of structures[M]. California :University of California Press, 1958
⑦ Garlock M E M, Billington D. Félix Candela:engineer, builder, structural artist[M]. New York: Princeton University Art Museum/Yale University Press, 2008
⑧ Candela F, Guy N. Seven structural engineers [J]. New York: The Museum of Modern Art, 2008
⑨ Klaus Bach, Berthold Burkhardt, Frei Otto.IL 18– seifenblasen[M]. Stuttgart: Krämer, 1988
⑩ Frei Otto.Tensile structures[M]. Cambridge: The MIT Press, 1973

计过程，以及与建筑系统关系的思考进行了全面的介绍[1]。

20 世纪 50 年代开始，结构形态设计就已经开始从原理性的层面上被系统地讨论，并逐渐走向固化的范式体系。海诺·恩格尔（Heino Engel）总结了影响结构形态设计的主要因素，并从力流层面出发探讨了不同结构体系形式背后的原理以及相关形式拓展[2]。柯特·西格尔（Curt Siegel）试图弥补现代主义建筑中造型美学所缺失的技术根源，他以现代建筑案例中"骨架结构、V 形支撑以及空间结构"三种现代主义建筑造型中常见的结构类型，运用图解方式阐述其背后的结构性原理与技术规律[3]。工程领域随后出现了越来越多从建筑造型层面提供修正的多元化的和更加抽象的系统结构分类，例如英国工程师托尼·亨特（Tommy Hunts）[4] 将结构抽象分类为实体式（Solid）、平面式（Surface）、骨架式（Skeletal）、膜式（Membrane）和混合式（Hybrid），除此之外还有日本川口卫[5]、英国麦克唐纳（A.J. Macdonald）[6]、英国马尔科姆·米莱（Malcolm Millais）[7] 等提出的不同工程结构分类，这些成果大部分强调以建筑师的角度，从结构原理知识出发提供与体系相应的形态或造型。美国建筑师爱德华（Edward Allen）等学者[8] 不仅系统介绍了不同结构形式的原理，还进一步阐述了设计的方法；奥斯陆建筑与设计学院的桑达科（Bjorn N.Sandaker）等学者[9] 同样是从结构原理出发，讨论了不同结构形式与建筑形式、空间整合关系。

数字化建构的快速发展时期：20 世纪末，计算机数字化技术在建筑领域的发展，一方面革新了建筑与结构形态设计的方式，另一方面数字化建造也自下而上地拓展了结构形态的创新范围。

在建筑结构形态的设计层面，首先是数字化技术改变了设计工具和操作手段，20 世纪末开始，航天以及工业领域的数字化工具被引进建筑领域，至此从图形化工具到 Auto CAD 平台，再到 BIM 建筑信息系统及 Rhino、Grasshopper 等参数化设计工具的出现，使得复杂建筑结构形态的创新突破了传统范式的瓶颈，西方一大批先锋派建筑师、结构师以及数字研究机构开始利用新的设计手段推进建筑形式的自由化。盖里建筑师事务所（Gehry Partners）利用法国达索系统公司一体化软件 CATIA 平台，进行适应建筑的软件开发和技术应用[10]。大型事务所例如 ARUP、SOM、Unstudio 等也都有自己的结构创新研发团队。技术工具的整合也促进了建筑与结构工作的高度合作，扎哈·哈迪德建筑师事务所、OMA、

① Philip Drew, Frei Otto. Form and structure[M]. London: Crosby Lockwood Staples, 1976
② 海诺·恩格尔 . 结构体系与建筑造型 [M]. 天津：天津大学出版社，2002
③ 柯特·西格尔，现代建筑的结构与造型 [M]. 成莹犀，译 . 北京：中国建筑工业出版社，1981
④ 托尼·亨特 . 托尼·亨特的结构学手记 [M]. 于清，译 . 北京：中国建筑工业出版社，2004
⑤ 川口卫，阿部优，松谷有彦，川崎一雄 . 建筑结构的奥秘 [M]. 王小盾，陈志华，译 . 北京：清华大学出版社，2012
⑥ 安格斯·麦克唐纳 . 结构与建筑 [M]. 陈治业，童丽萍，译 . 北京：中国水利水电出版社，2003
⑦ 马尔科姆·米莱 . 建筑结构原理 [M]. 童丽萍，陈治业，译 . 北京：中国水利水电出版社，2002
⑧ Edward Allen, Waclaw Zalewski. Form and forces：designing efficient，expressive structures[M]. New York: John Wiley &Sons Ltd, 2009
⑨ Bjorn N. Sandaker, Arne P. Eggen, Mark R. Cruvellier. The structural basis of architecture[M]. London: Routledge, 2011
⑩ Bruce Lindsey.Digital Gehry: material resistance digital construction[M]. Switzerland:Birkhäuser–Publishers For Architecture, 2001:62

矶崎新建筑事务所等与 B&G、SDG 等结构事务所进行结构形态的创新性设计，并在实际项目中不断探索更加复杂和大尺度的建筑设计。除此之外，建筑师卡拉特拉瓦（Santiago Calatrava）、克雷兹（Christian Kerez）、伊东丰雄（Toyo Ito）、坂茂（Shigeruban）等开始借助计算机技术，通过结构形态的创新挖掘建筑构形在数字化时代的潜能，并推进了"超平"（Superflat）[①]、"不确定性"（Uncertainty）[②]、"轻质化"（Light-weight）[③] 等建筑表达的发展。不仅如此，结构师也开始从建筑思维思考结构形态的创新，例如塞西尔·巴尔蒙德[④]挑战传统模式化的结构设计模式，利用数字化技术和数学算法激发结构创作的多样路径。

其次，数字化平台为多学科知识和技术的整合提供了桥梁，出现了一些活跃在前沿技术的找形探索中的高校创新实验室，例如麻省理工学院（MIT）的结构设计实验室（Structure Design Lab）、苏黎世联邦理工学院（ETH）的飞利浦布劳克团队（Block Research Group）和约瑟夫·施瓦兹（Joseph Schwartz）的结构设计（Structure Design）团队，普林斯顿大学（Princeton University）的找形实验室（Form-Finding Lab）等等。这些实验室利用数字化技术极大地探索了结构形态的创新研究[⑤]。除此之外，一些高校诸如加泰罗尼亚高等建筑研究所（IAAC）、英国建筑联盟（AA School）还将结构找形的知识范围扩展到更加广泛的材料力学和生物学领域，并将结构形态的创新研究深入教育体系。例如 AA 学院的迈克尔·亨塞尔（Michael Hensel）、阿希姆·蒙格斯（Achim Menges）以及迈克尔·温斯托克（Michael Weinstock）等学者开展了新兴科技与技术系列研究课题[⑥⑦⑧]，从生物结构以及材料特性等角度探讨了基于当代计算机平台下的参数化找形设计与分析。

前沿的数控建造技术能够提供比传统建造方式更加系统化、多元化与智能的建造方法，尼克·邓恩（Nick Dunn）[⑨] 比较全面地介绍了数字化建造的历史、与建筑设计的关系、建造工具、数字化技术手段、操作方式以及输入输出的建造策略，其中包含了大量的数字化

① 超平（Superflat）引译为"超级平面"，理解为表现的平面化，把三维空间压缩为二维空间，消除进深感，从而削弱事物原本具有的前后关系，从属关系和主次关系，进而演变成一个由许多等质物体组合成的集合体。例如妹岛和世Dior 表参道大楼、金泽美术馆等作品中，在平面布局上讲究单纯、淡化主次，在表象上也尽量寻求均匀，弱化柱子和墙体的存在。
② "不确定性"（Uncertainty）是在结果为确定之前都有无限的可能，不确定思维认为我们所处的这个时代充满着不确定的自由精神。从文丘里的"模糊性"到詹克斯的"双重译码"，再到日本新陈代谢派对"变化"的理解，都是对"不确定性"的理解。之后伊东丰雄把"不确定性"理解为风和建筑的轻且薄，妹岛和世等理解为体验的不确定（包括形式上、功能上和方法上的不确定性）。
③ 轻质化（Light-weight）在建筑中的表现包含了轻质化材料、集约高效的构造、以及高效与极少的消隐表达，是建筑向着可持续发展的主要表现之一。
④ 塞西尔·巴尔蒙德. 异规 [M]. 李寒松，译. 北京：中国建筑工业出版社，2008
⑤ Sigrid Adriaenssens, Philippe Block, Diederik Veenendaal, et al. Shell structures for architecture form finding and optimization [M]. London:Routledge,2014
⑥ Michael Hensel，Achim Menges, Michael Weinstock. Emergence: morphogenetic design strategies [M]. New York: John Wiley & Sons Ltd, 2004
⑦ Michael Hensel, Achim Menges. Morpho-ecologies: towards heterogeneous space in architectural design[M]. London: AA Publications, 2006
⑧ Michael Weinstock. Architecture of emergence：the evolution of form in nature and civilisation[M]. London: John Wiley & Sons Inc, 2010
⑨ Nick Dunn. Digital fabrication in architecture [M]. London: Laurence King Publishing, 2012

找形研究设计与实体案例，为找形设计提供了全面系统的建造技术基础；北卡罗来纳大学（University of North Carolina）的建筑学教授克里斯托弗（Christopher Beorkrem）研究了数字化建造中的材料技术策略[①]。这些研究者及其团队都在建筑设计、结构技术的整合发展以及结构形态创新过程中扮演着非常重要的角色，为计算机时代下的建筑创新设计注入了新的动力。

1.1.2 国内的相关思考及实践

国内的结构形态创新比国外发展要晚，基本上是在国外已成熟的结构形态范式基础上，进行形而上的衍生思考，随着数字化的发展，近几年也出现了少数一些关于结构形态创新的项目和研究。目前关于国内结构形态设计主要集中在以下几个方面：

基于范式的研究：一方面，基于新材料、结构技术的发展，国内学者在西方结构范式的基础上，更新和延续了结构体系形式的研究，一些相关研究不仅从各种原理性和技术性角度剖析不同结构体系形式，并且作为普适性学科知识深入国内的教学体系，例如林同炎[②]，樊振和[③]，曲翠松[④]等。另一方面，在前者的基础上，针对中国可持续建筑发展的趋势，还出现了一些针对低耗能、环保型建筑的轻质体系研究，例如朱竞翔团队对新型复合的建筑系统的研究，开发了"新芽体系、箱式体系、板式建造体系和框式系统"[⑤]并结合传统材料将其应用在大量的乡村建筑项目中，从"用非常有限的资源做普适性的东西"[⑥]的角度探索与扩充了结构体系范式内容。

基于建构的思考：自肯尼思·弗兰姆普敦（Kenneth Frampton）的《建构文化研究》[⑦]在2000年引起国内学界的关注之后，"建构"的话题已经被学界广泛讨论。并且开始出现两个转向，史永高[⑧]总结在进入20世纪90年代之后，建构的含义正在从物质性层面向现象学转向，建构不仅仅关乎结构理性中材料的（抽象的）结构属性，还囊括技术和艺术的连接，以及知觉意义上的转换；国内一大批建筑师诸如王澍、张雷、马清运等通过对结构材料、建造逻辑的研究，挖掘具有本土特色的建构研究。另一个转向是开始对结构性建构的关注，南京大学王骏阳教授在2015年结构建筑学会议中提出，建筑师在建筑中对材料、构造、建造品质的关注也与日俱增，然而遗憾的是这些讨论和关注常常停留在建筑构

① Beorkrem C. Material strategies in digital fabrication[M]. London: Routledge, 2012
② 林同炎，高立人，方鄂华，等. 结构概念和体系 [M]. 北京：中国建筑工业出版社，1999
③ 樊振和. 建筑结构体系及选型：建筑结构体系及选型 [M]. 北京：中国建筑工业出版社，2011
④ 曲翠松. 建筑结构体系与形态设计 [M]. 北京：中国电力出版社，2010
⑤ 朱竞翔. 轻量建筑系统的多种可能 [J]. 时代建筑，2015（02）：59-63
⑥ 程力真. 轻而强：朱竞翔的轻型复合建筑系统 [J]. 世界建筑导报，2019（1）：3-4
⑦ 肯尼斯·弗兰姆普敦. 建构文化研究论19世纪和20世纪建筑中的建造诗学 [M]. 王骏阳，译. 北京：中国建筑工业出版社，2007
⑧ 史永高. 从结构理性到知觉体认：当代建筑中材料视角的现象学转向 [J]. 建筑学报，2009（11）：1-5

造的层面而与建筑结构关联甚少，有关材料使用的理论讨论和实践尝试大多也是非结构性的，尤其是"表皮建筑学"的兴起又为建筑学话语脱离"建构"的结构维度起到推波助澜的作用①。随后结构建筑学（Archi-Neering Design）的兴起，使结构建构空间观念重新提起，这无疑是对这一问题的有益补充。

结构驱动的设计：在对结构问题进行形而上思考的浪潮中，国内还出现一种声音，那就是站在信息时代复杂性、多元化的建筑发展层面，反思传统结构知识体系的架构，尝试从结构本体出发开辟新的发展路径。东南大学戴航教授②提倡以解体重构的思路来理解和运用结构构思，充分挖掘和展现结构魅力，以结构技术作为激发建筑创作思维的方法和手段，戴航教授及其土木方工作室团队（Atelier Groundwork Architecture）③立足于建筑的本体性，尝试用结构方式进行建筑空间、界面的整合设计，并将该理念充分体现在 X 步行桥（图 1–1）、南京舜禹大厦云梯（图 1–2）、南京 T80 院落社区等一系列项目作品中；东南大学张弦④基于结构为先导的理念设计，倡导除了功能、空间、历史等形式生成逻辑之

图 1–1　土木方工作室的 X Bridge 及其内力图分析；图片来源：土木方工作室

图 1–2　土木方工作室的云梯 Wing Stairway；图片来源：土木方工作室

① 王骏阳 . "结构建筑学"与"建构"的观点 [J]. 建筑师，2015（2）：23–25
② 戴航，高燕 . 梁构·建筑 [M]. 北京：科学出版社，2008
③ 戴航，张冰 . 结构、空间、界面的整合设计及表现 [M]. 南京：东南大学出版社，2016
④ 张弦 . 以结构为先导的设计理念生成 [J]. 建筑学报，2014（3）：110–114

外，结构作为形式探索的一个基本生发点；高燕[①]与程云杉[②]分别通过对梁构和支撑体系的研究，探索了结构应有的多样性和复杂性特征，以及建筑的表现特征；袁烽及其创盟国际（Archi-Union）[③]团队通过数字设计的教学及建造试验，开展建筑结构性能化的设计探索。

关于结构找形的相关研究：无论从结构范式、建构话语还是新路径的开辟中，建筑领域出现了越来越多对结构性的关注。涉及结构找形（Structural Form-Finding）的研究，虽然在国外已出现大量相关研究，但是在国内仍处在萌芽后的起步阶段，还未有相关书籍，在发表的相关成果中，主要聚焦于以下几个方面：

首先，是对结构找形概念和发展趋势的介绍。袁中伟[④]介绍了从物理找形到计算机找形的发展历程以及简要背景；袁烽[⑤]从性能化设计层面介绍了数字化技术下结构找形的发展趋势；高峰[⑥]将 Form-finding 描述为形态发现，并简述了近年来一些西方的计算机模拟找形探索；沈世钊与武岳于[⑦]从整体上研究结构形式与其受力性能之间的关系，并且涉及了相关的找形设计研究，结合张力结构、自由曲面结构、自由拓扑结构等现代空间结构形式对结构形态学的研究进展情况进行评述。清华大学徐卫国教授[⑧]聚焦于数字化建筑形态找形设计，具体探讨了参数化设计的过程，但较少涉及相关的结构技术领域；目前国内对结构找形的概念仍然局限在物理层面的讨论，并且缺少关于结构找形设计思维和发展脉络的系统研究。

其次，是对西方找形技术的引荐和案例介绍方向，孙明宇[⑨]在大跨建筑非线性结构形态生成研究中介绍了逆吊找形法及其操作方法；南京大学孟宪川[⑩]介绍了静力学图解的发展并涉及了静力学的原理和操作方法；东南大学李飚[⑪]基于悬链线方法进行了数字化的找形实验。还有一部分找形相关的研究，是基于西方成果的引进与翻译，如温菲尔德·奈丁格（Winfried Nerdinger）等[⑫]具体介绍了弗雷·奥托（Frei Otto）的物理找形设计过程和工具；弗兰克·彼佐尔德（Petzod Frank）[⑬]和迈克尔·亨塞尔（Michael Hensel），阿希姆·蒙格斯（Menges Achim）[⑭]等翻译著作中还介绍了一些实验性的结构找形案例。

① 高燕. 本构和释缚：梁的技术逻辑与形态表现研究 [D]. 南京：东南大学，2008
② 程云杉. 从支撑系统到建筑体系：面向结构议题的案例研究 [D]. 南京：东南大学，2010
③ 袁烽，胡永衡. 基于结构性能的建筑设计简史 [J]. 时代建筑，2014（05）：10-19
④ 袁中伟. 找形研究：从高迪到矶崎新对合理形式的探索 [J]. 建筑师，2008（05）：27-30
⑤ 袁烽，柴华，谢亿民. 走向数字时代的建筑结构性能化设计 [J]. 建筑学报，2017（11）：9-16
⑥ 高峰. 当代西方建筑形态数字化设计的方法与策略研究 [D]. 天津：天津大学，2007
⑦ 沈世钊，武岳. 结构形态学与现代空间结构 [J]. 建筑结构学报，2014，35（4）：1-10
⑧ 黄蔚欣，徐卫国. 非线性建筑设计中的"找形" [J]. 中国建筑教育，2009（1）：96-99
⑨ 孙明宇. 大跨建筑非袁中伟. 线性结构形态生成研究 [D]. 哈尔滨：哈尔滨工业大学，2017
⑩ 孟宪川，赵辰. 建筑与结构的图形化共识：图解静力学简介 [J]. 建筑师，2011（5）：11-22
⑪ 李鸿渐，李飚. 基于"悬链线"的"数字链"方法初探 [J]. 城市建筑，2015（19）：116-118
⑫ 温菲尔德·奈丁格. 轻型建筑与自然设计：弗雷·奥托作品全集 [M]. 北京：中国建筑工业出版社，2010
⑬ 魏力恺，弗兰克·彼佐尔德，张颀. 形式追随性能：欧洲建筑数字技术研究启示 [J]. 建筑学报，2014（8）：6-13
⑭ 迈克尔·亨塞尔，阿希姆·蒙格斯，迈克尔·温斯托克，等. 新兴科技与设计：走向建筑生态典范 [M]. 北京：中国建筑工业出版社，2014

目前国内关于结构找形方法的研究，基本局限于技术引荐与案例的碎片式研究，一方面缺少全面、科学系统的方法梳理，并且大部分结构工程领域对结构找形的相关研究，都是基于索膜结构类型的分析计算，很难被建筑师掌握和用于操作。另一方面是缺少基于结构找形的设计方法、技术路径以及与建筑设计的整合思考。

国外结构形态的创新推进一直离不开技术与设计的结合，因此结构找形的研究随着计算机技术的发展在近 20 年爆发式增长，并且随着建筑市场的开放，西方事务所凭借成熟的技术与背景，已经开始转向中国市场实践。而国内现存的问题是，大部分的结构形态研究仍然在传统固化的范式基础上进行形而上的思考，虽然近几年也出现了少数对结构形态创作的趋势，但是很少回归到技术根源系统总结结构形态的设计方法，深度思考如何在数字化和性能化时代以动态适应的方式影响建筑设计，以及探索多学科知识整合下的建筑领域多维度拓展。

1.2　找形概念的界定与明晰

找形（Form-Finding/Form Finding），Form 为形态，既包含表达实体、样子和表现的"形"[1]，又包含表达姿态、属性和性能、状态的"态"。找形既包含了"找"的过程，又包含了"找形"这一探索式的方法。在不同的语境下，"形态"的属性意义不同，因而"找形"这两个层面上的含义也有所不同。

1.2.1　土木工程中特定和专属的概念

结构工程中的找形（Form-Finding），是一种零应力状态推求施工状态或成形状态的分析过程（通过力找形状），或者确定成形状态并推求施工状态或零应力状态的分析过程（通过形状找力）[2]，即通过结构分析计算等技术方法找到结构在承受荷载作用之后的形状，或假设理想形态求得最佳受力的分析过程。这一术语在结构工程中并不陌生，通常应用在荷载后变形较大的结构形状受力分析中，例如含有预应力的张弦梁结构，弦支穹顶结构，索穹顶结构，吊挂结构，索膜结构等。在刚度较小的结构中，在承受荷载之后会发生很大变形，平衡方程也需要在变形后位置上建立，因此需要一个"找形"的过程。Form-Finding 既能够描述这一分析过程，又能够被称为一种分析方法，因此在土木工程的视域下理解"找形"，更多的是以力学属性为"态"和以物理形状为"形"的关系讨论。

---

① 中国社会科学研究院语言研究所 . 新华字典 [M]. 北京：商务印书馆，1992：518
② 找形分析词条，维基百科

1.2.2　建筑系统中的概念

土木工程中的找形，是在建筑安全性的标准下，针对解决一些特殊结构的稳定性的分析，然而在建筑设计的复杂系统中，找形并不仅限于结构的物理形状，更多的是一种指导影响建筑形态设计的过程和方法，其对象类型和含义也更加广泛：

弗雷·奥托 [1] 总结出借助自然生物结构引导轻型建筑设计实践的找形方法，不仅应用在索膜结构，还应用在网架和分支结构的形态设计中："我尤其对形态自我产生的自然过程及其结构行为感兴趣。这指引着我去进行新奇的、产生被压状态下拱形形态和拉紧状态下悬浮形态的'结构找形'试验，还有为研究最优化路径和分支建筑而进行的实验。……自然生物界只是在一个极小的范围内实现了自己最优化的发展，如果建筑师掌握了这些基本原理，建筑就有可能比进化了数百万年的生物更趋于完美。" [2] 自然系统是建立在过程和协调进化的基础上的，协调和进化产生于这些最初无序系统的组件之间的相互作用中，奥托试图通过建筑形态对这种协调和进化进行模拟，雷纳·巴特尔（Rainer Barthel）后来将奥托这一找形模拟过程描述为："在指定的一组条件下、遵循自然界的主要规律，通过实验找出结构的形式和构造方法……又称自主构形的过程" [3]。

雷纳·巴特尔从设计过程来解释奥托的找形概念，而普林斯顿大学 Form Finding Lab 创始人西格丽德（Sigrid Adriaenssens）和 ETH 的布劳克（Philippe Block）从力对形的创新关系探讨壳体的找形：在壳体结构的形态设计中，为了使壳体具有力学效能，它们的形状应取决于力流的大小分量，反之亦然，因此这个设计需要一个寻找形式的过程，找形是"一个在静力平衡的荷载状态下，通过控制明确直接的参数变量来寻找一个结构的优化几何形态的过程" [4]，并认为通过不同手段的找形方法能够帮助设计师进行具有力学性能的形态创新设计。南京大学的袁中伟则从形找力的角度解释结构找形："结构形状的局部变化会引起整个结构的力学性能的变化，寻找一种合理形态的目的，是使力能够有效地传递到结构，并使'形'与'态'达到有机的统一" [5]。

除了基于结构形态层面对形与力的探讨，清华大学的徐卫国教授还从设计过程来阐释找形的含义："找形在非线性建筑设计中构建数字图解并生成非线性体的过程被称为找形，它是非线性建筑设计区别于以往建筑设计的重要特点。设计者需要分析场所、功能、建造等的客观规律，寻找适当的数理方法，在计算机内建构描述各因素相互关系的数字图解，

---

[1] Frei Otto，Robinson Michael. Finding from: towards an architecture of the minimal[M]. Germany :Edition Axel Menges,1995:35

[2] Archim Menges. Frei Otto in conversation with the emergence and design group[J]. Stuttgart: Architecture Design, 2004, 74(3):18–25

[3] 温菲尔德·奈丁格 . 轻型建筑与自然设计：弗雷·奥托作品全集 [M]. 北京：中国建筑工业出版社，2010：60

[4] Adriaenssens S, Block P, Veenendaal D, et al. Shell structures for architecture: form finding and optimization[M]. London: Routledge, 2014

[5] 袁中伟 . 找形研究：从高迪到矶崎新对合理形式的探索 [J]. 建筑师，2008（05）：27–30

并根据不同的设计条件生成形体"①。"找形"过程中，设计者的空间构思能力处于辅助地位，而更为强调数字图解与建筑设计需求在科学上和哲学上的联系，以及整个设计过程的逻辑性；另一方面，设计者需要自行探索各因素关系的本质和特征，并建立数字图解，生成多样化结果。

除此之外，法国哲学家德勒兹（Gilles Louis Rene Deleuze）还从理论思想层面将"找形"作为追求复杂性建筑形态生成的设计方法之一②。德勒兹批判古典风格的"只注重形式而忽略建造的风格"而推崇"哥特式风格"③，认为它的价值更是在于重视操作的设计方法，而不仅仅是一种关乎外表的建筑风格，德勒兹还分析了哥特建筑与罗马式建筑之间的差异，认为两者之间的差异性在于静态与动态，哥特建筑是各个要素或作用力相互联合抗争的结果。德兰达（（Manuel De Landa））还进一步指出，20世纪初高迪和弗雷·奥托两位建筑师进一步发展了这样一种追求动态的、差异性的设计方法，并称其为"找形"（Form–Finding）④。

显然，找形的概念已经从土木工程中单纯的物理形状分析，拓展到了建筑形态甚至建筑设计的各个方面，其显现出来的是一种区别于传统建筑形态设计的新方法。形态涉及建筑系统中庞杂的关系网络，可以通过与传统建筑形态设计中的造型、塑形（Form Making/Shaping）等过程方法进行对比来明确找形的含义与特征。

找形的前提是形态结果的未知或不确定：德兰达将整个建筑史分成两个相互对比的、但仍有关联的分支的根据之一："一支是追求美，根据预先规定的样式，把形态强加在建筑材料上；而另一支是追求构造与结构，允许形态根据特定程序的要求'涌现'出来"⑤。从这一层面出发便很容易能够理解传统的造型 Form making、Form giving 或塑形 Shaping 与找形的区别：

在传统的造型 Form making 或塑形 Shaping 中，精神建构的组成部分（认知）出现在表象之前，即设计师在形态表象之前，就已经通过主观意识进行形态的建构，清晰地知道建筑形态的设计目标，继而理性的选择用何种方式达成目标。然而在找形中形态表象出现在心理建构之前，即找形的"寻找"过程是一个关于发现未知的形态过程，其产生的前提是设计师在主观意识上并未建构精准的形态结果，不明确精准的目标，而是借助一定手段和逻辑来指导以及调整参与要素来影响和探索最终的结果，因此具有不确定性特征。

目标的不确定意味着建筑师从设计目标结果的重心，转移到了对设计过程的关注，简单地讲即是从关注"形"到关注"找"、从"设计什么"转向"如何设计"。设计过程本身是一个适应不同建筑条件的动态过程，因而能够适应复杂变化的建筑环境；而在传统的

① 黄蔚欣，徐卫国.非线性建筑设计中的"找形"[J].建筑学报，2009（11）：96-99
② 高峰.当代西方建筑形态数字化设计的方法与策略研究[D].天津：天津大学，2007：158
③ Manuel Delanda. A thousand years of nonlinear history[M]. New York: Zone Books, 1997:23
④ 高峰.当代西方建筑形态数字化设计的方法与策略研究[D].天津：天津大学，2007：158
⑤ Manuel Delanda. A thousand years of nonlinear history[M]. New York: Zone Books, 1997:25

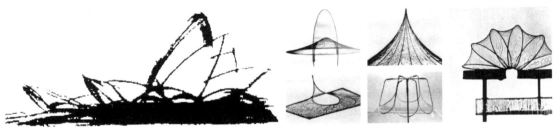

图1-3 伍重的设计手稿　　　　　　　　　　　　图1-4 奥托的逆吊模型找形

图1-3/4 来源：www.google.com

建筑造型设计中关注的是静态的结果，无法避免设计过程中出现的偶然性，例如建筑师伍重（Jorn Utzon）的1961年悉尼歌剧院设计过程（图1-3），最初的设计手稿为抛物线的建筑形态，由于建造技术限制，伍重和他的工程伙伴们通过把抛物线变更成球体的肋骨骨架来解决这个问题，所有的肋骨骨架都有相同的半径来确定最终的几何形态，然而最终也是以结构技术的不断改进修正来维持这场复杂形式的盛宴。而在建筑师奥托的设计中，则运用了力学逻辑和科学的方法，通过皂膜模型的方式寻找符合受力的建筑形态（图1-4），调整位置和边界形态就能够得到合理的结构形态。与悉尼歌剧院中形象先入为主的设计方式相比，奥托在向自然结构模拟的找形研究中，学习了自然界形态的生成逻辑和原理，将其运用在建构建筑形态的逻辑过程中，不仅将结构的不确定性因素转变为有利依据，最终还进一步实现了以轻质化、多样化的建筑结构形态，来应对战后建筑的可持续发展。

找形是一种自下而上的多向度形态设计：首先，传统建筑造型的设计是以还原论为主的构思方式，建筑师先设定目标，再运用材料与建筑手段将构想中的建筑建造出来，这是一个自上而下（Top-Down）的设计逻辑。而找形更迭了设计师的传统固定目标对象，挑战了自上而下的造型过程的霸权思维，转而替代的是一个自下而上（Bottom-Up）的设计逻辑：即依据环境条件和要素关系进行调控，通过不同的技术逻辑和找形方法产生不同的形态结果。而这种思维方式也正是数字化时代下建筑设计的思考方式，借助计算机技术便很容易实现对更加复杂情况的调控。

其次，对比传统单一方向的静态的直指目标的过程，找形是一个寻找目标的过程，依据条件和要素的不同而充满了不确定性，因此具有多向发展的潜能。哥伦比亚大学教授格雷戈·林恩（Greg Lynn）认为传统设计过程基本是单向度的，最初的草图可能意象丰满，存在着潜力，但每一次限定目标的方向都是在抹杀这种潜力，直至固化为最终单一的目标方案[①]。当最终目标不符合最初原型时则需要整个过程的反复迭代，直至接近最初方案的成形（图1-5）。而在建筑找形设计中，建筑师首先是将建筑形态外部环境（文脉、基地、空间功能等）转化为条件参数，随着各个方面条件参数（边界、形态控制）的加入，建筑

---

① 冷天翔. 复杂性理论视角下的建筑数字化设计 [D]. 广州：华南理工大学，2011：130

师通过采用不同的技术逻辑和找形方法，扩增其结果并有可能挖掘更多的建筑形态，建筑师只需要在设计过程中建立逻辑、进行调控和形态选择（图1-6）。在此设计过程中，生动的多样性得以保留，避免过早地牺牲潜能陷入统一的模式，这种设计思维是当代建筑复杂性的重要思维之一。

　　林恩在早期 Port Authority Triple Bridge Gateway 竞赛中（图1-7），将场地范围内的各种因素之间的"力"作为控制依据[①]，参与到形式创造中，林恩利用计算机粒子系统对人流、车流等要素进行动态模拟，其中每种力都有自身一系列变量关系，依靠变量之间的关系和逻辑过程生成最终的形态结果，而这些变量及其之间的关系就是场地内"多样性"的潜能，它不仅表现了各种影响因素之间的精确的动态关系，并以科学的手段进行设计生成。

　　总之，找形在建筑设计中既具有区别与传统塑形的、自下而上设计逻辑的过程描述，在形态创新层面又具有多向度发展的方法论意义。在传统的思维意识下，建筑师正是以一种上帝的角色创作建筑形态，然而现实中存在很多复杂状况的案例，使在后续的理性更改过程中面目全非，又或者出现付出了冗长的时间和昂贵的经济造价得以完成的情况。在当

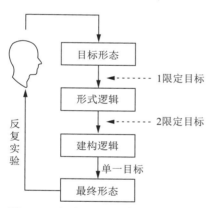

图 1-5　造型/塑形设计过程
图片来源：作者绘制

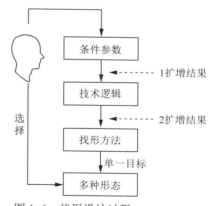

图 1-6　找形设计过程
图片来源：作者绘制

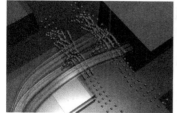

（a）交通模拟的粒子

（b）重力模拟的粒子

（c）桥梁形态的生成

图 1-7　雷戈·林恩的交通枢纽桥设计；图片来源：http://glform.com

① Greg Lynn. Animate form[M]. New York: Princeton Architectural Press, 1999

代复杂性建筑观下，建筑师的角色已经悄然转变，凭一己之力的意识无法解决复杂现象的客观事实已经被逐渐接受，建筑师的世界观正在变化，建筑师需要一种新的思考方式和设计逻辑去应对这种复杂性，在建筑找形思维下，建筑师从传统的对结果掌控转向了对设计过程掌控，这既是一种新的具有多向度和创新潜力的设计途径，同时也是解决建筑复杂性问题的重要支撑。

1.3 建筑系统中的结构找形思维

本书研究的结构找形是在建筑系统的范畴下进行讨论的。结构找形设计继承了工程中力与形关系的基础研究，同时又具备建筑找形的特征与意义，即找形过程具有目标的不确定性和过程多向度发展的可能性，是建筑找形的一种物质性实现方式。从自下而上的过程特征出发，可以将结构找形设计描述为：借助……的结构技术，通过……的力学逻辑进行影响或达成建筑设计的结构形态设计。

作为建筑形态设计的一种物质性实现方式，可以从结构找形在建筑系统中的定位、对建筑系统的作用特征、与建筑系统要素的互动关系这三个层面，来阐释结构找形在建筑系统中的设计思维：结构找形设计在建筑系统内首先是一种建筑的物质性深层结构向表层结构的转换机制，并且能够以性能化方式驱动建筑形态的创新，在复杂性系统中具有与其他要素进行动态非线性作用的适应潜能。

1.3.1 建筑系统中的语言转换机制

结构作为构成建筑的要素之一，是承载力流、围合空间和塑造形象的物质核心。就物质性本质而言，结构形态属于形态学研究的范畴，"形态学"最初是一门研究人体、动植物的形式和结构的科学[1]，事物的形式和结构构成规律是现代形态学的主要研究对象，而材料、力和几何则是形态学研究的三要素，也是结构形态物质性系统的构成要素。在建筑系统中，就建筑设计中的作用关系而言，结构形态设计并非简单的受力与物理、几何形式的设计，而是作为一种联系和媒介，通过发展物质本体的丰富性从而获取不同环境下的建筑表达，可以从整个建筑系统的语言关系出发，来阐释结构找形设计的定位（图1-8）：

艾弗拉姆·诺姆·乔姆斯基（Avram Noam Chomsky）认为[2]，首先语言的生成必须有深层结构到表层结构的转换过程；深层结构是"句子的内部形式"，是一切人类语言必须具有的原则、条件和规则系统，代表了人类语言最基本的东西[3]。杰弗里·勃罗德彭特（Geoffrey

---

[1] 刘先觉. 现代建筑理论 [M]. 北京：中国建筑工业出版社，2008：393
[2] 乔姆斯基. 句法理论的若干问题 [M]. 黄长著，林书武，沈家煊，译. 北京：中国社会科学出版社 .1986：58
[3] 潘佳梦. 建筑的语言学特征辨析：深层结构到表层结构的转换 [D]. 杭州：浙江大学，2015：7

Broadbent）① 总结了建筑的四种深层结构，其中包括了建筑的空间、建筑环境（气候环境和文脉环境）以及建筑的物质性基础（其中包含结构要素）②，它们构成了建筑语言内在规律的深层结构系统。而建筑的表层结构则是具有被感知能力的外部形式

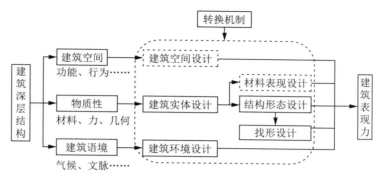

图 1-8 结构找形设计作为建筑语言转换机制之一
图片来源：作者绘制

"建筑表现力"，在结构层面上，即是结构形态的表现力。

其次，由深层结构向表层结构转换的过程是由转换机制实现的。"深层结构到表层结构的转换"之间存在着某种必须经由经验触发的"转换生成机制"。建筑的转换生成机制是对建筑深层结构的某种组织或安排，正如亨利·凡·德·维尔德（Henry Van De Velde）所述"根据逻辑，根据理智，根据事物的存在规律，并根据所用材料的准确、必需和自然的法则"③ 去建造"美的东西"的规律。在建筑设计中，结构形态设计即是这样一种物质性层面的转换机制（图 1-8），通过结构形态的要素（材料、力、几何）和要素关系来建构表层建筑表现力的过程。而结构找形即是转换的其中一种方式。

乔姆斯基认为语言"无限的表达可能性"④，正是由于"转换生成机制"具有丰富性的特征。建筑语境影响了形态设计，不同的表层结构需要不同的物质性技术逻辑转变为建筑具体的形态，每个建筑师对于建筑深层结构的安排和组织方式的不同，使得建筑的"转换生成机制"同样呈现出极大的丰富性，而基于这样的转换机制，建筑的表现力才具有"无限的表达可能性"。例如在空间设计中，建筑师对空间的不同组织安排造就了"流动空间""扁平化空间""服务与被服务空间"等差异性的表现力；同样在结构形态设计中，对结构形态要素的逻辑安排和组织方式不同，也使得其结构形态设计同样呈现出极大的丰富性，例如建筑师通过对结构要素形态和要素组织的安排产生的"结构消隐"（图 1-9（a））、"轻质结构"（图 1-9（b）），以及向自然界学习组织方式的"仿生结构"（图 1-9（c））等差异性的建筑表现力。

① G. 勃罗德彭特. 符号·象征与建筑 [M]. 北京：中国建筑工业出版社，1991
② 四种深层结构：1. 建筑是人类活动的容器，它必须具备形状、尺度等满足人类各项活动的内部空间；2. 建筑是文化的象征，是某种集体无意识、历史和记忆附着沉淀的载体；3. 建筑是特定气候的调整器，并指出建筑的外墙必须在内部空间和外部环境之间起保护作用；4. 建筑是资源的消费者，建筑作为一种物质实体，资源是其物质基础和前提，建筑的生成过程就是对这些资源的使用和积累。
③ 李威. 建筑秩序的回归 [D]. 天津：天津大学，2004
④ 潘佳梦. 建筑的语言学特征辨析：深层结构到表层结构的转换 [D]. 杭州：浙江大学，2015：7

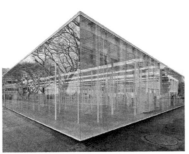

（a）结构消隐 Hoki 美术馆　　　（b）轻质结构 KAIT 工坊　　　（c）仿生结构 CONIX
　　　　　　　　　　　　　　　　　　　　　　　　　　　　　　　孟买宴会厅

图 1-9　通过对结构要素的组织安排产生的差异性建筑表现力；图片来源：www.archdaily.com

总而言之，结构形态设计的内容除了物质性的材料、力与几何下的形态学关系研究，更是作为建筑设计中的一种语言转换机制之一。结构找形设计同样是建筑范畴下讨论的结构形态设计的一种，其思维之一即是作为建筑语言的转换机制的角色，具有能够造就建筑无限的表达可能性。

1.3.2　建筑系统中的性能化形态设计

在结构形态设计中，除了传统的结构配置，目前在建筑设计中运用较为广泛、且能够推动形态创新的还有结构构形设计（Structural Configuration Design）。结构找形设计与结构构形设计两者都是在与建筑系统要素进行协调的设计。但区别是，构形设计是结构主义思维下追求系统平衡的设计，是一种自上而下的思维指导的设计。而结构找形设计则是复杂思想下，自下而上的技术指导的设计，能够以性能化的方式驱动和激发建筑形态的创新设计。以下对这两种结构形态设计思维进行剖析，来说明结构找形在建筑系统中区别于其他结构设计思维的作用特征。

结构构型设计—思维指导的概念创新：构型的英文表达为"Configuration"，韦式词典中动词含义是组件或要素部分之间的相关组织安排、布局、配置式构造的意思。名词为由部件或要素特定排列所产生的对象（如图形、轮廓、图案或装置）[①]。在结构形态设计中是对结构系统中要素和构件的组织安排，即结构构型。在结构构型中通过操作力、几何和材料来匹配结构的本质属性，获得抗力、调整平衡与组织力流[②]，从而引发结构形态的概念创新。

构型进入建筑学并作为一种设计思维的背景，是 20 世纪中叶结构主义思想在建筑界的

---

① 词条解释来源于韦氏词典"构形"（Configuration）
② 张冰. 建筑与结构整合设计策略研究 [D]. 南京：东南大学，2015：44

影响。结构主义思想的核心是以整体和逻辑关联的思维方式去思考问题，荷兰建筑师阿尔多·凡·艾克（Aldo Van Eyck）最早提出建筑构型的概念，1962 年他在发表的"通往构型原则之路"[1]（Steps Towards A Configurative Discipline）中提出了构型原则的首要观点是整体观，系统观，具有如下两大基本特征：①具有一个明显且清晰的组织框架，这个框架能够很好地激发各个组成部分的个体意义，使它们在整体之中依然可以完整地存在；②部分和部分之间通过这个构型框架互相连结，使整体产生共鸣[2]，凡·艾克试图以系统关系的动态思维看待建筑及其设计，以此来革新现代主义技术决定论下的静态创作思维方式。随后构型思维在建筑各个层面进行发展，出现了几何构型（Geometrical Configuration）、空间构型（Spatial Configuration）与结构构型（Structural Configuration）等概念。

结构找形—性能化的创新设计：建筑性能化设计（PBBD：Performance-Based Building Design）是 20 世纪中叶发起，由布拉谢尔（Blachere）于 1965 年在法国提出[3]。主要以建筑物需要满足某些性能要求例如能源效率、防火性能和结构性能等（不限定具体的规定方法）来达到这些要求的设计，性能化设计是利用技术手段探索规范标准之外或推进新技术应用的主要手段。

结构找形设计与构形设计的本质区别在于是否以性能化的方式实现形态的创新。一方面，结构找形具备性能化的技术逻辑与手段，能够实现自下而上的创新突破。性能化设计的核心内容有两方面：一个是性能目标的提出，另一个是必须通过可靠的设计和评估手段对性能目标结果进行评估和验证。袁峰认为"结构性能化设计是以结构性能最优为设计目标，通过结构计算、模拟与性能优化过程，寻找具有结构合理性的空间形态的设计过程"[4]。结构找形设计中，首先结构分析和优化技术是"找"的技术手段，其次，其量化结果又能够对"形"进行自我评估和验证，最后在此基础上，又能够依据要素和逻辑方法的差异性实现创新设计（图 1-10）。

另一方面，在性能化设

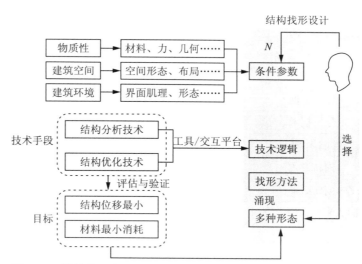

图 1-10　结构找形实现性能化的方式；图片来源：作者绘制

① Aldo Van Eyck. Steps toward a configurative discipline [A]. New York: Architecture Culture: 1943 - 1968. 1993:348.
② 朱振骅，刘子吟. 阿尔多·凡·艾克的构型原则 [J]. 室内设计，2012，27（02）：3-8
③ 建筑性能设计，Performance-based building design，维基百科
④ 袁烽，柴华，谢亿民. 走向数字时代的建筑结构性能化设计 [J]. 建筑学报，2017（11）：1-8

计中，只要能够达到这一性能的标准，任何结构形态都可以被允许，澳大利亚建筑师吉普森（Robin Gibson）认为建筑性能设计的思维方式是"根据目的而不是手段来思考和工作"[①]，它关注的是建筑需要做什么，而不是规定如何建造。这有别于用传统标准范式进行设计的方式，例如在框架结构中建筑师设计要遵循规范尺寸的柱以及规范尺寸的柱距，而在性能化设计中，目标是性能例如结构的最小位移或材料的最小消耗，只要能够达到这一性能的标准，在现有技术基础上任何结构形态都可以被允许，这也意味着性能化设计具有突破传统固有形态范式的潜在价值。

在理论层面上，结构构型和结构找形都属于设计初期将结构与建筑整合的设计范畴。其中，结构构型设计的理论指导是结构主义的系统思维，是一种关系的研究，更多的是以抽象思维进行力流逻辑的合理把握，就结构形态设计层面而言，仍然是一种自上而下的设计逻辑。而结构找形则是在系统思维的基础上更进一步的发展，基于性能化手段从本体层面上向建筑动态适应的思考，这是一种基于能动性的研究，同时结构找形又具备技术逻辑和手段来实现这种能动性，是自下而上的设计逻辑（表1-1）。

表 1-1　结构构形设计与结构找形设计的特征对比

	结构构型设计	结构找形设计
英文	Structural configuration	Structural form-finding
设计范畴	建筑与结构的整合设计	
理论思想	结构主义系统思维	复杂性建筑系统思维
研究方向	关系的研究	能动性与适应性研究
关注问题	何种关系	如何达成
设计逻辑	自上而下	自下而上
设计依据	力流逻辑	技术逻辑
分析技术	不一定需要	需要
性能化创新	不一定	一定是
创新模式	基于成熟结构范式的拓展	基于技术逻辑的探索
创新结果	标准范式的衍生物	不确定的结构形态

图表来源：作者绘制

在设计层面上，结构构形设计注重力学概念上的合理性，是基于成熟结构范式的总结和拓展，因此不一定需要涉及结构的分析或优化技术手段，很少在设计初期进行结构性能的评估，这也导致很难深入到操作层面上指导形态的创新设计。而结构找形设计则是基于

---

① http://www.cibworld.nl

某种结构技术和结构逻辑的形态设计，其中结构技术包含了基本分析技术和优化技术，在追求结构逻辑的合理性外，这些技术还能帮助建筑师对"找"出的形进行性能优化和评估，换句话说，结构找形的设计过程必然也是一个性能化创新的过程，并且由于性能化设计方式的自由，能够获得突破传统范式的、不确定的结构形态。具备性能化方式驱动形态创新设计的特征，正是结构找形区别于建筑系统中其他结构设计方式（结构配置、结构构形）的根本区别（表1–1）。

总而言之，结构找形与传统结构形态设计的核心区别在于，结构找形设计是以动态适应性思想作为指导，将跨学科的知识内容和技术手段运用到建筑形态创作过程中，实现性能化的创新设计；结构找形一方面能够从技术层面弥补分科以来建筑学在科学手段上的缺失，另一方面能够从理论方法层面打开一种新的局面激发形态的设计创新。

1.3.3　建筑系统中的复杂性和结构找形

作为建筑系统的转换机制，结构找形设计的基本特征是目标的不确定和多向度发展，其设计中的条件参数、技术逻辑和方法构成了开放的系统，因而在其向建筑表层结构转换的过程中，也能够与建筑系统的其他要素进行一种动态非线性的相互作用，即一种具备适应性能力的设计，这是复杂性建筑系统运行的基本特征之一。

复杂性思维： 复杂性建筑属于复杂性科学研究的范畴，复杂性（Complexity）兴起于20世纪80年代的复杂性科学（Complexity Sciences），其思维的形成是在揭示和解释复杂系统运行规律的基础上发展而成的，一种以超越还原论为方法论特征的、跨学科（Inter-Disciplinary）下的新兴科学研究[1]。复杂性思维以非线性思维、整体思维、关系思维、过程思维为主要特征，这改变了传统现代主义中二元对立、机械论的线性的简单化方法，取而代之的是从关系的角度和系统的角度把握事物的思维范式的转变。随着计算机数字技术对建筑领域的革新，"复杂性"分别从科学与哲学两个维度改变着人们对于建筑学的认知，渗透到建筑理论、设计和方法的各个层面中。

美国的圣菲研究所（SFI）从适应性角度来研究复杂系统的演化发展，认为系统内部的适应性是一种学习机制，是使系统能够在动态多变的环境中生存的关键因素，是形成复杂性的内在根源[2]。复杂适应性系统以发展和进化的观点看待事物，着重研究系统的结构、组成、功能以及各种相互作用（系统内部各要素之间、系统与系统之间、系统与环境之间）。复杂性思维下的建筑形态设计，主要体现在形态系统设计中所要考虑的各要素系统之间的相互作用和联系。

---

① 维基百科词条——复杂性科学 Complexity Sciences
② 维基百科词条——复杂适应系统 Complex Adaptive Systems

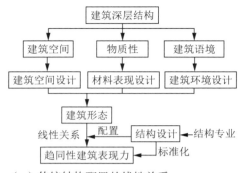 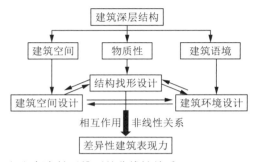

（a）传统结构配置的线性关系　　　　　　　（b）复杂性思维下的非线性关系

图 1-11　不同思维下建筑系统内部的关系对比；图片来源：作者绘制

非线性的作用关系：类似复杂的生物系统，建筑本身也是由多个要素组成的复杂系统，生物系统中的各个组成要素在不同时间相互作用，产生复杂的行为和形态。同样的，建筑形态也取决于这些外部或内部的组成要素之间的联合作用，其最终结果是这些要素相互作用过程的体现[①]。西方学者保罗·西利亚斯（Paul Cilliers）认为"复杂性是作为要素之间的相互作用模式的结果而涌现出来的"[②]，因此在物质性的建筑语言转换机制中（结构形态设计中），其运作过程中必然是与其他要素相互关联的。

在建筑形态设计中，结构和建筑相互作用的方式主要有两种，一种是结构形态设计与其他建筑系统之间保持线性关系进行（图 1-11（a）），即传统的先形式后结构的思维方式，建筑师在工程师提供结构模板下选择形式，随后结构专业配合适当的结构方案。然而这种线性方式的弊端是，一方面，在这样的线性关系中，前期设计中缺失了结构形态设计这一重要的语言转换机制，大大降低了结构与建筑系统其他要素相互作用的可能，埋没了潜在建筑形态创新可能。另一方面，结构专业的设计思维与建筑形态设计的复杂思维往往相反，通常是以标准化、规范化和程序化的方式进行结构体系的配置以及结构构件的设计，这也决定了建筑师能够选择的是在标准化范式中进行结构布局，这种简单的线性关系，导致了趋同性的建筑表现力。

例如传统通常只有在大跨建筑中建筑师才会不得不涉及结构形态的考虑，使用桁架、曲面网架以及拱形等，而在小尺度建筑中往往以笛卡尔正交框架结构的方式设计，因而往往只有在大尺度建筑体量上才具有结构层面的表现力，例如丹下健三设计的日本东京国立代代木竞技场（图 1-12），这导致了建筑以不同尺度为分割线的趋同的表现力。这种典型简单化的平庸方式有可能解决复杂建筑形态的结构问题，但不可能产生复杂的建筑设计行为，更无法作为复杂性建筑语言中的转换机制。

---

① 高峰. 当代西方建筑形态数字化设计的方法与策略研究 [D]. 天津：天津大学，2007：181
② 保罗·西利亚斯，曾国屏. 复杂性与后现代主义：理解复杂系统 [M]. 上海：上海世纪出版集团，2006：4-6

图 1–12　日本代代木竞技场　图 1–13　长崎小教堂　　　图 1–14　岐阜县市政殡仪馆

图 1–12/13/14 来源：www.archdaily.com

　　另一种则是结构形态设计与其他建筑系统之间保持非线性关系进行转换（图 1–11（b））。非线性之所以会产生，是因为系统要素之间、系统与环境之间存在复杂相互作用，在相互作用下，每个系统要素都会受到外界刺激，并在内部产生动态适应性的变化或进化行为。在相互作用下，整体便不再是局部的线性叠加，而是能够产生分叉、突变、时滞、路径依赖、多吸引子、自激、自组织等不庸的行为[①]，能够激发涌现的可能，因而也能够产生真正的复杂性表象，结构找形设计即是以这样的一种方式作为建筑语言的转换机制。

　　结构找形设计是建筑师在建筑形态设计初期进行思考的一个重要内容，一方面是在建筑空间和建筑环境要素的共同考量下进行一定的逻辑组织，是建筑师掌握的结构形态设计，而非形式后的结构配置，因而能够在不同尺度上展现其表现力。例如在 Momoeda 事务所设计的长崎小教堂（图 1–13）中，小跨树形分支柱与哥特式腾升建立的精神联系，以及伊东丰雄设计的岐阜县市政殡仪馆中结构界面与山水环境的呼应（图 1–14）。另一方面，结构找形是依据建筑系统要素的情况，重新梳理材料、力与几何的关系，因此在结构找形中，随着要素的增加，最终形态结果也愈加多元化，在这一点上，传统结构配置由于其固化、被动的设计方式，随着建筑系统的复杂性增加，结构与其他的要素之间的矛盾也有可能越趋剧烈，因此，结构找形的优势也恰恰在于结构与复杂系统中不同要素的非线性作用关系，从而产生具有丰富的差异性与表现力的建筑形态。

　　结构找形对复杂系统的动态适应性：结构找形设计的过程是依据建筑系统的要素设定不同的条件参数、调整不同的策略以及方法的设计过程。换而言之，结构找形的初始状态首先就是一个开放的端口，因此初始条件并非仅限于结构形态信息，取而代之的是物质性要素以及建筑系统的其他要素信息例如空间、环境等，建筑形态、艺术审美、空间拓扑关系都可以作为结构形态的控制要素。同时这些条件信息也决定着建筑师采用何种技术逻辑和方法进行初始找形设计，也为结构找形设计提供了重要的创新源泉。例如塞西尔·巴尔蒙德与西扎（Alvaro Siza）合作的葡萄牙展览馆是对场所环境的适应（图 1–15），北京大

[①] 苗东升. 系统科学精要 [M]. 北京：中国人民大学出版社 .2006：60，119–120

兴国际机场中的极小曲面支撑柱同时也是建筑气候环境的媒介（图 1-15）；伊东丰雄设计的台湾大都会剧场中结构即空间，同时也是对功能的适应（图 1-17）；而在妹岛和世和西泽立卫设计的蛇形画廊中，反光的细柱与薄板在探索极致结构尺寸的同时也最大限度地消隐在了景观环境当中（图 1-18）。

其次，结构找形具备吸收环境刺激并予以响应的适应能力。个体与环境相互作用，是复杂系统演变进化的主要动力，建筑师可以依据环境条件刺激完成不同结构形态的找形行

图 1-15　地域环境适应　　　　　　　　图 1-16　气候环境适应

图 1-17　功能空间适应　　　　　　　　图 1-18　景观环境适应

图 1-15/16/17/18 来源：www.archdaily.com，www.gooood.con

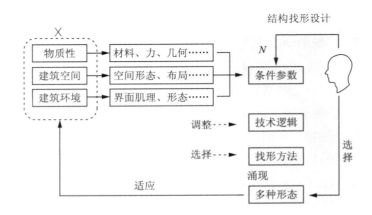

图 1-19　结构找形设计的动态适应过程；图片来源：作者绘制

为，在找形设计中建筑师能够通过调整技术逻辑以及采用不同的找形方法来应对环境刺激（图 1–19）。而技术逻辑和找形方法是结构形态具备力学性能的保证，因而结构找形设计是一个形与力高度整合的良性适应过程，避免出现传统设计下复杂形态结构受力不合理反复迭代的状况。

总而言之，在建筑系统中，结构找形是一种与其他要素进行非线性作用的，并且同时能够激发涌现行为的结构形态设计方式，这种方式能够以动态适应的方式发展建筑系统复杂性的潜能，并在越趋复杂的建筑中越具有活力。除此之外，其多样化的潜能能够充分的影响并反馈到建筑其他要素，为建筑空间形态及空间融合提供物质性基础。

1.4 建筑系统设计中动态适应的结构找形

结构找形的动态适应能够驱动建筑走向涌现性。涌现（Emergence）是一个系统中各层级间预设的简单互动行为所造就的无法预知的复杂样态的现象①，在建筑系统中，即是形态多样化和无限发展的潜力，其实现方式是系统要素之间相互的非线性作用。建筑系统包含两个方向的层级，其一是从纵向上看，系统可分为若干等级（纵向层次性），例如力与材料构成结构，结构、空间功能要素又构成建筑系统，建筑与外部环境的不同关系又构成更大的系统；其二是从横向上看，系统可以分为若干相互联系和相互制约又相对独立的平行部分（横向层次性），例如结构系统又是由不同构件要素以及构件要素之间以不同方式构成的系统。高层次必有低层次没有的涌现性，随着横向层次的丰富和纵向层次的叠加，更多的要素加入并且产生更多更复杂的要素关系，涌现性便逐渐增强。从这两个层级出发，本书分别提出了两种结构找形设计的动态适应策略：结构系统内部的适应策略和向建筑系统的适应策略。

1.4.1 结构的自适应

结构形态的自适应是在结构找形设计过程中，在条件参数变化的情况下能够一直保持性能稳定的、进行自我调整的状态。例如在不同边界、不同约束和环境条件下，采用不同的技术逻辑和方法能够生成特定的、性能稳定的形态，随着边界和约束条件的改变，形态能够在性能稳定的基础上进行自我调整，自主地生成差异性的结构表现力（图 1–20），它体现了在横向层次上结构形态内部要素相互作用的初级涌现特征。

构成结构形态的基本要素为材料、几何、力，其体现在实体要素上是结构构件以及构件的不同方式的组合。在外部环境的刺激下，系统内部要素如何在保证性能的基础上调整

---

① Emergence，维基百科词条

和应变，从而生成差异性的结构表现力，这取决于建筑师采取的技术逻辑以及方法策略，其中结构分析技术和优化技术是保证整个过程稳定性（性能化）的基本手段，基于这两种技术逻辑，结合建筑形态设计的共识性方法，分别有以下三个具体的适应性策略：

基于设计原型的模拟找形策略：向自然界的结构形态学习启发结构形态设计，是源远流长的也是最普遍的方式。自然界系统中，生物种类与物种的多样性产生的根本原因在于，其具备一套引导种群应对环境变化的生理反应的模型机制，它决定了物种优胜劣汰的进化方向，因此其行为本身是一个自适应的过程。传统对纯形式的模仿往往缺失了背后力学机制和生成机制研究，而这两者恰恰是自然结构适应变化的模型机制，并且由于自然结构的受力条件和建筑受力条件差异性较大，在纯形式模仿的同时结构性能往往具有偶然性。结构找形设计策略之一即是对其背后的力学机制和生成机制进行模拟研究（图1-21）。

一方面，基于物理实验、计算机算法等模拟工具和结构分析工具，能够实现对动态的运行机制和受力后形态变化规律进行模拟，结合结构分析技术，建筑师能够对自然界的自适应系统进行全面的了解和评估，实现对自然结构形态规律和差异性的研究，从而在向自然结构形态模拟的过程中拓展更多的、性能稳定的形式可能。除此之外，借助结构分析技术，传统的形式模仿能够得到力学性能的验证和评估，并以此修正由于环境差异性导致力

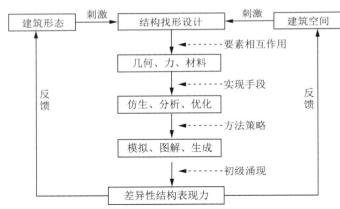

图1-20　在建筑系统刺激下，结构系统的自适应
图片来源：作者绘制

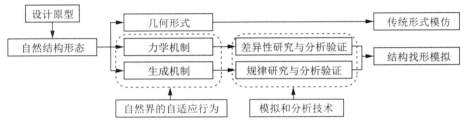

图1-21　对自然结构自适应模型机制进行模拟的策略（与纯形式模仿相比）
图片来源：作者绘制

学性能上的误差。

基于设计推演的图解找形策略：图解是建筑设计的基础思维和主要手段之一，图解既具备对概念的解释性的功能，又具备方案创新的生成性功能。当图解操作具备验证和评估力学性能的能力，同时又具备推演形态的生成性功能时，才可以成为结构形态适应系统的手段之一（图1–22）。在结构分析技术中，力学图解例如静力学几何图解、弯矩图、应力图等都是基于长期研究分析和验证的基础上提出的，具有雄厚的理论基础和严密的技术逻辑，因此挖掘这些图解在设计推演中的生成性功能，可以作为建筑与结构共识性的重要方法。

在计算机技术之前，结构师通常以图解和计算为主要手段进行结构形式的创新，基于静力学理论下的图解静力学，发展出了桁架结构的各种形态。借助材料力学理论下的弯矩图和应力图，又发展出了框架结构和壳体结构的各种形态等，因此图解分析技术本身就是结构形态创新的手段之一。除此之外，借助计算机有限元分析技术，结构图解的内容和种类得到了扩展，与设计模型的互动关系也得到了拓展，从先形态后图解的过程，发展为先图解分析后模型，再到图解与模型的同步显示。这些图解技术既能够在结构找形设计的自我调整中进行性能的评估，同时又能够从内部激发新的响应机制进行形态创新。因此建筑师能够将各类图解运用在设计的各个阶段，在形态的生成、调整和修改整个过程中，进行适应性的推演创新。

基于设计优化的找形策略：优化设计本身既是系统适应下自我调整的手段之一，同时也是实现性能化指标的重要手段。传统建筑设计中对结构形态通常是以合理性为基础，由于性能优化需要借助具体的优化技术手段，因而在传统设计中很少涉及结构形态优化，一直以来也是建筑学在结构形态讨论的空白地带。然而，随着计算机跨学科技术工具的出现，结构优化技术已经不仅是土木工程专业的技术手段，而且是能够帮助建筑师在结构形态中

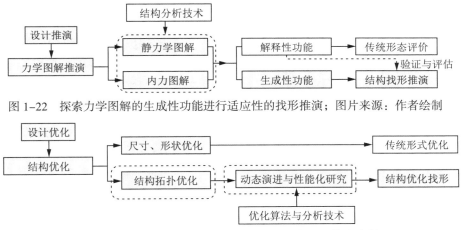

图1–22　探索力学图解的生成性功能进行适应性的找形推演；图片来源：作者绘制

图1–23　基于结构拓扑优化挖掘动态演进的找形；图片来源：作者绘制

进行性能化修正和形态创新的手段之一。

传统工程中的结构优化，通常先确定形式再进行尺寸或形状优化，这是建立在形式确定的基础上进行的研究，缺失动态适应性，而在拓扑优化中，并没有设立初始形态，取而代之的是生成范围，拓扑优化是借助计算机强大的运算能力，在动态演进与性能化的过程中生成动态、多样化的形态（图1–23）。换句话说，建筑师只需给予一个概念性结构体量甚至只是一个设计范围，借助特定的优化算法，便可获得合理优化的结构形态，这是一个以力求形的过程，因此本身也是一个自主获取形态的动态找形过程。

结构拓扑优化设计具有动态演绎和自适应性，借助计算机技术其优化过程能够可视化与参数调控，而不仅仅是一个优化后的形式结果，在优化的任何阶段都能够获取到相对的形态，甚至在一定条件下具备穷举形态结果的潜能。除此之外，除了寻找到结构性能的最优解外，其强大的适应性还体现在对多个模型（几何模型、力学模型、结构模型……）要素的共同优化特征，即多目标优化。多目标优化在设计层面上还体现了协同进化的思想（Coevolution）[1]，通过多个系统的相互作用来提高各自性能，从而适应复杂系统的动态演化环境。

1.4.2 系统中的动态适应

结构形态对建筑系统的动态适应，是接受建筑空间形态因素的刺激，做出相适应的、性能稳定的自我调整，并融合建筑形态和空间的拓展，从而实现差异性的建筑表现力（图1–24），它体现了在纵向层次上结构形态和建筑其他要素相互作用的高级涌现特征。在传统结构选型设计中，结构系统层级通常是明确分类的标准范式，往往是以配置的线性方式介入建筑设计中，很难发生涌现现象，而结构找形设计则是具有拓扑思维特征的，一种以变应变的适应性方式反馈于建筑系统。

拓扑学思维： 拓扑学起初叫形势分析学[2]，其基本思维是从连续变化中寻找拓扑不变性和不变量，其哲学思想是以任何确定性的变化为基础，探索有序的、无限的不确定性。拓扑思维颠覆了传统设计中

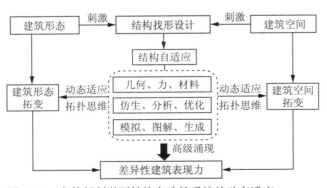

图1–24　在外部刺激下结构向建筑系统的动态适应。
图片来源：作者绘制

---

① 协同进化来源于生物协同演化的思想，是两个相互作用的物种在进化过程中发展的相互适应的共同进化。
② 从18世纪一般拓扑学分支发展而来的数学分支学科，德国数学家莱布尼茨1679年提出的名词。

图 1-25　莫比乌斯面　　　　　图 1-26　　克莱因瓶空间　　图 1-27　仙台媒体中心的混合结构

图 1-25/26/27 来源：www.google.com

强调二元对立的差异分类思维，它以一种包容性的、异质而连续的系统表达差异性，例如在莫比乌斯面和克莱因瓶案例中，莫比乌斯面（图 1-25）和克莱因瓶空间（图 1-26）不存在内与外，正与反的对立面，而是同时拥有两个对立的面并且对立面之间存在不可逾越的边界，正与反、内与外的连通，整个过程是连续而平滑的，两者都通过一种连续的、时间流畅的方式将原本二元对立的元素，生成了一种新的矛盾综合体。这种将差异性进行平滑连续的逻辑思维，取代了现代主义建筑师所追求的矛盾与二元对立逻辑思维，拓扑学能够为结构向建筑系统的动态适应提供一个重要的思维指导。

　　类型学研究着眼于分类，而拓扑学关注的是连接域，即识别类别关系过程与其他类型过程的关联，这是一种新的意识形态。一方面这意味着我们能够在"类"与"类"之间连接的空白地带挖掘出更多的创新潜能，另一方面，拓扑思维关注不变下的可变性，这需要回归到不同类的同胚研究中，也即是回归到类与类背后相同的、不变的力学规律的思考中，将结构体系的分类模式转化为一种基于力学规律的拓扑变化的创新模式。这同时也可以解释当代具有混合（Hybrid Structure）特征的结构形态，日本金箱温春[1] 提出混合（Hybrid Structure）与组合（Mixed Structure）的区别在于，组合只是类型的简单叠加，往往在形态上具有几种独立的类型特征，仅仅基于结构现有分类知识即可达成，而混合则具有迷糊的性质。正如仙台媒体中心的结构设计（图 1-27），虽然启发于多米诺体系，然而不同的时代意义注定使它们具有不同的本质，我们已经无法将其海藻状的空间支柱归类于某一熟知的类种或传统体系，它类似于框架结构，具有框筒的力学原理，同时又包含了斜交网格的结构形式，一种以空间而非结构计算为目的的混杂体，它存在于传统结构类别间的"连接域"中，并且将空间与结构的不确定差异融合在一个整体里。除此之外，它的指向与能够作为原型的多米诺体系也有所不同，它并不是类型学中的普适应用为目的，而呈现出更多的是一种非标准化的、定制的、不明确体系的核心形式特质。

---

[1] 郭屹民 . 日本近现代结构设计的发展线索 [J]. 建筑师，2015（02）：51-61

帕特里克·舒马赫（Patrik Schumacher）认为当代结构工程学向拓扑学转变还由于追求结构优化的内在逻辑 ①。在传统的结构中，结构分析以计算该结构子系统的节点连接为前提，将结构离散为子系统部分再进行组合，而在新的结构工程设计工具和有限元分析技术下，当代建筑结构设计颠覆了所有传统的工程程序，将结构分解成单元（Particles）而不是部分（Parts），工程师能够捕获不断变化的力的排列，潜在力分析模式增多，帕特里克·舒马赫把这个新的方向称之为从类型学到拓扑学的转变，这一点也充分体现在传统离散结构体系向无缝连接的连续结构体系转变中，例如台中大都会歌剧院的腔体结构。

因此，当代以及未来可能会出现更多的在传统结构分类上看似模棱两可的、互相交集的、或者说是混合式的结构体系，甚至传统工程意义上的结构分类也许将会在建筑设计中逐渐消失，拓扑思维能够指导结构形态以一种新的方式适应不断变化的建筑环境。简而言之，应对不断变化的建筑空间需求，并不是只有新的结构层出不穷才能解决，而是在哲学思想、技术手段、生产方式以及性能化设计等环境的变化下，需要一种对建筑结构形态新的认知方式，拓扑思维既能够解释传统分类学难以解释的现象，又能够作为推动结构形态适应它的思维指导。

基于拓扑思维的适应策略：当代建筑形态正在走向多元化、可拓展以及复合化，拓扑思维同时也是当代复杂性建筑形态设计的思维指导之一，这就需要结构找形设计在融入建筑设计中，以一种拓扑变化的适应性策略介入到动态变化的建筑形态设计中，具体的实现途径是基于结构找形对传统力流可变逻辑的拓展操作（图1-28）。这不仅颠覆了传统以形式逻辑为主的形态设计，将力与形整合设计，还能够进一步激发建筑形态的创新，进行动态变形、融合差异同时具有肌理表现的性能化建筑形态设计。

当代建筑空间正在以多样化以及与结构高度融合的趋势发展，建筑的空间设计本身具有适应性特征，是集功能、行为、流线等要素为一体的综合考量过程，是一个动态变化的设计过程，同时空间构型是基于空间的拓扑关系进行推演的设计，其本身具有同胚演化的拓扑特征。传统结构体系的分类选择方式是一种静态的二元对立思维，显然无法反向刺激空间的动态发展，而结构找形是回归到原理性的规律和技术逻辑的探讨，并不局限于任何

图1-28　结构找形设计向建筑形态拓变的动态适应策略
图片来源：作者绘制

---

① 帕特里克·舒马赫，郑蕾.从类型学到拓扑学：社会、空间及结构 [J].建筑学报，2017（11）：9–13

标准形式类型，因此能够在拓扑优化的新思维下，进一步挖掘不同体系类型之间的拓变关系（图1-29），以动态演化的方式适应空间的动态拓扑。这些策略能够弥补传统结构体系分类思维下无法整合空间设计的弊端，更是能够将空间设计与结构形态设计高度的整合，进而发展性能化、动态变化的建筑空间设计。

图1-29　结构找形设计向建筑空间拓变的动态适应策略。
图片来源：作者绘制

1.5　小结

本章全面梳理了结构找形的相关研究背景，解析了结构找形在工程领域以及建筑范畴内的概念和内涵；提出了结构找形的设计思维，并基于当代复杂性建筑需求下，提出了结构找形动态适应策略，用于建立结构找形设计的层级和目标。

1. 明晰和界定了结构找形分别在土木工程以及建筑系统中概念；并且在建筑范畴内，与传统结构塑形、结构造型以及结构构形设计进行对比，进一步明确结构找形的含义与特征。

2. 从结构找形在建筑系统中的定位、对建筑系统的作用特征、与建筑系统要素的互动关系三个层面阐释了结构找形的设计思维；在建筑系统中，结构找形设计首先是一种指向建筑表现力的物质语言转换机制，因此必须以系统联系而非孤立的方式看待结构找形设计，才有可能对建筑创新有所启发。其次，与其他转换机制不同，结构找形是以性能化思维下的形态创新，不仅具有支撑可持续建筑的潜力，并且能够弥补传统形式化方法中缺失的技术内核，发展出科学的设计方法。基于复杂性思维，结构找形设计能够以非线性作用的、动态适应性方式对建筑系统的复杂需求进行反馈，这为当代复杂性建筑发展提供了重要的实现途径。

3. 结构系统内部的自适应是结构系统各个要素相互作用的行为，是结构向建筑系统适应的前提，它能够激发自身差异性结构表现力的涌现现象；基于建筑与结构共识途径，提出了三种适应性策略：自然模拟策略、图解找形策略以及优化找形策略。本书突破传统结构分类思维，以拓扑学思维为指导提出了结构找形向建筑系统的动态适应策略，其中包含了与结构形态直接相关的融合建筑形态、建筑空间的动态适应策略。

第二章　结构找形发展的历史脉络

结构找形的活动最早始于人们对结构未知或理想形态的科学探求，18 世纪前就已经出现，虽然在 20 世纪早中期一直没有被主流建筑接受并推广，但如今能够作为影响建筑设计的方法之一并广泛应用，一方面找形技术方法是随着结构技术的上百年发展逐渐成熟，具备雄厚的结构技术理论，这是自下而上推动结构形态创新的内因；另一方面，结构找形设计活动直到 20 世纪末才开始再一次爆发，这也是受到建筑领域自上而下设计思维层面上的影响，随着设计思维的转变和建筑理论的发展，借助跨学科整合和不同合作模式，结构找形开始了从技术向设计的回归，并且随着不同发展模式影响到建筑、结构的各个方面。

2.1　作为技术工具的找形

2.1.1　静力学图解

19 世纪之前静力学是结构力学中最先发展起来的分支，静力学主要研究结构在静荷载作用下的受力状态以及平衡规律，这也是源于砖石作为早期主要建筑结构材料，遇到的首要问题即是平衡问题，因此这一时期的静力学理论主要是从事物的平衡问题中总结力学规律，还没有发展到后来用复杂的数值模型计算分析结构构件的组合系统问题。然而恰恰正是这样一个注重探求基本力学原理的时代背景，为结构找形技术提供了发展的温床，由此也催生了第一次科学的结构找形活动。

早期的静力学理论发展：早期对静力平衡的研究源于学者们对自然物、身体、实验的观察以及不证自明的公理的假设与论证；早在《墨经》中就有关于杠杆原理的记载，其中提到了"本"（重臂）与"标"（力臂）的平衡与距离关系；而首次对平行力的平衡进行严密推演并进行应用的是古希腊的数学家阿基米德（Archimedes）[1]，为静力学研究奠定了理论基础；荷兰学者西蒙·斯蒂文（Simon Stevin）在阿基米德基础上解决非平行力情况下的杠杆问题，并在斜面定律[2]的实验中，得到了力的合成与分解法则，并且首先以一种图形化的方式表达出来（图 2-1），这一理论一直到 1687 皮埃尔·伐里农（Pierre Varignon）提出了著名的伐里农定理（Varignon's theorem）[3]之后才完备起来。在这些原理

---

① Archimedes L. Heath on the equilibrium of planes[M]. Cambridge: Cambridge University Press, 2009:189–202
② 斜面定律是放在斜面上的一个物体所受的沿斜面方向的重力与倾角的正弦成正比。
③ 对于同一点或同一轴而言，力系的合力之矩等于力系各分力矩之和。

知识的基础下，法国数学家菲利普·德雷耶[1]（Philippe De Lahire）首次尝试以图式化的方式解决拱的力学平衡问题，随后潘索[2]（Louis Poinsot）又继续提出了任意力系的简化和平衡理论，约束的定义以及解除约束原理。伐里农定理与潘索多边形原理[3]，一同为静力学分析奠定了基础。

至此静力学中基本的物理量、力、力偶、力矩以及约束条件问题都已经准备完善，图解静力学方法[4]也由此产生。之后结构师们在 1864 年结合几何投影学将其扩充为形图解与力图解组成的交互图解，并被德国工程师卡尔·库曼（Karl Culmann）做了体系化的梳理和扩展，将其命名为"图解静力学"（Graphische Statik）[5]。

找形从悬链线拱问题中诞生：混凝土拱和穹顶的出现诠释了整个罗马时期重视建筑内部空间的期望，将希腊时期的大理石梁柱系统取而代之的是整体空间上的支撑力量，对室内空间拓展和多样化的追求促使工匠们开始了对整体结构的不同组合尝试，但在对穹顶的尝试中，经常会有拱顶倒塌的案例，例如圣索菲亚大教堂（Haghia Sophia）。对于结构的变形、开裂等问题，起初工匠们依据经验通过增加结构的厚度和利用更强的材料来对付，这些仅仅需要工匠们对结构强度随着形状大小和材料的变化关系有大致简单的经验和直觉。逐渐的，他们对结构作用有了更彻底洞察，那就是改变结构形态、引入新的结构要素或尝试不同的施工方法，例如筒拱、交叉拱以及发展到拜占庭时期的帆拱等；基于中世纪这些拱结构实践，从 1690 年到 1720 年期间，数学家与物理学家们如罗伯特·胡克（Robert Hooke）、斯特灵（Robert Stirling）等进行了大量的关于拱结构的研究[6]，并出现了第一个关于砌体力学的数学公式，奠定了石拱理论的基础。在这样的背景之下，科学家们专注解

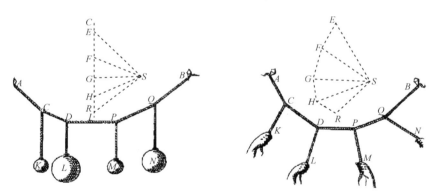

图 2-1　斯蒂文的力学平衡图解；图片来源：Simon Stevin. De Beghinselen Der Weeghconst，1586

① Philippe De Lahire，Traité de mécanique，《力学论》，1695
② Louis Poinsot，Staticae elementis，《静力学原理》，1803
③ 求若干个力的合力，将各力（向量表示）首尾顺次相接，从最初起点到最终终点的有向线段即为所求合力。
④ 静力学的研究方法有几何法（几何静力学）与分析法（分析静力学）。几何静力学可以用解析法，即通过平衡条件式代数的方法求解未知约束反作用力；也可以用几何图解法（平行四边形原理为基础）。
⑤ 孟宪川，赵辰.图解静力学简史[J].建筑师，2012（06）：33-40
⑥ 在圣保罗大教堂（St. Paul's Cathedral）重建中，胡克提出拱结构形态关键是找到合理的拱轴线。

决拱的坍塌问题中诞生了第一次科学的找形——悬链线拱的找形。

悬链线拱在自然界结构中并未被发现过，它的出现是科学家们从悬链线的倒置实验中推理得出，其原理是当由给定荷载的推力线完全位于拱的剖面上时则拱是稳定的。悬链线是一种物理几何曲线，在理想状态下，悬挂链或绳索仅在其末端受支撑时，自重作用下所呈现的曲线[1]。悬链线的问题始于达·芬奇（Leonardo di ser Piero da Vinci）在绘画中对项链自然垂吊的曲线形状产生的疑问，首先是数学家们对悬链线这一曲线产生了兴趣，试图寻找精确的数学定义，伽利略（Galileo Galilei）表示这一曲线类似于抛物线[2]，后来瑞士数学家雅各布·伯努利（Jacob Bernoulli）也试图用函数去证明这是一条抛物线。正当数学家们忙于用数学证明这一推论时，胡克在 1671 年向英国皇家学会发声"找到了拱形优化的问题"[3]，他在仪器发明的实验中发现了螺旋弹簧伸长量和所受拉伸力成正比，并声称找到了一种在真正意义上以数学与力学相结合的完美建筑拱形式[4]，这是一种"正如灵活的悬挂的索线，倒置过来，则是立在拱门之上"[5]的曲线形式，至此悬链线最原始的力学特性开始被科学家们关注。之后 1684 年莱布尼茨（Gottfried Wilhelm Leibniz）、惠更斯（Christiaan Huygens）和约翰·伯努利（Johann Bernoulli）在学术学报 *Acta Eruditorum* 中也给出了这一曲线的正确数学公式，证明它是一个双曲余弦函数 cosh 而非抛物线[6]，悬链线一直以来的数学之谜也得以解决，其几何特征也能够用数学方式进行精确的定义与描述。随后，1694 年大卫·格雷戈里（David Gregory）从纯数学角度推导了悬挂柔索的悬链线微分方程，并提出推力线理论：当由给定荷载的推力线完全位于拱的剖面上时则拱稳定。至此，悬链线理论和数学定义得以完善，建筑师与工程师开始投入到大量的拱结构推力线的研究。

1747–1778 年圣彼得大教堂（Saint Peter's Basilica）的修复问题中，由于圆屋顶的底部出现了箍张力，从而导致了子午线方向的裂缝，威尼斯物理学家乔瓦尼·波黎尼（Giovanni Poleni）利用悬链线对这一问题进行了研究和分析（图 2-2）。波黎尼尝试用胡克提出的"悬索倒置即是合理拱"的论点，并结合斯特灵、格雷戈里等人的拱结构理论基础，首先把拱看作是几何和机械上相同的无摩擦球体形成的一个不稳定的静力图解，由此将拱顶简化为具有相同几何形状的球段，相互支撑的球形部分代表了拱件的自重荷载，包括拱顶的环箍重量，通过成比例分量相互联系的球体，波黎尼利用 32 个不同重量的球状荷载悬垂在绳索上，产生与实际拱形比例近似的悬链线，再以悬链线为安全矫正的参考线，根据格雷戈

---

① 悬链线词条——WIKI 百科
② Galileo Galilei.Discourses and mathematical demonstrations relating to two new sciences,1683
③ Robert Hooke. A description of helioscopes and other instruments[M]. London:John Crosley, 1675
④ Ardine Lisa. Monuments and microscopes:scientific thinking on a grand scale in the early royal society[J]. Notes and Records of the Royal Society of London, 2001, 55(2):289–308
⑤ Addis B . Building: 3000 years of design engineering and construction[M]. London: Phaidon, 2007
⑥ Gottfried Wilhelm Leibniz, Christiaan Huygens, Johann Bernoulli. Nova Methodus pro Maximis et Minimis[J]. Acta Eruditorum,1684

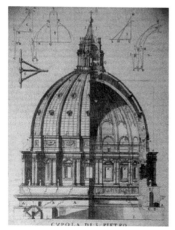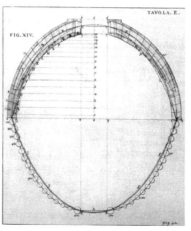

图 2-2 圣彼得大教堂穹顶（左）及其力学图解分析（中），图 2-3 类似悬链线形式的泰西封拱门（右）

图 2-2 来源：Addis B . Building：3000 years of design engineering and construction[M]. London: Phaidon，2007

图 2-3 来源：scholar.google.com

里推力线理论，处于参考线内部的结构则视作安全，由此判断圣彼得大教堂拱顶结构的安全性[1]。虽然在古老建筑中我们能够发现具有类似悬链曲线的拱形，例如伊拉克泰西封拱门（Ctesiphon，Taysifun）（图 2-3），但是真正意义上用数学与力学理论支撑的科学找形应用则是波黎尼的这次拱顶结构矫正。

　　受到波黎尼的逆吊找形方法的影响，安东尼·高迪在 1883 年圣家族大教堂的设计中也用到了同样的找形方法，高迪将教堂平面图按 1：10 的比例画在一个木板上，然后将它放在工作间的屋顶上并从有柱子的地方吊线，在吊线上加铅袋，铅袋重量是拱实际承重的万分之一。铅袋使吊线变形下垂形成悬线成为建筑所需的合理结构，将模型照片翻转过来，就得到建筑结构的绝对准确的拱形，正好和结构应力线吻合（图 2-4）。高迪的这种开创性的研究还受到了西班牙建筑师拉斐尔·古斯塔维诺（Rafael Guastavino）的设计影响，古斯塔维诺将这种方法运用在传统的加泰罗尼亚拱顶和埃菲尔铁塔的结构找形中，在巴塞罗那建造了一批体量巨大的工业建筑。高迪从朋友胡安·马托雷尔（Juan Martorell）那儿学习了图解静力学的知识[2]，并运用在奎尔公园（Park Guell）挡土廊柱（图 2-5）以及米拉公寓屋顶等作品中。

　　图解静力学的后期发展：在静力学理论的完善下，结构找形以悬链线的方式开启了在建筑中的应用发展，在工业革命之后，静力学理论在桁架结构的设计分析中作为主要的理论基础，并一直作为研究结构静力问题的理论指导发展至今。19 世纪中期到 20 世纪初期

① Heyman J. The stone skeleton[J]. International Journal of Solids And Structures, 1966:249–279; Maxwell Jc. On reciprocal figures and diagrams of forces[J]. Philos Mag, 1864, 26:250–261

② 斯坦福·安德森·埃拉蒂奥·迪埃斯特 [M]. 杨鹏，译 . 上海：同济大学出版社，2013

 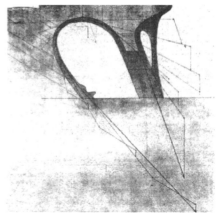

图 2-4　圣家族大教堂的设计源于逆吊找形方法　　　　　图 2-5　奎尔公园柱廊的图解静力学找形

图 2-4 来源：www.researchgate.com；

图 2-5 来源：George R. Collins. Antonio Gaudi: structure and form[M]. Cambridge: MIT Press,1963:63-90

图解静力学作为桁架结构的主要分析手段，工业革命时期，基于投影几何的操作方式，库尔曼将这些基于求解静力学问题的几何图示方法正式称为图解静力学，同时开始作为结构分析方法被应用于工程实践；19 世纪末开始至今仍然有一大批著名工程师利用这种传统的力学图解方式进行结构分析与找形，例如马亚尔（Robert Maillart）在大量桥梁设计中的应用（图 2-6），康策特（Jürg Conzett）在其桥梁设计中利用图解静力学方法进行桥身弧线的确定（图 2-7）等。

在图解操作法则和方法创新研究方面，较早的使图解方法成为体系的推进始于库尔曼的学生、结构工程师克里斯蒂安·莫尔（Christian Otto Mohr）提出的"麦克斯韦·莫尔法"[1]（Maxwell Mohr Method），在 20 世纪初苏黎世高等技术专科学校 ETH 及洛桑高等工科学校 EPFL 在其方法上继续研究，并将其延续到建筑结构的教学体系中。近 30 年，随着数字化技术的革新，静力学图解逐渐出现了新的操作方法，ETH 的 BRG（The Block Research Group）团队、麻省理工学院 Digital Structure 和 Structure Design Lab，以及普林斯顿大学 Form Finding Lab 团队等都在结合优化算法、三维模型平台，在麦克斯韦·莫尔方法的基础上又发展出了优化生成法、三维图解法、多边形图解法等[2]，并对经典建筑案例进行图解静力学的分析（图 2-8）；国内南京大学的孟宪川[3]提出的 MGS 标注法等；这些新的方法和操作法则的提出，都在不断拓展着图解静力学所适用的结构范围，同时也在为图解静力学方法下结构形态探索提供了新的可能。

从这些理论与历史发展中能够清晰地看到，几何静力学中的图解法能够以简单的几何作图的方式求得结构受力状况，它来源于科学家们直接从现实实验中的抽象描述以及一代代的

①　Maxwell Jc. On reciprocal figures and diagrams of forces[J]. Philos Mag, 1864, 26：250-261

②　见 http://formfindinglab. princeton. edu/；http://digitalstructures.mit.edu/

③　孟宪川，赵辰. 图解静力学简史 [J]. 建筑师，2012（06）：33-40

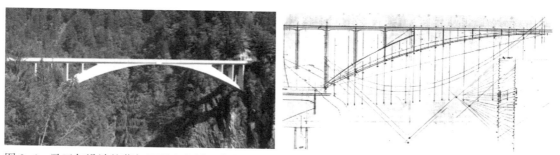

图 2-6　马亚尔设计的萨尔基那山谷桥及其合理拱轴线找形。图片来源：www.atlasofplaces.com/architecture

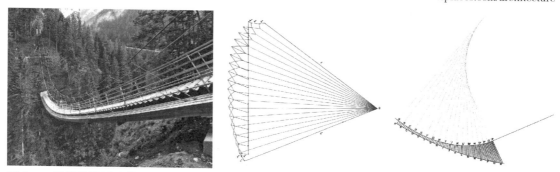

图 2-7　康策特的桥及其图解静力学找形；图片来源：https://inspiration.detail.de（左）；Mohsen Mostafavi. Bruno Reichlin，Structure As Space.Architectural Association.2006（右）

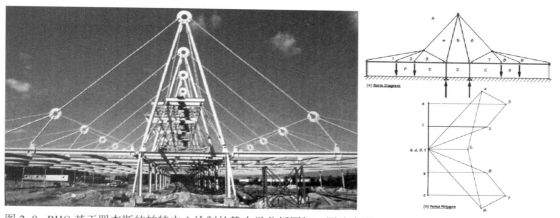

图 2-8　BHG 基于罗杰斯的帕特中心绘制的静力学分析图解；图片来源：www.block.arch.ethz.ch

推证累积，无论在操作方法和原理认知上都与形而上的建筑设计存在内在联系，可以说它保留了人类内心探究现实世界原理性知识的欲望和原始途径，从而和结构以外的精神层面仍然保持联系，由此图解静力学能够作为建筑师与结构师所共识的结构找形方法之一。

2.1.2　内力拟形

内力分析技术的发展：在 19 世纪中叶，工程师们掌控的大多是以跨度或高度结构问题为先导的钢铁桁架建筑项目，因此以杆件组合为主的结构力学分析首先在桁架结构中发展并成熟，在此基础上，材料力学也进入了结构理论发展中，杆结构弯曲、扭转变形的问题得到了解决。基于 19 世纪之前伽利略、胡克、雅各·伯努利[1] 的理论基础上，纳维埃（Claude Louis Navier）在 1826 年提出挠曲线微分方程以及梁的弯曲强度公式[2]，随后俄罗斯铁路工程师卓拉夫斯基（Dmitrii Ivanovich Zhuravskii）在 1855 年得到横力弯曲时的剪应力公式[3]，德国工程师达西·魏斯巴赫[4]（Darcy Weisbach）通对材料塑形和刚度的研究发现，材料弹性其实是材料对变形和抵抗，他将结构反应区分为：绝对的拉压，相对的弯曲和扭转，并最早用弯矩图形分析单跨梁的支撑与受力状况（图 2–9），随后结构内力简图作为工程知识体系的方法之一。

除了弯矩图、剪力图外，应力图也是材料力学发展中的重要图解，应力图最早是以应力轨迹线的方式呈现（图 2–10），应力轨迹线代表了结构内部主应力受力状况和走向变化，具有相等应力值的点连接起来的线称为等应力线。除此之外，工程师们还曾尝试过许多将力可视化的直观方法来分析结构的应力状态——光弹性模型，例如罗伯特·马克（Robert Mark）在对哥特式交通的分析中，将具有双折射效应的透明塑料制成的结构模型置于偏振光场中[5]（图 2–11），当给模型加上载荷时，即可看到模型上产生的干涉条纹图，测量此干涉条纹，通过计算，就能确定结构模型在受载情况下的应力状态。

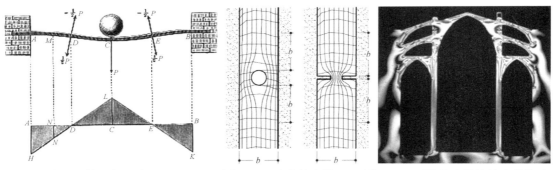

图 2–9　韦斯巴赫的弯矩图　　　　图 2–10　应力轨迹线　　图 2–11　哥特教堂结构的光弹模型

图 2–9来源：Kurrer K E. The history of the theory of structures：from arch analysis to computational mechanics [M]. Berlin: Ernst & Sohn, 2009

图 2–10来源：Edward Allen, Waclaw Zalewski. Form and forces：designing efficient，expressive structures[M]. New York: John Wiley &Sons Ltd, 2009

图 2–11来源：Mark R，De Sampaio Nunes P. Experiments in Gothic structure[M]. Cambridge：MIT Press，1982

---

[1] 雅各·伯努利 1695 年提出了梁弯曲的平截面假设，证明中性层曲率与弯矩成正比。
[2] Kurrer K E. The history of the theory of structures：from arch analysis to computational mechanics[M]. Berlin: Ernst & Sohn, 2009: 6
[3] Kurrer K E. The history of the theory of structures：from arch analysis to computational mechanics[M]. Berlin: Ernst & Sohn, 2009: 80
[4] Kurrer K E. The history of the theory of structures：from arch analysis to computational mechanics[M]. Berlin: Ernst & Sohn, 2009: 306
[5] Robert Mark. Experiments in Gothic structure[M]. Cambridge:MIT Press,1982.

内力分析找形拓展： 在分析技术的发展中，虽然弯矩图和应力线主要来源于结构变形与内力计算问题，但以托马斯·特尔福德（Tomas Telford）、马亚尔（Robert Maillart）、奥斯玛·安曼（Othmar Ammann）为首的一大批工程师开始利用这些分析方法进行力与美的找形设计，并一直活跃到 20 世纪初。马亚尔将这一找形方法运用在基亚索仓库（ChiassoWarehouse Shed）的钢筋混凝土屋架结构中（图 2-12），埃杜阿多·托罗哈（Eduardo Torroja）认为整合结构和建筑的形式是必要的，"功能、美和结构要求必须在项目的初始概念阶段就被视为整体"[①]，他在萨苏埃拉马场（Zarzuela Hippodrome）的看台雨棚中，运用预应力混凝土技术并采用双曲面的形式，通过寻找混凝土板的内力规律，让钢筋的布置吻合应力轨迹线的分布解决了这一难题，从外部呈现出不可思议的悬挑和极薄的结构厚度（图 2-13），同样的方法也用到了阿赫西拉斯镇集市（Algeciras Market Hall）的穹顶结构中。

在计算机应用于建筑之前，奈尔维（Luigi Nervi）也用材料应力线分析这种方法进行结构找形设计，托罗哈利用应力轨迹线对应内部的钢筋配置，而奈尔维则将结构应力轨迹线简化后直接将构件对应分布，从视觉上将形与力的映射结合。在奈尔维的许多设计中都

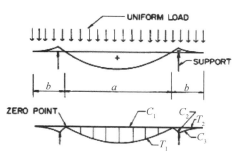

图 2-12　基亚索仓库及其弯矩图分析；图片来源：www.researchgate.com

图 2-13　萨苏埃拉马场看台顺应应力实现大悬挑　　　图 2-14　罗马迦蒂羊毛厂肋板肌理

① Eduardo Torroja, et al. Philosophy of structures[M]. Berkeley: University of California Press, 1958.

图 2-15　罗马小体育场屋面（左），图 2-16　都灵展览馆（中），图 2-17　飞机库（右）
图 2-12/13/14/15/16/17 来源：www.pinterest.com

曾用到这种方法进行结构找形设计，例如，罗马迦蒂（GATTI）羊毛厂（图 2-14）、罗马小体育场（Little Sports Palace）（图 2-15）、都灵展览馆（Turin Exhibition Hall B）（图 2-16）和飞机库（图 2-17）的设计中，奈尔维根据应力线轨迹对结构网格进行优化的找形设计，将壳体以及框架体系中隐含着的力流路径呈现出来。在都灵展览馆中，奈尔维还充分地利用混凝土材料在形态上的可塑性进行支撑柱的找形设计。

　　西班牙建筑结构师菲利克斯·坎德拉（Félix Candela）批判传统的以数学计算研究混凝土的分析方法[1]，强调设计师应当回归到原理性和材料研究中进行设计创新，坎德拉利用一种几何精确定义的双曲面进行曲面混凝土结构形式的探索（图 2-18（a）），双曲抛物面上任意一点，都有面上的两根直线经过这个点，这使得建造壳体时可以利用竖直的木材搭建模板，这样能够大大减少施工的代价，在战后发展经济结构形式的诉求下，这个特征尤为重要。1950 年坎德拉成立建设公司（Cubiertas Ala），在承接的项目中开始推广标准化的伞形混凝土屋面，他利用双曲面的形式实现了钢筋混凝土结构的悬挑、起壳以及极薄横截面，并在 20 世纪下半叶的大量工程中一直沿用这种方法。例如纺织工厂设计（High Life Textile Factory）（图 2-18（b）/（c））、勋章教堂（Iglesia de la Medalla Milagrosa）（图 2-18（d））、坎德拉利亚地铁站屋顶支撑（Candelaria Metro Station）（图 2-18（e））、墨西哥城的百加得瓶装厂（Bacardi Bottling Plant in Mexico City）（图 2-18（f）），等等。

　　面对这些几何非线性的三维空间结构形态，位移法[2] 是其主要的力学分析方法，其平衡方程也是根据变形后板壳的几何形状导出，但由于计算机模型以及有限元的矩阵位移法在 20 世纪 60 年代才开始进入实际工程应用，到 80 年代之后才真正开始推广。因此，在此之前这些建筑结构大师们往往需要绘制大量精确的图纸、复杂的数学计算以及模型实验来实现结构找形设计，而这也无疑为当时那些传统艺术教育出身的建筑师们对复杂结构形

① Massimiliano Savorra，Giovanni Fabbrocino. Félix Candela between philosophy and engineering: the meaning of shape[C]. Structures and Architecture：Concepts. Applications and Challenges，Guimaraes，2013.
② 位移法是基于应变分量和位移分量的关系，是解决超静定结构最基本的计算方法。

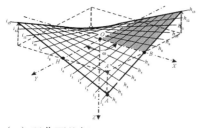

（a）双曲面几何　　　　　　（b）纺织工厂的伞形支撑　　　（c）伞形支撑建造照片

（d）勋章教堂伞形支撑　　（e）坎德拉利亚地铁站伞形支撑　　（f）百加得瓶装厂伞形支撑

图 2-18　坎德拉的伞形混凝土屋面系列的实践研究；图片来源：www.archdaily.com；www.pinterest.com

态的探索增加了难度。

材料力学对结构形态设计创新的贡献是毋庸置疑的，它促使工程师们从经典理论走向了应用科学阶段，在大量的实践中进行探索创新。结构找形的技术途径也在研究平衡体系的图解静力学之外拓展到了内力分析技术，材料力学解决了静力学无法解决的应力问题，从而在桁架结构之外发展出了新的形式和结构体系。

2.1.3　结构优化

在早期的找形设计中，奈尔维、托罗哈等建筑结构师的找形操作往往是根据经验拟定一个初始结构形态，通过结构分析（绘制弯矩图、应力轨迹线等），得到结构内部受力与材料分布的大致状况，但其涉及具体的形态参数时则需要大量的代数计算，因此很难应用在更加复杂的空间结构上。20 世纪 60 年代，随着计算机进入结构工程领域，结合有限元理论发展出了计算力学，有限元结构分析能够解决大量复杂的数值计算，并作为重要手段开始大规模普及，由此彻底拓展了复杂空间结构形态创新的广度。

基于有限元分析的优化技术：现代有限元思想可以追溯到 18 世纪末，但有限元理论是 20 世纪后期发展起来的，1941 赫尼考夫（A.Hrennikoff）[1] 首次提出了离散元法，最先

① Kurrer K E. The history of the theory of structures：from arch analysis to computational mechanics[M]. Berlin: Ernst & Sohn, 2009: 493.

在航天工程领域发展起来。60年代初克拉夫（Clough）教授[1]正式定义了"有限元"的概念，并将有限元应用的范围扩展到解决飞机以外的工程问题上，随后有限元的概念便开始被引用到建筑结构分析研究中。结合计算机强大的数据计算处理能力，以及越来越多的有限元软件开发，计算机有限元分析法在60年代后开始应用到实际工程中，并在80年代后开始全面推广和综合应用。有限元进行结构分析的基本思想是先将复杂的整体结构离散到按一定方式互相连接的有限个单元（Finite Element），再把力学方程施加于结构内部的每一个单元，然后通过单元分析组装边界条件等得到结构总方程和受力反应。由于单元能按不同的连接方式进行组合，并且单元本身又可以有不同形状，因此可以精确分析任意形式的结构，例如杆构件、板构件、壳体、实体混凝土结构、变截面梁柱以及非规则结构体系。

有限元技术推动了建筑形式的复杂化发展，因此结构优化成了20世纪末的技术核心问题。20世纪60年代以来，由于航天工业与数字计算机软硬件的发展，航天工业的发展中迫切要求一套方法减少飞行器结构的重量，这直接推动了结构优化技术的发展，而近代计算机有限元技术则大大激发了结构分析的能力，这也从根源上使得结构优化的技术、方法和软件开发得到了飞速拓展。除此之外，20世纪70年代，人们在结合计算机、力学分析以及研究自然界生物体的进化过程中，发现了新的仿生学方法，借助计算机强大的运算能力，将进化算法例如基因遗传算法（Genetic Algorithm，GA）、神经网络算法（Artificial Neural Network，ANN）、免疫算法（Immunity Algorithm，IA）、蚁群算法（Ant Colony Algorithm，ACA）等代入到结构优化模型中，这使得优化找形方法层出不穷。例如1964年格林伯格（Greenberg）[2]等人将数值计算理论有效地嵌入其中，提出了基结构法（Ground Structure Method），1988年班德苏（M.P. Bendsoe）[3]等人将具有孔洞的微结构引入了连续体结构的拓扑优化设计，将微结构中的孔洞的尺寸作为设计变量，提出了均匀化方法；谢亿民[4]及其建筑结构设计公司团队在1992年提出渐进优化法，以及在1998年提出的修正的BESO（Bi-directional ESO）双向渐进优化算法[5]等。

基于数值运算技术的找形拓展：新的力学理论和结构技术必然为结构找形打开新的局面。一方面复杂建筑结构形态得以合理化，优化技术帮助建筑师和结构师在成形的形式基础上进行局部找形修正。在伊东丰雄（Toyo Ito）与佐佐木睦郎（ささきむつろう）合作的福冈Grin Grin植物园中，佐佐木睦郎通过力学分析对带有孔洞的自由壳体曲面进行优

① Clough R W . The finite element method in plane stress analysis[C]. Asce Conference on Electronic Computation，Pittsburg，1960.
② Dorn W，Gomory R，Greenberg H . Automatic design of optimal structures[J]. J de Meanique，1964，3（1）：25-52.
③ Bendsoe M P, Kikuchi N. Generating optimal topologies in structural design using a homogenization method [J] .Comput . Methods Appl. Mech.Eng，1988，71：197-224.
④ Xie Y M，Steven G P. Shape and layout optimization via an evolutionary procedure. [C] . Proceedings of the International Conference on Computational Engineering Science，Hong Kong，1992.
⑤ Querin O M，Steven G P，Xie Y M. Evolutionary structural optimization（ESO）using a bi-directional algorithm [J] . Engineering Computations，1998，15：1034-1048.

图 2-19 福冈 Grin Grin 植物园屋顶（左）及其结构优化（右）

图片来源：日本 A+U 杂志社. 伊东丰雄：建筑进行中 [M]. 曹文燕，译. 宁波：宁波出版社，2005

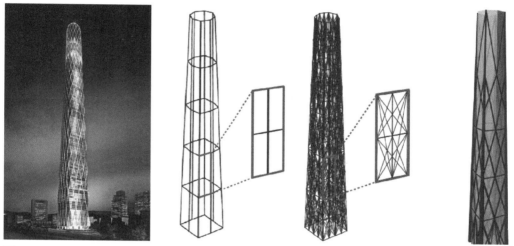

图 2-20 基于 Lotte 塔原型的表皮网格结构优化

图片来源：Zhang X J，Maheshwari S. et al. Macroelement and macropatch approaches to structural topology optimization using the ground structure method[J]. Journal of Structural Engineering，2016，142（11）：04016090

化调整（图 2-19），在优化迭代中获取弯曲应力以及扭曲最小的目标形式，最终在形式、结构性能、截面尺度、孔洞大小和空间尺度等各个方面的权衡下，选择第 46 次迭代结果[1]。塔瓦克（Tavakkoli S M）和萨拉亚瑞（Shahryari L）[2] 等学者以 SOM 的 Lotte 塔为原型，利用广度优先算法（Cuthill-McKee）进行结构优化，获取到打破传统标准化斜交网格的拓扑形态，其表皮网格既是形的表现又是力的表达（图 2-20）。

另一方面，随着计算机技术发展，结构优化已经能够从局部尺寸和形状优化发展到拓扑优化和布局优化的整体层面上，从单一目标优化拓展到多目标优化，甚至能够突破设计师的想象，探索潜在却未知的结构形式。例如矶崎新（Arata Isozaki）在卡塔尔国家会议中

① 崔昌禹，严慧. 结构形态创构方法：改进进化论方法及其工程应用 [J]. 土木工程学报，2006（10）:47-52
② Zhang X，Maheshwari S，Ramos A S，et al. Macroelement and macropatch approaches to structural topology optimization using the ground structure method[J]. Journal of Structural Engineering，2016，142（11）：04016090

图 2-21　基于拓扑优化的形式设计：卡塔尔的国家会议中心（左），喜马拉雅中心（右）
图片来源：www.isozaki-plus-huqian-partners.com

图 2-22　基于拓扑优化对步行桥和罗马角斗场找形探索
图片来源：Frattari L, Dagg J P, Leoni G. Form finding and structural optimization in architecture: case study on the pedestrian bridge Pegasus [C].Annual International Conference on Architecture and Civil Engineering, Singapore, 2013

心和上海喜马拉雅中心中利用拓扑优化策略探索富有自然生长的、艺术性的支撑形式（图 2-21）。福莱塔 [①]（Frattari L）团队还将这种自主优化找形的方法运用到了步行桥、罗马角斗场和高层结构设计中（图 2-22）。

2.2　建筑思想驱动的找形

虽然力学理论与结构技术为结构找形发展提供了坚实的物质基础，但结构找形的目标并不止步于物质形态，其对建筑设计创作的意义价值要远胜于此。建筑理论思想的影响虽不如技术变革、审美变化等因素对结构设计影响强烈和直接，但建筑理论的发展和设计思维的变革对结构形态创作的作用却是更加深远和持久，它引导找形方法在建筑设计中的作用，同时也极大地激发了建筑形态创新的潜能。

---

① Frattari L，Dagg J P，Leoni G. Form finding and structural optimization in architecture：case study on the pedestrian bridge Pegasus[C]. Annual International Conference on Architecture and Civil Engineering，Singapore, 2013

2.2.1　结构理性主义与本体回归

结构找形的活动虽然在 18 世纪已经出现，但由于早期建筑形式依旧是以传统学院派的美学比例为原则，结构找形是为了修复检测拱结构稳定性的目的，并不能称之为结构找形设计活动，直到 19 世纪结构理性主义在建筑发展中的影响，结构形态在建筑设计中的重要性被集中关注，结构找形才开始在建筑发展中发挥其设计创新价值。结构理性思潮从另一方面充分体现了人类对力学设计意识的转变，工业革命时期结构理性主义反对的是古典学院派不顾理性逻辑任凭美学上的统治，然而这种力学意识的建立并非从天而降，可以将其从认知层面理解为：在身体中探索—在空间问题中升级—向本体回归的转变。

● 在身体中探索

在古希腊及罗马时期，堆叠结构中也并不是没有力学经验的用武之地，早期人类对建筑形态美学的认知是源于对自然界形态的崇拜与观察，维特鲁威在建筑十书中曾介绍道："由于卡里亚城邦与希腊为敌，后来希腊人以辉煌的胜利结束战争便占据其城堡……俘虏卡里亚人的妻子作为奴隶……便在公共建筑物里设计了她们负荷重载的形象"[①]。这种隐喻女性为奴负荷载重的形象被首先大量运用到建筑的柱式结构部分，按照人体各部分的式样制定严格的几何比例与构图法则。在早期只是在表皮形象上表达出对重力抵抗形象，这时柱子的轴力部分仍然保持竖直与对称，匠人们根据经验缩减柱子外围的材料，随后在罗马时期又出现了非直立且非对称的人物形象。恺撒（Cesare-Cesariano）后期对希腊柱式做了大量的插画（图 2-23），其中柱子完全是对男子单膝跪地的形象，根据建筑的层高变化，身体对屋顶荷载反映出不同的支撑姿态。显然，这种非对称支撑点的位置设定需要被考虑到设计中，而在当时这种人体比例是匠人们根据人体肌肉—骨骼系统的杠杆作用和姿态调节平衡的经验做出的，建筑师们基于这种身体知识，并且由石材的雕塑经验潜移默化地建立了建筑的力学意识，例如在头饰处增大的比例，联结柱托也是柱帽增加支托面积的表现，而男子臂膀对屋顶的撑举姿态则是增加结构斜向撑杆的雏形。虽然当时还没有发展出科学的力学理论，但基于给其支撑结构赋予一种人体力学形态，去追求当时社会美学和精神上的意义，已经是一场潜在的形与力的表达。

● 在空间问题中升级

希腊时期以经验式堆叠解决构图支撑问题的方式，无论从支撑系统上还是建造技术上都为美学修正留有足够发挥的余地，然而哥特时期提出了对空间高度上的追求，并且由于对光的崇拜以及宗教象征意义导致建筑大面积开窗的要求，哥特建筑师们面临着结构与艺术的双重挑战。虽然哥特式时期建筑师已是现代意义上的一门职业，但对结构各部分尺度关系和构件尺寸的确立则是源于中世纪发展出的一种比例计算方法，而非力学计算方法。

---

① 维特鲁威.建筑十书[M].高履泰，译.北京：知识产权出版社，2001

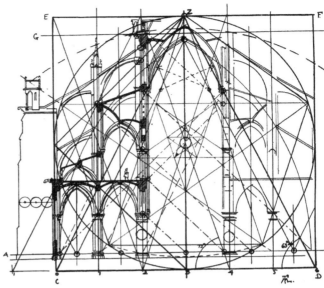

图 2-23　人体负重结构形象的柱式　　　图 2-24　方形法以比例法则为依据

图 2-23 来源：ubens.anu.edu.au；图 2-24 来源：www.researchgate.com

15、16 世纪劳立沙（ Mathes Roriczer ）、洛伦茨（ Lorenz Lechler ）[①] 将其称为方形法（ Quadrature ）——一种以方形为外框，从一系列沿着对角线画出的方形和相切圆形推导出各种尺寸的方法，这是一种以抽象的几何方式确定各部分关系的经验法则（图 2-24），米兰大教堂唱诗区与高侧窗部分墙体厚度的比例就是用这种方形法推导出来的。显然，在追求空间挑战中建筑师们寻求合理的结构意识已经开始形成，但这种建筑艺术家们的形式逻辑却不具有任何力学依据和理论支撑，理性与经验的矛盾已显而易见。

● 向本体回归

在力学理论的完善和结构技术的进步下，这种古典学院派不顾理性逻辑任凭美学构图的统治，受到了理性主义哲学思想的冲击，企图摆脱法国保守学院派的建筑师们，重新用理性的批判性的眼光，审视从希腊、罗马、哥特、文艺复兴直到 19 世纪的欧洲建筑。一部分建筑师开始用历史唯物主义观点来分析建筑形式，转向了建筑本体论的研究：首先是 19 世纪前半叶以布雷（ Etienne Louis Boulle ）、迪朗（ Jean-Nicolas Louis Duran ）为首的建筑师和教育家，试图将传统学院派的美学比例原则转向实用性和功能性原则，中叶又出现以勒·杜克（ Eugène-Emmanuel Viollet-le-Duc ）、佩雷（ Auguste Perret ）等现代主义先驱，继续将建筑从古典主义几何构图与比例法则引向结构理性的道路上。德国建筑师辛格尔（ Karl Friedrich Schikel ）认为建筑就是为特定的目的将不同的材料结合为一个整体，并

① 陆地，肖鹤. 哥特建筑的"结构理性"及其在遗产保护中的误用 [J]. 建筑师，2016（02）：40-47.

强调"建筑具有精神性，但是建筑的物质性才是我思考的主体"[①]。勒·杜克在1853年巴黎美术学院的讲演中提出"在建筑中，有两点必须做到忠实，一是忠实于建设纲领，二是忠实于建造方法。忠于纲领，这就必须精确地和简单地满足由需要提出的条件，忠于建造方法，就必须按照材料的质量和性能去应用它们"[②]。

以勒·杜克为首的一批建筑师试图寻找古典建筑中潜在的力学逻辑，学习这种对结构本体受力的设计方法。勒·杜克从解剖学分析的视角将结构隐喻为建筑的"身体"系统[③]，通过分解研究人体骨骼间的受力关系以建构逻辑，将其转换到铁石结构形态上（图2-25）。虽然在勒·杜克的著作中并没有应用力学理论的计算与分析方法进行精确论证，但他从大量的古典建筑结构中探究了其实现的可能性，并开启了基于结构逻辑的美学形式。勒·杜克的学生德·波多（Joseph Eugene Anatole de Baudot）则在1989年巴黎世博会机器展廊（Galerie des Machines）设计，以及1910年设计的节庆大厅（Salle Des Fetes）中将这种从结构逻辑出发的设计思维推向高潮（图2-26）。

勒·杜克这种模仿自然系统的思想也影响了现代主义建筑先驱奥古斯特·佩雷（Auguste Perret）和西班牙建筑师高迪安东尼·高迪（Antoni Gaudi）。高迪开始通过结构找形实验进行拱形屋面的设计，佩雷也提出"结构就是一座建筑，如同骨骼就是一只动物"[④]。当佩雷正专注于已有钢筋混凝土骨架空间的研究时，还有一些建筑师也试图从自然界获取结构原型进行建筑设计，例如法国建筑师雷内·拜内特（Rene Binet）1900年为巴黎世界博

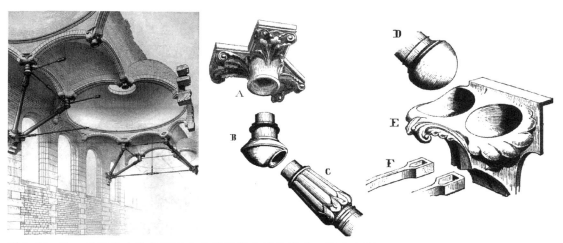

图2-25　勒·杜克将人体骨骼受力关系转换在铁构件中；图片来源：Eugène Emmanue Viollet-le-Duc, Entretiens sur l'architecture[M]. Paris: Morel&Cie, 1872:84

① 季元振. 关于尤金-艾曼努埃尔·维奥莱-勒-杜克和他的结构理性主义 [J]. 住区，2011（6）：134-138
② 肯尼斯·弗兰姆普敦. 现代建筑：一部批判的历史 [M]. 张钦楠，等译. 北京：生活·读书·新知三联书店，2012
③ Eugène Emmanue Viollet-le-Duc, Entretiens sur l'architecture[M]. Paris: Morel&Cie, 1872:84
④ 柯卫，江嘉玮，张丹. 结构理性主义及超历史技术对奥古斯特·佩雷与安东尼·高迪的影响 [J]. 时代建筑，2015（6）：34-39

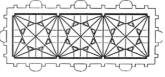

（a）Salle Des Fetes 节庆大厅　　　　　　　　　　　　　　　　（b）巴黎世界博览会机器展廊

图 2-26　德·波多依据拱结构逻辑塑造屋顶美学形式。图片（a）来源：肯尼思·弗兰姆普敦.建构文化研究：论 19 世纪和 20 世纪建筑中的建造诗学 [M]. 王骏阳，译.北京：中国建筑工业出版社，2007；图片（b）来源：https://art.rmngp.fr

图 2-27　巴黎世界博览会纪念碑门参照了放射虫结构
图片来源：Gruber P. Biomimetics in Architecture [M]. Vienna: Springer，2011：127-148

览会设计的纪念碑门（Porte Monumentale）（图 2-27），几乎完全参照德国博物学家恩斯特·海克尔（Haeckel E）的放射虫插图 [1]。

　　就像 19 世纪之前的科学家们、大部分的工程师们与建筑师们都保留着向自然学习探求真理的美好愿景和理性科学的态度，他们试图用结构方法重新审视古典建筑中缺失的结构性思维。这一时期在结构找形方向上探索的设计者，还潜在延续着 19 世纪之前的设计师身份，往往既是工程师，又是艺术家、建筑师、哲学家、发明家，这在某种程度上也能够反映出跨学科知识储备下的创新力量。可以说在 20 世纪初现代主义结构与空间的骨架分离之前，结构与建筑的整合思维已经达到了一定的高度，结构找形的设计思维已经成形，

---

① Gruber P. Biomimetics in architecture[M]. Vienna：Springer，2011：127-148

从而为建筑形态创新做好了充分的准备。

2.2.2　从范式思维到不确定思维

虽然在结构理性主义的指导下结构找形的思维开始应用到建筑设计中，然而纵观整个现代主义建筑的发展，结构找形并没有从理性主义传承到现代主义的建筑设计创作中。在笛卡尔哲学和抽象主义指导的现代主义建筑中，结构形态则是以一种标准化范式、技术权威的制度化设计深入建筑设计，尽管少数建筑师尝试打破这种约束进行结构形态的设计创新，但都量小力微，直到 20 世纪 60 年代解构主义哲学在建筑思想根源上对传统模式化、制度化思维的彻底瓦解，结构找形才开始真正在建筑设计中崭露头角。

2.2.2.1　范式的产生

空间自由与结构技术的矛盾: 制度化的结构范式最早源于空间自由需求与结构的矛盾。除了勒·杜克的结构理性主义深刻地影响了欧洲的建筑发展之外，同时还有另外一个重要的脉络正在进行，那就是建筑学重心已经开始转向了空间的话题。阿道夫·路斯（Adolf Loos）提出建筑表现的不是功能而是空间，将建筑设计看成首先是设计空间的观念深刻影响了现代主义的设计重心，将传统基于实物形式的思考传向了基于空间出发的设计思考。在哲学家康德（Immanuel Kant）对"非实物"的"感官经验"空间的哲学思想影响下，空间话题又被进一步转移到了非视觉形式上的感知层面，艾德里安·佛蒂（Adrian Forty）提出"空间作为身体的延续"[1]，很明确地阐释了建筑学从物质性关注走向抽象的广延的特质。随着建筑空间内涵的拓展，对空间自由发展的需求已经初显，并且对结构提出的要求显然比形式逻辑对结构提出的需求更为复杂。

然而物质层面的限制已经逐渐显露，在中小跨度的民用与公共的主流建筑中，钢桁架结构并没有被纳入主流建筑的支撑结构中，直到 19 世纪末才出现了普遍适用的混凝土框架体系——一种可以在中小尺度建筑中发挥的结构体系。在工程领域，虽然此时传统的结构理论已经能够解决桁架框架组合结构，但钢筋混凝土在建筑中的发展，也是从 1875 年莫尼哀（Joseph Monier）在巴黎建造的第一座钢筋混凝土桥后才逐渐开始。1902 年，保罗·科坦桑（Paul Cottancin）的《钢筋混凝土及其应用》的出版使钢筋混凝土成了一种广泛的应用技术[2]，这就要求工程师们对刚架结构进行系统的研究，虽然图解静力学概念原理的部分可以用在杆件及整体分析上，但图解静力学是将杆件假设为内部均匀连续的材质，因此

---

① 李凯生，彭怒. 现代主义的空间神话与存在空间的现象学分析 [J]. 时代建筑，2003（6）：30–34
② 朱竞翔，约束与自由：来自现代运动结构先驱的启示 [D]. 南京：东南大学，1999

图 2-28（左）　基于混凝土的可塑性探索建筑形式：米拉公寓；图 2-28/29 来源：www.pinterest.com
图 2-29（右）　混凝土结构形态转向精简化发展：香榭丽舍剧院（中）旁太路停车场（右）

在计算单个杆件受力时，与桁架结构有很大不同也更为复杂。此时结构领域逐渐发展出力法①、转角位移法②和力矩分配法③等新的方法，这些方法皆是以数学计算为主的静力分析，同时也发展出了许多经验计算公式。因此在 20 世纪现代主义建筑迅速发展中，工程师对力学分析的重点，从经典力学的那种探讨原始规律的激情中，转向了大量的经验公式和方程的开发和应用，这也从另外一个层面上导致了结构专业的基本认知，无论从教学上还是运用中都走向了规范化与制度化的发展模式。

对于建筑师而言，在空间概念推演的阶段就进行结构体系方面大量的分析验证是非常耗时耗力且入不敷出的，而图解静力学在混凝土框架结构分析上的局限性，也彻底切断了建筑师与几何静力学那种原始实验分析方法与几何图形共识的联系，使得建筑师对结构技术规范的权威性深不可及。显然，从结构体系可变基础上进行空间可变性设计的发展在当时是非常有局限性的。

结构形式精细化的转变：在结构理性主义的影响下，19 世纪末还存在着一个向精简化、模式化结构形式发展的趋势。结构形式精简化源于勒·杜克提倡的结构真实性和经济性原则。钢筋混凝土的普适应用和发展下，在结构与空间的可变性方面存在着两个发展趋势；一个是基于物质形态（混凝土的可塑性）进行结构形态关联空间形态的设计，例如高迪在米拉公寓中塑造的自然曲面结构（图 2-28）。然而由于当时混凝土结构的分析方法较为复杂且理论尚未完善，即使在高迪的米拉公寓的混凝土可塑性中，也存在经验而非技术的主导，导致主流建筑在向非物质性空间的发展中存在着种种技术理性上的矛盾。一些受到现代抽象艺术影响的建筑师们清晰地看到这一点，于是转而选择另一个发展趋势：利用现有模式化结构（混凝土框架结构）的物质上的简化，转而实现对空间话题的转移。

---

① 力法是把超静定结构的计算问题转化为静定结构的计算问题。
② 转角位移法是基于一杆件中各种因素对杆端力矩的影响，然后经叠加得到杆端力矩与转角的关系式。
③ 一种求杆件弯矩的方法：将各杆端各次的分配力矩、传递力矩和固端力矩相加，即得各杆端的实际力矩值。

从佩雷 1913 年设计的香榭丽舍剧院 (Theatre Champs Elysees) 以及当年旁太路停车场
（Garage in der Rue Ponthieu）的一系列作品中，能够清晰看出一种混沌的、可塑的混凝土
结构向清晰的、简化的框架结构的转变（图 2-29）。阿道夫洛斯在 20 世纪初将这种形式
的简化与经济性原则上升到社会意识行为层面，用来批判资产阶级中装饰性思想背后的工
艺奴役的惩罚形式 ①，这也使得"物质的简化"这一趋势更加稳固，在意识形态层面主导
了对形态设计走向制度化的发展。此时的建筑学科与结构学科的分裂在空间话语权的转折
下越趋彻底。

2.2.2.2　范式的固化

如上所述，结构的制度化认知，首先源于建筑师对结构分析计算所不及的权威性观念，
其次是建筑师对结构的模式化需求的观念。在 19 世纪末，这两方面的观念都相继展露出来，
首先是笛卡尔哲学在与现代技术结合下，建筑空间概念的发展一直沿袭着笛卡尔三维直角
坐标系的模式，即以"盒子式"空间主导了规则结构体系的普适；其次是抽象主义与纯粹
主义对建筑学有着深刻的影响，这导致结构属性被抽象为构成空间几何要素的点线面，其
具体的形式潜能被隐藏；除此之外，西方城市在战争洗劫后，促使欧洲国家以及日本等国
房荒严重，迫切要求解决住宅问题，进入了一个需要大规模重建与高度发展的时期，同时
也促进了装配式建筑的发展，这也导致结构构件形式逐渐走向了规格化与技术规范化。在
各个层面的影响下，柯布西耶（Le Corbusier）提出多米诺体系作为指导现代主义建筑发展
的范型，使得结构形态设计走向了更加彻底的范式方向。

如果说勒·杜克单从技术理性角度将哥特式飞扶壁的简化，被历史学家们认为抹杀
了文化遗产层面上的保护性原则，是一次"错时代" ② 的观念尝试。那么柯布西耶的多米
诺结构体系（DOMINO），则完全是创新意义的时代造物。多米诺体系是柯布西耶在 1915
年与瑞士工程师麦克斯·杜布瓦（Max du Bios）合作下提出的，它不仅仅是一种结构体系——
多米诺是一种由栅格楼板以及支柱组合的板—柱体系（图 2-30），更重要的是一种能够
自由发展空间的模式化设计体系，因为柯布西耶的多米诺体系其意图并非单纯从结构设计
出发进行空间上的创新，而是将这一概念作为"对象—类型（Object—Types）" ③，即将
结构作为一种标准化的原型进行普适和推广，建筑则由这些模数化、标准化的结构配件拼
装完成。

---

① 肯尼斯·弗兰姆普敦 . 现代建筑：一部批判的历史 [M]. 张钦楠，等译 . 北京：生活·读书·新知三联书店，2004：201
② 1988 年勒·杜克在 19 世纪进行了大量的哥特式建筑修复，以结构理性的观念精简了很多具有历史信息的建筑，《遗
产十字军运动及其对历史的掠夺》从遗产保护层面批判了勒·杜克这种在建筑史研究中用"错时代"观念进行修复的
破坏行为。
③ 肯尼思·弗兰姆普敦 . 现代建筑：一部批判的历史 [M]. 原山，等译 . 北京：中国建筑工业出版社，1988

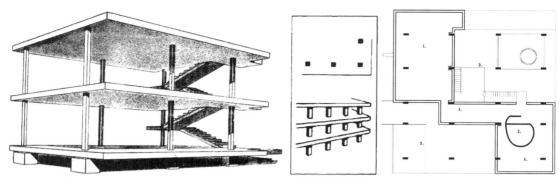

图 2-30　多米诺结构体系　　　　　　　　图 2-31　撒丹别墅（Villa Shodan）中的骨皮分离

图 2-30/31 来源：W. 博奥席耶 . 柯布西耶全集 [M]. 北京：中国建筑工业出版社，2005

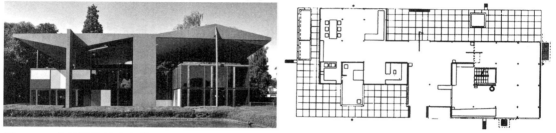

图 2-32　韦伯博物馆中变截面梁找形和支撑柱的多样化设计；图片来源：www.lecorbusier-heidiweber.ch

　　柯布西耶提出："假如我们从自己的内心中排除对住宅的各种僵死的观念，并且从一种批判和客观的角度来看待问题，我们就会达到'住房的机器'这一概念，也就是成批生产的、健康的和美丽的住房 ......"[①]。显然，柯布西耶选择了一种约束外的自由方式——"骨架与表皮分离"策略，来解除结构对空间上的束缚，以此颠覆这种"僵死的观念"。柯布西耶承认结构对空间上的约束，与以垂直荷载为主的集中式例如穹顶、层叠等结构相比，他选择以水平分散的、最小体积的框架结构以及兼做围合空间的支撑墙板将其对空间的限制降到最低，以此独立于平面功能之外；除此之外，他还将柱子的位置定位在接近混凝土楼板向内的边缘，既可以缩短跨距也能够解除对表皮开口约束，实现约束外的空间自由。皮骨分离的特征充分地体现在其之后的撒丹别墅（Villa Shodan）、萨伏伊住宅（the Villa Savoye）等设计中（图 2-31），这种方式随后成了现代主义的标准模式，在密斯（Ludwig Mies Van der Rohe）1928 年设计的巴塞罗那世界博览会德国馆、乡村砖宅以及伊利诺工学院等作品中，也能看到这种结构系统受力的清晰以及承重结构与非承重结构属性区分的明确性。

　　多米诺体系"范型"将结构与空间的整合关系变为一种互不干扰的独立关系，从而能够自由地发挥空间畅想，这无疑加剧了之后现代主义建筑在结构上的制度化范式的发展。然而，这个体系提出的本身就是柯布西耶进行整合空间问题的一种结构性设计策略，柯布

---

① 勒·柯布西耶 . 走向新建筑 [M]. 陈志华，译 . 天津：天津科学技术出版社，1991

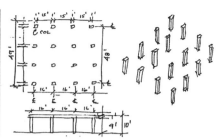

图 2-33　施罗德住宅　　　　　图 2-34　德州骑警海杜克的九宫格设计框架

图 2-33 来源：www.google.com

图 2-34 来源：John Hejduk. Mask of medusa：Works 1947-1983[M]. Rizzoli Intl Pubns, 1985

西耶仍然保留着从佩雷那儿传承的结构理性思想，无论是对楼板、墙板，还是独立的柱子，都明确给予对原有结构属性的认可与定义，并在此基础上对自由进行重新认知。在柯布的海蒂·韦伯博物馆（Heidi Weber Museum）中，还能清晰地看到即使皮骨分离下，柯布西耶还依据梁的弯矩进行变截面杆件的设计，三种不同形式的柱子在平面位置上也进行了移位的找形设计（图 2-32）。

但并非所有的现代主义建筑都如同柯布西耶一样保持清晰理性的创新，随着自由空间发展的深入，皮骨分离的原型不仅强化了结构固化范式的发展，还催生了混沌结构体系的出现。例如里特维尔德（Gerrit Thomas Rietveld）受到"四维分解法"[①]影响，在其设计的荷兰乌德勒支·施罗德住宅（Schroder House）中（图 2-33），以纯粹的板片进行分解与组合，在其错落的外表背后，其内部结构则是一个由承重砖墙、木质楼板、混凝土阳台板以及竖向的工字钢构件组成的混杂的结构系统，很显然这已经与柯布西耶的理性创作相去甚远。

尽管 20 世纪上半叶抽象主义的建筑师们企图在概念图纸与模型中表达那种极度几何化的分解与组合，但最终的作品实现都基于柯布西耶的"骨架—表皮"分离的结构原型上，因为它是"抵制个体放任的保证，一个能将动摇不定的表现主义约束为理性外观的规则"，并且"真正体现了现代建筑思想"[②]，因此这种范式被延续到现代建筑教育过程中并逐渐稳固。例如 60 年代德州骑警海杜克的九宫格设计（图 2-34），在建筑教学中首先参照"多米诺体系"采用了预先设定的要素和框架，操作对象则是预设的一些板面或体块，试图反映出一种形式几何关系以及空间网格模数和数字比例关系。

显然，结构在这种空间设计中被首先预设成为一种静态的不可动摇的要素，激发空间创新的结构内在属性被隐藏起来，这潜在地忽略了从结构内部逻辑进行找形的可能性。而这种对结构的制度化认知，一直存在于 20 世纪作为教导并传播现代建筑的一部分重要设计方法中，并深刻影响了国内的知识体系，时至今日已然固化在大部分建筑学基础教育中。

① 四维分解法是 20 世纪上半叶俄国构成主义和纯粹主义的现代抽象艺术思想为建筑带来的颠覆性的空间思维方式，即把传统的建筑空间要素，例如墙，柱，板变成基本的几何构图元素，反复运用纵横几何关系把这些几何元素进行组合形成新的组合，从而生成流动空间设计。

② Colin Rowe.Le Corbusier：Utopian architect[M]. Cambridge：MIT Press，1996：135-142

2.2.2.3 范式的突破

尽管现代主义建筑的话题一致偏向于空间问题，但结构支撑始终是空间不可忽略的要素，一些建筑师仍保留崇尚自然并追求有生命活力的建筑形态，在有机建筑中试图通过突破结构的约束进行设计创新。例如赖特（Frank Lloyd Wright）在 1935 年设计的流水别墅的大悬挑以及 1959 年马林市政中心（Marin County Civic Center）的拱形支撑立面（图 2-35）。

流水别墅的设计很难说是一次成功的挑战，赖特采用预应力钢筋混凝土作为解决办法，预压应力可以减小荷载作用下的混凝土拉应力，从而提高构件的抗裂性能和刚度。然而虽然早在 1886 年美国工程师杰克（P.H. Jack）就提出了预应力混凝土的概念，但直到 1928 年法国工程师弗雷西内（E. Eugene Freyssinet）提出必须采用高强钢材和高强混凝土以减少混凝土收缩与徐变所造成的预应力损失，在 1945 年第二次世界大战结束之后才开始大量应用。在流水别墅设计中，赖特用井字梁作为悬挑的主要支撑，但在其设计的悬挑部分，赖特却将钢筋像一般钢梁一样放置在梁的下部，然而悬挑的真正的受拉部分位于上方，因此导致建筑施工中无法继续。虽然后期施工在悬挑部分上部增加钢筋，但也因此增加了自重荷载的问题，由于材料强度无法抵抗超预期的负荷产生了开裂而无法使用[①]，最终也是在 2002 年由纽约工程师西尔曼（Robert Silman）在其内部去除了原有多余的钢筋并新增加

图 2-35　流水别墅悬挑结构形式（左）和马林市政中心拱形支撑（右）；图 2-35 来源：www.google.com

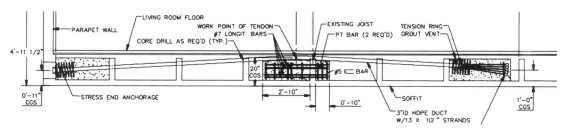

图 2-36　流水别墅的加固中加入了预应力钢索。图 2-36 来源：Gerard C, Feldmann P E. Fallingwater is no longer falling [J]. Structure Magazine, 2005（9）：47-50

---

① （美）托克. 流水别墅传 [M]. 林鹤，译. 北京：清华大学出版社，2009

了预应力钢索才得以修复（图2-36）。

在约翰逊制蜡公司总部办公楼设计中，赖特则更为理智地从结构逻辑出发对支撑柱与悬臂梁进行了找形设计。伞形结构支柱被赖特称作"树柱"，赖特是在亚利桑那仙人掌空心结构中获取了其结构原型。"树柱"构成办公实体的矩形柱网，柱子顶部通过连系梁相互连接形成刚性的水平支撑的稳定结构体系，树状柱内部是起加固作用的混凝土主干，伞缘配有钢筋网和钢筋条。在高层中则使用了一组单一的钢筋混凝土核心结构，在所有方向上的楼板均为悬臂支撑，根据内力分布的有效性其悬臂被设计成向外边缘处逐渐变薄的形式（图2-37）。虽然赖特试图用一种理想化的伞形单元通过悬挑作为支撑，但不同材料向外悬挑的伞形以及联系梁的存在，又使这向外悬挑的结构在支撑性质上变得模糊，悬挑的找形问题依然是个障碍。

当大部分现代主义建筑师沉醉于"集体作业"下的空间——结构模式化推广时，路易斯·康（Louis I. Kahn）则用"结构即是空间，空间也是结构"的整合性思维展现出其设计的独立性。康认为："由于过分依赖安全系数（或者用一位工程师的话来说是蒙昧系数）和标准化，人们在工程实践中往往满足于从手册上选用结构构件，型材断面也比实际需要的更为厚重，这反过来又进一步限制了艺术表现的可能性，扼杀了受力体系可能产生

图2-37　约翰逊制蜡公司的变截面悬臂结构体系及其伞形支柱形态；图片来源：www.researchgate.com

图2-38　焊接钢管构筑物（左）与费城市政厅塔楼方案及其结构（中、右）
图片来源：[美] 肯尼思·弗兰姆普敦. 建构文化研究 [M]. 王骏阳，译. 北京：中国建筑工业出版社，2000

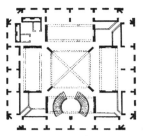

图 2-39　艾克赛特大学图书馆及其依据受力规律变化结构表皮

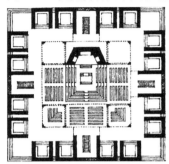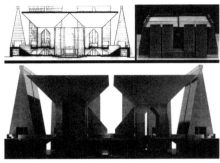

图 2-40　胡瓦犹太教会堂及其伞形支撑和混凝土尖券；图 2-39/40 来源：Av Monografías 44. Louis I. Kahn. [M].
Spanish: Arquitectura Viva, 1993

的优雅的结构形式"[1]，出于对墨守成规的工程实践的不满，路易斯·康试图从现代主义的"骨皮分离"中，回到古典建筑中结构与空间紧密关联、整合解决空间问题和结构问题的时期。受到 20 世纪 30-40 年代富勒（Richard Buckminster Fuller）等人激进主义的影响，康在 1944 年与 1952 年先后提出了焊接钢管结构以及费城市政厅塔楼方案的设想（图 2-38）。在焊接钢管结构中，管的直径大小反映出构件受力关系的变化，而在费城市政厅塔楼设想中，结构由预制混凝土构件组成，构件的节点设计为包含垂直楼梯的被放大的"空心"结构（类似于钢筋混凝土筒），整合空间的空心结构概念一直延续到他之后的阿德勒住宅（Adler House）、特灵顿浴室（Trenton Bathhouse）等作品中。

对于结构与空间的整合方式，路易斯·康认为"哥特时期的建筑师用坚固的石头建造，今天我们用空心石头建造……人们对空间构架结构的兴趣和探索与日俱增，充分表达了通过结构设计积极表现这些空间的愿望。运用更加符合自然规律的知识，人们正在努力寻求秩序，尝试不同的形式……"[2]康认为结构要素和形状，是那样逻辑地关联着建筑上的需要，以至'建筑'和'结构'不能分开。

路易斯·康这种整合方式在菲利普·艾克赛特大学图书馆（Phillips Exeter Academy Library）（图 2-39）以及胡瓦犹太教会堂（Hurva Synagogue）（图 2-40）设计中尤为完整。

① 肯尼思·弗兰姆普敦.建构文化研究 [M].王骏阳，译.北京：中国建筑工业出版社，2000：217
② 肯尼思·弗兰姆普敦.建构文化研究 [M].王骏阳，译.北京：中国建筑工业出版社，2000：218

在艾克赛特图书馆中，除了作为交通功能的空间结构单元，外侧的墙为钢筋混凝土承重结构，其窗洞随着层数增长逐步增大，依据应力规律将窗间墙依次变窄，窗洞顶部的水平梁也顺次加厚，体现了清晰的结构逻辑。在胡瓦犹太教会堂中，康借鉴埃及神庙的一些手法，在外围设计了十六座空心的结构单元——石塔（Pylon），内部是四座独立的由钢筋混凝土伞形构成的空心的结构单元——塔楼，围绕着教堂布置，在底部大量的圆拱和尖拱形开口作为通道的入口，康在生命的最后几年仍在不断完善这个设计，很可惜并未建成。

无论是奈尔维和托罗哈的应力线轨迹找形、坎德拉的双曲面找形，还是奥托的仿生找形，甚至是 20 世纪 40 年代以后富勒短线穹顶的尝试，都为结构形态设计提供了有效可靠的方法，然而由于这些结构大部分是应用于屋顶、大尺度建筑以及局部的结构构件形式，并没有能够突破结构的可变性深入到抽象空间的设计，因而在主流建筑师们的空间话题中走向边缘化。而真正将结构整合到空间设计讨论范畴的，莫过于建筑师路易斯·康从建筑学层面对结构设计进行重新认知，他体现出一种结构与空间设计的根本关联性。在 20 世纪 60 年代，结构找形技术与方法已经在工程师们的实践中逐渐发展成熟，然而在建筑学领域，建筑与结构整体发展上的分裂根深蒂固，这就需要像路易斯·康这样的建筑先驱，从对建筑学结构的认知中进行深刻的思维转变。

2.2.2.4　不确定性思维的建立

多元化发展趋势：一成不变的主流标准化的限制最终产生的是空间异化，这种空间异化的矛盾深刻体现在 20 世纪 60 年代到当代的这段时期，后工业化社会带来了空前的精神自由，体现在传统与现实之间、理论与实践、信息与物质之间出现的分歧和裂缝中。

一方面以粗野主义为代表的对混凝土结构形态拓展的尝试，又重新挖掘出了混凝土材料在框架结构中所失去的可塑性，同时也挑战出了自由结构形态的新高度，出现了例如加州大学盖泽尔图书馆（Geisel Library）（图 2-41（a））和南非米德兰德（Midrand）的中央水塔（图 2-41（b））等建筑作品。混凝土强大的可塑性使得先锋建筑师们意识到，在结构形式上的自由能够为设计带来最有力度的创新思考，一些建筑师与工程师紧密合作，在追求美学、隐喻、古典理念上进行混凝土形态与空间的整合设计，例如柯布西耶的朗乡教堂（La Chapelle de Ronchamp），米勒斯基（A. Miletsky）1968 年设计的 Bajkova 纪念公园以及苏维埃火葬场（图 2-41（c））等。

在这些建筑中很难分辨形式设计与结构设计的先导问题，可以说混凝土的可塑性将结构和建筑在形式上整合在一起，然而一些粗野主义由于追求雕塑感，往往采用远远超过材料承载本身需要的体量，这从结构找形思维层面上，又与走向形式主义以及"骨皮分离"下存在隐藏力学属性（不需要结构逻辑进行设计）的危险如出一辙。与此同时，一些建筑

（a）盖泽尔图书馆 　　　　（b）米德兰德中央水塔　（c）苏维埃火葬场

图 2-41　粗野主义对混凝土可塑性形式的发展；图片来源：www.google.com

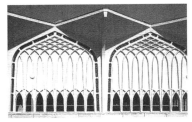

（a）圣路易斯市机场候机楼　　（b）肯尼迪机场候机楼　　　（c）肯尼迪机场候机楼内部空间

图 2-42　注重结构的建筑形式的多样化发展；图片来源：www.pinterest.com

师例如雅马萨奇（Yamasaki）开始提倡"建筑要忠实坦诚，结构明确"[①] 的理念，充分体现在其设计的密苏里州圣路易斯市机场候机楼（Lambert-Saint Louis International Airport）中（2-42（a））。小沙里宁（Eero Saarinen）也延续康的"结构结合功能"的理念，并在 1962 年肯尼迪机场候机楼设计中完美展现（TWA Flight Center）（图 2-42（b）（c））。

　　技术乌托邦运动以及随后罗杰斯（Richard George Rogers）"四人组"为代表的高技派，则潜在地将结构形态问题从形式道路上升到一个建筑设计理念中的灵活性和重要性问题。例如罗杰斯提出"灵活性"结构概念，他认为"今天的住宅和工厂明天将变成博物馆，我们的博物馆明天又可以变成食品仓库或超级市场"，这是一种对应功能可变的结构角度考虑，其"以建立一个可供城市大众进行文化交流且能根据社会需求而不断变化的建筑"[②] 为目的。例如在蓬皮杜艺术中心里，皮亚诺（Renzo Piano）、罗杰斯等人创造了一个巨大的框架结构并采用了格贝尔（Gerberettes）悬臂梁[③] 体系。同样是基于满足空间和功能灵活性的需求，但与多米诺体系不同，高技派的建筑师们试图在一个基于技术灵活性（或建造灵活性）逻辑基础上进行结构的形态设计，结构找形设计已然从空间形式策略转向了更加广泛的范畴。

　　不确定性思维的转变：20 世纪末结构找形在思维上发展的重要转折点，是解构主义

---

① 吴焕加. 现代西方建筑故事 [M]. 天津：百花文艺出版社，2005：193-202
② 刘先觉. 现代建筑理论 [M]. 北京：中国建筑工业出版社，2008：238
③ 格贝尔梁是一种连续的悬臂梁，1867 年德国的 H. 格贝尔在哈斯富特建成了一座静定悬臂桁架梁桥，因此也称格贝尔梁。

哲学在建筑理论根源上对传统模式化、制度化思维的彻底瓦解。解构主义建筑师将构成主义的形式美学发展成为一种有关内在结构的美学，它不再是纯洁形式之间的冲突，而是从内部根本地摒弃了建筑传统和现代法则，将建筑转向了不确定性发展的话题。

"解构"一词来源于海德格尔（Martin Heidegger）提出的"Destruction"一词（原意为分解、消解、揭示等），表示把现有结构关系加以分解或拆开，从中把规律与意义发掘出来，使之得到显现[①]。德里达（Jacques Derrida）在1967年继承并发展了这一概念，将海德格尔的"Destruction"变成"Deconstruction"，并提出了"延异"（Differance）概念："意义并不存在于某一个符号之内，一个符号的解释要依赖别的符号，这样会造成意义的永远不在场，即"延异"[②]，德里达以此批判凭客观理性恢复世界秩序的形而上学传统，试图扰乱事物与现象的理性活动，通过引进异质事物创造出多层次的事物，进入不稳定的变化模式之中。德里达的解构思想隐含着不确定性的复杂世界观，其思想内核深深印刻着那个时代整个科学与社会向复杂性范式转换的痕迹。

其对结构找形的意义在于，一方面，从海德格尔追求意义规律的"解构"（Destruction）出发，解构主义将传统建筑中固化的空间体系彻底推翻，以分解模式化的符号表象去寻找符号背后的深层次的规律，在这个过程中，结构必然也作为分解要素的一部分，甚至也可以将结构形式看作一种符号，在结构形式符号背后依然能够继续形而下的解构并获取更深层次的组织规律。

这一点充分体现在埃森曼（Peter Eisenman）的一系列住宅设计中，同样是在九宫格的基础上进行形式操作，但不同于海杜克基于结构不变的空间研究，埃森曼住宅问题的核心不再是以类似的静态结构框架或网格为参照条件，而是以相应动态的结构空间构成为主要

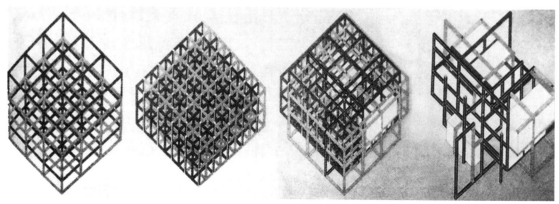

图 2-43　埃森曼空间构成中将结构作为可变要素
图片来源：彼得·埃森曼．图解日志 [M]．陈欣欣，何捷，译．北京：中国建筑工业出版社，2005

① （德）马丁·海德格尔．存在于时间 [M]．陈嘉映，王庆节，译．北京：生活·读书·新知三联书店，2006
② Jacques Derrida. Margins of philosophy[M]. Chicago：University of Chicago Press，1982

操作对象（图 2-43）。在埃森曼看来"网格本身可以研究从一种解析的描述工具——战后形式主义的隐含的基础——变成一种可作自身操作的素材"[①]。解构哲学颠覆了多米诺体系范式下结构不变本体的构成，结构本身成了某种动态操作的对象和要素。

　　另一方面，从德里达"延异"性的解构出发，将传统形而上学一向追求永恒，终极不变的意义被彻底颠覆。对于新的思维方式来讲，延异则暗示了存在具有意义选择的自由，创作的多义、不确定以及任何一种可能的诞生。"新陈代谢"为代表的日本建筑师（黑川纪章、矶崎新、丹下健三和菊竹清训等）曾极力主张用新技术来解决并强调事物的生长、变化和衰亡的某种"变化"的时代特征[②]。随后 20 世纪末的建筑师们已经清晰地认识到在信息扁平化社会下的意识形态中充斥着各种动态性和不确定性，一大批当代主流建筑师们例如伊东丰雄（Toyo Ito）、妹岛和世（Kazuyo Sejima）、库哈斯（Rem Koolhaas）、克雷兹（Christian Kerez）等，也开始与结构工程师紧密合作，试图跨越现代主义中固化的、制度化的结构模式，利用结构层面上的不确定性，彻底回应变化的时代特征。

　　克雷兹不断强调设计中"不确定性""质疑""实验""规则"等核心词汇[③]，这是一种潜在的对标准化模式以及思维约束的质疑—解构—规则—重构的思维，其作品都体现出试图打破固化的限制、挑战思维上的约束、寻求非模式化以及非偶然性的设计思想（图 2-44（a））。一些建筑师在追求"临界点的结构体系"（结构体系和截面尺寸对空间流动性的最小影响）的同时，也模糊了对体系类型的传统制度化认知，来实现"超级平面""流动空间""空间的不确定性"等设计理念。例如在伊东丰雄仙台媒体中心（Sendai Mediatheque），柱子被解构为钢管网架来达成空间的流动性（图 2-44（b）），在库哈斯的朱西奥大学图书馆（Library for Jussieu University）设计中，将传统意义上的水平楼板在

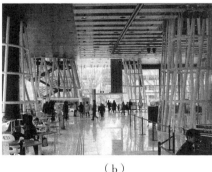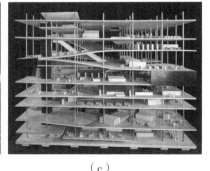

|（a）|（b）|（c）|

图 2-44　当代不确定思维下的建筑创新：（a）克雷兹在保险公司大厦设计中的体系重构；（b）伊东丰雄在仙台媒体中心对柱的消解；（c）库哈斯在朱西奥大学图书馆中对传统层结构的消解。
图片来源：（a）Christian Kerez，El Croquis145，El Croquis，2009；（b）www.google.com；（c）https://oma.eu

① （美）彼得·埃森曼. 图解日志 [M]. 北京：中国建筑工业出版社，2005
② 林中杰. 丹下健三与新陈代谢运动 [M]. 北京：中国建筑工业出版社，2011.
③ Christian Kerez. Christian Kerez uncertain certainty[M]. Tokyo: TOTO，2013

竖向上弯折从而实现上下层空间之间的贯通（图 2-44（c））。

在这些建筑师的作品中，已然能看到那种既有赖特对结构约束的挑战，又兼具路易斯·康对结构与空间的整合思维。这种以结构的变化实现设计不确定性的思维，深刻影响了 20 世纪 80 年代至今的先锋建筑设计，可以说在勒·杜克提出结构理性主义 100 多年之后，基于解构哲学推进的结构不确定性挑战，又一次在思维层面上引领结构设计重新回归到了建筑设计中，并且这一次的回归并非仅仅是形式与逻辑的整合，而是一场深入建筑设计本质和思想的彻底回归，它激发当代建筑师们在专业体制内沉睡的创新欲望，结构找形即是在这样的转变中重新崛起。

2.2.3　生态建筑思想与技术适应性趋势

2.2.3.1　向自然学习的轻型建筑

现代建筑将建筑作为"居住的机器"，通过技术的不断升级来完善其功能和效率。柯布西耶认为汽车、飞机、轮船这些工业时代的产品代表显示了这个时代的特征，那么建筑学要做的工作就是使现代建筑与现代科学和工业相一致，建筑需要证明它们的形式是从科学法则推导出来的，然而片面化和单一化的技术理性，使得现代建筑运动在为人类提供大量居住空间的同时，也造成资源破坏、城市自然环境恶化和人文精神的消退。对此，德国的弗雷·奥托（Frei Otto）曾愤怒地将"现代机器住宅"称为"非自然"建筑，他期望发展一种轻型、自然、适应性强以及可以改变的新的建筑形式，一批建筑师开始秉持着同样的理念，将技术理性与生态理念整合进行结构形态的研究，由此引发了一场向自然学习探索轻型结构形态的找形活动。

从 20 世纪 50 年代开始，弗雷·奥托赴美国进行访问学习，分别在赖特（Frank Lloyd Wright）、门德尔松（Eric Mendelsohn）、沙里宁（Eero Saarinen）及密斯（Ludwig Mies）等人的事务所工作。奥托在 1958 年成立了个人"轻型建筑发展研究所"以及随后在柏林工业大学成立"生物与建筑"研究组，在研究自然界自组织结构及其生成过程的基础上发展了许多新的结构形式。奥托相信可以在自然界的事物及其形成过程中找到结构形式类似的最优性能，"在你刻意地渴望创造出一种尚未发现的结构形式的时候，你实际上将自己放在相悖的方向上，因为这个过程必须遵循着自然界的规律"[1]。奥托在其大部分的实体模型找形中，都试图从对自然界结构的研究中得到对建筑结构形式的启发，他进行了皂膜与帐篷结构、细胞与充气和液压结构、悬链线与悬挂结构以及反向悬挂结构（图 2-46（a）），树状枝杆与分支结构的研究，并将其应用在实际工程中，如 1972 年夏季奥运会慕尼黑奥

① Frei Otto, Bodo Rasch. Finding form: towards an architecture of the minimal[M]. Stuttgart: Edition Axel Menges, 1995:35

（a）奥运会慕尼黑奥林匹克公园索网结构　　　　（b）斯图加特火车站的极小曲面支柱结构

图 2-45　奥托的结构找形项目；图片来源：www.freiotto-architekturmuseum.de

林匹克公园（Munich Olympiastadion）（图 2-45（a））、斯图加特火车站（Stuttgart）（图 2-45（b））以及 1967 年蒙特利尔世界博览会等设计中。

　　"最优"是奥托在建筑结构找形研究中最基本的准则。与早期高迪的反向悬挂模型找形相比，奥托进一步优化了模型找形技术，引入了拱结构上加张拉索或膜来确保拱结构的稳定以及形态的最优化。除此之外，奥托还基于最优的理念拓展了极小曲面和最短路径的找形方法。

　　弗雷·奥托在数学家普拉托（Plateau）、默尼耶（J.B.Meusnier）等人的极小曲面研究基础上[1]，利用"皂膜"的自组织实验解释了自然界极小曲面产生的力学原因，他提出皂膜形成的极小曲面上任何点所有方向的表面张力都相等，这个点两个方向的曲率半径也处在同一个量级，这就意味着所形成的皂膜能够处于各点各向预应力相同且保持常量不变的状态，能够产生非常稳定的结构，并进行了大量的皂膜找形实验。最短路径结构是由奥托在研究自然网状组织和分支现象中提出的另一个概念[2]，在 1960 年早期的结构找形实验中，他尝试以悬挂的分支模型来寻找理想纯轴力的分支结构，然而由于人造网络或分支系统难以准确描述自然结构的缩进角度和分支夹角，因此路径问题一直并没有得到恰当的解决。直到 20 世纪末，奥托及其团队开始转向了对材料灵活性的研究，从不同物理作用下对材料自组织现象进行研究，例如皂泡、湿网格实验（图 2-46（b）），在对不同形式的研究过程中，奥托发现它们均具有成束以及通过路径优化得到条件极值的相同现象，能够为结构形态的最优路径提供创作原型，由此奥托最终实现了最优路径的模拟找形。

---

[1] 数学家 Plateau 定义"极小曲面"是寻求给定的空间闭曲线为边界的面积最小的曲面的问题。1776 年数学家 J.B.Meusnier 从几何学层面给出了极小曲面的新解释，即曲面的平均曲率为零，并建立了极小曲面方程；数学家普拉托（Joseph Plateau）具体定义了"极小曲面"的概念："极小曲面是寻求给定的空间闭曲线为边界的面积最小的曲面的问题"，皂膜试验中，同种边界有可能产生不同形式和极小曲面，但其平均曲率皆为零。

[2] Frei Otto, Bodo Rasch. Finding form: towards an architecture of the minimal[M]. Stuttgart: Edition Axel Menges, 1995:35

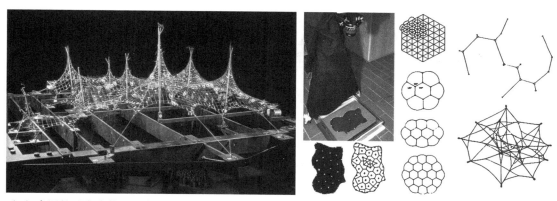

（a）索网的反向张拉/悬挂找形 　　　　　　　　（b）皂膜分支寻找最短路径

图 2-46 奥托基于最优原则的找形实验

图 片 来 源：Lopes J V, Paio A C, Sousa J P. Parametric urban models based on Frei Otto's generative form-finding processes[C]. International Conference on Rethinking Comprehensive Design, Japan, 2014:594

图 2-47 富勒以放射虫结构为原型推演的张拉结构体系；图片来源：www.pinterest.com

　　向自然界学习已经成为发展轻质建筑结构形态的重要渠道，众多建筑结构师从各个层面开始研究生物结构，从形到力的仿生，甚至结合数学进行创新设计。达西·汤普森（Thompson D'Arcy Wentworth）的研究着眼于从物理学和数学的角度解释生物和生物组成部分的形态，以数学概念与物质运动来说明生物体形态生成所遵循的原则。理查德·巴克敏斯特·富勒（Richard Buckminster Fuller）结合数学、生物学和结构学，发展了轻质的张拉结构体系，以"少费多用"来响应 20 世纪初的生态危机。富勒在对放射虫研究中，发现其都近似于四面体、八面体和二十面体等秩序，这构成了放射虫坚不可摧的结构，他基于数学 "测地线"（Geodesic）方法来研究这一自然结构，并推演出丰富的网格穹顶与张拉结构形态（图 2-47）。在此基础上，富勒还对气球在充气后的表面张力进行研究，他绘制出气球表面均匀点的张力方向，并基于数学原理将其进行规则化，进行逻辑推演生成三向网格张拉整体的稳定结构（图 2-48）。

　　秉持同一建筑创造理念的还有日本建筑师坂茂（Shigeru Ban），他从自然材料出发实现对建筑轻型化的追求，通过对纸材、构造、结构轻型化过程中的技术理性来作用于建筑与环境的互动，实现自然灾害后对人们生活的关怀，以及对尽量减少全生命周期中建筑环

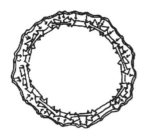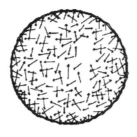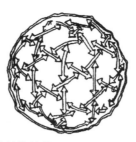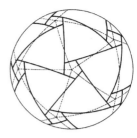

图 2-48　富勒对气球表面张力分析推演三向网格张拉整体结构

图片来源: Juraschek RBW. Synergetics: Explorations in the Geometry of Thinking(L)by R. Buckminster Fuller[J]. The Mathematics Teacher，1982

图 2-49　坂茂基于纸材料性能的轻型建筑形态图　　图 2-50　　迪埃斯特的自支撑砖壳体图

图 2-49 来源：www.archdaily.com；图 2-50 来源：archleague.org

境影响的价值观等。这一点在与奥托合作的 2000 年汉诺威世博会日本馆项目合作中得到了充分体现（图 2-49）。而在埃拉蒂奥·迪埃斯特（Eladio Dieste）看来，经济性和实用性是迪埃斯特与蒙丹内兹事务所的核心原则，迪埃斯特结合悬链线和静力学的找形方法寻找受力极为合理的曲线，从而用颠覆了传统厚重的砖砌形式，实现了对极薄的"自支撑壳体"[1] 设计（图 2-50）。

2.2.3.2　技术适应性建筑表现

　　尽管技术理性与生态观结合出现了新的结构找形活动，然而在计算机之前，探索复杂结构进行设计创作还是具有一定的技术难度。20 世纪后半叶英国建筑电讯集团开始了一些技术乌托邦方面的探索，一些注重高技术、轻质的建筑师开始强调技术美学的表达，例如理查德·罗杰斯（Richard Charles Rodgers）和伦佐·皮亚诺（Renzo Piano）1977 年的巴黎蓬皮杜文化艺术中心（Le Centre national d'art et de culture Georges-Pompidou ），诺曼·福斯特（Lord Norman Foster）的英国雷诺汽车公司产品配送中心（Renault Distribution

---

[1] 斯坦福·安德森，杨鹏 . 埃拉蒂奥·迪埃斯特：结构艺术的创造力 [M]. 上海：同济大学出版社，2013

（a）雷诺配送中心

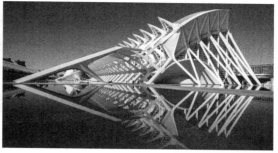

（b）巴伦西亚科学城

图2-51 技术性表现的找形设计；图片来源：www.fosterandpartners.com；calatrava.com

（a）蓬皮杜梅兹中心

（b）西班牙城市蘑菇云亭

图2-52 非标准化构件的自由形态；图片来源：www.google.com

Centre）（图2-51（a））等，以及卡拉特拉瓦（Santiago Calatrava）在巴伦西亚科学城（City of Arts and Sciences in Valencia）中注重"诗意"技术表达的建筑作品（图2-51（b））。

计算机之前的技术理性建筑师们还停留在方法的物质性探索和主观控制的建筑表现层面上，20世纪80年代末，随着计算机辅助设计的成熟，基于数字化技术可以通过操作复杂的信息来控制原来不可想象的复杂局面，而数字化建造技术又实现了非标准化构件的精确制造和批量定制化生产，这些支撑了建筑师对更广阔、更复杂的建筑问题的探索。从强调物质性表现的结构形态设计，上升到技术的动态适应的可持续发展理念，结构找形开始从技术的各个层面影响建筑设计。

一方面，适应性理念改变了建筑的生产方式，由标准化生产方式转向了具有适应性特征的生产方式，基于新数字化技术和柔性制造系统（FMS），异形构件的精确制造和非标准化构件的批量定制化生产得以实现。结构找形的结构构件是以结构性能为指向的、自由开放的形态设计，往往不会拘泥于标准化的形态，适应性的技术解决了结构找形在标准化结构形态之外的制造效率问题。例如坂茂设计的蓬皮杜梅兹中心（Centre Pompidou-Metz）（图2-52（a））以及西班牙蘑菇云建筑（Metropol Parasol）（图2-52（b））。ICD研究所ITKE2010年在斯图加特大学建立的临时展馆中（图2-53）还试图研究材料特性的适应

图 2-53　ITKE 斯图加特展亭中利用木材的塑性特质找形；图片来源：icd.uni-stuttgart.de

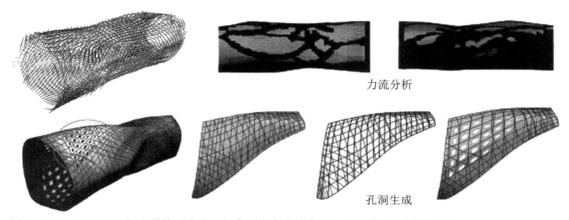

力流分析

孔洞生成

图 2-54　AASCHOOL 新兴科技研究中，整合纤维牵引技术以及日照分析进行结构找形

图片来源：Hensel M，Menges A，Weinstock M．Emergent technologies and design: towards a biological paradigm for Architecture[M]. London：Routledge，2010.

性进行结构找形探索，利用模板能够产生弯曲变形的特性寻找曲面结构。结构形式自由开放的端口也为建筑适应复杂人文自然环境设计的灵活性和效率提供了基础，从物质层面推进了克里斯·亚伯（Chris Abel）所描述的"生态技术建筑的多样性就像自然界中的生物多样性一样重要"[1]。

　　另一方面，新的思想理念促使当代建筑师将建筑作为一个复杂的适应性系统，催生了结构形态对建筑环境的适应性发展。通过结构找形的创作实现适应各种特殊的气候条件，从而形成对环境的有效调节，包括"自然通风"的适应调节、"自然采光"的合理利用、"室外温度"的有效适应等，使建筑更具灵活性。在 2007 年 AASCHOOL 的新兴科技与设计研究中（图 2-54），从航天技术引用的纤维牵引技术（Fibre-Path Generation Method）进行应力分布的结构找形，其最终的形态与生成不仅依据环境外力下的模拟牵引，还依据日照分析来共同调控[2]。

　　可以看到，在生态建筑与技术理性逐渐走向适应性整合的过程中，结构找形从解决不同环境建筑形态多样性的设计，转向了解决建筑与环境动态适应性的设计。借助数字化技

① 克里斯·亚伯．建筑、技术与方法 [M]. 北京：中国建筑工业出版社，2009
② Michael Hensel, Achim Menges, Michael Weinstock. Emergent technologies and design[M]. London: Routledge, 2010:95

术，奥托的适应性理念重新得以实现，并且向更加复杂化的建筑系统开放。由此，结构找形在新的技术生态理性的设计理念下又一次被推向前沿，向更广的建筑领域和交叉学科开始渗透与爆发。

信息时代的建筑师们在设计构思阶段，就开始利用跨学科知识与技术平台，与不同部门的交流、寻求有益于方案构思的信息。这番积极的场景与开放的态度很容易让人们联想到希腊、罗马以及文艺复兴时期，物理学家、数学家、机械师等发明家们不分畛域地为建筑工程的力学理论建立基础，建筑设计呈现出一种关联着人文、美学、哲学、数学、力学、材料、几何学科知识的交融盛世。这种"结构找形"的探索精神一直潜存在学科间的分裂与弥合中，并在技术与理论的交织发展中逐渐成形，潜移默化地影响着建筑师的设计思维与方法，开始重新回归于建筑设计。

2.3　从技术工具到设计方法

在计算机出现之前，弗雷·奥托、奈尔维、坎德拉等通过绘制大量的图解或制作大量的模型进行结构形态找形研究，然而这些手工技术在拓展建筑研究的深度和广度上都极其有限，并且对建筑师的结构知识基础要求较高，这不仅限制了建筑师对结构形态的探索，也使得在主流建筑发展中，结构找形一直以技术工具的角色处于边缘化的发展。随着计算机跨学科平台在建筑与工程领域的应用，一方面将现实中的现象转译为共同的数据语言，无疑为建筑师在长期分科的专业技术沟壑上架构了积极的桥梁，催化了结构找形从作为技术工具到作为设计方法的角色转变；另一方面，跨学科平台拓展了结构找形的设计技术，使得结构找形彻底颠覆了传统结构形态的设计方法，极大地拓展了建筑师的设计创作能力和空间。

2.3.1　数字化平台下的结构找形

2.3.1.1　破除学科藩篱

计算机跨学科技术平台主要有两个支撑：参数化模型技术与模型信息交互技术。前者是实现跨学科技术平台的基础，它将传统的经验意识转向了可调控的信息模型设计（Parametric Design），把影响建筑设计的各种要素作为参数，通过建立参数关系，生成可以灵活调控的计算机模型。后者则是实现建筑师进行跨学科技术操作的重要支撑，模型信息交互平台（Model Information Interaction Platform）使得设计师能够实现不同学科属性的交互研究，它是基于信息模型技术的进一步拓展。

在传统计算机辅助建筑设计中，信息的交互主要是以建筑模型软件与其他专业软件的对接实现，例如与有限元分析（如 ABAQUS 和 ANSYS）进行互连，以及与建筑设计软件犀牛（Rhinoceros）和玛雅（Maya）的整合开发。这种方式仍然是以线系的设计流程进行运作，很难在设计初期利用有效的跨学科技术手段进行创新。而模型信息交互平台能够在同一个平台下实现不同模型信息的调控和实时运算，在结构找形设计中，尤其是需要借助结构分析和优化技术进行形态生成，需要在建筑模型推敲同时进行信息的交互，信息模型交互技术为这种跨学科式的结构形态设计提供了技术支撑。

目前除了 BIM 的 Revit 平台，主要是在 Rhino+Grasshopper 平台集结已开发的结构分析优化、空间功能分析、气候环境分析、节能分析等插件，来进行几何参数模型的分析与调控"，例如 ETH 的 BRG（Block Research Group）团队专门开发了能够在 3D 建模软件 Rhino 下运行的砖石穹顶结构找形分析程序 Rhino Vault[1]。已经在大量工程中投入使用的 Karamba 3D 插件既能够进行精准的有限元分析又能够进行结构的优化[2]；丹麦技术大学帕纳约蒂斯·米哈拉托斯（Panagiotis Michalatos）教授致力于以开发交互式软件工具为途径而重构建筑学与工程学之间的关系，并基于有限元分析和拓扑优化方法，开发了在 Grasshopper 环境下运行的 Topostruct 以及 Millipede[3]，Millipede 不仅能够进行结构拓扑优化还结合了结构性能分析工具；谢亿民公司基于 BESO 方法，开发了 Ameba 程序[4]；日本结构师佐藤淳还专门开发了一款能够实时显示结构应力状态的软件，并应用到东京大学理工科本科教学中等[5]。这些软件程序具有多端口设置，既可以连接建筑模型又可以与结构分析模型软件对接，具有较高的适用性。这一交互共享平台实现了形态设计过程中对各个方面进行适应的可能，能够对当下以及未来建筑形态创新提供更多可能的科学途径。

2.3.1.2　整合下的拓展

就像 18 世纪以前科学家们用数学来描述和解释一切现象和规律一样，计算机时代用数字化信息来解释与定义一切更加复杂的事物与行为。20 世纪末结构找形技术在计算机技术的发展下进行了极大的拓展，技术的拓展也从根本上实现了建筑师可操作的结构找形设计，结构形态设计最终回归并作为重要的建筑创新方法之一。

模拟找形技术：早期结构工程师对自然形态仿生研究，通常以绘图方式再进行结构计算或模型分析。在实际项目中，为了获取实际可行的方案往往会有繁复的模型制作和记

---

① Rhino Vault 是利用图解静力学方法生成全压力的三维网格面拱结构的程序，来自 block.arch.ethz.ch
② http://www.karamba3d.com/
③ http://www.sawapan.eu/
④ http://www.xieym.com/
⑤ "大师之旅"新锐建筑师系列第 19 期的讲演会，2015

录程序（图 2-55（a）），例如
奥托在结构找形过程的不同阶段
都会制作从概念性模型到定位的
找形模型，再到承载实验的结构
模型等一系列实体模型（图 2-55
（b）），为此还发明了专业的
摄影记录技术。这些模拟技术对
于动态的找形研究非常受限，并

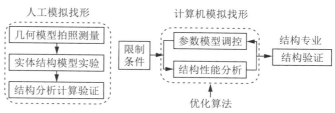

图 2-55（a） 传统人工模拟找形技术（左）
图 2-56（a） 计算机交互平台下的模拟找形技术（右）
图片来源：作者绘制

且是一个线性的过程，而计算机模型是一种数学描述的过程，不仅实现了将绘图与物理模型向数学量化的转化，也使得一切现实静态、动态原型，都转化为以数学函数关系表达的"虚拟原型"（Virtual Prototyping）。基于数字化平台，只需要在模拟过程中进行力学调控或分析，就能够进行结构找形操作（图 2-56（a））。

除此之外，传统物理实验模型技术与环境中的各个环节，都能够在计算机中进行仿真模拟，并且在一个模型下进行多种环境参数调控的模拟。在皂膜试验中，由于皂泡需要一定的湿度才能保证实验的时效，在模型记录时需要重复记录和保持模型的静止状态，以保证数据的精确性。这些人工控制下的随机状况，在计算机模拟分析技术下能够完全避免，并且能够增加新的环境参数例如动态的风荷载（图 2-56（b））。计算机模拟找形技术全面地代替了传统的悬链线模型、皂泡极小曲面的物理模型。

分析找形技术：传统的结构找形技术需要一定的工程经验和专业计算分析能力（图 2-57），建筑师很难主导形态的分析调控，而在计算机模型的结构找形技术中，越来越多的软件以及程序的简化和交互，能够为建筑师提供绕过结构计算的复杂程序，通过对结构

图 2-55（b） 传统模拟找形中找形设计往往需要多个阶段模型；图片来源：www.researchgate.com

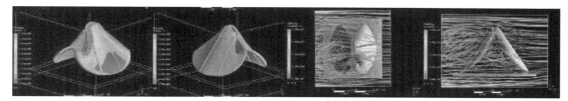

图 2-56（b） 计算机跨学科平台下，多个环境参数调控一个参数模型
图片来源：Michael Hensel, Achim Menges, Michael Weinstock. Emergent technologies and design[M]. London: Routledge, 2010

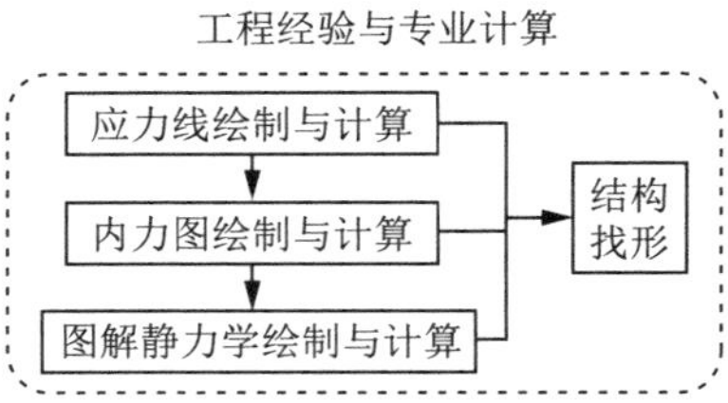

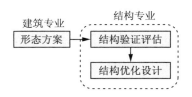

图 2-57　传统找形中结构分析技术主要在后期被工程师掌握；图片来源：作者绘制

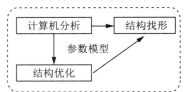

图 2-58　基于计算机交互平台建筑师能够将结构分析技术整合到初期的找形设计中；图片来源：作者绘制

图 2-59　传统结构优化在后期结构专业进行；图片来源：作者绘制

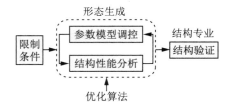

图 2-60　计算机交互平台下结构优化作为前期找形技术；图片来源：作者绘制

基础知识学习、规范查阅以及软件操作就能够实现基本的力学分析与找形设计（图 2-58）。借助这些计算机模型的可视化分析，建筑师只要通过合作或者学习结构模型的建模与参数调控，即可快速获得结构内力信息，而不用再像马亚尔、奈尔维和托罗哈时代那样积累深厚的工程经验手工绘制或进行复杂的方程计算来验证和探索。

优化找形技术：借助计算机交互平台与算法技术，优化技术也为结构找形开启了新的方法路径。在计算机前时代，传统形态设计与结构优化通常分为两个专业流程，结构形态的优化通常被视为最终评估阶段的设计内容（图 2-59），而计算机交互平台下的结构形态优化设计则颠覆了传统形态设计的思维模式，找形算法能够在设计前期对形态的生成实现多参数调控，同时又能够实现结构性能化设计（图 2-60），为结构形态设计提供了一种新的优化找形技术。除此之外，计算机算法不仅能够用于结构优化的运算，并且能够在建筑参数模型与结构分析之间进行运算迭代，使得控制几何形态与结构分析两个流程之间进行交互式的整合优化，这大大改善了人工调控的优化效率。

专业分科以及专业知识的拓展，导致了建筑系统的分工越加细化，建筑师已经无法再回到 19 世纪前身兼多个角色进行创造发明的盛况，然而计算机交互技术平台从硬件系统上使得建筑师回归到专业共识的操作思维中。无论是在技术操作层面上、还是方法应用层面上，建筑师进行科学量化的结构找形设计都能够得以实现，并且随着学科知识交叉的范围扩大，更多的结构技术将由建筑师带领回归到建筑系统设计中，为设计创新提供更多的可能。

2.3.2　重启的设计思维方法

跨学科思考下的联动设计：跨学科交互平台下形态设计的最大优势在于多个模型之间信息的互通与联动，即几何模型的前期处理以及后期结构分析模型的互相结合。"我们不单只是运用了参数化设计来改善结构设计流程，我们同时将一些结构体系优化的设计一起结合，这使得整个结构设计流程可以更早跟建筑设计方案接轨"[①]，基于跨学科交互平台的找形设计能够连接多个专业信息的参数，将建筑形态、构件组织、空间布局、结构性能、结构优化同时进行连接运算。建筑师不仅能够控制几何、支撑布局、结构网格、荷载、材料、截面等参数，并且还能够建立整合各要素的运算规则，控制几何形态与结构优化两个流程之间进行交互式的整合优化，并在动态过程中寻找适用建筑最优方案且性能优化的结构形态。

结构找形设计对建筑设计的价值主要体现在方案初期的形态创新上，是一个需要反复调试和修改的过程。在传统独立系统的设计模式中，建筑师一旦提出对方案的修改，设计程序及其与之相关的结构模型和分析计算必须重新进行，这对于结构找形设计而言具有极大的限制。而信息交互模型与传统手工或 Sketch Up 模型等的本质区别在于，借助计算机强大的运算能力，要素信息的可变能够对形态结果进行高效的联动，并进行即时输出，建筑师无需反复建模，只需调控某一个模型中的参数变量，就能够同时实现全局的修改。多种模型之间的信息交互，也能够拓展更多参数调控的模式，从单一模型的参数调控到多参数多模型的调控，并且基于优化算法有可能实现不同模型之间的优化迭代等。例如建筑师阿西亚（Jesús Gálvez García）在阿利坎特大学的临时展厅 MUA （Museum of the University of Alicante）设计中（图 2-61），基于 Rhino 和 Grasshopper 软件平台，联合几何模型、结构模型以及阴影分析模型，通过结构分析优化以及阴影分析结构来调控模型的几何参数，最终呈现了多样化的壳体形态。

回归原理性思维的找形设计：新技术和力学理论带来的核心价值，不仅能解决复杂形式问题，而且能突破传统形式化设计的壁垒，打开新的创作思路。英国建筑师尼尔·里奇（Neil Leach）认为"探索更智能化和逻辑化的设计流程，逻辑便是新的形式"[②]。由于计算机算法通常是借助脚本技术建立"关系"和"规则"指令，从而解决形态相关的各种问题，这使得设计师必须摆脱传统形式化思维，从原理、技术和逻辑进行思考，回归到基于力学原理的思维进行设计创作。

原理性的回归意味着从关注设计结果转向注重设计过程，这就要求设计师明确力学逻辑和要素关系，从原理性的力学知识出发建立合理的设计模型。东南大学建筑运算与应用

① Sean Ahlquist,Achim Menges. Integration of behaviour-based computational and physical models-design computation and materialisation of morphologically complex tension-active systems[J]. Computational Design Modelling, 2012:71-78
② Neil Leach. Parametrics explained[J]. Next Generation Building, 2014, 1:33-42

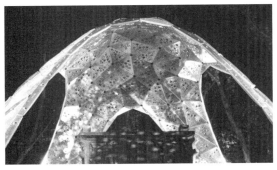

图 2-61　阿利坎特大学展厅设计中　　图 2-62　建筑运算与应用研究所（Inst. AAA）的数字化悬链结构

图 2-61 来源：www.karamba3d.com；图 2-62 来源：李鸿渐，李飚. 基于"悬链线"的"数字链"方法初探 [J].

城市建筑，2015（19）：116-118.

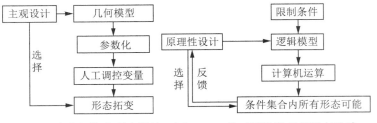

图 2-63　参数调控的形态设计　　图 2-64　基于逻辑关系的形态设计

图 2-63/64 来源：作者绘制

研究所在数字悬链线生成研究中（图 2-62），基于牛顿第二定律（$F=ma$）以及加速度、速度的物理定义（$a=v/t$，$v=s/t$）的力学逻辑，运用数学向量的方法建立了包含空间位置、空间位移、距离、运动速度、速率、加速度的结构形态模型[①]，并通过对悬链线在重力作用下的生成过程进行模拟，从而实现了多样化悬链结构的形态设计。而正是基于力学逻辑和参数关系的设计操作，保证了结构形态设计的合理性和多样性，从传统针对性经验总结转向了更科学和广泛的逻辑领域，成为一种新的设计方法。

自主生成的找形设计：基于新的计算机交互技术的形态设计既能够突破传统自上而下的主观预设创意的瓶颈，又允许自下而上的"自主生成"和"变化可能"（Autonomous Generation and Various Possibilities）[②]。计算机模型交互技术下的结构找形行为往往是不可预测的，这大大拓展了人脑创造和定义的广度。如果说基于几何模型的人工参数调控设计，还在一定程度上体现了主观形态设计的工具特征（图 2-63），那么基于信息交互技术下的结构形态设计则是代替或拓展了一部分人脑的形态建构活动，它再也不是传统设计中建筑师通过灵感进行形式创造过程，而变成了基于设计需求、通过设置限制条件，构筑逻辑模型和制定求解方案的同时，进行大量的计算、对比、分析，并在不断增加的可能中寻找丰富和更优化的结果（图 2-64）。因此基于新技术下的结构形态设计同时又具有"自我

---

① 李鸿渐，李飚. 基于"悬链线"的"数字链"方法初探 [J]. 城市建筑，2015（19）：116-118

② 高岩. 基于设计实践的参数化与 BIM[J]. 建筑数字化技术 Digital Technologies in Architecture/ 南方建筑 South Architecture，2014（4）：4-14

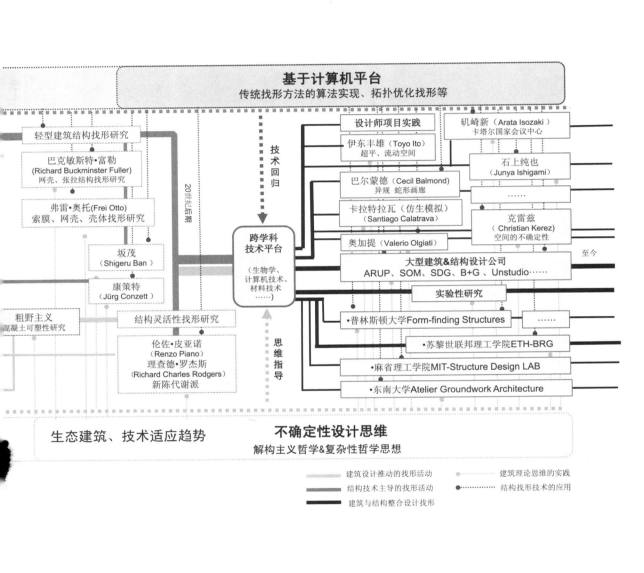

基于计算机平台
传统找形方法的算法实现、拓扑优化找形等

轻型建筑结构找形研究

巴克敏斯特·富勒
(Richard Buckminster Fuller)
网壳、张拉结构找形研究

弗雷·奥托(Frei Otto)
索膜、网壳、壳体找形研究

坂茂
(Shigeru Ban)

康策特
(Jürg Conzett)

粗野主义
混凝土可塑性研究

结构灵活性找形研究

伦佐·皮亚诺
(Renzo Piano)
理查德·罗杰斯
(Richard Charles Rodgers)
新陈代谢派

20世纪后期

技术回归

思维指导

跨学科技术平台

（生物学、计算机技术、材料技术……）

设计师项目实践

伊东丰雄（Toyo Ito）
超平、流动空间

巴尔蒙德（Cecil Balmond)
异规 蛇形画廊

卡拉特拉瓦（仿生模拟）
（Santiago Calatrava)

奥加提（Valerio Olgiati）

大型建筑&结构设计公司
ARUP、SOM、SDG、B+G、Unstudio……

实验性研究

•普林斯顿大学Form-finding Structures

•苏黎世联邦理工学院ETH-BRG

•麻省理工学院MIT-Structure Design LAB

•东南大学Atelier Groundwork Architecture

矶崎新（Arata Isozaki）
卡塔尔国家会议中心

石上纯也
（Junya Ishigami）

……

克雷兹
（Christian Kerez)
空间的不确定性

至今

……

生态建筑、技术适应趋势

不确定性设计思维
解构主义哲学&复杂性哲学思想

建筑设计推动的找形活动 ········· 建筑理论思维的实践

结构技术主导的找形活动 ••••••••• 结构找形技术的应用

建筑与结构整合设计找形

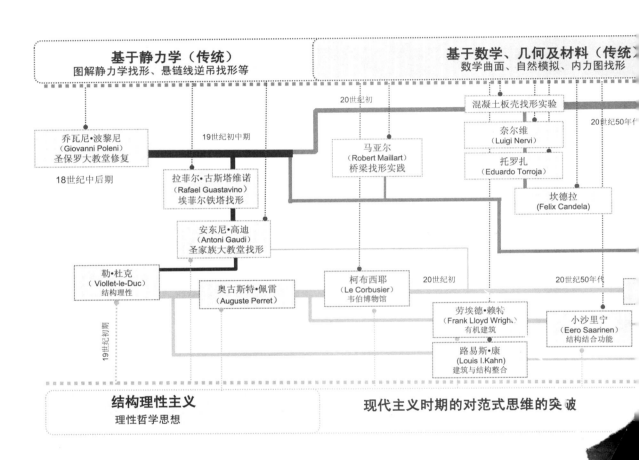

图 2-65　结构找形历史发展的脉络；图片来源：作者绘制

优化"的特征,能达成其他超过标准设计限制的任务[1],探索超出建筑师想象的多样化形态。

2.5　小结

本章系统地梳理了结构找形的发展脉络,从不同的视野分析阐述了结构技术发展与建筑思维对结构找形活动的影响(图2-65),剖析了结构找形作为技术工具到设计方法的转变,以及在跨学科交互平台的契机下,结构找形技术方法的特征以及对传统设计的革命性推动。

1. 力学理论与结构技术的进步是结构找形发展的驱动力之一,它催生了结构找形首先作为形态探索的技术工具的角色。在静力学、材料力学以及计算机力学理论的发展下,结构找形的基本技术路径得到了完善,并分别以静力学的形图解、材料力学的内力呈现、数值运算下的形态优化三种技术工具的形式,自下而上地影响着建筑发展,同时也推进了结构体系形式的完善和拓展。

2. 建筑思潮的变革是结构找形发展的另一个重要驱动力,它指导着结构找形从技术工具向设计方法的转变。结构理性主义首先推动了结构找形作为创新方法的启蒙思维,尽管结构设计在现代主义时期的主流建筑中走向了制度化范式,但追求创新的思维意识从未间断,结构找形经历了从制度化到不确定性的转变后,在生态建筑思想和技术适应性的趋势下,自上而下的发展成为建筑形态设计的方法路径之一。

3. 跨学科交互平台催化了结构找形从作为技术工具到作为设计方法的角色转变。在计算机模型技术和信息交互技术的支撑下,一方面结构找形在模拟找形技术、分析找形技术以及优化找形三个层面上,革新了传统人工的找形技术和设计方式,极大地拓展了建筑师设计维度和创作空间;另一方面,新设计思维方法具有跨学科联动设计、原理性操作以及自主生成的特征,颠覆了传统制度化范式设计方式,结构找形真正从技术工具转换为设计方法。

---

① Neil Leach, Parametrics explained[J]. Next Generation Building, 2014, 1: 33-42

第三章　自然结构模拟找形

3.1　以自然结构为原型的模拟找形

弗雷·奥托（Frei Otto）认为"许多不同事物之间存在着相似的形式及其完形形态、构造方式、结构以及材料，这种相似性或许是通过相同或是完全不同的发展获得，类比研究在这一过程中有着极其重要的作用"[①]。基于自然结构形态的建筑结构找形设计，本质上跨越了生物学、工程技术以及建筑学领域，在向自然界学习其动态适应的过程中，通过类比研究来激发设计的类推创新。模拟找形的过程就是从自然界获取原型、进行建筑结构转译和类推的设计过程。

3.1.1　结构原型

原型（Archetype）源于希腊文"Architypos"，由 Archi（初始）与 Typos（痕迹）合成，解释为初始的痕迹、模式或参照[②]。在心理学层面，瑞士心理学家卡尔·荣格（Carl Gustav Jung）把人类世代普遍性心理经验长期"沉积"下的、并反复出现的原始表象称为原型[③]。原型在建筑设计中，既具有解释性功能又具有生成性功能，一方面它使得特定建筑类型的解释成为可能，另一方面，原型又能在建筑设计中提供创新的启发和依据，荣格从意象层面揭示了原型在无数环境变化中发展自身的特征，相对应的，原型又具有可被推演的特质，即在原型的基础上根据环境演变出同一类型的不同表现形式。

结构形态的自然原型，在结构形态层面上的原型讨论，主要集中在三个方面：

一个是关注基本型的探讨，即形式"构形"中的基本要素或几何"元语言"的讨论，例如三角形、圆形、矩形等几何形式。这种原型讨论更关注表层的显性隐喻形式，因而对自然形态的模拟是一种基于建筑几何语言的形式模仿，其典型案例是维特鲁威将人体比例映射在建筑柱式中，他认为通过与人体比例的类比，建筑构成要素被纳入性格类型中，这产生了向结构形态隐喻中的一种基本转移：多立克式神庙"显出男子身体比例的刚劲和优美"；爱奥尼克式神庙显示"窈窕而有装饰的匀称的女性姿态"；科林斯式神庙"摹仿少女的窈窕姿态"[④]。以这三种性格类型的神庙为基本框架，构筑了最初的建筑类型学。除

---

① Frederick Allen. Cats' paws and catapults: mechanical worlds of nature and people by Steven Vogel[J]. Technology and Culture, 1999, 40(3):652–654.
② 原型 Archetype，维基百科词条。
③ 汪丽君. 广义建筑类型学研究 [D]. 天津：天津大学，2003：16
④ 维特鲁威. 建筑十书 [M]. 高履泰，译. 北京：中国建筑工业出版社，1986

此之外，在自然界形态中，其复杂的几何语言远远超出了欧式几何能够描绘的范围，因而也常常被作为"有机""动态"以及"象征"等的建筑形式原型，例如德国建筑师埃里克·门德尔松（Eric Mendelsohn）在 1917 年设计的爱因斯坦天文台以及高迪的米拉公寓立面（图3-1），用自然曲线表达有机、自然、运动与能量的形态融合。然而，这种有机性差异依然是人类思维意识赋予几何形态的类比。对具有功能性的结构形态而言，结构内在逻辑的不在场，仅以几何作为结构形态的原型进行类比，显然充满了力学上的偶然性，很难在新的建筑环境中进行更多形式的理性类推。

另一个是规律式法则的探讨，即建筑形态构成上的某些规律性的原则或内在秩序，这是一种允许更多功能性原则加入建筑形态设计的抽象原型讨论，因而也能够将结构性能、空间功能等功能性发展纳入其中。德·昆西（Q.D. Quincy）将这种内在秩序偏向于自然法则[①]，罗梭（Helen Rosenau）认为"艺术的功能对他（昆西）来说就是模仿，这不是指艺术必习自自然或仿制自然的意思，而是要求揭示自然本源的原则"[②]。这意味着不是模仿自然形式表面的浪漫主义风尚，而是要揭示自然运动的科学规律，即自然形态背后的力学相关的规律和行为准则，它是自然形式（第一个层面的原型）在建筑中进行"变体"以及"衍化"的准则。

在以性能为核心的结构形态设计中，力学法则是首要的原则，因而结构找形设计首先是基于自然结构形态的受力法则的讨论，它是构成不同环境关系原型的基础。这意味着对自然结构形态的模拟要建立在其力学逻辑基础上进行模拟与类推，而非纯形式的模仿。同样是在米拉公寓中，其外立面设计是以自然几何形式为原型，而高迪在屋顶设计中（图3-2），利用悬链线受力原理，作为内部拱形空间形态设计的原型。后者将结构功能法则加入建筑形态设计中，体现了一种智性交流的表达，而非纯粹审美途径的展现。

图 3-1 以自然几何为法则：爱因斯坦天文台（左）；米拉公寓立面（中）
图 3-2 以悬链线力学法则：米拉公寓屋顶形态（右）；图 3-1/2 来源：www.google.com

① 汪丽君.广义建筑类型学研究 [D]. 天津：天津大学，2003：15
② Helen Rosenau.The ideal city[M]. London: Routledge &Kegan Paul, 1959

　　第三种是基于建筑形态与外部环境关系的原型探讨。阿尔多·罗西（Aldo Rossi）强调建筑同历史和环境即场所的联系："实际上，建筑是由它的整个历史伴随形成的；建筑产生于它的自身合理性，只有通过这种生存过程，建筑才能与它周围人为的或自然的环境融为一体。当它通过自己的本原建立起一种逻辑关系时，建筑就产生了；然后，它就形成了一种场所"[①]。这种建筑与环境之间建立的逻辑关系即是第三种原型的讨论，它是不同语境关系下激发建筑形态多样性的动力。同样的在自然界中，自然形态与环境也存在一种潜在的逻辑关联，詹姆斯·汤普森（James Thompson）认为它是由环境和习性的改变后造成的一个由各种力组成的系统，并将这种环境力下自然生成看作达成自然形态多样化的方法[②]。

　　结构找形设计是一种不同环境条件刺激下的形态设计，这紧密涉及第三个层面原型的探讨。正如自然形态进化和行为方式是依据气候、生物链以及生存环境条件决定，建筑形态与特定环境之间存在特定的逻辑关联，这决定了结构找形对环境场所的响应方式。仍然以悬链线为法则的拱形结构形态为例，进一步解释这种建筑与环境之间建立不同逻辑的场所感差异（图 3-3），在西班牙建筑师路易斯·蒙库尼耶（Lluis Muncunill Parellada）设计的巴塞罗那 Masia Freixa 住宅中（图 3-3（a）），将悬链线运用到连续外廊道结构中，并通过竖向杆件层级的叠加控制小尺度屋面拱形的连续变化，采用极富地方特色的拱券技术塑造了加泰罗尼亚地域文化；在奥托与坂茂设计德国汉诺威世博会日本馆中（图 3-3（b）），将悬链线法则运用在横向连续大空间表皮中，塑造出现代技术下精细与轻型化的建筑形态；而圣路易拱门（Gateway Arch）的设计中（图 3-3（c）），则从线系的纵向大尺度上营造了具有标志性与象征性的城市景观标识。三者都是对自然法则悬链线原型进行模拟，然而建筑环境的不同，决定了对形态设计中的边界、尺度等条件的调控，在不同条件下结构形态原型（悬链线法则）的类推方式不同，而正是不同的建筑环境关系激发了建筑形态多样

（a）巴塞罗那 Masia Freixa 住宅　　（b）曼海姆多功能大厅　　（c）圣路易弧形拱门
图 3-3　不同尺度和语境下悬链线形态的差异与多样性；图片来源：www.archdaily.com

① Aldo Rossi.The architecture of the city[M]. Cambridge: MIT Press, 1982
② W. 理查德·斯科特，杰拉尔德·F. 戴维斯 . 组织理论：理性、自然与开放系统的视角 [M]. 高俊山，译 . 北京：中国人民大学出版社，2011.

性的动力，这也是结构找形设计的意义所在。

总而言之，对自然原型模拟的结构找形设计，并非古典主义般纯几何形式的模拟，也并非静态的力学形式的探讨，而是以自然力学法则为内在秩序参考原型，并且具备适应不同环境条件下的动态类推拓展的探讨。

3.1.2 模拟找形的原型

在自然结构中，主要有两个层面的自然法则可以作为找形结构模拟的原型，一个是自然结构形态的力学作用机制，另一个是自然结构形态的生成机制。前者直接揭示出几何形式与力学的关系，后者则保留了从自然界探索建筑几何形式适应环境的有序复杂性，揭示出力学驱动下几何形态生成变化的关系，以此进行动态拓变的类推设计（图3-4）。

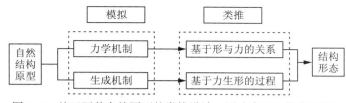

图3-4 基于两种自然原型的类推设计；图片来源：作者绘制

3.1.2.1 基于力学机制

自然界中的物种历经物竞天择，形成了各自特有的内部结构与外部形式，能够高效地抵抗外界的干扰，适应周围的环境。这些原生的结构形态既包括动植物等有机的结构形式，也包括矿物岩石等无机物质的内部微观结构形式。在不同生物或物理环境下，自然界的结构特点通常都具备以最少的材料来得到力学机制上最优的形态适应策略，因而自然界的结构往往具有高性能的几何形态。

力学机制有两个层面的含义，一是结构在外力作用下系统各要素之间协作的组织关系，另一方面是指如何抵抗外力或维持平衡的方式，即结构的抗力机制与平衡机制。抗力机制是指结构抵抗变形和破坏（弯曲、剪切、屈曲等）的机制，这涉及材料的组织与分布、结构几何形态抵抗和组织系统，例如竹子的空心构造、蜂巢的晶体单元结构。平衡机制是指结构抵抗失稳而倾覆倒塌的机制，这涉及体系内的组织、强弱协调，例如人体结构中的骨骼、肌肉与肌腱的组合，蜘蛛网的张拉丝组合等。力学机制是以结构要素组织受力关系来适应或解决某种形态问题的运作方式。

将"原型"类推以表达建筑意义的思维方法，是一种透过形式表象寻找力（力学机制）与形之间关系的抽象本质。基于形与力的稳定关系才能够基于力学原型进行类推设计。勃罗德本特（Gerffrey Broadbent）认为类推设计有图形式类推（Iconic Analogies）与准则式类推（Canonic Analogies）[①]。图形式类推凭借符号，强调意象及情感的重要性基础上引入，而准则式类推是有着其自身相称的系统及几何形式特性，通常是某种抽象的模式。

在静态的自然结构原型中，形与力的关系通常较为稳定，特定类型的形态通常具备类似的力学机制，例如蛋壳和贝壳类的起拱形态都具有能够作为壳体结构的原型。而正是基于稳定的力与形关系的长期经验累积，往往也容易导致建筑师以图式思维进行力学机制原型的类推（例如在建筑设计中模拟贝壳起拱方式进行拱形屋面的形态类推，但实际上，起拱的力学机制可以用于所有受弯结构形态的类推设计中，这一点往往在形式化思维的类推设计中被忽视）。

在结构找形设计中，对自然形态力学机制原型的类推设计，不应当只是在力与形的稳定关系上对建筑形态图式归类，而应当是后者——准则式类推，即寻找力学机制中解决某种形态问题的方法。这与图形式思维有本质上的区别，前者是一种形与力的图式对应关系，是一种描述性的类推，无法在不同环境刺激下作出对应形态以外的适应性变化，而后者是一种抽象的策略模式，能够解释因果关系的类推，因而也具备在相似问题的其他形态中做出适应环境的变化。

在伍重（Jorn Oberg Utzon）对悉尼歌剧院壳体结构的图式类推设计中，利用球面几何的分割比例作为形态的法则（图3-5），尽管达成了抽象的自然隐喻，但并不符合壳体力学原型解决形态问题的方式，最终还以巨大的工程经济代价得以完成，因而也不能当作以此类推的佳作。而柯布西耶（Le Corbusier）在其朗香教堂设计中，试图寻找形态背后内在逻辑的力学机制，他从蟹壳向飞机机翼类比中获取屋顶结构的结构原型（图3-6）："摘一只蟹壳……如此合乎静力学，我引进蟹壳放在笨拙而有用的厚墙上"[②]。尽管实际形态上并没有与蟹壳有多少符号的相似，却更加明确合理地强化了这种核心逻辑作为向艺术形式上的隐喻。除此之外，菲利克斯·坎德拉（Félix Candela）还利用这种起伏的壳体解决了 Lomas de Cuernavaca 教堂中的大尺度悬挑问题（图3-7）；埃拉蒂奥·迪埃斯特（Eladio

图3-5 悉尼歌剧院以及球面分割的几何法则；图片来源：https://www.sydneyoperahouse.com

① 汪丽君. 广义建筑类型学研究 [D]. 天津：天津大学，2003：139
② 吴焕加. 论朗香教堂（上）[J]. 世界建筑，1994（03）：59-65

图 3-6　基于蟹壳原型的朗香教堂屋顶（左）；图片来源：http：//www.pinterest.com

图 3-7　坎德拉利用壳体机制进行悬挑设计（中）；图片来源：http：//www.columbia.edu/cu.com

图 3-8　迪埃斯特利用壳体机制进行屋面形态设计（右）；图片来源：https：//www.research.ed.ac.uk

Dieste）则将这种起伏的力学机制运用到 CEASA 屋顶形态设计中（图 3-8），正如迪埃斯特认为"我们所寻求结构抗力的优点取决于形式的关联，它们是通过形式才得以稳定，而非材料的笨拙堆积"[①]。正是基于力与形的准则关系的类推思维，而非图式关系，才能在不同环境中，向除了对应关系以外的、更丰富的结构形态进行类推设计。

3.1.2.2　基于生成机制

自然结构的运作机制是固有的力学机制随着时间的变化和环境需求进行适应的综合体现。对其静止状态的力学机制的研究只是自组织过程中某个时间节点上的切片，基于其运作机制的研究才能够实现全面适应性的形态设计。

运作机制是指在外力作用的驱动下，自然结构系统自发的调整内部要素组织关系以适应外部环境的工作过程和方式，这种自发的自然现象也被称为自组织（Self organization）。自然界通过自组织的方式使其系统向着有序且平衡的方向演进，其自然形态的多样性是随着环境的压力和不稳定性增长而变化的，其中不仅包含遗传学控制因素，还包含许多物理性质的自组织过程。在建筑结构找形中，对自组织模拟的目标一般是较为复杂但高效的结构形态，这些形态根据力学诱导从不稳定到稳定、从劣到优、从无序到有序结构进化，因此其结构原型不仅包含了最终优化的物理形态结果，还涵盖了一个对形态逐步优化的过程模拟。与模拟固有的自然结构原型不同，在自组织模拟中，建筑师能够通过预设条件控制其主要生成方向，并在生成过程中对比与观察性能最优的构造信息，以此来建立力与形的关系。

力生形的类推思维：与以力学机制为原型的类推设计不同，由于运作机制包含一个动态过程，且由于其形态的多样性和随机性，使得力与形的关系无法达到明确稳定的对应状态，因而无法在静态的力与形的关系上进行设计思考。例如在肥皂泡聚集过程中，单元形

---

① Eladio Dieste，1987，引自 https：//benhuser.com/2012/01/31/eladio-dieste-porto-alegre-rs/

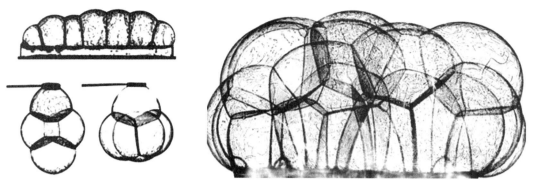

图 3-9　皂泡形成过程中在不同时间段和边界条件下呈现的形态也不同；图片来源：https：//designontopic.wordpress.com（左）；http：//www.pneumocell.com（右）

态与张力的关系随时变化，在不同边界情况下，甚至是在操作一致的情况中都有可能呈现出不同的形态（图 3-9）。相反的，正如奥托的观点："在找形过程中，建筑师更多的是扮演了助产士而非上帝的创造者角色"[①]，基于形与力关系进行类推设计的思考，本质上是一种建筑师的精神建构活动，而这种方式通常无法真实地反映自然结构的复杂活动，"在刻意地创造出一种尚未发现的结构形式的时候，实际上是将自己放在相悖的方向上，因为这个过程必须遵循着自然界的秩序"[②]。奥托谈到的"过程"即是他对自然界自组织活动等运行机制的忠实模拟，他认为保留这种"自然的技术"才是最"自然"的过程。这意味着，基于运行机制的类推设计，应当是一种基于自然运行机制的性能化的、自组织的思维方式进行的类推设计。

　　首先，尽管力与形的关系往往无迹可寻，但是通常在力学性能规律上却是趋同的，并且是一种有序变化的过程，即追求结构性能的最优化：从材料与内力抵抗方面趋于最小消耗，例如极小曲面、零弯矩和均匀应力；从传力组织方面趋于最高效率，例如最短传递路径等。其次，对于动态的自组织过程而言，其静态的受力机制是一种最佳状态，只有最佳状态稳定后才能够得到相应的形式，因此建筑师无法基于力与形的关系进行运行机制的类推。自然结构的运作机制是一个如何达到某一稳定力学状态的过程，形只是达到这一状态的结果，这是一个力生形的自组织过程，因此运行机制的模拟更多的是对生成过程的研究。

　　以自然界运行机制为原型的类推中，建筑师通常以某种力学目标（而非明确形式）为目的进行形态生成的类推设计，例如高迪利用逆吊法来实现零弯矩的拱形、奥托利用皂膜寻求到任意边界形态的极小曲面形态、对力学最短路径的寻找等。总之，其最终的形态通常是建筑师无法预知或提前构思的，甚至很难从自然界中寻找到同样的形态。建筑师通过调控环境条件参数来干预其生成过程、控制其形态的发展方向，这是一种以性能为目标，

---

① 温菲尔德·奈丁格等.轻型建筑与自然设计：弗雷·奥托作品全集[M].北京：中国建筑工业出版社，2010：27
② 温菲尔德·奈丁格等.轻型建筑与自然设计：弗雷·奥托作品全集[M].北京：中国建筑工业出版社，2010：28

对生成方法和过程模拟调控的类推设计，而非基于形与力特定关系的类推设计，正因如此，力生形才具备创造超越建筑师想象的适应复杂性形态的特征。

3.2　基于力学机制的模拟类推

力学机制包含抗力机制与平衡机制，它涉及材料的组织与分布、结构几何形态抵抗和组织系统。与建筑的要求不同，自然生物系统中很多结构没有特定的界限、绝对的起点甚至是用以固定的连接点，自然界外部环境与建筑结构的外部环境迥异，因而在提取力学原理的同时还需要进行环境条件、物理作用和应用方式的类比研究，来修正转译才能作为建筑结构原型进行类推找形。

3.2.1　基于材料组织

材料是自然界所有物质形态储存能量和自我建造的中介，它们用最经济的方式得以对抗外部环境的压力，为了适应不同条件的外部环境，自然结构会重新调整其内部材料的分配和组织方式。然而，自然界的材料组织通常是一种在复杂的自然环境系统下，长期形成的、相对稳定的形态构成，是一种包含众多复杂因素的构成，因此基于材料组织形态原型的研究中还需要厘清其适用于建筑结构的抗力机制。

原型类比：以竹子为例，竹子的结构能够以很小的截面和很长的纵向尺度形态适应水平向的风荷载。它的材料组织特征是纤维分布在横断面的边缘（内部空心）（图 3-10（a））、在纵向上一定距离会沿水平断面增加纤维堆积（节）（图 3-10（b））、沿着竖直方向向上材料的用量越少（上小下大）（图 3-10（c）），以及内部的多孔纤维的微观组织（图 3-10（d））。这些特质构成了结构纵向生长和抵御水平荷载的结构形态，因而通常被作为纵向结构形态设计的原型进行类比。

单纯从形式上转换，以竖向悬臂为主的结构（例如柱子或高层）与竹子具有相同的几

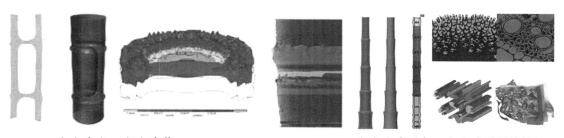

（a）空心　　（b）有节　　　　　　　　　　（c）上小下大　　（d）多孔纤维材料

图 3-10　柱子结构及材料的特征；图片来源：Michael Hensel, Achim Menges, Michael Weinstock. Emergent technologies and design[M]. London: Routledge, 2010

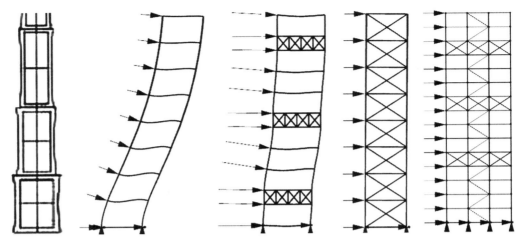

（a）竹子"节"原型　　（b）框架结构　　（c）增加桁架作为"节"（d）增加斜撑　（e）增加核心筒
图 3-11　以竹子的节为原型的，不同建构逻辑的高层形态；图片来源：作者分析绘制

何形态，在竖向荷载的形态中，其内部中间的材料的确被削减，这与竹子的空心具有相同的机制，即以较小而空心的截面来减少材料消耗，因此作为以抵抗垂直外力为主的柱子形态是有效的参照物。

　　虽然竹子在每段交界处提高了材料密度形成了节段的结构形式，然而自然界的大部分结构能够通过动能来转化荷载的消耗。例如竹子抵抗水平力的主要作用实际上大都归功于多孔纤维的柔韧属性，以防止摆动过程中被拉裂而非节段形态，但是节也在一定程度上增加了竹子的刚度，因此竹子作为抵抗水平荷载的建筑结构例如高层，以怎样的建构逻辑方式进行转译则还需要验证。借助计算模型将竹子模拟的节段规则化后进行结构分析（图3-11），可以看到在水平荷载下，多层框架（图 3-11（b））楼板其整体的变形非常的大，楼板作为横向的"节"，此时并没有起到主要水平作用的抵抗，竹子的节并不能作为合理的参照。而在同样荷载下，将楼板转换为桁架（图 3-11（c））增大到避难层的尺度，整体位移则明显降低，这充分体现了"节"在增强刚度方面的作用，在此基础上增加斜向构件以及核心筒构件便能够获得更加稳固的高层形态（图 3-11（d）/（e））。因此在抵抗水平荷载为主的结构形态设计中，竹子水平分节段的形态如何作为参照物，还需要从材料、尺度比例方面进行分析与类推。

　　一言以蔽之，材料组织的作用机制是通过材料分布、密度以及网格组织等方式对强度、刚度和耗材的直接优化，因此，其形态特征大多并非为规则几何，与建筑材料和构件组织大不相同。在自然结构形态的原型类比中，同样外部荷载诱导下异化的材料组织原型，才有可能转译向建筑的材料组织形态，并且建筑结构的形态自然要考虑建构情况对形态加以修正。基于材料的抽象转译的找形过程可以用图 3-12 来加以描述。

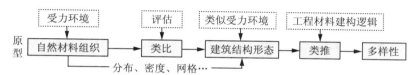

图 3-12　基于自然材料组织原型的结构形态类推；图片来源：作者绘制

类推： 空心形态是竹子减轻自重的体现，可以用于所有减小耗材为目的的轴力构件中，除此之外，自然界还有许多通过材料顺应应力组织减少耗材、通过材料组织提高强度、通过提高材料微观属性来优化形态的策略，例如骨骼结构、金属晶体结构以及纳米晶格等。尽管自然材料与建筑结构材料的强度属性完全不同，但是在材料力学的微观层面上，材料组织方式很大程度上决定了受力的稳定性，这一点在自然界对材料强度的建构上有着异曲同工之处。

表 3-1　基于自然材料分布、密度和网格组织原型的类推形态

原型	材料分布组织	材料密度组织	材料网格组织
自然结构形态	（a）空心竹子	（b）骨干格构	（c）晶格结构
力学规则	通过削减材料提高性能	通过顺应应力提高效能	通过单元规则组织实现高密度和高强度
几何规则形态			
基于建筑结构的类推	（d）龙美术馆空心支撑墙	（e）波兰展馆外墙结构	（f）Selinunte 公园亭子

图表来源：（a）-（d）引自 https://www.google.com、https://www.pinterest.com；（e）引自 https://maciekburdalski.wordpress.com；（f）引自 http://www.gridshell.it

这些自然材料组织的力学机制，在被几何化或规则化后，能够被类推到具有相同力学机制的建筑结构诸如支撑构件、板、梁等中解决问题，并以多元化的方式在各个层面影响建筑形态设计。柱子的空心材料组织方式（表 3–1（a））不仅能够从构件层面上减少结构自重，还能作为建筑设备管道等设施的空间载体，龙美术馆的伞形空心墙即是作为管道空间的典型案例（表 3–1（d））；而根据材料内应力组织和网格组织的逻辑，不仅能够优化内部结构，还能在构件和空间尺度上生成视觉形态的多样化。而人体骨干的内部材料通过密度变化来顺应应力从而提高效能，这一点体现在 2010 年 WWA 事务所设计的波兰展馆外墙设计中（表 3–1（b）/（e））；在自然晶格结构中，则是利用单元规则组织实现高密度和高强度的材料抵抗，这种晶格结构已经被广泛应用于网格结构形态中，例如 Selinunte 考古公园亭子（表 3–1（c）/（f））。

3.2.2　基于几何形态

除了材料的组织，在自然界中还有很多通过几何形态来改变结构性能的方式，这种改变自身局部相对位置、比例尺度的方式，不仅能够直接作为建筑结构的形态原型，还能够增强结构抵抗变形的能力——刚度的优化，例如蒲叶通过小的褶皱增加刚度和强度（表 3–2（a）），而贝壳通过起伏的壳面形成空间褶皱进行空间抵抗（表 3–2（b））等。

表 3–2　不同几何形态的自然结构原型及其力学机制

	（a）蒲叶折叠	（b）贝壳起壳	（c）藤枝的扭转
自然结构原型			
力学机制	平面上的小褶皱增加了刚度和强度，以较小的横截面抵抗大的风荷载而不变形破坏	大褶皱形成空间抵抗，增加强度和刚度，以较小的横截面抵抗海水压力而不变形破坏	形态自身的扭转形成空间抵抗，来抵抗两端受力不同产生的扭转破坏
建筑案例			

图表来源：照片来源于 www.google.com；表格为作者自制

通过几何形态抵抗外力的自然结构，本质上是形式引导荷载传递的表现，因而在建筑结构形态中模拟相似的形式动作也具有类似的效应。在树藤结构中（表 3–2（c）），其形态在空间上的几何扭曲以及平面网格上的几何变化也能够改变力学作用，由于树干的一端固定，而顶部的另一端不断生出方向不同的新枝干，树干极易产生扭转而破坏，自然界许多树木通过树皮、藤枝以及树干姿势形态上的扭转来形成空间上的抵抗。这个作用机制在建筑结构中非常适合两端支撑环境不同的结构，例如桥梁或高层结构。

　　类比研究：以褶皱为例，自然界的褶皱结构是一种以几何形态表征的力学现象，通过向褶皱形态的进化，这种物理性的形态褶皱背后则是力流的聚集和合成的方式。如果从结构材料汇聚层面理解"褶皱"，则意味着材料向不同方向的汇聚与延伸，来实现力流传递到更大的范围与更多的路径，因此结构焦点是在折叠的过程中解决好因材料在汇聚与延伸过程中导致的应力集中问题。

表 3-3　不同方向、尺度的折叠形态及其结构分析

	不同支撑位置形态	应力分析	变形状况
（a） 平板			
（b） 跨向折叠			
（c） 垂直跨向折叠			
（d） 增大折叠比例			
（e） 减小折叠比例			

图表来源：作者分析绘制

　　基于相同跨度和材料的平板结构，对其不同方向、尺度的折叠形态进行结构分析，来进一步说明建筑结构在对自然褶皱机制模拟过程中的差异性。借助 Karamba 3D[①] 程序建立

―――――――――――
① 软件程序介绍见附录

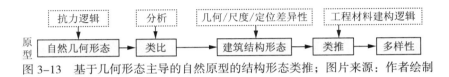

图 3-13　基于几何形态主导的自然原型的结构形态类推；图片来源：作者绘制

跨度 9 m、截面厚度为 12 cm 的混凝土板，在给予均布荷载 1 kN/m² 下进行结构分析。在结果中可以看出，由于平板支撑（表 3-3（a））主要以截面材料抵抗，两端利用率低、中部利用率高，其利用效率极不均衡，很容易产生变形。而沿跨向褶皱形态（表 3-3（b））则将垂直平板的力分解成两股较小的斜向力流，直接传向支撑，其整体构件的刚度得到了提高。若将褶皱缩小至 0.20 m 的材料尺度时（表 3-3（e）），同样有效，并且随着支撑点的增加而更加稳定。然而，板在不同跨向的褶皱也决定了这个力流分解的有效性，例如垂直跨越上的分解（表 3-3（c））显然不能直接传达支撑，而是重复增加了力的分解造成了更大的变形，即使将褶皱高度增加至 3 m 的空间尺度上也是如此（表 3-3（d））。

　　总之，虽然在以几何抗力主导的自然结构形态中，形与力的关系较为稳定，但是转译到建筑结构中，依然会因为情况不同（例如布局、褶皱集度、跨度等）而产生较大的力学差异性，这些差异性随着尺度的增大而增大，因而，在类比研究中同时需要结构分析与评估，以判断与修正在建筑结构形态设计中的应用方式。

　　类推： 在以几何形态主导的抗力机制原型的类比过程中，需要了解在建筑应用中的差异性方式（例如几何、尺度和定位等关键要素），在类推设计中，依然需要解析其内部的力学逻辑，而非几何形态，这一过程可以用图 3-13 来加以描述。

　　自然结构虽然在自然环境的多样性下呈现出不同的形态，然而在同样的受力机制原型下却潜藏着同样解决问题的秩序，这种秩序允许内部有序外部复杂的关系，当自然环境的多样性转换为建筑环境的多样性时，也应是保持这样的关系。在"褶皱"形态中，其表征形式上是一种位置关系的拓扑改变，尽管外部形态呈现出褶皱的不确定性，实则是利用增加更多力流路径来增加刚度。因此，这并不仅仅只是在单纯形式上的折叠，而是以这种逻辑方式作为原型进行不同环境中的类推，因而具备向不同形态结构共同类推的可能性。

　　同样以褶皱原理为基础的支撑墙体结构类推中，圣卢普教堂（St. Loup）（表 3-4（a1））呈现出与贝壳相同的跨越方式，而基督圣工教堂（Church of Christ the Worker）（表 3-4（a2））、沃达丰（Vodafone）总部办公楼（表 3-4（c1））都巧妙地将这种逻辑运用到抵抗竖向和水平荷载的承重墙中，分别建构出柔性与刚性的折叠形态。横滨码头是作为屋顶折叠的经典案例（表 3-4（b1）），而在多个方向上的类推中，墨西哥雀巢咖啡博物馆（表 3-4（c2））和 Steyn 事务所设计的南非 Bosjes 教堂（表 3-4（b2）），将这种逻辑能够从屋顶到支撑墙体的折叠整合设计，形成一个整体的空间折叠结构。尽管外部环境的多样性使得艺术形式上不尽相同，但其内部秩序的统一性却使得这些建筑形态持有

表 3-4　基于自然结构原型的不同方向与维度的结构形态类推

	（a）二维单向褶皱	（b）二维双向褶皱	（c）三维褶皱
自然结构原型	蒲叶	深海贝壳	岩石
内在秩序原型（刚度）			
建筑几何归整			
内在秩序的类推（自然环境多样性更替为建筑设计多样性）			
	（a1）圣卢普教堂	（b1）日本横滨码头	（c1）沃达丰总部支撑墙
	（a2）基督圣工教堂	（b2）南非 Bosjes 教堂	（c2）雀巢咖啡博物馆

图表来源：实景照片来源于 www.archdaily.com；其余为作者绘制

着共同的力学性质。基于褶皱提高刚度的力学逻辑，同一结构原型能够以不同的方式进行类推，从各个层面上适应建筑环境和空间的多样性。

3.2.3 基于体系构成

体系组织是自然界各物质间互相借能协作的结构现象，自然结构利用不同组织部分的相互组合协调来优化性能或抵御外力。迈克尔·温斯托克（Michael Weinstock）结合生物形态结构的研究，将这种生存策略解释为"其材料组织的变异来适应外界荷载的变化作用，通过重新组织材料，将其内部分配为多个结构系统的协作关系和层级关系来保证整体的平衡以及工作"[①]。

协作是结构系统内部不同要素部分分工协调工作的表现。在自然结构中典型案例有蝙蝠帆和睡莲叶（图 3–14），它是一种梁 – 膜组合结构（Beam/Membrane Composite Structure）。蝙蝠帆由其骨架和具有柔性强化纤维棒的膜构成，膜能够在飞行状态下承受压缩力，骨架则担当在膜表面进行固定和锚固的作用。这种梁 – 膜组合结构在建筑中也能够转换为受拉的面材料以及支撑边界的撑杆结构的组合。类似的结构也存在于植物中如睡莲叶枕结构，其表面为了最大化吸收光合作用而生长出宽阔平滑的膜结构，而叶枕背面的叶脉形式通过进化增强在水面上的稳定性与浮力，因此形成了较粗的锥形脉管。基于这种协作关系，叶枕能够在很少的材料消耗下保证整体稳定性，并抵抗水面波动带来的负荷。

层级：这种形成体系的组织关系不仅体现在构件与构件的协作关系中，还体现在其内部构件的层级关系中。例如在蜘蛛网柔性抗风的拉力体系中，蛛丝的一维性质使其必须在特定的层级策略下，才能形成二维或三维的捕食区域，蛛网的主次脉络和织网顺序组织是层级关系的体现（图 3–15）：普通蜘蛛网通常会先织出连接支撑位置的主丝并在固定的丝上来回织网，使丝加粗，然后往返于中心和圆周之间编织许多呈辐射状的次级丝，接着

 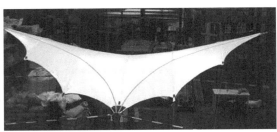 

（a）蝙蝠帆 （b）睡莲叶

图 3–14 自然结构中的梁 / 膜组合抗力机制原型；图片来源：Paulo J. da Sousa Cruz. Structures and architecture[M]. Florida：CRC Press, 2013:47

---

① Michael Hensel, Achim Menges, Michael Weinstock. Emergent technologies and design[M]. London: Routledge, 2010:38

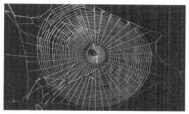
（a）蛛网形态

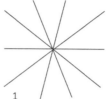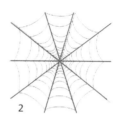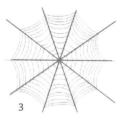
（b）织网过程：1 辐射状主网—2 环形次网—3 连系网

图 3-15 普通蜘蛛网及织网过程；图片（a）来源：www.google.com，图片（b）来源：作者绘制

（a）园蛛 X 加强结构　　　　　（b）金蛛放射状加固结构　　　　（c）空间型蛛网结构

图 3-16 不同层级关系的蛛网结构形式；图片来源：www.google.com

自圆心向外作螺旋线，愈近中心，每圈间的距离也愈密，直到不可辨认的地步。园蛛科[①]往往会在主丝方向做"X"行锯齿丝的连接，使得主要层级的支撑丝加强（图 3-16（a））；而金蛛属[②]则会在主次丝之间做了放射状的丝以加固，其网的辐射范围可以达到 1.5 m（图 3-16（b））。除此之外，作为第一道的主丝在不同环境下有可能产生不同空间上的支撑方式，它决定了最终蜘蛛的捕猎范围和蛛网形态（图 3-16（c））。这正符合建筑结构组织的支撑到主梁再到次梁的层级顺序，以及对较弱的构件进行联结补强，来提高整体的协作效率。

类比研究：法国工程师尼古拉斯（George Robert Le Ricolais）通过观察海洋放射虫类发现结构呈现出一种更加高级的支撑体系（图 3-17），这种系统的协作方式是由压力和拉力组合的结构——整体张拉结构（Tensegrity Structure），放射线虫是由一组放射状的受压为主的突刺和外层受拉为主薄膜组合而成。建筑师富勒（Buckminster Fuller）对这种张拉组合结构进行了大量的开发和实验，他认为"自然界中总是趋于由孤立的压杆所支承的连续的张力状态，大自然符合间断压连续拉的规律"[③]，并将此运用在空间网架结构中，将受拉的杆件以索代替，开发了立体网架的短线穹窿结构。在抗力机制层面，富勒关注的是其内部系统性的协作方式，因此能够基于内部构造进行网格结构形态的类推。然

---

① 园蛛科（学名 Araneidae）这一科的蜘蛛常在跨径小及类似的地方织半米以上的大轮形网。
② 金蛛属（Argiope）蜘蛛网呈可见的纯白色，有时呈交叉形或三字形。
③ 许贤.张拉整体结构的形态理论与控制方法研究 [D]. 杭州：浙江大学，2009

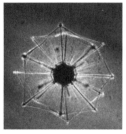

（a）放射线虫结构　　（b）张拉建筑结构单元　　（c）张拉单元建构的大跨度建筑屋面

图 3-17　富勒基于放射线虫结构提出的张拉体系；图（a）来源：https：//synchronofile.com，图（b）/（c）来源：https：//www.researchgate.net

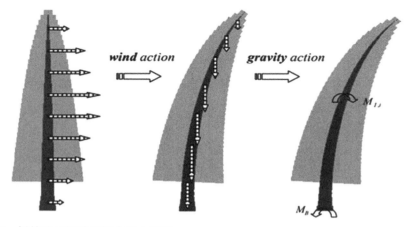

图 3-18　树枝通过摆动抵抗水平力荷载

图片来源：Rian I M，Sassone M.Tree-inspired dendriforms and fractal-like branching structures in architecture：A brief historical overview[J]. Frontiers of Architectural Research，2014(3)：298-323

而，在平衡机制层面，放射线虫在海水中是以"零重力约束"的状态生存，这种外部环境的差异性并没有给建筑结构带来任何关于重力方向性的启示，作为原型类比仍存在差异性。普林斯顿大学的卡雷特·瓦洪拉特（Carles Vallhonrat）认为"以放射虫的几何形体得到的灵感，并非是在表现荷载朝向地面传递，或是先传向支撑、后传向地面这种问题的解决之道……只有来自外部、动态的力，才能证明这种三维空间结构的合理性…"[①] 这意味着自然结构与建筑结构系统在平衡机制上的根本差别在于"重力约束"以及"边界条件"。

　　建筑结构系统内部无论以怎样的协作方式进行，与外部环境都是以一种"重力约束""边界条件"的静态关系存在，而自然界通常是以动态的、甚至是无约束的方式解决。例如在风荷载下，树枝是通过纤维的拉伸变形进行摆动和扭转运动（图 3-18），将一部分荷载转化为动能，而非静态的传向大地。而建筑结构与其恰恰相反，需要保证安全性，首先是

———————

① 卡雷斯·瓦洪拉特，邓敬 . 对建构学的思考在技艺的呈现与隐匿之间 [J]. 时代建筑，2009（05）：132-139.

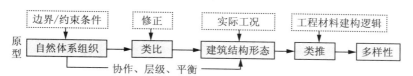

图 3-19 基于自然体系组织原型的结构形态类推；图片来源：作者绘制

要在相对位置上避免这种运动，对能量的耗散则是以传递的方式传向大地，并将微观上无法避免的运动（弯矩、扭矩等）控制在最小范围内。通常建筑形态中提及的"树形"支撑只是图式隐喻的类比，其几何法则是数学的分支结构，在以自然结构为原型的转译中，还需要依据建筑实际工况和约束条件，进行结构模型的修正分析。

原型类推找形： 在力学机制原型中，层级和协调的内在逻辑是类比的主要内容，基于这种内在逻辑参照不同的体系形态能够拓展出丰富的建筑形式。在此基础上，依据建筑实际工况，对结构构件的建构逻辑进行重构组织的类推设计，可以获得该形式下的不同建构表现，其整个类推过程可以描述为图 3-19 所示的过程。

以下以舞者的身体结构为原型，演示向建筑结构形态的转译，进行平面悬臂支柱结构的类推设计研究（表 3-5）。以支点进行舞蹈站立的人体结构形态尤为能够体现体系受力的秩序，舞蹈的核心问题是重心与平衡，重心取决于身体结构各环节质量分布情况，即站立的"姿势"形态。在重心稳定的情况下，舞者的平衡则更多地取决于身体内部骨骼、肌肉的拉压协调，姿势形态与身体的拉压协调逻辑共同构成了舞者的平衡。

表 3-5 基于人体结构原型的结构模拟找形

（a）人体结构原型				
（b）几何抽象提取				
（c）依据重心调整几何约束				

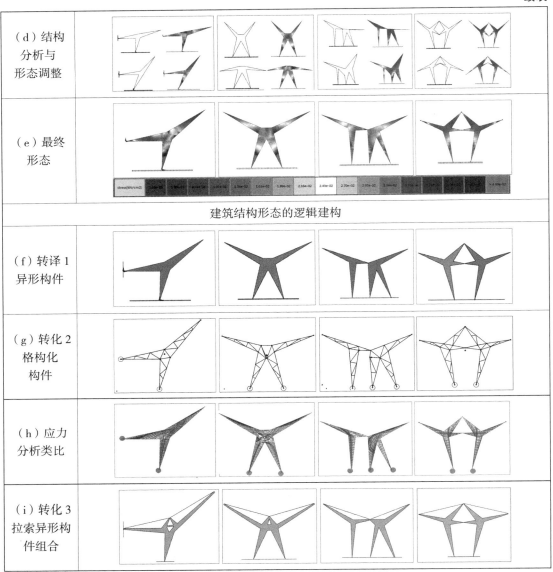

（d）结构分析与形态调整		
（e）最终形态		
建筑结构形态的逻辑建构		
（f）转译1异形构件		
（g）转化2格构化构件		
（h）应力分析类比		
（i）转化3拉索异形构件组合		

图表来源：作者建模、分析与绘制

首先，在 Rhino 平台基于一定的规则网格对人体形态进行描绘，将人体"姿势"进行几何抽象提取（表 3–5（a））。其次，通过建立模型，将支撑点的限制和舞伴的扶持（约束）视作为形态发生的边界条件，分析检查几何化后的重心位置。尽管几何化后形态较为规则，然而通过计算重心的位置可以看到，在假设连续材料且均质的基础上仍然有一些超出支撑范围的情况，很容易导致整个结构的倾覆（表 3–5（b）），例如在没有舞伴（即约束）的情况下，作为在重心之外的形态会向着重心方向倾覆，这就构成了非稳定结构，因此要设

图 3-20 卡拉特拉瓦的建筑设计以及草图手稿
图片来源：瓦亚历山大·佐尼斯.圣地亚哥·卡拉特拉瓦：运动的诗篇 [M].北京：中国建筑工业出版社，2005

置防止倾覆（$X/Y/Z$ 轴方向运动）的多余的约束，同样的，在形成空间维度的形态中，考虑到侧向荷载和失稳，同样需要 Z 轴上的约束，从而进一步完善合理的结构雏形（表 3-5（c））。

随后借助 Karamba 3D 程序，对描绘好的结构形态进行结构分析，设置悬臂梁的材料为 12 mm 厚钢板，荷载为自重，结构有限元分析后发现，在几组形态中，集中应力区域都出现在悬臂根部以及柱脚位置（表 3-5（d））。在此基础上，调整悬臂部分的高度、角度以及宽度，最终获取形态与受力上都较为合理的形态（表 3-5（e））。

在形态受力合理的基础上，便可以根据不同的建构逻辑进行建筑结构形态的转译，例如直接将其转译为异形钢构（表 3-5（f）），或是将其转换为杆系组合，获得格构化的支撑形态（表 3-5（g））。除此之外，在结构应力分析中可以看到（表 3-5（h）），拉应力线与压应力线的分布与舞者身体结构中的骨骼与肌肉的拉压受力状况相似，非常抽象地演绎了人体内部拥有的共同力学机制，因此同样可以根据明确的拉力与压力状况，将其转化为拉索与异形钢构件的组合（表 3-5（i））。

在整个过程中，基于人体结构原型的转译不再是传统概念性的描述，而是能够借助科学的结构分析，发掘在人体形态中更多潜在的结构原型，并通过对边界、建构逻辑的调控，以及定量分析与修正，获得不同形式的演绎。正如建筑师卡拉特拉瓦（Santiago Calatrava）经常在建筑形态秩序中比拟人体结构的内在逻辑："在解剖学中，张开的手掌的形象、眼睛的形象、嘴和骨骼的形象都是灵感的源泉，内在的协作"[①]。而这种协作的目标，则是"通过研究我们身体的机构，你可以发现一种对建筑非常有益的内在逻辑性"[②]。这种对逻辑性的理解往往从自我的身体感知中能够建立非常清晰的概念，这一点也充分地体现在其草图手稿以及结构形态设计中（图 3-20）。而正是这种潜在的相似性、人体结构以及众多自然结构的多样性，源源不断地推进着建筑结构形态创新设计，而结构找形即是借助科学的方法深入挖掘这些形态创新的潜能。

---

① 亚历山大·佐尼斯.圣地亚哥·卡拉特拉瓦：运动的诗篇 [M].北京：中国建筑工业出版社，2005：69
② 徐永利.诗意动感：评《圣地亚哥·卡拉特拉瓦》[J].时代建筑，2006（03）：170.

3.3 基于生成机制的模拟找形

如果说对静态自然结构力学机制的学习是一个着眼于表象并思考和提取的过程，那么对动态运作机制的模拟，便可以看作是在追求平衡态过程中对复杂性的保留。自然结构原型的范围也从静态的重力法则，拓展到了时间要素上的重力运作法则。在自然结构运作机制中的普遍规律是追求能量最小值，因此在外力作用下其优化方向基本都是趋同的，即从材料、组织等方面向着能量消耗最小的方向优化或进化。

3.3.1 悬链线

找形原理： 在静止的悬链线绳索中，其单元点只受到重力和轴向拉力，在绳索偏移后会自主恢复初始位置（图 3-21（a）），在同样的环境条件下，将其形态反转后将会得到零弯矩（纯轴向受压）的最佳拱形（图 3-21（b））。这对于砖石等受压性能优于抗拉性能的材料而言，能够使得力学性能得到充分发挥，适用于全压力拱形结构。除此之外，在传统受弯结构中，弯矩通常需要较大的结构截面尺寸来抵抗，而在反转悬链线形态的结构中，不存在受压失稳或屈曲等问题，因此也适合以较小的结构尺寸达到较大的跨度，是建筑师在拱形结构（例如单线拱、组合拱、网壳）形态设计中有效的找形依据。

悬链线找形的物理实验方法： 逆吊自组织模型是比较典型的一种悬链线找形的方法。在计算机前时代，建筑结构师高迪、奥托（Frei Otto）、伊斯勒（Heinz Isler）等进行结构找形研究中，开发了一系列单线绳索垂吊、柔性链网垂吊、湿网布模型等方法，并将其运用在实际建筑工程中。

在其曼海姆多功能大厅的设计中（图 3-22（a）），奥托创造性地利用柔性链网垂吊（表 3-6（b））找形获取壳体形态，塑造了跨度达 85 m 的三维立体屋面。柔性链网垂吊是对单一悬链线垂吊找形（表 3-6（a））的三维拓展，单线绳索垂吊通常适用于单线拱或拱类截面形式的零弯矩找形，而柔性链网垂吊找形方法是通过单元链的连接进行垂吊找

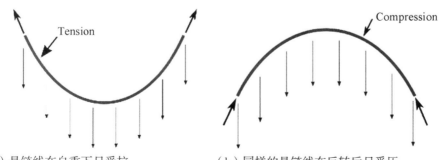

（a）悬链线在自重下只受拉　　　　（b）同样的悬链线在反转后只受压

图 3-21　悬链线的受力原理；图片来源：https：//en.wikipedia.org

形，能够准确地对复杂平面形状的网壳结构进行找形，可控制网格单元形式也可以模拟双曲率曲面，并且能够将结构中的应力分布直观呈现。但这种方式的局限性也在于空间网面的复杂形状，导致构件数量众多、测量记录定位数据工作较为繁复。

除了利用线性要素的垂吊外，奥托与伊斯勒还实验性的开发了石膏充气薄膜法、湿网布与石膏垂吊法[①]（表 3-6（c））。石膏垂吊法是利用织物布浸湿液体石膏进行逆吊找形的方法，最终形态取决于网布的裁剪形式，其优点是边缘悬挂处会产生褶皱，可以增加结构稳定性并能够防止发生屈曲。伊斯勒在其设计的西力萨工厂（Sicli SA）（图 3-22（b））和海姆伯格的室内网球中心（Heimberg Indoor Tennis Center）（图 3-22（c））形态中都用到了这种石膏找形方法。由于倒置石膏布生成的拱形态纯受压力，因此同样在建筑结构中，只需要很少的材料来传递轴力荷载，在西力萨工厂的 55 m 跨钢筋混凝土屋面中，最大的横截面只有 90 mm 厚。除此之外，还有很多利用材料的重力生成纯轴力的找形方式，例如贝列斯（P. Bellés）、奥尔特加（N.Ortega）等人基于稳态模型开发的热塑垂吊[②]（表 3-6（d）），热塑材料（例如有机玻璃亚克力板）的找形，其取决于排液时间、荷载、温度控制，通过变形前网格的绘制，在找形后还能通过网格的变形观察到应力状况。

表 3-6　悬链线找形的物理实验方法

	（a）单线绳索垂吊	（b）柔性链网垂吊	（c）湿网布垂吊	（d）热塑垂吊
找形实验				
过程	对一根松弛的柔性索绳上分段点施加荷载，待静止时成形测量，置换成受压材料反向旋转即可获得无弯矩受压的拱或截面形式	对一个松弛的柔性索网上均布点施加荷载，待静止时成形测量，置换成受压材料反向旋转即可获得无弯矩受压的网壳结构	对松弛的柔性膜、布施加可凝固材料（如石膏等），待材料在自重（或外荷载）作用下凝结成形后，反向旋转曲面即可获得无弯矩受压的壳体结构	利用热塑性材料在温度升高时发生形变或液状，温度降低时冷却成形的特点，得出不同的逆吊模型形式[③]

图（a）来源：www.google.com；图（b）/（c）来源：温菲尔德·奈丁格.轻型建筑与自然设计：弗雷·奥托作品全集 [M].北京：中国建筑工业出版社.2010；图（d）来源：P.Bellés, et al. Shell form-finding: Physical and numerical design tools[J]. Engineering Structures，2009，31（11）：2656-2666；Bradley R A，Gohnert M. Three lessons from the Mapungubwe shells[J]. Journal of the South African Institution of Civil Engineers，2016，58（3）：2-12；表格为作者绘制

① 温菲尔德·奈丁格.轻型建筑与自然设计：弗雷·奥托作品全集 [M].北京：中国建筑工业出版社，2010；90
② P.Bellés, et al. Shell form-finding: Physical and numerical design tools[J]. Engineering Structures，2009，31（11）：2656-2666.
③ Bradley R A，Gohnert M . Three lessons from the Mapungubwe shells[J]. Journal of the South African Institution of Civil Engineers, 2016, 58(3):2-12.

（a）曼海姆多功能大厅　　　　　（b）西力萨工厂　　　　　　（c）海姆伯格的室内网球中心

图 3-22　基于悬链线逆吊找形方法的建筑工程；图片来源：www.google.com

悬链线找形的几何方法： 悬链线的几何参数方程是一个双曲余弦函数，其标准方程是 $y=\cosh(x/a)$（a 为曲线顶点到横坐标轴的距离）[①]（图 3-23）。在工程应用中推导出的一种物理方程为 $y=b(\cosh x/b-1)$，$F_0 = b\gamma$，$L=b\sinh(x/b)$，$\tan b=\sin(x/b)$，其中 L 是曲线中某点到 0 点的链索长度，b 是该点的正切角，F_0 是 0 点处的水平张力，γ 是链索的重度。利用上述公式即能计算出任意点的张力[②]。

　　尽管自然结构与建筑结构的材料具有差异性，然而拱结构的力学机制主导因素为几何形态，即形态的有效性很大程度上决定了推力结构的合理性。此外，自然界悬链线的产生主要是基于自重作用，因此悬链线的力学找形与几何方法能够具有较高的耦合度，换句话说，悬链线法则下的拱形在任意几何变化下，能够保证理想的零弯矩状态，因此，在建筑结构的找形设计中，其几何方法也能够作为推力结构形态控制的力学依据。

　　以下结合对罗马万神庙、哥特式教堂以及高迪的米拉公寓屋拱形态分析，设定同样约束条件，来进一步阐述悬链线几何在形态设计上的力学适应性特征。

　　在传统建筑尤其是以古典比例美学为准则的结构形态中，通常是以各部分尺度比例计算来确立具体的形态，例如 15、16 世纪的方形法（Quadrature）[③]，从一系列沿着对角线画出的方形和相切圆形推导出各种尺寸的方法，这是一种以抽象的几何方式确定各部分关系的经验法则，这种方式应用在大量哥特式教堂的拱顶设计中（表 3-7（b））。虽然这

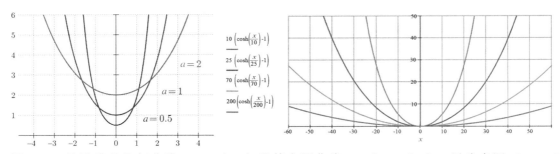

图 3-23　悬链线的几何曲线 $y=\cosh(x/a)$ 及其应用曲线 $y=b(\cosh x/b-1)$；图片来源：https://en.wikipedia.org

① https://designontopic.wordpress.com/2014/01/25/catenary-studies
② 悬链线——维基百科
③ 陆地，肖鹤 . 哥特建筑的"结构理性"及其在遗产保护中的误用 [J]. 建筑师，2016（02）：40-47

表 3-7 悬链线几何找形方法与力学效能的耦合程度

	（a）罗马万神庙穹顶截面原型	（b）哥特教堂穹顶截面原型	（c）米拉公寓屋顶截面原型
案例			
几何法则			
几何定位	正圆	方形法则	悬链线法则
结构变形			
弯矩分析	最大弯矩值：0.5 kN·m 位于下端支撑位置	最大弯矩值：0.23 kN·m 位于顶端端点处	最大弯矩值：0.00 kN·m
找形的几何与力学的耦合度			

图表来源：作者分析与绘制（实景照片来自 www.pinterest.com）

种方法在几何上能够根据组合叠加进行可变性的推导，但是在力学性质上却有着很大的差异性。例如哥特教堂大多由两个半径一致的圆对称交叠控制，虽然相比于罗马万神庙的正圆比例（表 3-7（a））更具有可调性，两个圆的圆心距离控制拱跨度，圆心的位置决定了拱顶的高度，但随着几何变量的调控可以看到，拱结构的弯矩变化幅度和偶然性较大，当随着拱券的高度变化，拱内弯矩变化较大，形与力的关系极不协调，形态受效能限制。罗马万神庙的几何形态则同时受到了半径和跨度的限制，跨度越大弯矩越大。

在米拉公寓的拱形屋顶中，高迪使用了逆吊方法生成了悬链线拱顶，以下依据其剖面进行双曲余弦函数的绘制（表 3-7（c）），并借助 Karamba 3D 程序施加单位荷载 1 kN/m 进行结构分析后发现，调控跨度和高度下，悬链线拱的内力都趋于最小，这意味着米拉公寓的拱形具有更优化的力学性能。除此之外，无论高度和跨度如何变化其弯矩为零，也说明了悬链线形态的可变与效能高度的耦合，形与力的关系较为协调。因此这种方法既具有几何意义又具备力学效能，在建筑形态设计关系中具有很大的创新潜力。

3.3.2　极小曲面

极小曲面（Minimal Surface）的问题涉及几何学、自组织现象以及力学多个层面。在极小曲面皂膜实验中，皂膜形成的极小曲面上任何点所有方向的表面张力都相等，且点两个方向的曲率半径也处在同一个量级，这就意味着所形成的皂膜能够处于各点各向预应力相同且保持常量不变的状态，能够产生非常稳定的结构。极小曲面的生成也取决于边界形态和位置关系，同种边界有可能产生不同形式和面积的曲面，例如（图 3-24（b））半径 R 与两个圆环之间的距离，同时也取决于极小曲面形成的表面张力大小 $r(z)$。

皂膜是在张力状态下生成的平滑曲面，在受拉为主的结构中（膜结构、索结构等），

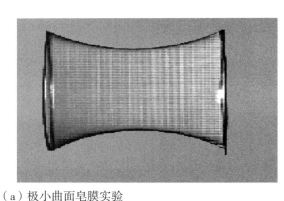

（a）极小曲面皂膜实验　　　　　　　　　（b）极小曲面皂膜取决于边界形态以及表面张力

图 3-24　极小曲面及其原理；图片来源：http://epinet.anu.edu.au

其平衡态下各个方向上都具有普遍程度上的应力均匀，结构极具稳定性。在拉压结合的结构中，其曲率性质的特殊性促使应力随着曲面进行非常平滑的传递，能够在很大程度上减小耗材。在建筑曲面结构形态特征上，由于极小曲面是表面张力下产生能量消耗最小的曲面，在任意边界下能寻找到任意点曲率为零的曲面，因此在拉力或拉压结合的结构形态中皆能体现均匀应力的特征。

尽管在拱形曲面上与悬链线曲面存在相似性，但在优化性能和应用范围上有着本质的区别：在力学原理上，悬链线是最小化重力势能的曲面，能够帮助建筑师找到反向的拱形，其原理是利用自然下垂形成的纯轴力解决反转后的零弯矩问题，但不一定是应力均匀的曲面。依据悬链线找到的曲面形态具有正高斯曲面[①]的特点，主要以单向或双向拓展的拱形曲面为主，而极小曲面具有负高斯和正高斯曲面（或组合）的几何特征，能够向多个方向拓展，作为拱形以外的复杂曲面结构形态设计（例如壳体、网壳、膜结构、剪力墙和腔体结构等）的找形依据，在更加复杂的空间边界下自我生成材料的最小消耗形态。

除此之外，该极小曲面还包含了最小面积，这意味着在相同空间边界内产生的所有曲面中，极小曲面还有可能指向耗材相对较小的曲面结构形式，因而也能够更全面、更有效地使用材料，而在形式上，也能够作为限制空间和给定空间下的效率评判基准，作为结构找形创作的依据。

极小曲面找形的物理实验方法： 最早进行极小曲面找形物理实验的是数学家普拉托，但奥托是第一个系统和科学地进行极小曲面物理实验，并将其用于建筑结构形态设计的建筑师。皂膜实验是通过清洗液或者肥皂水均匀融入水中，当闭合的线圈进入混合溶液中，在取出时会在线圈之间形成一层薄膜，操作简易快速（表3-8（a））。奥托采用近景摄影测绘的方式，将观察到的极小曲面绘成了工程图，这些图纸在绘制过程中对曲面的表达采取了"索引离散点法"[②]和"等值线法"[③]，这为后来样条曲线 NURBS 曲面[④]的几何描述提供了理论依据[⑤]。

除此之外，利用柔性织物或橡胶布等材料的延展张拉特点也能够进行极小曲面的生成。极小曲面最终的形态主要取决于边界位置、形态，包括以曲面围合为主的环状边界、离散点或离散线构成的离散边界，以及由几组闭环边界变换空间位置形成的空间边界（表3-8）。

---

① 正、负高斯曲面：当一个曲面有一个恒定的正高斯曲率时，它就是一个球面几何的正高斯曲面；当一个曲面具有恒定的负高斯曲率时，它就是一个负高斯曲面，这类曲面由一组张紧的拱形条元和与其反向的"悬挂"条元组成，负高斯曲面有锥形曲面、鞍形曲面、双曲抛物面。
② 通过离散点的坐标位置确定曲面网格节点，从而定位与生成曲面。
③ 等值线法又称等量线法，是用一组等值线来表示连续面状分布的制图现象数量特征渐变的方法。
④ NURBS 是非均匀有理 B 样条曲线（Non-Uniform Rational B-Splines），是在计算机图形学中常用的数学模型，用于产生和表示曲线及曲面。其特点是由控制点确定曲面的形状。
⑤ 苏毅，曾坚. 从尺规到 NURBS——用于辅助设计曲面型建筑的几何工具的沿革 [J]. 建筑师，2007（5）：18-25

表 3-8　不同边界和材料下的皂膜实验

限定		环状边界形态	离散边界形态	空间边界形态
物理模拟实验找形	（a）皂膜			
	（b）柔性索膜			

图表来源：（a）http：//www.freiotto.com；（b）www.pinterest.com；表格为作者绘制

　　奥托遵循皂膜自组织平衡态下的等应力膜结构，将其运用在大量的索膜结构中，例如 1967 年蒙特利尔世界博览会展览馆（图 3-25）以及麦加会议中心等等，在其 1997 年设计的斯图加特火车站结构中（图 3-26），还创造性地利用一系列皂泡和索网模型，尝试将膜结构转换为压应力的壳来支撑屋面。而意大利工程师塞尔吉奥·穆斯梅吉（Sergio Musmeci）则将极小曲面进一步拓展到了受压混凝土结构的实际工程中，在其设计的巴桑托高架桥（Viaduct Basento）也用到了皂膜和橡胶布实验的模型找形方法，穆斯梅吉试图通过这种方法找形创造一个各向同性的、全拉力结构转化为压力的结构形态（图 3-27、图 3-28）。

　　穆斯梅吉利用离散边界框对皂膜实验进行初始形态的找形，根据观察记录，绘制了几何图纸，随后基于离散点支撑建立了橡胶模型以及 1：100 的有机玻璃模型，并进行结构有限元分析以及 1：10 实体模型研究[1]。尽管两位结构师的皂膜实验中都用到了力学分析计算方法，但皂膜实验中初始形态的生成是最终结构形态生成的关键操作，而皂膜拉力的极小曲面向压力结构的转向，使得混凝土结构的形态得到了极大的拓展，壳体结构不再以单一的拱形出现，而是在环境边界改变下，展现了充满柔性的丰富表现力。

　　几何曲面拓展：极小曲面的力学特性在于应力均匀与力流传递的平滑，并不是一定要严格满足表面张力完全相同的性质[2]，而是能够在自组织平衡态下生成能量消耗的"极小"。在这一点上，坎德拉（Félix Candela）的双曲面具有类似的结果，尽管双曲面并非张力作用下的极小曲面，但是在结构性能上同样趋于最小消耗的特征，并且能够以类似微分的方式分割曲面。在其设计的阿根廷曼地亚目（Los Manantiales）餐厅中，壳体内部利用 8 mm 的条形钢筋网来抵抗拉应力，混凝土截面总厚度只有 4 cm 左右，以极少的材料消耗实现

---

[1] Lukas Ingold, Mario Rinke. Sergio Musmeci's search for new forms of concrete structures[C]. 5th International Congress on Construction History,2015

[2] 温菲尔德·奈丁格 . 轻型建筑与自然设计：弗雷·奥托作品全集 [M]. 北京：中国建筑工业出版社，2010：67

图 3-25　蒙特利尔世界博览会展览馆（左），图 3-26　斯图加特火车站（中）及其找形模型（右）

图 3-25/26 来源：http://www.freiotto.com/

图 3-27　巴桑托高架桥（Viaduct Basento）（上），图 3-28　巴桑托高架桥的皂膜、橡胶布找形模型（下）

图 3-27/28 来源：https://formfindinglab.wordpress.com

了 32 m 的跨度。

　　由于双曲面形态分析较为复杂，因此通常是以曲面模块进行多元化组合，通过曲面几何的组合进行不同建筑形态的拓展。建筑结构师坎德拉在 1959 年的墨西哥莫雷洛斯·洛马斯·德·库埃纳瓦卡（Lomas de Cuernavaca Chapel）教堂设计中，以一组对称的双曲面为单元进行阵列（图 3-29（a））；在 1995 年的纺织工厂设计（High Life Textile Factory）伞形柱中（图 3-29（b）），则是以一个负高斯双曲面进行对称和镜像排布；阿根廷曼地亚目（Los Manantiales）餐厅是通过拱形双曲面进行旋转复制（图 3-29（c））；类似的操作还有马德里的霍尔瓦（Jorba）集团实验大楼，设计师费萨克（Miguel Fisac）将一个双曲面单元的对称以及 45° 旋转连接，作为两层楼板之间的连接结构，最终形成一个旋转形式体量（图 3-29

（d））。基于这些对称、旋转、拉伸和组合的几何操作，设计不仅能够发挥钢筋混凝土拉应力和压应力的组合效能，还能够以此演绎不同尺度、形态和地域特色的空间形态。

双曲面的几何方法下的结构形态能够呈现出高效的三维曲面特征，一方面体现在几何连续性上，更重要的另一方面是在于其内部力流和改向的连续性上。与传统几何方法不同，双曲面则是将曲面细分为很小的单元进行平滑连续，无论边界形态和相对位置如何变动，都能够得到应力相对均匀的光滑曲面。而传统几何方法通常是由欧式几何方法进行组合和拼接（例如三角形的划分），很难保证复杂曲面的光滑性，导致局部集中应力的产生，对结构的稳定性影响很大。

以奈尔维1967年设计的旧金山圣母玛利亚教堂（Cathedral of Saint Mary of the Assumption）曲面（图3-30）为原型，分别以欧式几何和双曲形极小曲面来阐释这种连续力流下的拓扑性能。旧金山圣母玛利亚教堂的屋顶是由八个双曲抛物面构成，其边界分别是底部的正方形水平横截面，顶部为一个十字形截面，由于为对称平面，可以将其简化为一个双曲面单元的镜像、旋转的组合操作。

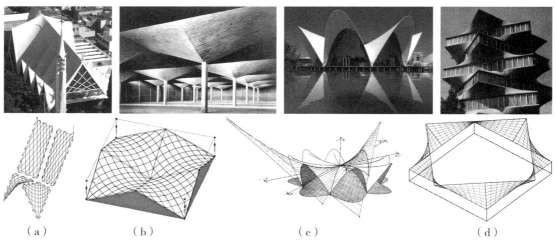

（a）　　　　　　　　（b）　　　　　　　　　　（c）　　　　　　　　　（d）

图3-29　双曲面与极小曲面的组合形式（从左至右）：（a）洛马斯·德·库埃纳瓦卡教堂；（b）墨西哥工厂三向支柱；（c）曼地亚目餐厅；（d）霍尔瓦实验大楼8个双曲面单元；图片来源：照片来自www.pinterest；分析图（d）为作者绘制，其余来自 www.researchgate.com

图3-30　旧金山圣母玛利亚教堂；图片来源：https：//www.archdaily.cn

表 3-9　以旧金山圣母玛利亚教堂为原型的形式操作对比

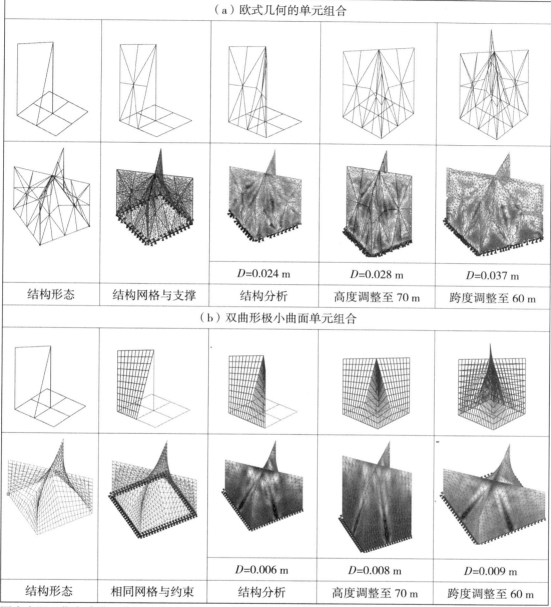

（a）欧式几何的单元组合				
			D=0.024 m	D=0.028 m	D=0.037 m
结构形态	结构网格与支撑	结构分析	高度调整至 70 m	跨度调整至 60 m
（b）双曲形极小曲面单元组合				
		D=0.006 m	D=0.008 m	D=0.009 m
结构形态	相同网格与约束	结构分析	高度调整至 70 m	跨度调整至 60 m

图表来源：作者建模、分析与绘制；注：D 为竖向最大位移

　　借助 Karamba 3D 结构分析程序，建立两个正方形底边跨度为 50 m、高 50 m 的结构形态，前者为传统欧式几何平面拼接而成，后者为极小曲面结构；随后在结构模型中划分相同密度的结构网格并在底部一圈设置约束，并设置曲面为板厚 10 cm 的钢板，在自重荷载下进行结构模型分析。结果发现，极小曲面方法生成的材料利用率非常高（表 3-9），力流的平滑可以从很大程度上均衡应力，只有在曲面单元相互交界处产生集中应力。而在传

统欧式几何的三角形拼接操作的分析中，结构以三角形分割线为界限产生了极不均匀的应力分布，材料的利用率也不均衡，在力流转折的集中点处产生了较大的集中应力。在静态的对比中，这种内在连续性已经较为明显，而随后进行的尺度调控，则彻底说明了极小曲面在连续拓变下仍然能够保持结构的高效性。通过调整极小曲面底层截面的尺度以及建筑高度，在增大的情况下，极小曲面的竖向位移变化从 0.006 m 到 0.008 m 微乎其微，而欧式几何操控的结构中，比极小曲面形态的结构位移成倍增加，并且应力集中几何单元的边界处，并且随着跨度、高度的增加也大幅度增加。相比之下，极小曲面方法生成的结构形态在几何变化中更具有适应性，这也是极小曲面作为"高级"几何的特性之一，在容纳差异性变化中保持自身的内在稳定，因而能够作为结构找形的依据之一。

3.3.3 最优路径

最优路径（Optimized Path）是指结构内部节点之间力流传递过程中，指向性能最优的路径，这既有可能包含了材料最小消耗的间距最短路径（Shortest Path），也可以是指向最少路径数量的分配。在自然界中存在很多分支或网状的结构，它们往往以供给系统的形式实现能量的最小消耗，例如植物的枝干结构、叶脉组织等，也存在物理作用下的自组织路径现象，例如皂泡和织物的分支结构（图 3-31）。

在力学原理上，悬链线、极小曲面以及最优路径都是追求结构系统的极小化。悬链线是寻求最小弯矩的拱轴线，极小曲面是寻找应力均匀和面积极小的面系统，而最优路径则是通过对路径的重组实现结构能量最小消耗。然而在找形设计层面上，它们又有很大的区别，悬链线与极小曲面找形都有明确的目标"曲面"或"悬链线"，在一定条件下有可能达到绝对极值。而在最优路径找形中，由于其模拟对象的特殊性和非明确性，往往是从节点的组织关系而非形态出发，进行路径的优化问题，因而是一种寻找形态相对极值的过程（自然结构中分支或网络结构主要起到连接输送作用，其本身具有不稳定和多维发展可能）。也正是由于探索节点路径关系的特点，基于自然最优路径的找形并不局限于线性或面系的

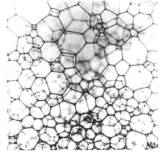

（a）枝干分支　　　　　　　（b）叶脉分支　　　　　　　（c）皂泡分支

图 3-31　自然界中的自组织路径现象；图片来源：www.google.com

问题，而是能够运用到所有维度的复杂节点连接特征的结构中，例如网格、分支结构和杆系结构。

　　力学最优路径模拟的物理实验：在奥托的最优路径实验中，使用到了三种实验方法：一种是之前提到的"皂膜实验"原理，通过调整仪器内的水位使玻璃板、水平面及细针之间形成一系列的皂膜，当薄膜内部处于均匀压强条件下，相同的张力作用使得皂泡以最优的方式闭合表面并形成相等的 120° 交角，用装置得到的一组结果被认为具有通过所有细针的最小总距离，由于每一个皂泡都有可能对应一个最小面，便有可能生成力流的最短路径（表 3-10（a））。这种模拟方法的特点是根据限定范围，膜泡浓度以及观察时间的不同而形态不同，随机性较强。另一种是利用倒挂或浮力形成的分支结构模型（表 3-10（b）），由于丝线等材料只能承受拉力，不能受弯和受剪，假设将拉力模型固化并翻转 180°，则在相同荷载条件下模型构件中只有压力，具有较高的结构效能。通过调整细线的分支数量、间距以及支撑位置等因素，最终形成不同形态的"分支结构"。在 1991 年的德国磁悬浮铁路竞赛方案（图 3-32（上））和 1974 年沙特阿拉伯利雅得政府中心方案（图 3-32（下））中奥托都用到了这种找形方式，在以建筑必须轻型且追求创新技术理念的要求下，奥托利用逆吊的分支路径进行结构支柱的找形设计，使得荷载避免集中于一点同时又能够达到较大的跨度。在利雅得政府中心中，5 个树形支柱支撑着直径达 70 m 的圆顶，而在磁悬浮铁路结构中，又显现出分支结构在层级形态上的多样性。

表 3-10　**最优路径的物理实验找形**

	最短路径	最优分配	
	（a）泡沫实验	（b）分支实验	（c）湿网格实验
找形实验			
过程	在限定的范围内放置膜泡，张力作用与气泡内外压差作用促使气泡扩张融合，交界处形成最短路径	将细线固定在框架上，通过在丝线上施加重力（逆吊），生成一系列几何形状	通过将丝线模型浸在水中，利用水的表面张力作用形成结构形态

照片来源：https：//designontopic.wordpress.com；表格为作者自制

117

图3-32　奥托利用分支路径模型生成的建筑形态：德国磁悬浮铁路竞赛方案（上）；沙特阿拉伯利雅得政府中心方案（下）；图片来源：温菲尔德·奈丁格.轻型建筑与自然设计：弗雷·奥托作品全集[M].北京：中国建筑工业出版社，2010

　　皂膜实验和逆吊分支结构指向了明确的最优秩序，而奥托的湿网格实验则在寻求形态可变性上实现了最优路径的可能，将分支结构的不确定性和路径潜能发挥到了极致（表3-10c）。湿网格或分支是利用水分子吸力形成的分支模型，具体操作是在平板间系一定数量细绳并将细绳逐渐浸入水中，细绳由于张力分别形成若干束，根据丝线的分支数量、约束、细线松弛量生成不同形态[①]，且由于在重力作用下丝线只受拉，固化后杆件在相同荷载下应当只受压力，因此也能够作为研究模拟自然界路径自组织的找形方法。

　　从向自然界学习设计的有效方式上看，尽管在奥托以及穆斯梅吉的研究中，极小曲面和最优路径都是基于材料的延展性能来研究极小值的问题，然而极小曲面与悬链线都是在模拟组织达到极致状态下的对象，结构形态的演变是通过边界调控而保持一致，因此在某一层面其找形模拟都具有一定的静态性和明确性。然而奥托的湿网格模型彻底打破了这种规律，尽管边界条件设置完全一致，操作也无分毫误差，但每一次都会出现角度、垂度以及合并数量完全不同的分支形态，荷兰建筑师斯伯伊布里克（Lars Spuybroek）将这种不明确的，多维度的系统称为"模糊的结构"（The Structure of Vagueness）[②]。与明确的结构形态不同，模糊结构特征的根源在于，其"运作机制"是通过时间段内"物质要素"之间的多重互动来实现，每一种材料实验的设计都是用来在大量的内部交互关系中找出一种特定的形状、符号或者形式。这种形式并非静态的、绝对的最短路径，但是这些相似的矢量系统在各个方向和角度上通过合并、分支和共享几何的方式来减少路径的数量，追求能量

① Lars Spuybroek. The architecture of continuity : essays and conversations[J]. Proceedings of the Royal Society of London, 2008, 140(899):230–243.
② Lars Spuybroek. The structure of vagueness[J]. Textile：Cloth and Culture，2005，3（3）：6–9.

最小下次序最大化形态，随机生成无限可能地分支方式，原始地保留了自然界自组织行为下的形态复杂性。

分支结构找形模拟：分支结构中的各个杆件在逆吊下纯受拉力，因而倒置也只受沿轴力方向的压力，在结构分析中施加预应力荷载同样可以进行模拟找形。以高迪的逆吊分支结构为原型，首先分配分支数量和约束位置，建立倒置的分支结构模型，类似物理倒置分支模型中的松弛状态（图 3–33（a））；随后施加节点单位荷载 1 kN 获得张力状态下的逆吊模型，在这一过程中，由于施加了荷载（相当于预应力），模型产生了变形，从而获得了新的分支角度，维度和杆件长度（图 3–33（b）），这相当于物理模型中受重力荷载而悬垂静止的分支模型状态；最后将其反转即可获得该分支的最优形态。在结果中显示，张力状态下所有分支构件只受拉力，因此将模拟反转即能够生成零弯矩的轴力杆件（图 3–33（d）），因此是材料消耗最小的路径方式，从而能够以很小的截面抵抗荷载。

基于逆吊的结构分析模型的找形，还原了物理模型中材料变形的过程，因此与常见的几何法则的分支形态有着本质的区别，能够从力学性能上推演形态的生成。尽管在受力原理上，应当是分支越多内力越小，稳定性越高，然而由于几何分支缺乏核心的力学指导，在复杂情况下受力很不稳定。以下从随机树形几何分支形态以及逆吊分支结构找形对比中，来进一步阐释其中的区别：

分别以四组分支层级不断递增的分支结构为例（表 3–11），借助 Karamba 3D 程序，建立高 3 m，跨度为 4 m 的分支形态，设置杆件为直径 0.10 m 的圆形钢管，顶部节点施加单位荷载 1 kN 进行结构分析。在几何树形支柱中，保留自然界随机几何特征，随机设置增加的层级、分支数量和分支方向，在分析结果中发现，当出现较为对称的情况下，其结构较为稳定、杆件内力较小，但是随着增加分支级数、密度以及复杂度，便有可能成倍增加变形量，尤其在非对称的情况下整体结构会产生较大位移，出现了比复杂的自然生长形态叠加更加混乱的状况。而在逆吊模拟分支的结果中发现，无论是增加分支级数还是密度，位移和变形都非常小，随着不同尺度的层级协作，受力越加稳定，受力均衡分散，远优于

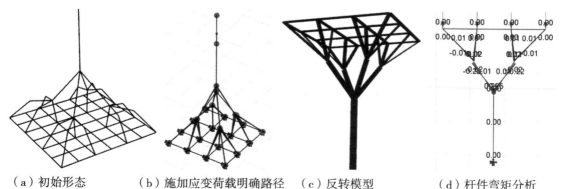

（a）初始形态　　（b）施加应变荷载明确路径　　（c）反转模型　　（d）杆件弯矩分析

图 3–33　施加预应力的逆吊模型模拟找形；图片来源：作者建模、分析与绘制

单柱支撑结构，这符合了路径与形态优化目标一致，保持了内在结构有序性下的形态多向发展。

表 3–11　随机几何分支结构和逆吊模拟分支结构对比

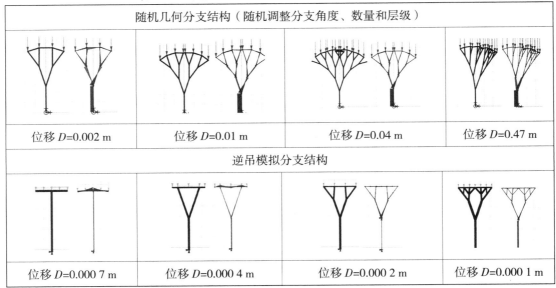

随机几何分支结构（随机调整分支角度、数量和层级）			
位移 D=0.002 m	位移 D=0.01 m	位移 D=0.04 m	位移 D=0.47 m
逆吊模拟分支结构			
位移 D=0.000 7 m	位移 D=0.000 4 m	位移 D=0.000 2 m	位移 D=0.000 1 m

图表来源：作者建模、分析与绘制；注：D 为竖向最大位移

3.4　小结

本章讨论了基于自然原型的找形设计方法，从具有适应性特征的自然结构原型种类出发，提出了两种模拟找形策略；通过剖析自然界结构原型的力学原理，探讨了具体的找形设计方法和操作路径；并通过量化分析进一步阐释了不同方法的差异和特征。

1. 自然结构一直是建筑形态创作的源泉之一，传统概念性的形式模仿在力学合理性上往往具有局限性，本书借助科学的模拟或技术分析手段，将自然模拟深入到自然结构的力学规律和动态适应的探讨中。一方面，从形态背后的力学规律出发，对自然结构进行量化剖析，更加详细地呈现出自然结构与建筑结构的差异性，便于作为建筑师深入分析研究自然结构原型的指导。另一方面，从自然结构动态适应的层面上，突破时间维度的限制，模拟自然结构动态适应环境的生成过程，拓展自然仿生的维度和广度，全面地挖掘和剖析更加多元化的、动态的自然结构原型。

2. 力学机制和生成适应机制是模拟找形中的两种自然结构原型。基于前者的模拟找形设计核心是在静态自然结构形态基础上，探究其背后的力学原理和规律进行类推，是形与力的类推。而基于后者的模拟找形设计核心是在自然结构的生成过程中，探究其背后的力学生成规则或规律，是力生形过程的类推。通常相似的静态自然结构往往具有相似的力学原理，建筑师能够基于相应的力学原理进行类推设计。而在一些更加复杂多变的结构形态中，虽然生成机制往往是相似的，但结构形态却不相同，因此探讨生成机制的模拟找形，可以帮助设计师实现更加多样化的形态设计。

3. 在静态自然结构力学机制的模拟找形中，材料组织、几何形态以及体系组织是主导力学机制和自然形态的三个方面。自然结构的材料组织从微观层面上主导结构构件的形态设计，而自然结构的几何形态则可以直接作为设计依据，体系组织则能够从协作层面作为结构构形的设计参考。同时借助结构分析手段，还能够在类推过程中进行分析评估，来判断模拟的异同以及形态发展的可能。

4. 在动态自然结构运作机制的模拟中，零弯矩的悬链线、极小曲面以及最优路径是三种自然结构自我进化的趋势和特征。其中悬链线是基于逆吊原理获取零弯矩结构，可以指导零弯矩拱形态的设计；极小曲面是基于表面张力获取均匀应力的曲面形态，可以指导复杂的曲面形态设计；而最优路径的种类较为广泛，从湿网格到分支结构，是基于外力作用下自组织生成的优化路径，可以指导具有分支结构特征的结构形态设计。

5. 本章在研究自然结构模拟找形的基础上，还进一步对不同方法进行了性能评估表达和补充。一方面通过操作展示找形模拟的具体实现方法，另一方面通过量化的分析对比，来精确演示不同找形方法及其结构形态的特点和优势，从而为建筑师进行性能化的自然模拟找形以及针对性操作提供指导。

第四章 基于力学图解的找形设计试验

4.1 结构图解与找形设计

4.1.1 图解及其生成性

图解： Diagram 在希腊语词源中为 Diagramma，是由 dia（通过、用、凭借）与 gramma（写、画、记录）组成 [1]，其内在含义中既有"图"的概念，又有"揭示、表示和制造"的动作含义。一方面，图解是建筑师进行形式表现与思维表达的主要方式之一，另一方面图解是实现设计思考的图示化方法和过程演绎。

图解源于建筑设计的图式思维，图式思维是建筑师进行设计创作的主要思维方式 [2]。20 世纪中期之前，建筑知识的基本技术和工序主要以"制图"（Drawing）的方式呈现，20 世纪末开始，随着众多建筑师利用图形进行设计表达的探讨，图解概念逐渐替代了制图概念。而在德勒兹（Gilles Louis Rene Deleuze）关于图解的哲学思考影响下，建筑领域中还展开了一系列向图解（Diagram）含义上和设计意义上的拓展，自此"图解"也逐渐开始从表达媒介的角色深入到设计的创新过程，成为一种"以图形操作和形式发生为特征的设计方法" [3]。随着数字化技术在时间和维度上对图解方式的拓展，"以图解式的方法工作" [4] 成为当代先锋建筑师的主要方法之一。

图解能够作为一种设计方法，在于其意义和价值并不是"图形"能力，而是一种对建筑所包含的各种元素之间潜在关系的描述，它不仅仅是一种反映事物运作方式的抽象模型，并且是建立逻辑联系的"发生器" [5]，能够在图解操作与协调中进行设计的推演。埃森曼（Peter Eisenman）从两个层面理解这种图解方式 [6]，一种是图解的解释性或分析性，另一种是图解的生成性作用。图解的解释性是描述建筑要素关系的基本图解，能够解释内在逻辑关系，即分析表达，例如弗兰普顿（Kenneth Frampton）通过结构分解图来表达结构的组成和构件组织关系（图 4-1），以及说明与空间的构成关系。在柯布西耶的多米诺体系中，梁板结构的结构图式不仅是一种基于视觉化表达的形式，它还是对框架结构原型的一种抽象描述和还原，表达了柯布西耶的标准工业化理念。

---

① Diagram 韦伯字典
② 刘先觉 . 现代建筑理论 [M]. 北京：中国建筑工业出版社，2008：570
③ 张琪琳，韩冬青 . 图解：期待未知 [J]. 新建筑，2008（02）：118–124
④ 以图解式的方法工作：不要与单纯用图解工作混淆" . 索莫尔，虚构的文本，图解日志：23
⑤ Peter Eisenman. Diagram diaries[M]. London：Thames & Hudson，1999
⑥ 彼得·埃森曼 . 图解日志 [M]. 北京：中国建筑工业出版社，2005

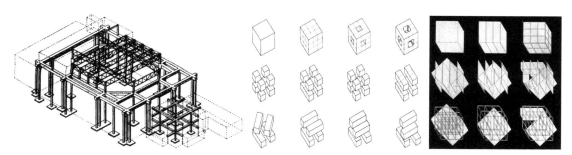

图 4-1 解释性图解　　　　　　　　　图 4-2 埃森曼的可操作生成图解

图 4-1 来源：肯尼思·弗兰姆普敦. 建构文化研究：论 19 世纪和 20 世纪建筑中的建造诗学 [M]. 北京：中国建筑工业出版社，2007

图 4-2 来源：彼得·埃森曼. 图解日志 [M]. 北京：中国建筑工业出版社，2005

　　具有生成性才是图解能够作为设计"发生器"的根源。生成性图解之所以能够作为设计创新的方法，主要有以下特征：抽象、可操作以及开放性。抽象是图解（Diagram）区别于图形或图像（Graph，Drawing）的基本特征。图形通常是形式的模仿或再现（Representation），例如对古典柱式的模仿绘制，而图解是经过抽象后的图示（关系的架构与描述），是一种创造性的媒介或方法，例如功能泡泡图是对平面抽象后的，对空间组合的模式研究和拓变。在现代主义中，抽象是一种向本质的还原简化过程，是对形式的简化，而生成性图解的抽象目的并非是对形式的简化，而是对内在结构秩序、机制和规律的抽象，其目的是制造一种含有多种关系变动和设计可能，具有生成性的图解侧重于在模糊性下研究其"增值"的创新可能。

　　可操作性是指图解的演化本身作为设计操作的特性，因此逻辑规则系统是生成性图解操作的基础。埃森曼将其称为能够指导设计过程的"寻找图解"，意思是生成性图解是一种既寻找操作，又解释它所发现的对象的方法，通过图解可以找到"从 A 到 B 的推理方式"[1]。他将建筑转换为信息语言，将梁、柱、板抽象为几何语言，依据形式语言逻辑规则，将生成性的"动作"与"时间"加入图解的操作中（图 4-2）。通过变形（Transformation）、分解（Decomposition）、嫁接（Grafting）、动尺（Scaling）、旋转（Rotation）、倒置（Inversion）、性合（Superposition）、移位（Shifting）、叠动（Folding）等等进行"推理"。逻辑规则是生成性图解进行操作的依据，这是与解释性图解的本质区别，生成性图解具有作为设计推演依据的逻辑规则（形式逻辑或力学逻辑），而解释性图解是事后的分析性图解，虽然可以分析内在逻辑关系，但是却不能说明如何去逻辑推理，更没有规则依据进行新形式的发展，因此很难介入设计推演。

　　生成性图解强调需要以开放性的方式获取各种信息进行转换，这种对信息要素的处理方式也是生成性图解和解释性图解的区别之一。在解释性图解中，通常需要进行抽象还原，

---

① Peter Eisenman. Diagram diaries[M].London: Thames & Hudson, 1999

从而提取某种特定信息的表达，这是一个去除多余信息的过程。而生成性图解是一个获取不同信息将其转化的过程，是一个开放性的系统，在不断变化的要素下进行，比如空间和事件、力和抵抗及密度、布局和方向等关系，通过图解就能建立建筑的结构形态秩序，空间或功能组织等。由于不同层次的信息逐渐介入组织推演中，因而与线性过程的解释性图解不同，生成性的图解推演是一个非线性过程，是一种"差异造就差异性"[①]的过程，使得形态向着多样性发展。

简而言之，生成性图解能够作为推演设计的方法，使其具有抽象性、可操作性和开放性特征。抽象性提供了一种模糊的多种发展可能性，而可操作性提供了进行操作的规则依据，开放性则体现了在信息交换下的多样性，进而在复杂环境下进行适应性的拓变发展。在建筑结构找形设计中，核心是围绕生成性图解，或者充分挖掘图解的生成性功能，进行结构形态的设计推演，促进建筑形态的创新。

4.1.2　生成性结构图解

在结构形态设计中，具有力学性质的图解有两类，一种是表达传力概念的力流图解，另一种是技术性图解。力流图是对传力过程的抽象与简化，德国建筑师海诺·恩格尔（Heino Engel）将力流（Force Flow）解释为结构接受荷载（Load Reception）、传递荷载（Load Transfer）和释放荷载（Load Discharge）的过程[②]。另一种是技术性图解，通常是结构分析图，内容是针对结构稳定性、位移、应力分析等的专业性图示。这两类图式是否能够作为结构形态设计的"发生器"——生成性图解，取决于以怎样的方式去理解以及在什么样的环境下使用。

力流图解——自上而下的逻辑： 概念性图解是表达传力概念的图解，是一种抽象后的图解，能够解释构件形态的受力逻辑或原理。力流概念的出现，源于结构师向建筑师提出理性思考的呼吁，力流概念最初的提出并非为了适应结构的专业分析，而是利用建筑惯用的可视化图解解释结构内在的作用机制，试图让建筑师清晰地理解结构原理，让结构回归到建筑设计中。

虽然在奈尔维、托罗扎的著作中出现过"力流"相关的词汇，但并未明确系统的定义；在 20 世纪中期之前，现代主义建筑师通常以抽象还原的方式将结构形式进行几何简化，这种抽象方式无一例外地将力学信息排斥在外。50 年代开始，随着对现代主义盒子的批判以及多元化形态的需求，这种简化方式逐渐与空间的多样化需求产生矛盾，大量的结构理论家们开始注意到真正将结构推向既能够关联空间又具有抽象性意义的思维方法中。到

① Gregory Bateson. A re-examination of " bateson's rule" [J]. Journal of Genetics, 1971,60:230–240
② 海诺·恩格尔. 结构体系与建筑造型 [M]. 天津：天津大学出版社，2002

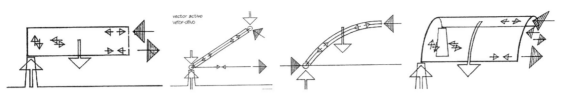

图 4-3 海诺·恩格尔基于力流图解诠释不同结构类型的传力区别；图片来源：海诺·恩格尔. 结构体系与建筑造型 [M]. 天津：天津大学出版社，2002

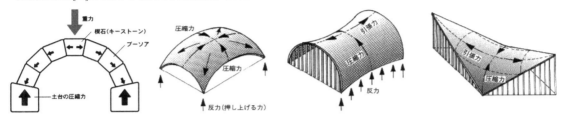

图 4-4 金箱温春利用力流图解探索不同结构体系类型的转换和区别

图片来源：http://www.archi.hiro.kindai.ac.jp

60 年代，恩格尔敏锐地捕捉到结构形态与空间关联下，至关重要的是受力问题，因此恩格尔将结构体系从数学、材料、构造与尺度中抽离出来，提出"力流"概念，这一概念被明确定义，并系统的用于解释不同结构体系形式间传力区别（图 4-3）。力流思维的提出意味着结构具备被抽象认知的可能，海诺·恩格尔以抽象的连续箭头作为图解表达，而不再是现代主义中简洁的几何语言。

基于力流概念的图解，在不同的层面其生成性不同。在建筑形态关系演变层面，日本结构师增田一真（ますだ かずま）和金箱温春（Yoshiharu Kanebako）都利用该图集演示了一种力流上可变的思维方法；增田一真将应力传递机制（材料内的力流）抽象来进行类型的组合拓展，金箱温春则试图建立一套结构基本受力之间的相互转换的法则[1]，例如将梁向高度方向弯折，由产生的一部分轴力来转换原有水平梁的一部分弯矩，增加梁弯折程度和密集度，更多的弯矩转换为轴力，从而打破类型的疆界，金箱温春利用这种"力流控制形态"来探索不同结构体系类型的转换和内部传力区别的力流图解（图 4-4）。

需要明确的是，这些抽象箭头式的力流图解虽然来源于结构师们专业经验的累积与抽象，但是并没有对图解的操作和规则加以说明，也未提及力的基本要素（力的大小、方向和作用点）在力流改向下的逻辑规则。因而在结构形态设计层面，这些概念性的力流图解仍然是一种解释性图解，它体现了一种自上而下的逻辑价值，并不具有力学上的可操作性和生成性，因此并不能化解物质与抽象图解本身存在的矛盾。

技术图解——自下而上的逻辑：技术图解也是一种结构形式抽象后的图解，是通过某种技术逻辑绘制或生成的、包含力学信息的图解，即结构分析图。在传统先形式后结构的

① 郭屹民，结构制造：日本当代建筑形态研究 [M]. 上海：同济大学出版社，2016

线性设计中，结构的技术分析图往往是结构专业配合建筑师进行分析验证的结果示意，用来检验结构的可行性和正确性。在这样的设计流程下，结构技术图是一种模拟真实受力反应的可视化图解，它具有与埃森曼所提到图解的解释性功能—— 一种后置的"表象"形式，因此并不具有设计上的生成性，甚至在一些情况下并不能称之为图解（例如变形图即是模拟变形后的图形模仿，并没有被抽象为图解）。

值得探讨的是，这些结构分析图中本身包含了大量的力学信息（内力大小、受弯状况、受拉受压状况、主应力线方向等）和受力规律（例如壳体的应力变化），其绘制的过程依据严格的力学规则，一旦技术分析图前置到设计创作中，其自带的规则系统能够为建筑师的设计创作提供强大的力学支撑，同时作为设计推演的操作依据。在这种设计流程下，技术分析图就具有了可操作性和设计的生成性，从真正意义上成为结构形态设计推演的方法之一。

一方面，技术图解自身的规则系统，能够弥补概念力流图解在操作上的局限性。技术图解能够量化且清晰地说明结构形态的"力学规则、规律"，分析图通常基于"结构假设思维"[①]，能够以最简洁的方式抓住现象的本质，例如假定物体是连续的、完全弹性的、均匀的、各向同性等，基于这些假设条件，能够进行纯粹的力学分析，从而产生符合力学定律的分析简图。这也意味着这些跨学科的图形化方法能够帮助建筑师打破形式化的禁锢，回归到最直观简单的力学原理上进行找形设计。

另一方面，由于技术性图解的多样性和功能性，它能够同时解释和探索概念性力流图解无法明晰或动态的形态领域。例如在变截面的悬臂梁中（图 4-5（a）），力流图解能够解释荷载如何从梁端传递到支撑部位（图 4-5（b）），但是却不能说明构件的变截面设计依据。而在弯矩图解中可以看到，其截面变化与抵抗弯矩内力的对应关系（图 4-5(c)）。同样的，概念性力流图解能够解释荷载在拱结构中的传递方式，但却不能反映在形态设计的变动过程中以及在不同约束下的受力变化规律，而通过弯矩图或静力学图解的操作就能够直观地反映这一变化中的内力规律（图 4-6）；例如沃尔夫（Wolf）1870 年绘制的骨骼应力线说明与结构杆件的受力相似性，柯特·西格尔（Curt Siegel）还通过弯矩的变化说

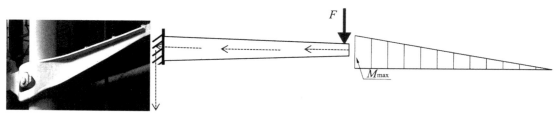

（a）变截面悬臂梁 （b）悬臂梁的概念性力流图解 （c）悬臂梁的弯矩图

图 4-5 悬臂梁形态及其力学图解；图片来源：照片（a）来自 www.google.com，其余为作者绘制

---

① 哲学思想来源于中世纪哲学家奥卡姆（William of Occam，1285-1349）提出的"逻辑简单性"原则。

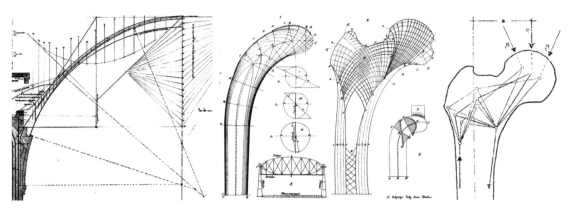

图 4-6　拱结构与静力图解　　　　图 4-7　骨应力线以及不同外力下的弯矩变化

图 4-6　来源：Jerome Sondericker. Graphic Statics[M]. Forgotten Books，1904

图 4-7　来 源：www.researchgate.com（左）；Curt Siegel.Structure and form in modern architecture[M]. New York：Van Nostrand Reinhold，1962（右）

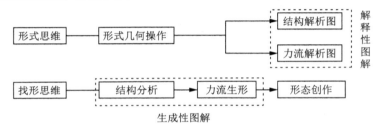

图 4-8　结构技术图解在形态设计中的作用：后置为解释性图解，介入几何操作中为生成性图解；图片来源：作者绘制

明骨应力线变化的规律（图 4-7），"身体的重量落在悬臂端部的一个圆头上，相应骸骨的轴线产生弯矩，这个弯矩值并不是固定的，它随着身体转动时力的变化而改变。身躯的位置和骨节转动的角度影响这些合力的方向，说明力流逻辑变动的趋势"[①]。这种形态与图解的对应关系，能够作为结构形态设计推演的依据，除此之外，技术图解能够评估一些力流图解无能为力的"反常规"结构形态的正确性。

　　力流思维注重形式对应下力学概念的表达，是一种主观的从上而下的抽象思维，如果不基于技术分析图的规律探讨，纯概念力流图解仍然会被局限在解释性功能上，无法为设计操作提供有效的依据。而如果将技术分析图前置在结构形态的设计操作中，不仅能够弥补这一缺陷，并且能够在更多层面和维度上作为结构形态动态推演的依据（图 4-8），本书讨论的结构找形设计的图解方法，即是围绕这一层面上的生成性图解展开。

　　简而言之，正是基于多样化的、抽象的动态表达关系，结构分析图才能够具备生成性的潜力，以规则和规律的方式，介入设计过程性和时间性的动态演绎，成为一种结构形态设计推演的方法，并且在外部环境变化下进行形态的创新探索。而技术性图解的生成性以及其本

---

① 柯特·西格尔.现代建筑的结构与造型[M].成莹犀，译.冯纪忠，校.北京：中国建筑工业出版社，1981：150

身一定包含有结构的力学逻辑的特质，将足以弥补建构话题在结构维度上缺失的科学性。

4.1.3 基于结构图解的找形

基于技术性力学图解的找形设计，实际上是从结构专业出发，并关联于交叉学科的策略。在结构工程中，一般有两类决定结构形态的技术性图解，一类是基于经典静力学基础上发展的静力学图解，另一类是借助结构分析手段生成的可视化、可量化的结构内力图解。

基于静力学图解法则的推演：图解静力学（Graphic Statics）是在研究结构外力平衡力系问题上的图解分析法，其理论基础是静力学理论。静力学可以用解析法，即通过平衡条件式用代数的方法求解未知约束反作用力，也可以用几何作图的方式。静力学图解是结构力学发展上最早诞生的图形分析方法，其基本力学理论是基于平行四边形法则、二力平衡等等。由于图解静力学理论与技术方法的完善，其图解绘制本身具有力学法则的支撑，依据法则推演成功的结果即说明其理论上的合理性。由于具备一套严谨而完整的力学法则和成熟的操作方法，因此基于静力学图解进行的结构找形本质上是一种基于力学规则的推演，更多的是依据图解的生成和操作法则进行形态的推演设计。

基于内力图解规律的推演：在内力图解中，图解数据信息（而非静力学图解中的法则）是内力图的核心，因而基于内力图解的结构形态探索，是在这些信息总结的规律基础上达成的。结构内力图除了包括弯矩图、剪力图和轴力图的内力反应图、结构应力分布图以及应力轨迹线图外，借助计算机模型的可视化技术，还拓展出结构位移图、材料利用率图来进一步说明结构的内力规律，这些内力图解包含了指向某种结构性能指标的数据，作为性能化形态设计的依据。由于结构的复杂性和图解类型的多样化，因此基于内力图解的结构找形方法，更多的是根据不同对象与环境，以及内力图解中内力规律与结构形态的对应关系（而非依据法则），建立相应逻辑关联从而进行形态的推演设计，这是一种总结发现受力规律并进行图式化的操作。

4.2 图解静力学找形原理及设计

4.2.1 图解静力学找形原理

图解静力学：图解静力学的基本内容是利用形图解（Form Diagram）与力图解（Force Diagram）构成的对偶图（Dual Graphs），来分析相应结构形态的平衡状态和内力的方法。其中，形图解与力图解具有相互依赖的关系，形图解表达结构的几何形式，力图解显示了结构外力与内力的平衡状况以及内力大小。

表 4-1　静力学图解法则

	（a）点的平衡图解		（b）结构单元的平衡图解		（c）节点的平衡
	形图解	力图解	形图解	力图解	
三力平衡					
多力平衡					

图表来源：作者绘制

形图解与力图解之间的对偶性质和转换规则，遵循的是力学基本法则：平行四边形法则、力的多边形法则以及力的分解与合成法则。对结构系统受不同方向外力 F 的平衡作用点，其受力可以转换为这几个外力首尾相连的闭合图解（表 4-1），这个原理在将受力点换为一个建筑结构单元、杆件、索系或网格（例如桁架结构单元）后也同样有效。

基本操作： 对于给定的形图解，其力学图解的绘制目前主要以结构师罗伯特·亨利·鲍[①]（Robert Henry Bow）在 1873 年提出的一种"鲍氏标注法"（Bow's notation）为主，由按照形图解中外力和杆件（内力）的组织方式，该方法对空间进行了区域划分，每个杆件的区分标注是由其相邻两侧的区域确定的；除此之外还有 ETHZ 和 EPFL 在鲍氏标注法基础上对节点的标注法[②]。这些方法都可以帮助设计者快速得到力图解，以区域划分法为例，绘制表 4-2 中给定的桁架形式（形图解）的力图解：平衡的解析条件是 $\Sigma F_{iH}=0$ 且 $\Sigma F_{iV}=0$，即所有水平分量的代数和为零且所有竖直分量的代数和也为零，其绘制过程是：

表 4-2　静力图解的绘制过程

形图解					
	（1）建立平衡力系	（2）区域划分	（3）作 A_1 平行线	（4）作 B_1 平行线	（5）作 C_1 平行线
力图解					

图表来源：作者分析、绘制

---

① Bow R H . Economics of construction in relation to framed structures[M]. Cambridge：Cambridge University Press,2014
② ETHZ 和 EPFL 节点标注法是以节点为核心进行定义的标注方法。

首先，根据力的平衡法则建立外力与支座反力的平衡体系的力图解（表4-2（1））；其次，在形图解中划分杆件的区间，杆件被转换为由1、A、B、C区间定义的1A/1B/1C杆件（表4-2（2））；随后在力图解中逐次作1A/1B/1C杆件的平行线，生成闭合的力图解（表4-2（3）/（4）/（5））；最后进行平衡体系的检验，在形图解中，每一个节点的受力与其所有相邻节点的受力在平衡状态下，其力图解必定呈现出首尾相接的闭合的图形，因此这一原则还可以作为检验结构平衡的准则之一。在最终的力图解中，其线段长度与相应杆件内力成正比，因此可以从线段长度上直观地判断出形图解中相应构件的内力状况。

找形原理：图解静力学的生成性潜能在于力图解与形图解的几何依赖关系。首先，对偶图互相关联，改变任意图解，另一图解相应做出等量变化反应，例如在前一个案例基础上，调整形图解同时能够生成相应的力图解（表4-3），改变外力方向、改变结构形式都能够获得相应变化的杆件内力状况；其次，在静力平衡的图解中，所有节点和杆件都处于平衡时，闭合力图解自身能够证明结构形式的合理性；最后，通过力图解的线段长度能够直观地比较形图解中构件的内力大小，因此也能够利用力图解的线段长度调整来优化结构形态的效率；除此之外，利用图解的画法操作，还能够确定杆件拉压力的性质。这几种特性为建筑师提供既作为参考解释又能够进行调控的图解方式：通过操作一方图解，直观地观察另一方图解的变化以及验证合理性，例如通过调控形图解，在相应的力图解中观察对比结构平衡和内力变化，或通过调整力图解进行高效结构的找形设计。

表4-3　形图解与力图解的对应关系

（1）三角结构单元	（2）改变外力方向	（3）改变外力方向	（4）改变结构形式	（5）外力方向与A杆一致
F_{1H}=0.9 kN F_{1V}=74.5 kN F_{2V}=75.5 kN	F_{1H}=73.7 kN F_{1V}=39.6 kN F_{2V}=91.1 kN	F_{1H}=137.8 kN F_{1V}=32.5 kN F_{2V}=91.7 kN	F_{1H}=66.4 kN F_{1V}=99.6 kN F_{2V}=34.9 kN	F_{1H}=96.4 kN F_{1V}=114.2 kN F_{2V}=0.8 kN

图表来源：作者绘制

图解静力学的操作是对结构要素的简化抽象，将结构体系转化为平衡力系，再将杆件以矢量力的方式依据力学法则进行转换操作，因此，图解静力学通常用于以轴力为主的杆件结构。例如桁架杆件即是以轴力为主，与矢量力的方向、大小和作用点基本要素高度吻合，有时桁架杆件的静力组合图形本身也可以看作是一个力的图解。对于复杂的实体结构，需要将其转换为二维问题或进行大量的图解绘制分析，因此图解静力学方法目前在实体结构问题中还存在局限性。在应用范围上，由于图解静力学是通过平衡力系的推导进行，它能准确计算静定结构的构件内力，因此通常用于静定结构。而对于超静定结构，数学计算方法是通过综合考虑平衡条件、物理条件及几何条件先求出多余的约束力，进而求出内力和位移，图解静力学只能通过模拟静定结构来求解，因此，图解静力学在超静定的结构找形上目前也有待拓展。

4.2.2　交互的找形设计

与还需要进行合理性评价的几何性图解设计方法不同，图解静力学中的形图解与力图解的交互关系提供了一种完全精准推证设计的可能。在以轴力为主的平衡杆系结构中，杆件的内力大小以及在整体结构中所有内力变化的程度，决定了整体结构性能和材料的消耗程度，而力图解中线段的长度即意味着相应杆件的内力大小，因此能够以力图解的优劣作为评价指导，建立合理的设计域或在优化推证过程中寻找适宜的结构形态。其设计过程为：依据形图解以及外力求得支座反力—绘制对偶力图解—操作力图解要素进行性能优化—在调整过程中获取适当的形图解，即获得结构形态。

图解静力学提供了一个直观的变化过程，基于某个结构原型衍生出的不同形态，实际上可以看作是对力图解的局部调整过程，这种方法的价值在于将几何的复杂性回归到一个共同的操作本体模型中。以张弦作用机制的结构为原型绘制其力学图解（表 4-4（a）），我们可以将马亚尔的厂房理解为在力图解中减小拉索对应线段的长度来减小内力（表 4-4（b））。而在对力图解中利用圆形半径作为力图解的线段长度后（表 4-4（c）），等长的线段长度意味着内力的趋同，最终能够生成杆件应力均衡的形态美感。同样的，将前两个操作合并，继续将力图解中的弧形线段缩短（内力减小）时，受压的上梁和受拉的下梁不再互相平行，继而得到了起拱的鱼腹梁结构（表 4-4（d））。相较于初始的水平形态，在力图解中我们能够解读到，随着弧形线段的缩短，原来形图解中撑杆和拉索对应的力图解线段长度明显减小，即内力减小。而水平梁起拱后其力图解的线段均匀增长，即承担了一部分内力，通过力图解相应线段的长度，就能够进行直观的评判和对比，这从另一个角度诠释了梁的起拱受力更合理的直观认知。

表 4-4　基于张弦结构形态的图解静力学推演

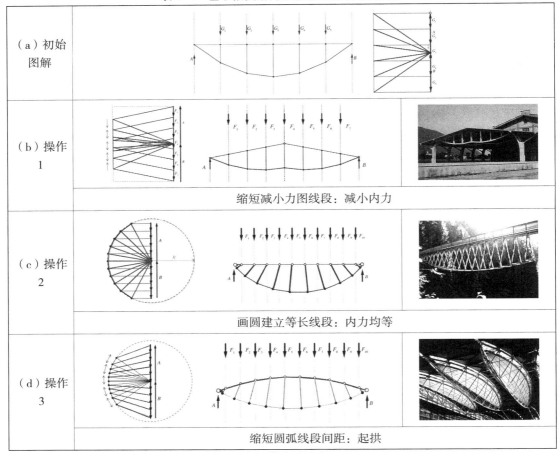

（a）初始图解		
（b）操作1	缩短减小力图线段：减小内力	
（c）操作2	画圆建立等长线段：内力均等	
（d）操作3	缩短圆弧线段间距：起拱	

图表来源：实景照片来自 www.google.com，图解为作者改绘自 block.arch.ethz.ch/eq

　　张弦梁结构中的力图解操作，实际上是对局部内力的调整来分担其他杆件内力，从而生成受力均匀的结构形态推演设计。在一些杆件组织和层级关系较为繁复的杆系结构中，也存在着层级秩序上更多变化的可能，利用力图解的调整同时获得具有节奏变化且优化的结构形态。例如通常在单一杆件梁结构中，往往由于需要减少跨中弯矩从而减少跨中部分的截面材料，而在多个杆件组织的张拉结构中，则是利用从支座处构件向跨中构件进行过渡的层级组织和调控。一方面，通过对力图解进行层级间内力均衡的调控操作，能够在几何形式上体现层级秩序。以横向传力的张拉结构层级为例，（表 4-5（a））是通过四组张弦构件组合，在操作 1 中建立平衡力图解可以看到，在传统对称均等几何比例下，形式上的均等未必是内力的均衡；在此基础上，依据截面梁的跨中减小截面的原理，进行操作 2 将跨中杆件长度缩小，在力图解中可以看到跨中构件的内力反而大大增强；在前一结果的基础上对力图解的优化调整（操作 3），减小中部相应拉索的角度，使得中部撑杆层级的尺度增大，最终得到所有杆件内力均衡的结构形态和层级秩序。另一方面，通过在力图解中增加层级数量来调控和优化结构形态。以纵向传力层级的树形支撑为例（表4-5（b）），在力图的闭合图形中增加次级平衡图解，还能够将较长的边线分解成两段短线段，这意味着在形图解中增加了次级支撑，并且原有支撑杆件的内力分担到了次级支撑中，在此基础上进行力图解角度的调整优化能够获得受力高效的分支结构形态。

表 4-5　结构形态层级秩序的图解静力学推演

（a）张拉梁		
操作 1	操作 2	操作 3
建立形态的静力平衡	调整节奏变化的形态	优化兼变化的形态
（b）树形支撑		
操作 1	操作 2	操作 3
建立形态的静力平衡	增加次级平衡图解	优化形态

图表来源：作者改绘自 block.arch.ethz.ch/eq

4.2.3 拱轴线找形

图解静力学的方法，除了能够探索杆系结构的形态外，还能够帮助建筑师寻找到二维实体结构合理且优化的截面形态，这通常是以一种分段或单元化的途径进行优化。原始的砖石拱结构即是一种分段结构，砌体拱的内力平衡可以通过一条推力线进行可视化，它在理论上是一条穿过结构的压力合力线。合理拱轴线的图解静力学方法，其原理是建立在所有砌体单元的重力和反力的平衡假设下，这类似于以悬链线中垂吊相应单元重量的找形方式（图4-9（a）），以每一单元的中心为受力点建构力图解（图4-9（b）（c）），并始终与相邻单元的分力守恒，随着划分单元的大小或改变单元的重量就有可能生成新的合理拱轴线来指导拱形截面的结构形态设计。

拱形结构的图解静力学找形设计，是基于拱轴线及其设计域的研究，如果对力图解的每一步操作连续在一起，那么在对拱轴线力图解优化的过程中，潜在地建立了一个能够无限逼近最少耗材的形态设计域，这个设计域的建立提供了支座位置或初始形态不确定的优化可能。MIT结构设计实验室（Structural Design Lab）的爱德华·艾伦（Edward Allen）将石拱看作是所有拱轴线的集合，并认为某条合理拱轴线而言，石拱即是一种超静定结构，并且在设计域中的每一条合理轴线，都建构着相应的合理拱形态[1]。相应的，如果判断一

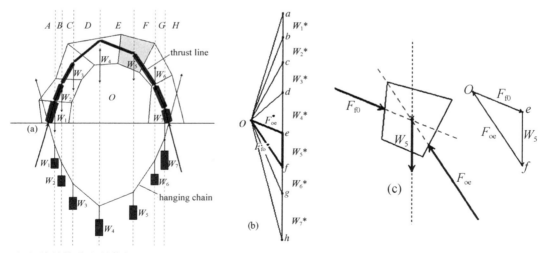

（a）将结构分段并依据重量寻找重心　（b）力图解　（c）石块单元的受力力图解

图4-9　通过力学图解确定砌体拱结构的合理拱轴线

图片来源：Edward Allen，Waclaw Zalewski. Form and forces：designing efficient，expressive structures[M]. New York：John Wiley & Sons Ltd，2009

---

① Edward Allen, Waclaw Zalewski. Form and forces：designing efficient，expressive structures[M]. New York: John Wiley &Sons Ltd, 2009

个拱形结构是否合理，只需要验证拱轴线是否在结构截面内部即可。例如自然界的天然石拱结构中（图4-10），我们判断自然风化的拱形结构形式是否具有合理性，或是否具有危险性，我们可以将其按相同距离划分为许多单元，根据单元的重心点、重量以及反力角度，建立一个包含该形态的区域，在这个区域内通过寻找到结构材料承载内力的范围值，生成一个拱形力图解的材料可承受的设计域 A，在设计域 A 内所有形态都将是合理的，只要改变线段交点就能够获得不同的合理的拱轴线位置，由此判断石拱形态是否合理，或寻找更多的形态可能。

如果将实体结构的"体"看作是合理拱轴线集合下所有情况在时间轴上的叠加，那么便有可能利用力图解变化的设计域进行实体结构截面的找形。例如图4-11中拱形屋顶的

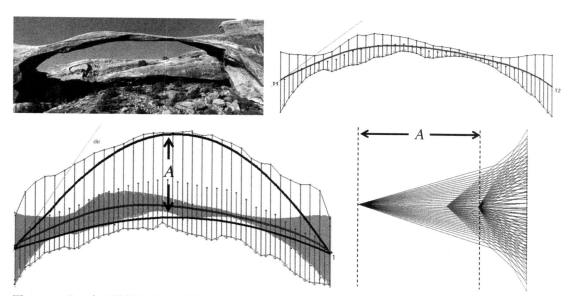

图4-10　基于合理拱轴线确定石拱的合理形态的设计范围；图片来源：实景照片来自 www.google.com，其余为作者绘制

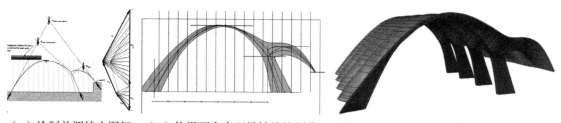

（a）绘制并调控力图解　（b）依据两个合理拱轴线控制截面形态　（c）单向叠加阵列生成形态

图4-11　基于合理拱轴线的调控向面系拱结构形态拓展

图片来源：Edward Allen, Waclaw Zalewski. Form and forces： designing efficient，expressive structures[M]. New York: John Wiley &Sons Lt, 2009

案例，连续壳的结构可以被简化为无数二维拱截面在单方向上的叠加，只需调控力学图解即可获得另一种不同跨度上的拱形，将两种合理拱轴线范围之间所有的可能进行连续叠加，便可获得在平面上起伏变化的拱形屋面。最终材料的堆积只需要将合理拱轴线控制在结构内部即成为合理的结构形式，而超出合理轴线的结构有可能发生由于内力较大而产生变形破坏的情况。因此，由力图解调整生成的设计域中，截面的宽度变化可以随之变化，并且能够帮助建筑师判断理解形态的合理性。

除此之外，将支撑位置、外力加载的作用点等转换为变量，也能够扩大拓展形态的设计域从而进行结构找形设计。例如罗伯特马亚尔设计的瑞士萨尔基那山谷桥（Salginatobel bridge）的结构形态（表4-6（a）），可以将其看作是拱轴线在单向平行阵列的集合，而在卡萨尔德卡塞雷斯的汽车站（Bus station in Casar de Caceres）的拱形结构（表4-6（b）），充分体现了在单向阵列的基础上进行拱轴线调控的连续集合。麻省理工学院科利尔纪念亭（MIT's Collier Memorial）结构形态（表4-6（c）），则是同时利用在平面上力的多边形组织，以及在立面上合理拱轴线的设计域集合。

在利用图解静力学方法寻找合理拱轴线的结构找形设计过程中，首先操作1是建立初始形态并均匀划分单元，在前两个案例中拱结构为混凝土的连续材质，因此以几何距离均等划分单元，而MIT展厅是砌体结构组成，因此以砌块为单元划分。其次，操作2是寻找每个单元的重量以及重心作用线的位置，根据约束条件、已知竖向荷载以及单元自重，建立力图解，并寻找合力P的作用线位置。随后，操作3是从支撑位置的结构单元开始，建立支座反力、重力与向量单元作用力的平衡力系，并利用平行线生成相应的力图解，这其中，与相邻单元的重心作用线相交的位置即是单元静力平衡点。最后，依次类推到每一个单元砌块的力系中，操作4是点与点相互连接形成合理的拱轴线。除了初始形态决定着合理拱轴线的主要位置外，单元划分的大小、方式、单元荷载重量也在一定程度上影响拱轴线，因此将这些要素转化为变量参数，对初始边界形态的曲线、单元划分大小以及依据材料进行单元重量等参数进行调控，能够获得更多拱结构形态。

表4-6　基于静力学合理拱轴线的结构找形

（a）瑞士萨尔基那山谷桥	（b）卡萨尔德卡塞雷斯汽车站	（c）MIT科利尔纪念亭
合理拱轴线截面的构型方式		

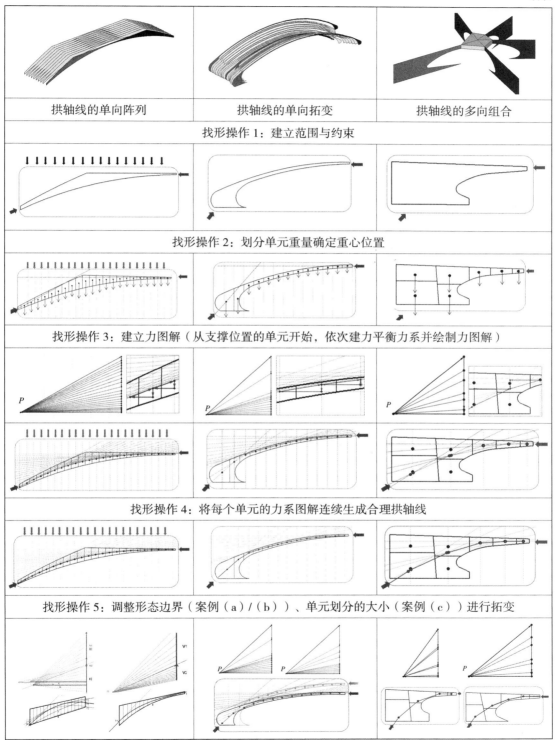

拱轴线的单向阵列	拱轴线的单向拓变	拱轴线的多向组合

找形操作 1：建立范围与约束

找形操作 2：划分单元重量确定重心位置

找形操作 3：建立力图解（从支撑位置的单元开始，依次建力平衡力系并绘制力图解）

找形操作 4：将每个单元的力系图解连续生成合理拱轴线

找形操作 5：调整形态边界（案例（a）/（b））、单元划分的大小（案例（c））进行拓变

图表来源：实景照片来自 www.google.com，其余为作者分析与绘制

4.2.4　点的平衡与找形

4.2.4.1　二维平衡系统

找形原理： 纵观图解静力学的发展，自 19 世纪以来，无论是桁架结构还是拱形结构，工程师们利用图解静力学对整体结构的静力分析中，大多是将结构截面分解为节点或片段，这类似于数学中微积分原理。换而言之，这是将一个整体结构问题回归到点的静力平衡问题的思维，这种思维引出了一种基于图解静力学找形的新可能：从点的平衡出发，通过对力图解中点要素静力平衡中方向、大小逻辑集合，逆向推导建立一个全新完整的形图解，即从力图解逆向生成全新的形图解。点平衡推演的价值就在于有可能从某个节点片段的力图解推导出无限可能的形态集合。

在传统静力学图解分析中，力图解生成的各参数取决于具体外部边界条件和内部的行为，其中外部条件包括具体的几何形状、支撑位置以及荷载位置（外力作用点）。然而，这种条件的明确性并不有利于设计初期的思考，因为它是"基于初始形态"的优化，初始形态的合理性和有效性本身即存在疑问。除此之外，在一些复杂的外部环境下，设计初期建筑师往往对结构形式的雏形、支撑位置并不确定，甚至需要对形态设计可能性的探索范围进行拓展，而这种先形式后图解静力学优化的方法只能对一种及其衍生形态进行调控，是受限制的优化解决方案，因此在设计推演的适应性上仍有较大的局限性。

在这一问题上，MIT 的 Digital Structure 团队提出了一种基于力学法则的形式语法推演方法[1]，即通过建立一系列形式间的转换规则来定义设计语言，从而生成相应逻辑的结构形式。其中，基本要素内容为力的大小、方向与作用点，形式转换的对象为点、线或线系组合结构，而形式的"转换规则"遵循的是"使得对象（点、线或线系组合）获得平衡状态下，其作用力的合力一定为零"[2]的原则，这一原则背后是作用力与反作用力以及力的合成与分解法则，而只要符合整个转换过程中保证合力为零的原则，就有可能进行不同形式语言间的等效转换。

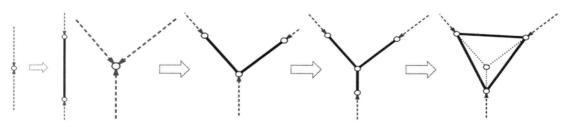

图 4-12　以合力为零的原则，点平衡等效于杆平衡从而进行转换；图片来源：作者绘制

---

[1] Juney Lee,Corentin Fivet, Caitlin Mueller. Grammar-based generation of equilibrium structures through graphic statics[C]. Proceedings of the International Association for Shell and Spatial Structures Symposium, 2015

[2] Mueller C T. Computational exploration of the structural design space[D]. MIT Doctorate, Dissertation, 2014

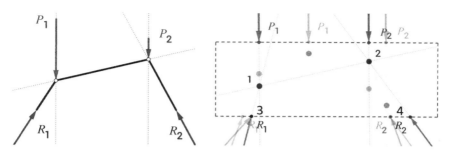

图 4-13　转换的初始条件可以为变量与设计范围而非具体形式；图片来源：作者绘制

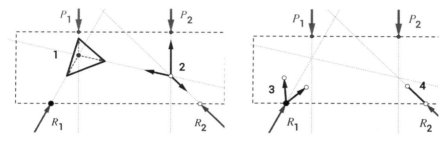

图 4-14　在设计域内，将点 1/2/3/4 向杆件进行转换；图片来源：作者绘制

例如两个作用力作用于一节点，并且该节点平衡时，那么这两个力必定是一对大小相等、方向相反的作用力，而当这个点转换为平衡状态下的杆件，作用力沿着杆件轴力的方向时，该原理同时也是成立的。在这样的条件下，我们可以认为点与杆件的平衡受力是等效的。同样的，当力系为三力平衡下也是一样，如此重复，便可以从一个节点形式，等效推演到杆系以及杆系组合的形式语言（图 4-12）。

这种具有力学合理性的形式"转换规则"为设计初期提供了一个具有弹性的、适应性的设计推演平台（图 4-13）。在传统静力学方法中，通常是结构传力形态已知时，利用平行四边形法则，平衡结构的力系可以转化为闭合的对偶力图解，然而当平衡结构形态未知时，则可以利用"转换规则"将结构形式假设为某种合力为零的结构物，只需要设置合力为零的几个作用力与反作用力平衡体系的设计范围，在静力平衡的等效原则下，作用力的点、线或线系组合形式能够进行相互转换，因而可以推演出静力平衡的结构形式，这使得静力法则从真正意义上，成为力学图解进行设计推演的生成性法则。

基于 GeoGebraGeometry[①] 几何绘图平台，在某一设计域内（图 4-14），给予 P_1、P_2 的荷载变量，R_1、R_2 为与其平衡的反作用支撑，其位置、大小与方向都可以为变量。按照作用力的合力一定为零的法则，那么域内的所有点 1、2、3、4 都为受力平衡的点，依据点与杆受力的等效转换法则分别进行随机的推演转换。例如将点 1 转换为沿轴向闭合的三角形杆件组合，将点 2 的平衡转换为沿轴向的三力平衡点、将点 3 的平衡转换为 R_1 和两个分力的平衡，以及点 4 转换为沿轴向的一个单个杆件，以此类推（图 4-15），可以得到

① 见附录

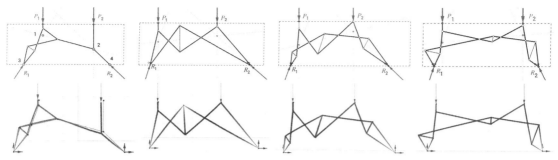

（a）结构位移：0.007 m　（b）结构位移：0.002 m　（c）结构位移：0.0008 m　（d）结构位移：0.0004 m
图 4-15　平衡结构的生成（上）位移分析（下）；图片来源：作者分析绘制

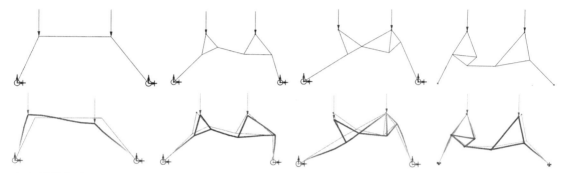

（a）结构位移：0.042 m　（b）结构位移：0.04 m　（c）结构位移：0.024 m　（d）结构位移：0.012 m
图 4-16　随意生成的结构形式不能保证合理性；图片来源：作者分析绘制

不同的结构形式。如果改变各个点的转换规则、变换对象、支撑与荷载的作用点位置以及角度，都会得到不同形态的静力平衡结构。

在此基础上，将图解转化为钢结构模型，并为了进一步对比说明推演的合理性，同时随意生成几组结构形式进行对比分析（图 4-16）。所有模型设置跨度 9 m，给予圆钢管（直径 0.1 m，壁厚 0.4 cm）以及点荷载各 20 kN 内力进行分析后发现，在相应的荷载 P_1、P_2 下，图解推演出的结构位移非常小，其结构的刚度较大，获取的形式均为静力平衡的稳定结构。而在同样的跨度、截面和荷载下，随意绘制的结构形式位移较大，并且不能保证其合理性，而依据平衡原则推演后的几组结果相对稳定且合理，能够作为形态设计的依据。

总而言之，在整个找形的推导过程中，其支撑位置、荷载位置是作为变量对其产生导向性的影响，几何边界也可以为未知可变的区域。变量的增加大大扩充了形态生成的设计域和不同概率下的找形可能，结合计算机结构分析与优化，建筑师们能够利用图解静力学方法进行未知的、可变的、不确定性的复杂空间形态的找形创作。

4.2.4.2　三维平衡系统

在二维的形式推演中，"转换法则"能够为设计者提供平面力系的推演，而对于空间结构形态中三维力系而言，则涉及作用力在空间位置上的各个方向的夹角，这大大增加了点的平衡推演操作的复杂程度，因此限制了形式向三维空间拓展的可能性。基于这一问题，MIT 的 Digital Structure 团队从三维空间建构力图解的角度出发，开发了一种"多面体"力图解（Polyhedral Force Diagrams）[①]。

在二维的形态中，图解静力学中形与力图解是以平行线原则形成对偶关系，在"多面体"力图解中，平行线原则换成了垂直面原则：当一个结构节点受到各个方向的作用力并保持静力平衡时，其力图解的绘制首先是寻找节点在作用力方向上的垂直面（先将力等效于垂直面上的力），单个作用力的垂直面是一个无边界开放平面 $pl_1/pl_2/pl_3$（图 4-17（a）），以此类推到所用作用力上后，这些无边界垂直面会相互交叉，最终形成一个边界交叉的闭合凸多面体（图 4-17（b）），这也意味着将转换为垂直面上的力进行面内的分解，在平衡体系中，相邻面上的分力会相互抵消，而最终多面体中相应垂直面的面积大小表示各个作用力的大小 $e_1/e_2/e_3$。

与二维图解中首尾相接的闭合多边形图形一样，闭合的多面体也意味着这个力系处于平衡状态，其合力为零，如果在已知多面体力图解的基础上，进行垂直面向法线方向的还原操作，或者说是逆向操作，便能够还原获得节点形式的形图解，即连接多个杆件的节点形态（图 4-17（c））。与平面的力图解类似，根据多面体各个面的面积大小，就能够直观地判断形图解中相应杆件的内力大小，在杆件中就需要多的材料以及更大的截面尺寸来与其对应。除此之外，在逆向推演中，改变杆件生成的方向也可以得到不同的节点形式，例如顺着平衡力系的分力方向生成的杆件为压杆，相应的，反向即为拉杆或拉索（图 4-18）。

相对于平行原则的二维力图解，垂直"多面体"力图解有以下相同点与找形优势：首先，与平行法则的力学图解一样，多面体力图解包含了所有力学信息，各个作用力相对应的垂直面面积即是该作用力的大小，作用力方向即是面的垂直方向，作用点即是受力点向垂直面作垂线的交点。其次，在空间性的杆系结构或特殊网格的网壳结构中，其节点往往是多

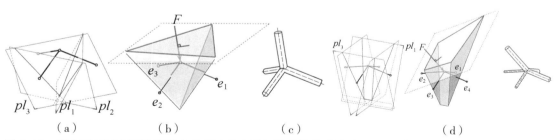

图 4-17　四力系与五力系平衡节点的多面体力图解及其结构形式（（a）为各个分力的垂直面；（b）为闭合的多面体力图解；（c）为逆向生成的杆件节点；（d）面积越大杆件内力及其截面尺寸越大）
图片来源：Akbarzadeh M，Van Mele T，Block P . On the equilibrium of funicular polyhedral frames and convex polyhedral force diagrams[J]. Computer Aided Design，2015，63：118-128.

① 多面体力图解是三维空间结构的静力平衡图解，其做法是找到各个杆件的垂面闭合而成。

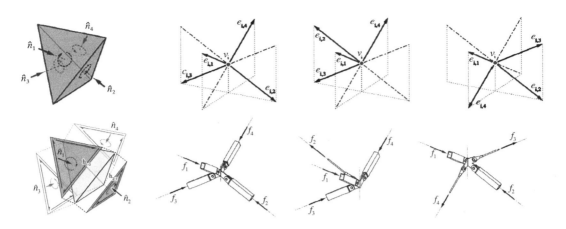

图 4-18　由多面体力图解向钢构节点的推演，顺着力的方向为压杆，反向为拉索
图片来源: Lee J, Mele T V, Block P . Form-finding explorations through geometric transformations and modifications of force polyhedrons[C]. International Association for Shell and Spatial Structures（IASS）Annual International Symposium，2016.

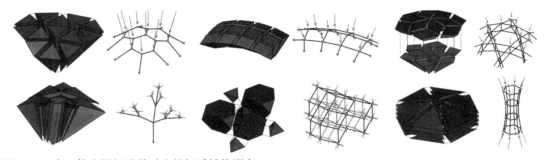

图 4-19　多面体力图解及其对应的杆系结构形态
图片来源: Lee J, Mele T V, Block P . Form-finding explorations through geometric transformations and modifications of force polyhedrons[C]. International Association for Shell and Spatial Structures（IASS）Annual International Symposium，2016.

个作用力的复杂情况，而多面体的优点是能够解决任意空间方向和 3 个作用力以上的节点和杆件内力问题，例如四力平衡即是一个四面体，五力平衡即是五面体等，图 4-19 显示了节点在不同数量和方向的作用力下，以及各个节点连接后的结构形态（形图解）及其"多面体"力图解。

　　点平衡的"多面体"力图解的生成，意味着建筑师利用图解静力学在复杂空间结构形体设计探索的可能性。与基本的二维图解静力学找形方法相同，通过操作点受力的力图解就能够获得新的节点受力，例如控制多面体各个面的角度、大小就能够改变点在各个方向作用力的大小（杆件内力）。在外力平衡下，通过对多面体进行切分即能够获得更多层级的分支点受力，而通过调整各个多面体之间的间距、尺度即能够获得不同尺度和角度的分支结构形态，从而进行找形设计。

4.2.5 竖向支撑形态找形设计

随着静力学图解技术方法及其从二维平面推演到三维空间的应用拓展，基于图解静力学的找形思维也从特定形式的优化法则到不确定形态的探索。本节借助这些新方法，以中国古建筑中的斗拱结构形态为原型，分别利用 Digital Structure 团队的"转换法则"和"多面体"方法，从二维和三维的平衡力系上进行斗拱逻辑形态推演与拓展。

斗拱结构的静力平衡特点是以数个小尺度杆件，逐层叠加进行悬挑（图 4-20），从而支撑大尺度建筑出檐。其传力特点是将荷载从出挑端将力逐级传向下个层级，将由屋面和上层构架传下来的荷载，由杆件单元传向柱子（图 4-21）。

二维点平衡推演找形： 依据"转换法则"，斗拱平面的力系可以简化为上端两个垂直向下的相同大小作用力与下端支柱点反作用力的平衡力系，且该力系范围内的所有受力点均为静力平衡状态。由于斗拱的杆件为正交方向，在此案例分析中我们假设所有的点平衡为正交的二力平衡力系。利用形式"转换法则"从斗拱与柱头连接点出发，向整个斗拱形态进行推演：

按照等效原则，柱头支座点为垂直的二力平衡点，第一层级的悬挑端为水平二力平衡点（图 4-22（1）），这两个点平衡可以转换为杆件在轴力方向上的二力平衡力系，从而生成第一层级的竖直和水平杆件（图 4-22（2）），同样的进行对称操作则可以将水平力相互抵消（图 4-22（3））；之后，寻找新的平衡点（下一层级的出挑端）（图 4-22（4）），并建立互反等值的作用力，且将其转换为第二层级的竖直与水平杆件（图 4-22（5）），以此类推，新的平衡点位置以出挑位置进行相同方式的推演，就可从一个平衡点建构出整个斗拱的杆系形态（图 4-22（6/7/8））。

由于斗拱构件基本以正交方式组合，因此点平衡力系中的作用力方向也是水平与竖直方向，如果将其改变方向与角度，那么就有可能推演出更多静力平衡的拓展形态。例如将点的作用力进行斜向旋转从而形成斜杆，或将作用力分解为多个方向的分力，从而形成分支结构，以及将作用力进行反方向配置，从而形成拉力杆件等等（图 4-23）。

基于这一路径方法并结合图解的调控，以下对斗拱逻辑形态进行拓展推演与验证。同

   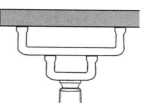

图 4-20 木构斗拱形态（左）钢构斗拱形态（中）；图 4-21 斗拱的传力层级（右）
图 4-20/21 来源：http://image.baidu.com

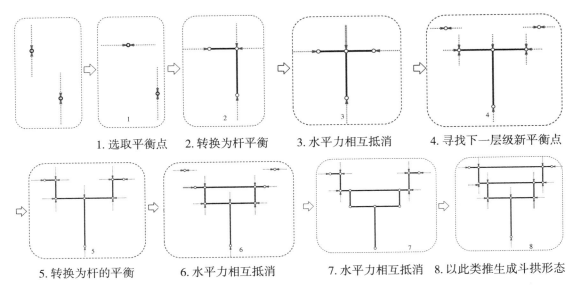

1.选取平衡点　　2.转换为杆平衡　　3.水平力相互抵消　　4.寻找下一层级新平衡点

5.转换为杆的平衡　　6.水平力相互抵消　　7.水平力相互抵消　　8.以此类推生成斗拱形态

图4-22　依据转换法则由点向杆系斗拱形态的推演；图片来源：作者绘制

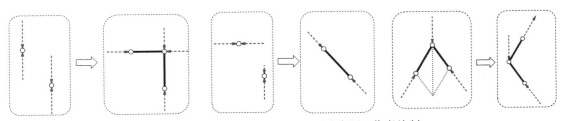

图4-23　正交二力系法则到不同方向的多力系平衡拓展；图片来源：作者绘制

样的假设某一区域为静力平衡状态，边界上侧两端作用力与下端中部一个作用力的合力为零。为了简述过程，在此假设上端两个作用力大小相等，并且进行对称的操作（非对称操作需要进一步涉及力的大小数值分配与计算）。

从荷载点出发进行力的分解，首先将点的二力平衡转换为三力平衡，并改变分解力的方向生成5种不同的形态推演（表4-7（a）~（e））。随后，将点的平衡转换为沿轴力方向的杆系的平衡，其中推演（a）与推演（c）是将作用力分解为两个方向的压力杆分力，而推演（b）、（d）以及推演（e）则分解为一个压力杆件以及相反方向的拉力杆。之后，在杆的末端点开始以此类推进一步分解，并在最后的分解中，以支柱点作用力轴线为参照，进行作用力与反作用力的相互抵消，即可获取最终的静力平衡结构形态。

在绘制相应的力图解中（表4-7（2）），所有杆件受力都为闭合的图形，证明结构处于静力平衡状态。除此之外，通过杆件在相应力图解上的线段长度可以判断其结构内力，而基于此，进一步调整力图解还能够获取到更加优化或多样化的结构形态。例如统一缩小五组力图解的线段长度使其杆件内力减小后，可以看到其结构形态相应地向内收拢（表4-7（3））。而在力图解中进一步增加、删减或分解闭合图解，还能在原型基础上拓展更多的结构形态（表4-7（4）），例如在推演（a）的力图解中将线段3-4分解为新的平衡力系，在结构形态中便可由杆件3-4转换为三角形杆件组合；同样的在推演（b）的力图解中进行多次分解即可获得多个杆件组合；而推演（c）的力图解中删除线段3-4还可以在结构形态中精简杆件。同理，在推演（d）、（e）的力图解中适当的增加或删除线段可以获得更加丰富的结构形态。最后，在实际情况下斗拱还会受到水平方向的力，在此基础上增加水平作用力和反作用力的平衡力系进行推演，还可以获得更多的结构形态。

　　尽管力图解足以说明各个杆件的内力状况，为了更清晰地说明整体杆件的受力状况，进一步将推演后的五组结构形态转换为结构模型进行受力分析（表4-8），并与简化的斗拱形态进行对比分析。其中，整体结构跨度为3 m，设置点荷载各为90 kN，设置受压杆为直径0.3 m的圆形钢管，拉杆直径0.1 m，壁厚0.4 cm。在结果中可以看出，推演后的结构形态中，无论杆件连接设置为铰接或刚接，杆件受力及整体位移均较小，并且由于拉压杆件利用率较高结构整体性能很高。而在简化的传统斗拱形态中，杆件弯矩较大达到了159 kN·m，毫无疑问，推演后的结构形态能够高效地轴向传力并发挥拉压杆件组合的优势。

表 4-7　基于斗拱逻辑的支撑形态推演

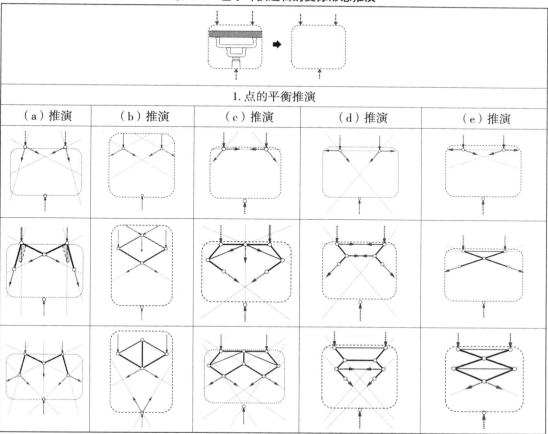

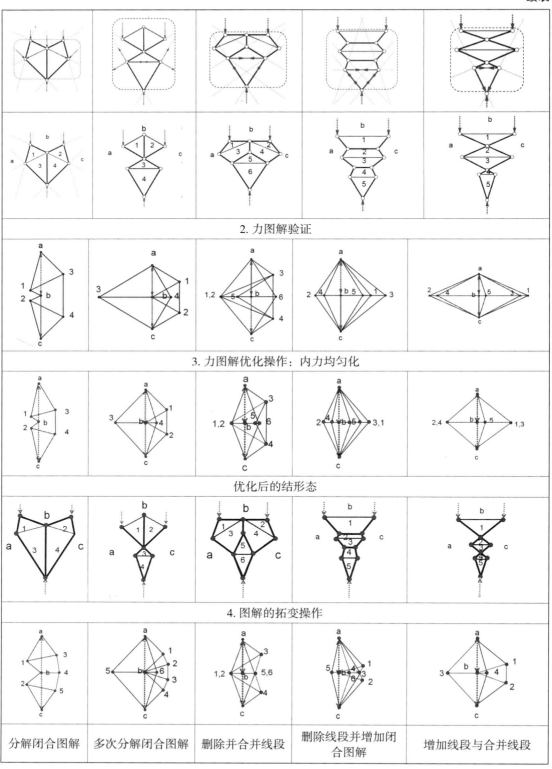

2. 力图解验证

3. 力图解优化操作：内力均匀化

优化后的结形态

4. 图解的拓变操作

分解闭合图解	多次分解闭合图解	删除并合并线段	删除线段并增加闭合图解	增加线段与合并线段

续表

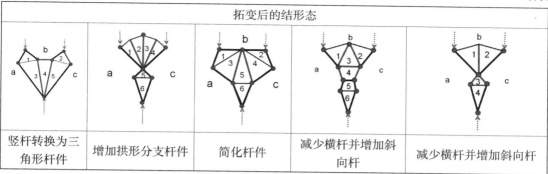

拓变后的结形态				
竖杆转换为三角形杆件	增加拱形分支杆件	简化杆件	减少横杆并增加斜向杆	减少横杆并增加斜向杆

图表来源：作者分析绘制（表格按列分类）

表 4-8　基于斗拱逻辑支撑形态推演的分析验证

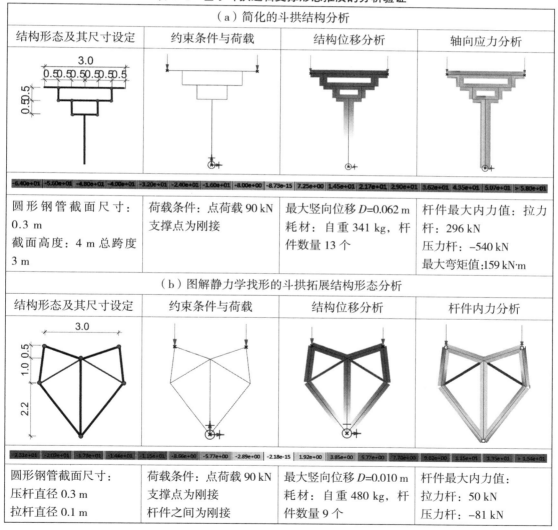

（a）简化的斗拱结构分析			
结构形态及其尺寸设定	约束条件与荷载	结构位移分析	轴向应力分析

| 圆形钢管截面尺寸：0.3 m 截面高度：4 m 总跨度 3 m | 荷载条件：点荷载 90 kN 支撑点为刚接 | 最大竖向位移 $D=0.062$ m 耗材：自重 341 kg，杆件数量 13 个 | 杆件最大内力值：拉力杆：296 kN 压力杆：−540 kN 最大弯矩值：159 kN·m |

（b）图解静力学找形的斗拱拓展结构形态分析			
结构形态及其尺寸设定	约束条件与荷载	结构位移分析	杆件内力分析

| 圆形钢管截面尺寸：压杆直径 0.3 m 拉杆直径 0.1 m | 荷载条件：点荷载 90 kN 支撑点为刚接 杆件之间为刚接 | 最大竖向位移 $D=0.010$ m 耗材：自重 480 kg，杆件数量 9 个 | 杆件最大内力值：拉力杆：50 kN 压力杆：−81 kN |

147

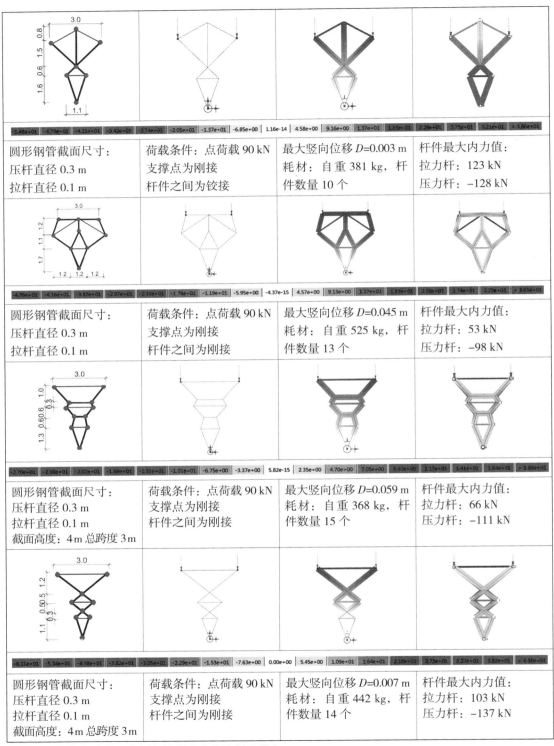

圆形钢管截面尺寸： 压杆直径 0.3 m 拉杆直径 0.1 m	荷载条件：点荷载 90 kN 支撑点为刚接 杆件之间为铰接	最大竖向位移 D=0.003 m 耗材：自重 381 kg，杆件数量 10 个	杆件最大内力值： 拉力杆：123 kN 压力杆：−128 kN
圆形钢管截面尺寸： 压杆直径 0.3 m 拉杆直径 0.1 m	荷载条件：点荷载 90 kN 支撑点为刚接 杆件之间为刚接	最大竖向位移 D=0.045 m 耗材：自重 525 kg，杆件数量 13 个	杆件最大内力值： 拉力杆：53 kN 压力杆：−98 kN
圆形钢管截面尺寸： 压杆直径 0.3 m 拉杆直径 0.1 m 截面高度：4m总跨度3m	荷载条件：点荷载 90 kN 支撑点为刚接 杆件之间为刚接	最大竖向位移 D=0.059 m 耗材：自重 368 kg，杆件数量 15 个	杆件最大内力值： 拉力杆：66 kN 压力杆：−111 kN
圆形钢管截面尺寸： 压杆直径 0.3 m 拉杆直径 0.1 m 截面高度：4m总跨度3m	荷载条件：点荷载 90 kN 支撑点为刚接 杆件之间为刚接	最大竖向位移 D=0.007 m 耗材：自重 442 kg，杆件数量 14 个	杆件最大内力值： 拉力杆：103 kN 压力杆：−137 kN

图表来源：作者建模、分析与绘制（表格按行分类）

三维点平衡的推演找形：在现代钢材代替木构后，竖向支撑形态不仅能够以平面性的方式呈现，还能拓展到更大尺度的三维空间变化中，以弧线、拉压组合以及分支支撑等丰富的形式演绎（图4-24）。以下以三维点平衡的推演方法进行找形，来探索以斗拱逻辑为原型的竖向支撑形态的丰富形式。

依据斗拱静力平衡条件，其力系可以简化为上端四个垂直向下的作用力与下端支柱点反作用力的平衡力系，利用"多面体"力图解的绘制生成合理的静力平衡结构，并通过操作力图解对结构形态进行推演拓展。

在多面体力图解的生成中，首先需要确定初始平衡力系的作用点位置（图4-25（1））以及合力的位置。假设斗拱形态为两个方向都对称的受力，且四个作用力 $F_1/F_2/F_3/F_4$ 大小

（a）天津滨海新区文化中心文化艺术长廊　　（b）天津国家会展中心　　（c）伦敦斯坦斯特德机场

图4-24　基于斗拱竖向支撑的形态拓展；图片来源：www.pinterest.com

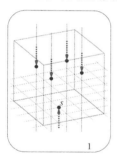
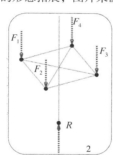
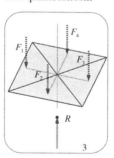
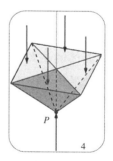

1. 建立平衡力系　　2. 寻找合力轴线　　3. 绘制垂直平面　　4. 沿合力轴线任意点 P 建立多面体

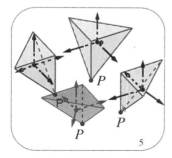
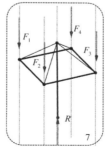
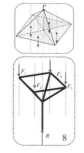

5. 建立各个多面体的平衡力系　　6. 将力转换为杆件　　7. 生成结构形态　　8. 压力结构形态

图4-25　基于斗拱形态受力的推演过程；图片来源：作者分析绘制

与方向相同，那么其合力位置则位于线段 F_1F_3 和线段 F_2F_4 交叉点位置的延长线上（图 4-25（2））。其次，基于四个作用方向寻找垂直面，由于四个作用力方向相同为平行关系，则生成的四个垂直面也位于同一个平面内（图 4-25（3））。在此基础上，利用索多边形方式，在位于合力延长线上寻找任意一点 P，连接 P 点和各个作用力点，连接垂直面创建四个相同大小的四面锥体，即力图解（图 4-25（4））。在多面体中，任意面代表着垂直其面上的力的大小（形图解中杆件的内力大小），而基于每一个多面体还原寻找垂直线，便可以分别还原四个平衡力系（图 4-25（5）），每个力系由上端一个初始作用力和下部垂直于各个面的分力构成，相邻的多面体单元都会共享一个面，这意味着相邻力系之间在该垂直面上的分力会相互抵消，换句话说是将初始的四个作用力转化为分力再进行相互抵消。最后，沿作用线方向将线段转化为结构杆件（图 4-25（6）），便可以获得相应的形图解（结构形态），其中顺着力的方向生成压力杆，逆向则生成拉力构件（图 4-25（7））。而调整 P 点的位置就可以得到该结构形态的不同尺度和比例或相反的杆件受力（图 4-25-（8））。

在整个过程中，从一个形图解未知的初始平衡力系，推演出不同的结构形态的关键是对多面体力图解的操作。除了以相应作用力进行切分操作外，还可以对多面体从一个固定点进行多次的切分，这意味着最终形图解会生成多个平行层级的结构形态（表 4-9（a）），而插入多面体则能够得到多个空间性的结构层级（表 4-9（b）），而将多面体从不同部位进行分解可以得到杆件在多个方向的延展（表 4-9（c）），多重分解则能够得到空间延展上的多个层级（表 4-9（d））。以此类推即能够推演出更多的结构形态进行找形设计。由于最终多面体的各个面的面积意味着各个杆件的内力大小，因此可以调整切分、分解以及插入多面体的位置和体积，来调整优化局部受力过大的杆件或多余构件。例如（b）插入多面体的最终形态中（表 4-9（5b）），可以将中心竖杆的多面体图解继续分解，生成四个分支杆件受力更加合理（表 4-9（6b））。而调整点 P 的位置还可以转换构件的拉力和压力状况，例如在（a）切分操作下生成的结构，尽管处于静力平衡状态，但实际情况下是一个刚度较差的拉力结构，在此基础上将 P 点反向放置，则可以获得合理的压力结构支柱。除此之外，调整 P 点与底面的距离还能调整整体结构的比例，例如点 P 远离地平面则各个多面体的面积则会相应增大（表 4-9（9）），最终的结构单元形态的高度则有所减小（表 4-9（10）），杆件内力也随之变大，反之亦然。

表 4-9　基于多面体力图解方法的竖向支撑形态推演找形

1. 建立斗拱外力条件下的索多面体力图解

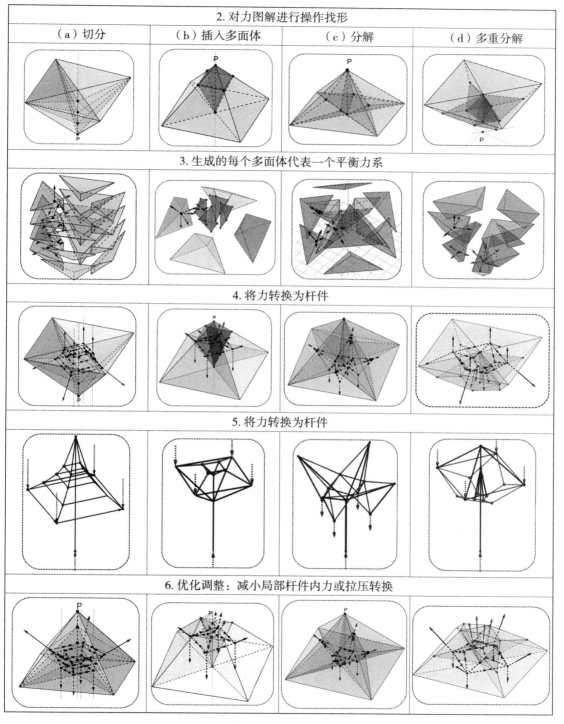

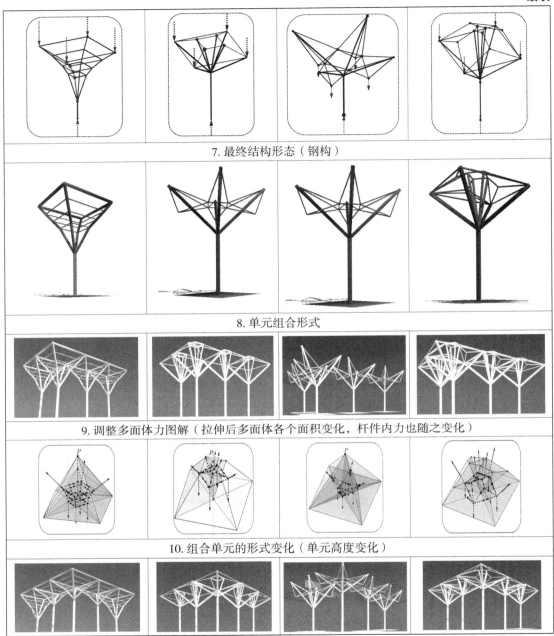

7. 最终结构形态（钢构）

8. 单元组合形式

9. 调整多面体力图解（拉伸后多面体各个面积变化，杆件内力也随之变化）

10. 组合单元的形式变化（单元高度变化）

图表来源：作者建模、分析与绘制（表格按行分类）

尽管力图解足以说明各个杆件的内力状况，为了更清晰地说明整体杆件的受力状况，进一步将推演后的四组结构形态转换为结构模型进行受力分析，并与南京南站的斗拱立柱形态进行对比分析（表4-10）。其中，结构跨度为6 m，设置点荷载各为180 kN，设置圆形钢管压杆件截面直径为 0.3 m，拉杆截面直径为 0.1 m。在结果中可以看出，与二维推演的结果类似，在推演后的结构形态中，无论杆件连接设置为铰接或刚接，杆件受力及整体位移均较小，并且由于拉压杆件利用率较高，结构整体性能很高。而在简化的传统斗拱形态中，杆件弯矩较大达到了 149 kN·m，相较而言，三维推演后的结构形态能够高效地轴向传力（弯矩趋零），并且在力图解的操作下能够获得更加丰富的结构形式。无论是基于二维或是三维的力图解操作，既能够获得精准推演结果，又能够同时提供验证与指导，图解静力学方法都能够作为建筑师进行形态推演和拓展的有力设计途径。

表 4-10　结构对比分析验证

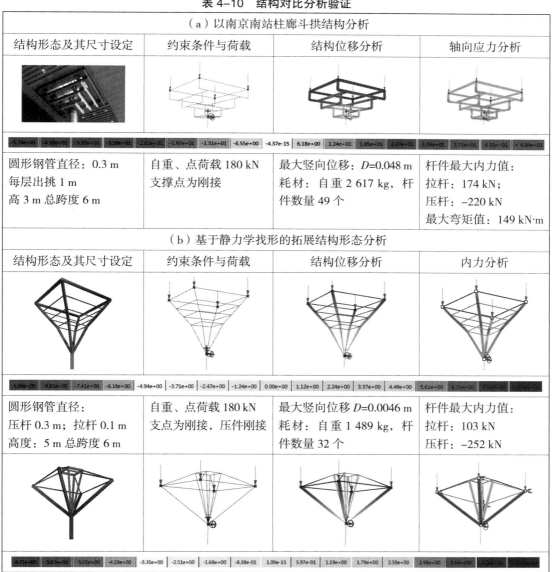

（a）以南京南站柱廊斗拱结构分析			
结构形态及其尺寸设定	约束条件与荷载	结构位移分析	轴向应力分析
圆形钢管直径：0.3 m 每层出挑 1 m 高 3 m 总跨度 6 m	自重、点荷载 180 kN 支撑点为刚接	最大竖向位移：D=0.048 m 耗材：自重 2 617 kg，杆件数量 49 个	杆件最大内力值： 拉杆：174 kN； 压杆：−220 kN 最大弯矩值：149 kN·m
（b）基于静力学找形的拓展结构形态分析			
结构形态及其尺寸设定	约束条件与荷载	结构位移分析	内力分析
圆形钢管直径： 压杆 0.3 m；拉杆 0.1 m 高度：5 m 总跨度 6 m	自重、点荷载 180 kN 支点为刚接，压件刚接	最大竖向位移 D=0.0046 m 耗材：自重 1 489 kg，杆件数量 32 个	杆件最大内力值： 拉杆：103 kN 压杆：−252 kN

圆形钢管直径： 压杆 0.3 m；拉杆 0.1 m 高度：4.5 m 总跨度 6 m	自重、点荷载 180 kN 支点为刚接，杆件铰接	最大竖向位移 D=0.0027 m 耗材：自重 1 625 kg，杆件数量 20 个	杆件最大内力值： 拉力杆：57 kN 压力杆：−249 kN

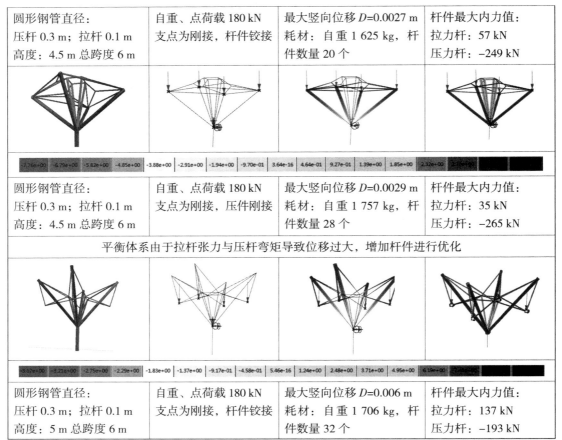

圆形钢管直径： 压杆 0.3 m；拉杆 0.1 m 高度：4.5 m 总跨度 6 m	自重、点荷载 180 kN 支点为刚接，压件刚接	最大竖向位移 D=0.0029 m 耗材：自重 1 757 kg，杆件数量 28 个	杆件最大内力值： 拉力杆：35 kN 压力杆：−265 kN
平衡体系由于拉杆张力与压杆弯矩导致位移过大，增加杆件进行优化			

圆形钢管直径： 压杆 0.3 m；拉杆 0.1 m 高度：5 m 总跨度 6 m	自重、点荷载 180 kN 支点为刚接，杆件铰接	最大竖向位移 D=0.006 m 耗材：自重 1 706 kg，杆件数量 32 个	杆件最大内力值： 拉力杆：137 kN 压力杆：−193 kN

图表来源：作者建模、分析与绘制（表格按行分类）

4.3 内力图解拟形及找形设计

4.3.1 内力图解拟形原理

内力图：如果说基于图解静力学的找形方法，是利用静力平衡系统中力的传递与形态的交互关系作为依据；那么基于内力图的找形方法，就是利用材料抵抗系统中的内力反应作为发现形态的依据。虽然图解静力学方法也能够直观地反映出单元或杆件的内力，但首先其主要研究静力平衡问题，其基本假设是杆件或单元只受轴向内力，而通常对于具有一定截面的连续材料中，除了轴力，实际单元受力状况更为复杂，还存在材料发生弯曲、剪切，扭转等情况，材料对这些变形的内力反应同样能够作为结构找形的依据。

找形原理：通常情况下内力图是作为设计后期结构分析的内容，然而内力图在前期形态设计创作中却能够产生新的价值。首先，内力图所包含的信息数据，能够作为建筑性能化评估指标和设计参考，根据这些数据建筑师或工程师能够在形态设计中确定结构最不利的位置及其数值，以及位移变形量和材料消耗量等。这些能够作为评判依据，指导建筑师在形态设计中把控结构形式和用材量，以及对整体或局部形态做出合理性的优化与调整。其次，在结构形态创作中，内力图解能够帮助建筑师逆向推演性能高效的结构形态，这是一种新的结构形态设计方法——内力拟形设计。其中，"拟"有两层含义，一个是模拟模仿（Simulation），这层含义上的内力拟形是在形式上进行内力图解几何变化规律的效仿。内力的几何图解是内力数据的可视化，因此几何规律也具有力学效应，这类似于对自然结构中形效结构的模仿。例如埃拉蒂奥·迪艾斯特设计的克里斯托红砖教堂（Cristo Obrero Church）（表 4-11（a）），构件截面尺寸及形式随着弯矩的变化规律而变化。

表 4-11 基于内力图解的找形策略

拟形策略		
（a）弯矩图找形	（b）应力轨迹线找形	（c）应力分布图找形
克里斯托 Obrero 教堂	AMA 总部办公楼	Barkow Leibinger 门房设计

图表来源：实景照片来自 www.google.com；（b）应力分布图来自 Gengnagel. Computational Design Modeling [M]. Berlin：Springer，2011；其余为作者分析绘制

"拟"的另一层含义是拟合（Fitting）[1]，即形式参数（曲面曲线等）与内力数值动态上的逼近或吻合，这意味着拟合的含义不仅具有主观上的模仿，还具有生成推导的意义，这一层面的内力拟形设计即是通过内力图解背后的数据信息进行控制或形态推导，例如通过弯矩值转换为几何变量控制截面尺寸，或应力线分布控制网格密度等。基于内力拟形（模拟）的方法是一种主观上的概念性模仿，建筑师借助内力图的变化规律来指导形态组织或布局

---

① 连续的函数（曲线）或更密集的离散方程与已知数据相吻合，该过程就叫做拟合（Fitting），来自维基百科。

概念设计，而不需要具体的内力数据控制形态生形，例如在 AMA 总部办公楼中对应力变化规律的模仿（表 4-11（b）），借助 Karamba 3D 程序对两个案例进行分析后发现，其结构形态是以斜向网格映射出内在应力轨迹的规律。而基于内力拟形（拟合）是一种数据交互的调控找形方法，内力数据不仅作为参考，还是作为形态生成的变量参数，前者需要初始形态的给定，而后者的初始形态可以是不确定的，例如巴考·利宾格（Barkow Leibinger）事务所的 Gate House 门房屋顶悬挑中的网格形态和密度是由应力数据生成控制（表 4-11（c））。

除此之外，相对于静力学图解，内力图解能够解决杆系或点平衡及其以外所有结构形态、支撑外力状况较为复杂的情况。例如图 4-26（a）多个支撑和多种类型荷载的两端，以及图 4-26（b）中面系网格中具有多个支撑以及位置上的随机布局问题，都能够利用弯矩图和剪力图进行直观的分析（图 4-26（d））。而对于超静定结构或连续变化的混凝土壳体结构，利用应力线图则更为直观便捷（图 4-26（c）（e））。因此，通过调控内力图解中的参数变量（例如支座位置，荷载类型等）进行力图解操作，能够在拟形设计中获得丰富动态的截面和结构形式，从而实现找形的目的。

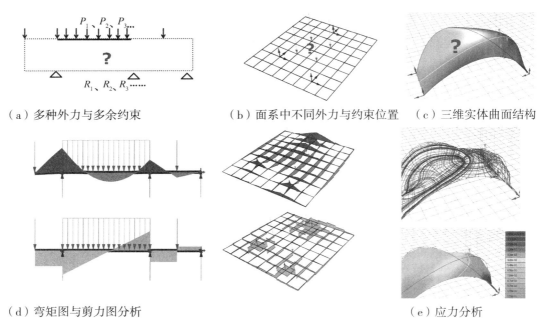

（a）多种外力与多余约束　　　　（b）面系中不同外力与约束位置　　（c）三维实体曲面结构

（d）弯矩图与剪力图分析　　　　　　　　　　　　　　　　　　（e）应力分析

图 4-26　内力图解决复杂结构形态问题；图片来源：作者分析绘制

4.3.2　构件截面的拟形

内力图能够直观反映出结构不同部位材料的受力状况，其中弯矩图包含了受弯构件的弯矩最大和最小的位置与数值。一方面取决于荷载与支撑条件，另一方面取决于内力变化区域的材料用量以及结构尺度，弯矩较大需要更多的材料用量来增强抵抗，相反则可以考虑减少耗材或增加开洞以提高整体效率。换而言之，可以通过控制截面尺寸和形式，与内力图进行对应拟形，从而达到优化且高效的构件截面形式设计。

作为支撑结构的柱构件，通常有以下几种情况：第一种是一端刚性节点，另一端为铰接，刚性节点下结构连接点不允许发生转动，故构件所受的弯矩较大，因而需要更多材料和大截面来抵抗弯矩。例如费尔兰多·费尼斯（Fernando Menis）设计的安娜·保蒂斯塔（Ana Bautista）奥林匹克体操中心，其支撑柱上端为铰接下端为固接，因此其 V 形支柱依据内力变化具有上小下大的截面形态（图 4-27（a））；而 MVSA 事务所设计的荷兰 ING (Internationale Nederlanden Group) 集团总部建筑中，底层支柱约束刚好相反，因此柱子截面形态也刚好相反，模拟出上大下小的形态（图 4-27（b））。第二种是柱子上端和下端都为刚性节点，由于中部弯矩最小，因而其截面也能够相应地减小，例如坎德拉（Félix Candela）1955 年设计的米拉格罗萨教堂（Milagrosa Church）混凝土柱（图 4-27（c））。第三种情况是柱子两端为铰接点，铰节点可以发生相对转动，不会受弯矩的作用，因而接近铰接部分的柱子截面通常可以减小，例如卡拉特拉瓦设计的卢森火车站中的梭形柱（图 4-27（d）），相对于米拉格罗萨教堂巨大截面混凝土柱形态，梭形柱则显现出非常纤细的结构形态。

除了支撑柱在两端约束不同的情况下显现出不同的形态之外，一些由网格单元构成的支柱形态还会受到结构体系的影响。例如在耶鲁大学贝内克（Beinecke）图书馆和兰伯特

（a）上端铰接下端固接　　　（b）上端固接下端铰接　　　（c）上下端均固接　　（d）上下端均铰接

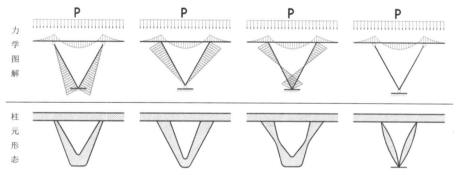

图 4-27　基于内力图的支柱拟形设计

图片来源：实景照片来自 www.archdaily.com，http://menis.es

其余来自：王兴鸿 . 柱元的技术逻辑与形式表现 [D]. 南京：东南大学，2014:24

银行大厦的立面设计中（图 4-28），SOM 事务所利用十字形短柱网格作为立面支撑结构，在贝内克图书馆中支撑两个方向上分别为 40 m 和 27 m 的跨度。SOM 设计的短柱结构是对空腹桁架弯矩的拟形设计（图 4-29），通常情况下，传统标准的空腹桁架形态为整体网格，而在贝内克图书馆和兰伯特银行立面中则呈现出十字形单元的组合形态。分别基于 2.6 m 和 3.4 m 网格单元构成空腹桁架结构，在侧向水平荷载、楼板以及自重荷载下进行弯矩分析发现，在各层弦杆中点处出现了零弯曲的拐点，而在每个杆件的两端交界处弯矩最大（图 4-30、图 4-31）。基于弯矩图解的诠释，便很容易理解最终短柱立面结构中，变截面十字单元的结构形态和铰点独特魅力，同样的，基于贝内克图书馆和兰伯特银行大厦立面支柱的形态，也可以解读材料效率与形式表达的高度整合，以及相对于传统模式化桁架形态下，利用拟形方式塑造形与力的创新艺术。

作为跨越结构的梁构件，在纵向荷载下主要会产生弯矩从而产生变形，其约束状况和

图 4-28　耶鲁大学贝内克（Beinecke）图书馆（上）与兰伯特银行办公楼（下）立面支柱形态
图片来源：www.som.com

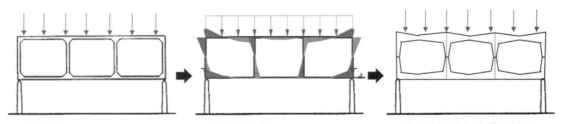

1. 空腹桁架　　　　　　　　　2. 弯矩图分析　　　　　　　3. 依据弯矩进行变截面设计
图 4-29　弯矩拟形设计；图片来源：作者分析绘制

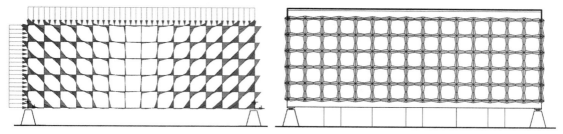

图 4-30　贝内克图书馆立面支柱的内力图解；图片来源：作者分析绘制

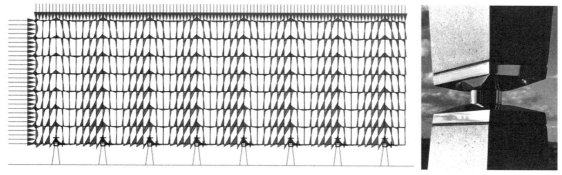

图 4-31　兰伯特银行大厦立面支柱的内力图解和中部的零弯矩铰点
图片来源：作者分析绘制，照片来自 www.som.com

弯矩关系与支撑柱结构的大致相同，即铰接点弯矩为零截面尺寸可以较小，固接弯矩较大需要更大尺寸的截面形式。但与柱构件不同的是，梁构件主要以跨越空间的方式运作，因此支座的位置状况和跨越尺度对梁的弯矩影响较大，这也是决定结构形态设计的主要因素。

　　通常而言，在连续材料的两端支撑的梁构件中，其跨度的尺度越大，跨中弯矩越大，因此为了减小跨中弯矩，依据设计环境和弯矩图解调整支座位置和截面尺寸，即能够进行合理变化的结构拟形设计。例如在东南大学戴航教授及其土木方工作室设计的"水滴"桥形态中（图 4-32（a）），既要保证步行桥能够最大限度地减小对城市环境的影响，又需要为周边环境增加活力，其整体形态方案即是依据多跨连续梁的弯矩图解，建筑师将支撑部分与跨中的截面进行增大拟形，而在弯矩相应小的部分减少材料，最终以连续曲面的方式将其平滑连接，在以动态轻盈的形态对应复杂城市环境的同时，巧妙地利用结构受力规律进行形态的优化。同样的在德国克希汉姆步行桥（Kirchheim Overpass Bridge）中，混凝土截面形式即是基于弯矩图的拟形（图 4-32（b））。另一个典型案例是马里奥·吉萨索（Mario Guisasola）设计的 Villabona–Zizurkil 步行桥（图 4-32（c）），桥体基地的两端分别是垂直和倾斜的河堤，建筑师在一端简支的梁构件上增加了支撑点，从而减小最大弯矩值，新增加的支撑点成为了弯矩值优化、截面尺寸以及地基环境状况之间的平衡连接要素。在最终的结构形态中，一方面通过起拱对应跨中较大弯矩，另一方面右端斜坡支撑处截面增大并在零弯矩点处减小截面形式，从而使得 50 m 跨度的桥体结构以极小的材料和丰富

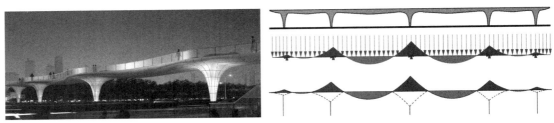

（a）东南大学土木方建筑工作室"水滴"桥中的弯矩拟形

（b）德国克希汉姆步行桥中的弯矩拟形

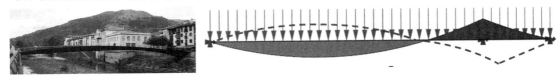

（c）Villabona–Zizurkil 步行桥中的弯矩拟形

图 4-32　基于弯矩图解的桥梁结构形态；图片来源：（a）东南大学土木方建筑工作室提供；（b）实景照片来自 www.google.com；（c）实景照片来自 www.researchgate.net；弯矩图为作者分析绘制

的截面变化融入环境。

4.3.3　结构组织的拟形

截面形式的拟形设计主要是对弯矩拟合生成具体构件形态，通常呈现出非标准或异形的特征，这在一定程度上使得拟形设计仍然具有局限性。在大多数建筑结构中，通常包含多个系统的构件组织，局部杆件截面形状的拟形并不一定能决定整体结构的合理性，而是主要取决于构件的组织关系。因此，除了结构构件在材料截面形式上的拟形外，一些以构件（板、杆件）组织为主的结构形式，也可依据弯矩内力图解进行拟形设计。除此之外，基于内力图的模仿本质上是形式追随力流，但基于找形目的的拟形设计并非单一的遵循内力，而是同时通过形态改变力流从而创作新的形式，这就需要内力图拟形的同时，在组织形态上进行优化操作，实现拟形优化设计。

优化拟形：在水平跨越构件中，主要以增强或增加材料来抵抗压应力与拉应力带来的变形，而构件的组织方式，通常以拉力系统、压力系统或拉压共同作用，来减小内力过大带来的变形，从而通过不同的组织方式呈现出高效且差异性的结构形态。其中，起拱与张拉是进行内力拟形同时减小弯矩的主要操作方式。例如诺曼·福斯特（Norman Foster）设计的雷诺配送中心（Renault Distribution Centre）以及 Ney 及合伙人事务设计的克诺克步行桥（Knokke Bridge），这两个案例都是通过拉力结构的组织对弯矩图的拟形，不同的是，雷诺中心采用了以轴力为主的杆件组合（表 4-12（a）），而克诺克步行桥则是通过钢板的拉力来对应弯矩（表 4-12（b）），两种不同的建构方式共同阐述了形对力的拟形。在起拱的压力结构中，除了单纯的拱形式，通常也是拉压组合的叠加来共同抵抗弯曲，例如在马亚尔设计的基亚索仓库（Chiasso Warehouse Shed）结构中同时用到了拉力系统与起拱的压力系统（表 4-12（c）），起拱的梁与拉索共同形成梭形的梁构，在弯矩图中可以看到一对反向的弯矩，通过叠合在一定程度上将内力相互抵消形成一个自平衡结构。而在 ETH 结构研究团队对迪艾斯特的克里斯托红砖教堂结构形态的分析中[①]（表 4-12（d）），可以看到类似的方式，但不同的是，两个拉压系统位于相邻的水平空间位置上，以水平阵列的方式构成曲面形态，并且通过内部钢筋间拉力系统进行隐藏。

表 4-12　基于弯矩图向拉压系统的优化拟形操作

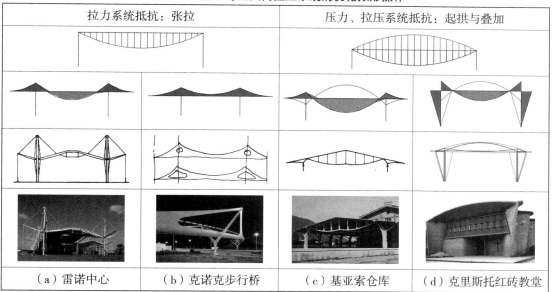

拉力系统抵抗：张拉		压力、拉压系统抵抗：起拱与叠加	
（a）雷诺中心	（b）克诺克步行桥	（c）基亚索仓库	（d）克里斯托红砖教堂

图表来源：实景照片来自 www.archdaily.com，http://block.arch.ethz.ch；其余为作者分析绘制

　　在组织关系上，对内力图解的拟形也不仅仅局限于传统单向的线系结构，在有可能产生弯矩的结构组织中，都能够用到内力拟形的方法进行结构形态设计。例如塞尔吉奥·穆斯梅吉（Sergio Musmeci）从奈尔维的工作室出师后，便开始了"第一次尝试用结构形式适应内力的方法"[②]，并将其创新式地运用在 20 世纪 50 年代很少被关注的折板结构设计中。在初始形态的确立中，穆斯梅吉以相同位置的简支梁为原型绘制了弯矩图，再以起拱

① http://block.arch.ethz.ch
② Lukas Ingold, Mario Rinkesergio. Musmeci's search for new forms of concrete structure[C]. 5th International Congress on Construction History,2015

的折叠方式，从空间上交错对应两处最大的弯矩位置，而在支座的两外侧端，则采用了垂直方向折叠的悬臂进行对应（表 4-13（a））。如果说穆斯梅吉的折板结构依然是对"梁"要素在水平上的延展，那么西班牙辛辛那提大学的林德纳体育中心（Richard E. Lindner Athletic Center），则是从"表皮网格"将弯矩图的拟形对象拓展到了更广泛的意义上。在其立面结构网格中，能够清晰看到在不同支座位置下，其内力图的相对变化与表皮网格布置的内在联系（表 4-13（b））。瑞士建筑师拉斐尔·卒伯（Raphael Zuber）设计的格伦诺校舍（Schoolhouse Grono）结构形态中，则以空间围合的混凝土"墙"与支撑楼板的"梁"共同组合的方式，描绘出了悬臂梁弯矩图的曲线形态（表 4-13（c））。在韦罗尼·阿科斯（Verónica Arcos）设计的卡萨代托多住宅（Casadetodo House）结构中，则利用钢桁架结构整合空间布局与层高，从整体的空间形态上呈现出了不同支撑位置下内力图解变化的内在关联（表 4-13（d））。

表 4-13　基于弯矩图的结构拟形拓展

（a）空间折叠拟形	（b）网格拟形	（c）空间悬挑拟形	（d）整体布局拟形
穆斯梅吉的折板结构	辛辛那提大学体育中心	格伦诺校舍	卡萨代托多住宅

图表来源：实景照片 www.researchgate.com，www.architizer.com，www.raphaelzuber.com；弯矩图为作者分析绘制

顺势而为的铰点介入：除了对不同组织方式进行内力图解拟形外，通过操作内力图解进行整体结构的优化，也能够激发新的结构形式和传力方式。基于弯矩图的操作目标是减小最大弯矩值，弯矩的产生本质上是在竖向荷载作用下，结构内部产生的某一方向的位移或相对运动来释放能量（力流的传递即是能量传递的过程），当位移超过材料承载的限度就会发生结构的坍塌或破坏。因此，在由构件组织构成的结构系统中，如何传递力流能量的过程就变成了一个如何传递与变换运动的过程，即机构（Mechanism）的运作过程。

机构是一个构件系统，工程学中是用来传递力与变换运动的可动装置[①]，结构整体上

---

① 机构——维基百科

即是一种自由度为零的机构。其中构件与构件的连接方式影响着弯矩的情况，在跨度较大的连续梁中，往往由于材料的连续以及杆件之间的固接，从而使得相对运动逐级传递最终在跨中产生较大的弯矩（图4-33（b）），这时最直接的优化方式即是增加支撑点、将支撑点改为固接（图4-33（c）），或改变支撑点位置减小跨度，与梁共同承担力的传递。然而在很多情况下，建筑空间不允许支撑点的增加或进行大幅度移动，这时可以通过在弯矩抵消点主动介入铰点，来释放梁节点的自由度，将内部能量的传递在此点耗散，形成类似于格伯梁（Gerber Beams）[①]中铰点连接的悬臂结构（图4-33（d）），相比大跨和简支梁而言，弯矩得以减小，形态也能够得到优化。

　　铰点的介入和控制是对内力图的直接操作，在不同情况下，通过对铰点位置以及数量的调整能够得到不同形态和更优越的性能。日本建筑师石上纯也和小西泰孝的长桌设计即是利用铰接点植入预应力钢板，铰点选择设在离桌面两端一米处（图4-34），由M4螺钉将两片3 mm厚启口的钢板平滑连接为6 mm厚的整体。铰点的介入使得两端的弯矩减小，一方面减小了中部用于预变形钢板的长度，同时拐角处弯矩的减少也令长桌更加稳定，而跨中弯矩则通过给钢板施加预变形来抵消，从而最终实现以6 mm厚的钢板跨越9.6 m的长桌设计。

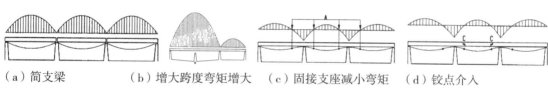

（a）简支梁　　　　　（b）增大跨度弯矩增大　　（c）固接支座减小弯矩　　（d）铰点介入

图4-33　不同支撑形式下的弯矩变化；图片来源：www.researchgate.com

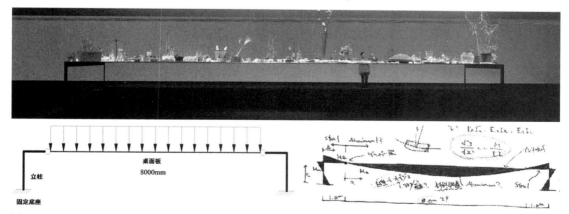

图4-34　石上纯也的桌子设计及小西泰孝的结构概念草图

图片来源：柳亦春.像鸟儿那样轻：从石上纯也设计的桌子说起 [J]. 建筑技艺，2013（2）：36-45.

[①] 格伯梁来源于德国工程师海因里希·格柏（Heinrich Gerber）在哈斯富尔特美因河桥设计中发明铰接形式。

表4-14　铰点介入的弯矩拟形设计

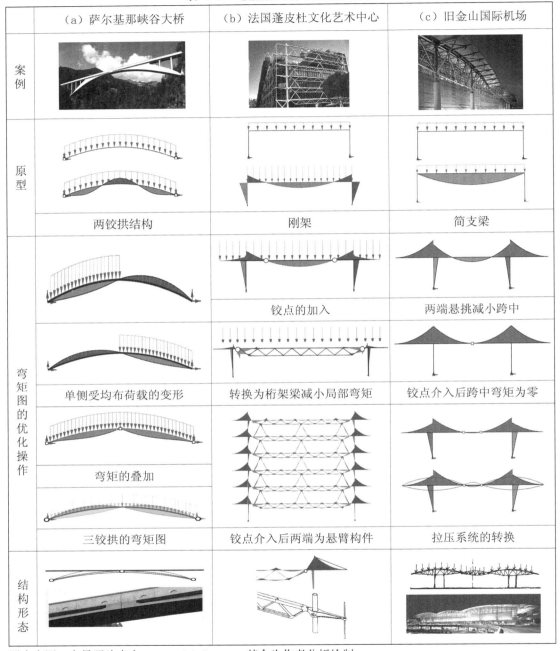

	（a）萨尔基那峡谷大桥	（b）法国蓬皮杜文化艺术中心	（c）旧金山国际机场
案例			
原型			
	两铰拱结构	刚架	简支梁
弯矩图的优化操作		铰点的加入	两端悬挑减小跨中
	单侧受均布荷载的变形	转换为桁架梁减小局部弯矩	铰点介入后跨中弯矩为零
	弯矩的叠加		
	三铰拱的弯矩图	铰点介入后两端为悬臂构件	拉压系统的转换
结构形态			

图表来源：实景照片来自 www.archdaily.com，其余为作者分析绘制

　　这种利用铰点植入对弯矩图进行操作优化的思维，在许多具有结构背景知识以及与结构师密切合作的建筑师的设计中都能得以体现。在马亚尔设计的萨尔基那峡谷大桥中（表4-14（a）），拱结构用铰接点来消除跨中弯矩，三铰拱与两铰拱和无铰拱相比，不会因

温度变化收缩而产生附加应力，因而可以建造在地基条件比较苛刻的情况下，在自重作用下，全截面受压，如果将两种情况叠加，便能够得到桥梁在不对称荷载工况下的弯矩图和精简的结构形态。

法国蓬皮杜文化中心（Centre Pompidou）的设计也是利用铰点介入的方式进行形态推演设计（表4-14（b））。蓬皮杜艺术中心设计的结构问题首先是如何覆盖一个跨度极大的艺术展览空间。理查德·罗杰斯（Richard George Rogers）和伦佐·皮亚诺（Renzo Piano）提出的初始方案是整体钢架支撑，然而面对广场建筑立面需要透明空间界面，而初始方案外侧为立柱，因此需要减少柱子的截面尺寸，但这又导致了大跨中部弯矩问题。因此在支撑端附近的梁段中增加了铰点，并将原来大跨梁立柱抵抗转换为拉压抵抗的悬臂梁支点，由支点推演出内侧为短的一头支撑着主跨的桁架大梁，外侧由纤细的拉索平衡，最后建立斜向联系构件保持每一榀的平面外稳定，这一关键的支点形态也进行了找形设计。这一推演过程并非单纯地建立一个能够支撑建筑形态的机构，而是以建筑问题和结构效能驱动，从铰点的思维进行一步步地推演设计。

在SOM设计的旧金山国际机场（San Francisco International Airport）结构形态中，同样也能够分析出类似的操作思维（表4-14（c））。通过在不同荷载下的弯矩图分析，在弯矩平衡点进行铰点的介入，在机场结构中新的悬臂结构能够有效减小梁的弯矩。与没有悬挑简支梁相比，两端有悬挑的简支梁在相同荷载作用下受力性能更好，跨中弯矩减小到一半，材料也会随之节省，究其原因是铰点介入顺应了弯矩分布，不仅在效能上进行了优化，也实现了力与形共同关联下的形态创新。

4.3.4　格构化应力拟形

应力图解：弯矩类型的图解具有平面性质，因而在拟形对象上，通常是以受弯的二维或单向衍生的构件和构形组合为主。然而在一些三维空间上材料连续和支撑复杂的结构形态设计中（例如双曲面壳体或支撑位置在平面上不对称的面板），除了结构内部材料单元上的弯曲应力不一致以外，还存在空间上的扭转应力，力流走向也因形态的复杂而不确定，因而无法用单纯的平面弯矩图解作为结构形态设计的依据。对于这些由连续材料而非构形来承担力流传递的内力问题，主要是以应力图解作为设计与评估的依据。应力图解有两类：一类是结构工程师们在钢筋混凝土结构研究中发展出的应力线；另一类是基于计算机有限元方法的应力云图。

应力线的绘制方法主要是基于有限元原理，将连续材的结构看作是由无限小的单元构成，此时每一个单元都含有一个既有大小又有方向的矢量，而每一个单元处都与该点处的主应力方向相切的线段相连就会得到应力线（图4-35）。主应力的绘制过程首先是基于起始点0开始（图4-36），通常初始点为支撑点或荷载作用点，对0点单元进行分析找到其最大应力方向，绘制单元长度得到下一个1点单元的位置，之后依次进行应力分析找到点2、点3，直到结构的边缘位置为止。主应力线包含两个相互垂直方向的压应力线和拉应力线（图4-37（a）（b）），而等应力线是具有相等应力值的单元点连接起来的线（图4-37（c）），应力云图则是评价应力分布情况的依据（图4-37（d））。

在结构形态设计中，应力线与应力云图不仅能够作为判断与评估结构效能的依据，来解决复杂结构尤其是面系结构的内力分析问题，应力图其本身也意味着力流轨迹，而且具有的线性网格特征，同样也能够作为结构形态的设计依据。掌握应力线或力流轨迹的规律非常有助于结构形态的设计，美国建筑师爱德华·艾伦（Edward Allen）通过应力线与水流轨迹规律的对比，演示了四种面系结构内部应力力流轨迹的规律，即边界均等下的平行力流、边界由窄到宽的半面扇形力流、边界转角的四分之一扇形力流以及完整的平面扇形力流方式[①]。这四种变化意味着在形态边界变化下应力轨迹的走向，例如在自重作用下

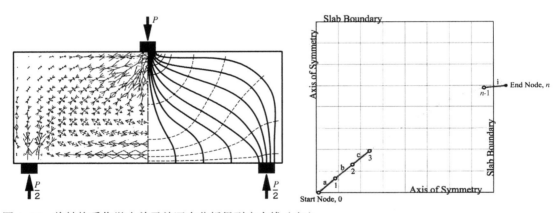

图4-35　将结构看作微小单元并逐次分析得到应力线（左）
图4-36　主应力线的绘制过程（右）
图4-35来源：www.researchgate.com
图4-36来源：Allison B. Halpern, David P. Billington, Sigrid Adriaenssen. The ribbed floor slab systems of Pier Luigi Nervi[C]. Proceedings of the International Association for Shell and Spatial Structures（IASS）Symposium, 2013

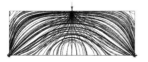 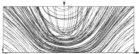  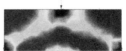

（a）压应力线　　　　（b）拉应力线　　　　（c）应力等值线　　　　（d）应力云图
图4-37 简支梁在点荷载下的几种应力图解；图片来源：作者分析绘制

① Edward Allen, Waclaw Zalewski. Form and forces：Designing efficient, expressive structures[M]. New York：John Wiley & Sons Ltd, 2009

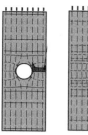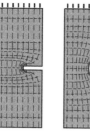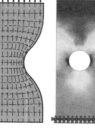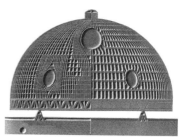

（a）应力线图解　　　　　　（b）应力云图　　　　（c）基于应力图解的穹顶网格变化

图4-38　应力图解作为形态设计的依据

图片来源：Edward Allen，Waclaw Zalewski. Form and forces: Designing efficient，expressive structures[M]. New York：John Wiley & Sons Ltd，2009：407

的矩形墙体结构中，其应力线为平行轨迹，而在内部开洞口后，洞口侧边变窄应力轨迹则自然地由平行转为半扇形（图4-38（a））。阿根廷建筑师卡塔拉诺（Eduardo Fernando Catalano）将这种力流变化的规律呈现在了罗马穹顶教堂的结构形态中（图4-38（c）），传统几何控制的结构通常隐藏了内在的力流轨迹，卡塔拉诺将这种内在的力流轨迹呈现在表皮网格形态中，呈现出了一种生动的形态表达：力流沿着穹顶顺流而下，并沿着椭圆形窗进行避让与缩紧，随着椭圆形窗位置与大小的变化，力流的收缩也随之变化，而最后到达边界时又自然而然地增强与汇聚。在应力云图中可以看到（图4-38（b）），通常出洞口周边区域应力突然变化，这意味着需要更加密集的网格进行补强，从而避免集中应力导致的洞口破坏。与标准化网格相比，应力拟形的网格表达了基于内在受力的形态变化，同时也更加清晰地展现了力流的逻辑。

网格拟形设计：与其他内力图解的拟形相似，通过绘制应力线和应力云图，顺应内部力流轨迹进行材料的布置或构形，能够指导建筑师在处理复杂面系的形与力关系中，寻找到材料布局合理的结构形态。

第一种是采用内部配筋拟合应力线的布局方式，从而在形态中获取视觉上的突破表达。一方面，应力线意味着材料有可能首先破坏的路线，在钢筋混凝土结构中，由于混凝土无法承载拉力导致在拉应力区域可能出现结构破坏，因此拉应力轨迹线通常作为钢筋混凝土结构中钢筋配置走向的依据，其具体方法通常是结合图解静力学以及力学计算，对应力线进行简化，将其拉应力线转换为杆系模型来进行钢筋配置，即拉压杆模型。在马德里赛马场（Madrid Racecourse）看台结构设计中，爱德华·托罗哈（Eduardo Torroja）通过钢筋的配置与应力线的拟合，进行超大悬挑的混凝土找形设计，最终以5 cm到14 cm的截面厚度支撑了悬挑12.8 m的屋面（表4-15（a））。

第二种是直接将简化的应力线网格作为形态设计的依据，其本质是遵循力流路径，依据应力线布置材料达到高性能结构（表4-15（b））。由于标准化建造等方面的缘故，在面系网格或梁板结构布置中，通常采用均质统一的几何网格，其模块单元可以是相互独立并且可以被复制的。然而，在实际受力中，应力线的力流网格是连续平滑的，且依据不同边界具有不同轨迹规律的路径，因此遵循应力网格不仅能够获得高效的结构，还能获得丰富的形态表达。

表 4-15　基于应力图解的拟形策略

	（a）内部配筋拟形	（b）网格形态拟合应力线		（c）拟合应力变化
案例				
	马德里赛马场看台	SCOPE 会议中心雨篷	罗马迦地羊毛厂楼板	罗马小体育馆屋面
构件形态				
	14 m 曲面悬臂折板	伞形支撑板	伞形支撑/四角支撑板	58 m 跨度穹顶屋面
应力线轨迹				
规则化网格				
	材料构造网格	截面与梁构网格		网格密度分布
网格配置				

图表来源：照片与草图来自 www.archdaily.com、www.block.arch.ethz.ch；分析图为作者绘制

　　例如在奈尔维设计的罗马迦地羊毛厂中，由于结构系统为柱与无梁楼板，因此主要承担跨越的是楼板，奈尔维并没有依据柱间最短直线距离连线布置肋梁，而是通过绘制应力线寻找到了楼板内部力流的最短路径。最短路径实际上是力流传递中消耗最小的路径，因为按偏离应力轨迹线的最短几何直线距离传递的话，力流不仅会消耗更多的材料（例如

板的截面厚度增大），最终还会回到应力轨迹上反而会增加路径。而根据应力线轨迹布置，不仅实现了最短路径，同时也获得了丰富界面肌理。类似的肌理表现同样也应用在了SCOPE 会议中心的伞形雨篷结构中。除此之外，应力线拟形的材料布局方式能够让每个构件利用率达到最大，并且材料用量最少，例如 ETH 的 BLOCK 团队基于羊毛厂结构的应力线原型，用应力线拟形的方式将板格构化分析后，与传统 25~30 cm 厚的混凝土楼板相比，减少 70% 以上的重量[1]。

第三种是几何网格变化拟合应力分布变化的设计（表 4-15（c）），应力图解不仅从微观上提供力流轨迹，还在宏观上呈现出结构受力变化的差异，这为遵循几何规则网格的形态设计提供了合理变化的依据。例如在奈尔维设计的小罗马体育场（Palazzetto Dello Sport of Rome），其跨度为 58 m 的穹顶采用了混凝土肋梁壳体结构。将穹顶还原到简单的曲面穹顶原型进行分析后发现，在应力云图中可以看到穹体有三个层次的应力变化，分别位于支撑底层、中部以及靠近顶部的位置。其中底部一圈支撑点之间的应力变化最为集中，而奈尔维则利用在 Y 形支柱间起拱的方式来消除集中应力。在中部应力均匀部分则利用均匀的网格进行拟形，而在顶部位置则采用了放射状肋梁而非网格的形态，最终在穹顶结构形态中也呈现出三种层次的网格变化。

无论是托罗哈通过钢筋配置的方式将应力线拟形隐藏在结构内部，保留了传统面板建构中力流运作的不可见几何特征，还是奈尔维将这种平滑连续的力流轨迹及其经济性，彰显在其结构形态的表达中，或是基于应力云图发展更多可能的几何网格形态，都是在利用内力图解作为形态设计的依据，甚至是创作源泉，既能够在表层语言中表述结构内部的工作方式，又具有作为美学表达的意义。

4.4 小结

本章讨论了基于力学图解的找形设计方法，基于这些图解方法提出两类找形策略，即图解静力学推演找形与内力图解拟形设计，并探讨了具体的找形设计操作路径。

1. 力学图解通常大多应用在形态确定后的分析评估中，然而对于形态设计而言，传统力学分析图解还具有极大的生成性潜力。结构找形即是将力学图解前置到设计前期，作为结构形态的设计依据，来实现高效且多样化的目的。

2. 静力学图解和内力图解是两类基本的工程类分析图解，前者是基于静力学理论研究静力平衡问题，本身具有一定的操作规则，因此基于静力学图解的拟形设计主要依据操作规则进行形态的推演和论证。而后者是基于材料力学理论研究结构内力问题，附加各种内在的数据信息，基于这些信息可以总结不同结构形态的受力规律，因此找形策略主要为形

---

[1] https://www.block.arch.ethz.ch/brg/

态与信息或受力规律的拟合。这两类图解都具有成熟的逻辑路径，能够作为形态创新设计的依据。

3. 传统的静力学图解通常局限于确定形态的分析验证，而基于图解静力学方法的结构找形，能够通过对力学图解的操作与调控，逆向反馈形态的设计与优化。本书在分析图解静力学找形原理的基础上，总结了三种找形方法：交互图解找形、合理拱轴线找形以及点的平衡推演找形；基于这些找形方法，能够帮助建筑师从确定形态的推演拓展到对不确定形态的推演，并且随着图解方法和操作规则的不断拓展，其应用范围也从二维杆系平衡扩充至壳体结构，甚至是三维空间的杆系结构。

4. 内力图解具有广泛的应用范围和丰富的表现方式，传统内力图解同样也局限于结构形态的分析与评估，而结构找形思维下的内力图解能够在形态创作的过程中作为指导，甚至内力图解可以作为形态创新表达的直接源泉。本书在分析内力图解拟形原理的基础上，总结了三种找形方法：构件截面的内力拟形、构件组织的优化拟形以及格构化网格的应力拟形。基于这些找形方法，能够帮助建筑师探索从杆件、体系组织到面系网格结构形态，实现性能化驱动且多样化的形态创新设计。

5. 本章在研究力学图解找形方法基础上，还进一步对案例和原型进行演示操作和量化分析。首先在研究图解静力学方法的基础上，以传统斗拱形态逻辑为原型，对支撑结构形态进行推演和分析验证，一方面通过操作展示图解静力学的实现方法和应用价值，另一方面通过量化的分析对比，来精确演示不同图解静力学找形方法的特点和优势。其次，在研究内力图解拟形方法基础上，还进一步从建造层面提出了铰点介入的找形策略，并且结合案例进行拟形演示和分析，通过操作展示内力拟形的多样化实现路径和应用价值，为建筑师借助力学图解进行找形设计提供指导。

第五章　数字化平台的找形设计试验

5.1　数字化平台的找形算法及策略

5.1.1　算法逻辑

算法（Algorithm）： 在计算机科学和数学中，算法是用系统的方法描述解决问题的策略机制，算法可以执行计算、数据处理和自动推理任务[①]。在建筑形态设计中，算法通常是借助计算机脚本技术建立"关系"和"规则"指令，来解决形态相关的各种问题，例如精确的自由结构找形、开发和控制复杂几何、参数化建模、数字建造技术、结构找形策略、建筑能耗分析和结构性能优化等[②]。"在数字化设计领域，算法尤指使用脚本语言，其本质上是利用计算机强大的计算能力进行运算设计，使设计师摆脱用户界面的束缚，直接通过操纵代码而非形式来进行设计"[③]。

算法的核心是建立逻辑模型，"探索更智能化和逻辑化的设计流程，逻辑便是新的形式"[④]，基于算法的形态设计，是对形态逻辑进行规则演算的过程，这是一种新的设计思维。这很清晰地阐释了算法设计与传统手绘、计算机几何模型以及参数化模型方法形态拓展的本质区别：传统几何模型建立几何关系（位置、尺寸、形状等），参数化方法是对其进行参数转化与调控，它们都是一种对几何模型操作的手段。而算法模型首先是对几何生成和发展逻辑与规则的设计，逻辑规则包含了所有现实世界及其运行规律的描述，这对于结构形态的创新设计而言，意味着能够在几何信息与结构信息间建立交互发展的模型，拓展结构找形实现的路径，并且能够从静态几何形式拓展到所有物理学动态发展的生成中（例如运动、速度、递增递减、目标寻找等动作）。如果说传统的找形设计关注的是如何借助结构技术手段实现力与形如何联动演绎，那么基于算法逻辑的数字化找形，就是借助跨学科技术（计算机算法技术、结构技术），研究如何在力与形的交互发展中探索新的可能性，这无疑为形态设计的创新增加了新的维度。

尼尔·里奇（Neil Leach）就目前建筑师在计算机操作方面，将算法规则实现途径分为两种[⑤]，一种是通过计算机编程语言实现，如 RhinoScript，MEL（Maya 内置语言）、Visual Basic 或 3D MaxScript 等；另一种是利用"图形脚本形式"实现，例如 Grasshopper

---

[①] Algorithm 词条解释来自维基百科
[②] Tedeschi A， Lombardi D. The Algorithms–Aided Design （AAD）[M]. Informed Architecture, 2018
[③] 尼尔·里奇，袁烽，等 . 建筑数字化编程 [M]. 上海：同济大学出版社，2012.
[④] Neil Leach. Parametrics explained[J]. Next Generation Building, 2014, 1:33–42
[⑤] Neil Leach. Parametrics explained[J]. Next Generation Building, 2014, 1:33–42

以及 Generative Components 的运算器。两种途径中，后者是基于现成的运算器，往往不需要探究其背后的语言编程，因此基于该种途径的设计通常注重应用逻辑——"基于算法的设计逻辑"；而前者不仅需要研究基于算法的设计逻辑，还需要进一步研究算法本身的逻辑，因而也能够衍生新的算法，具有更全面的应用能力。本章主要研究算法在结构找形设计中的应用，因此采用了基于算法的"设计逻辑"——图形脚本形式途径进行研究。

5.1.2　传统结构找形的数字化策略

数字化找形设计是基于参数及其逻辑关系实现力与形的交互演绎。与传统手工找形方法中对具体形的操作不同，数字化找形中的主要操作对象是参数，这些参数涉及几何、力学相关的所有数据，它包含了从力学规则信息（平行四边形法则、胡克定律、牛顿定律），到各种类型的分析数据（内力、应力、位移、变形量等）以及性能指标的相关数据（最大位移、位移允许下的最小质量等）。数字化平台允许这些力学相关信息作为参数，在任意流程环节中与几何模型进行交互，以此调控最终的结构形态。依据不同的力学信息参数在整个设计流程中介入的方式和逻辑关系，主要有三种找形设计策略：

1. 力学规则参数调控生成过程：针对力学规则主导的结构找形方法，其数字化的设计策略是将力学规则转换为逻辑关系，直接调控结构形态的生成过程。例如自然结构生成机制模拟中，悬链线会依据重力法则自主生成纯轴力拱形，皂膜会依据表面张力规律生成极小曲面，图解静力学依据平行四边形法则推演。在计算机平台中，通过将这些既定力学规则关系（例如胡克定律、牛顿定律）编辑到算法逻辑中，利用相关参数（例如弹性形变、变形量、重力、加速度等）模拟力学环境，调控人工找形无法调控的自主找形过程，数字化平台还能够进一步呈现整个动态的发展过程。通常计算机对力学环境的模拟相对简单，因此还需要进一步的结构分析验证（图 5-1）。

2. 分析数据直接调控几何模型：传统结构拟形设计中，结构分析数据往往是设计后的评估依据，而数字化平台的结构找形策略是以分析数据为主导和设计依据，并进一步将繁杂的信息数据深入到操作层面，直接与结构形式变量（尺寸、截面形式、构件位置等）建立运算逻辑关系，调控具有力学表现特征的结构形态（图 5-2）。与传统寻找图解受力规律的拟形找形方式相比，数字化方式能够利用量化的分析数据更加精准和全面地调控结构

图 5-1　力学规则参数调控结构形态的策略；图片来源：作者绘制

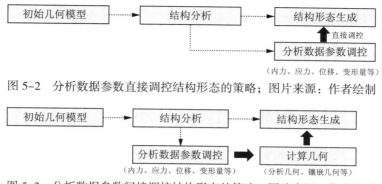

图 5-2　分析数据参数直接调控结构形态的策略；图片来源：作者绘制

图 5-3　分析数据参数间接调控结构形态的策略；图片来源：作者绘制

形态，拓展结构找形设计的深度。

　　3.分析数据参数间接调控几何模型：由于数字化找形是基于数据而非经验的量化操作，因此具有能够间接发展不同类型几何算法的优势，例如计算几何中的镶嵌几何、分形几何、Voronax 图算法等。这些几何在一定程度上与自然结构形态具有相似的生形特征，但缺少力学修正，另一个数字化找形策略是将结构分析数据信息作为一种媒介，与其他几何算法建立某种逻辑，通过指导修正几何算法间接调控结构形态（图 5-3）。这种方式的结构形态不会局限于固有的力学形态，而是能够随着几何算法种类的多样性，拓展出既有力学依据又具有丰富表现力的结构形态，发展结构找形设计的广度。

　　在数字化结构找形设计中，这三种策略往往会组合出现在设计流程中，这也是计算机数字化平台找形设计的优势。在传统手工找形过程中，由于每一种方法其过程较为繁复，人工地进行多种方法策略的叠加，意味着更加复杂的信息处理，而基于计算机的数字化平台，不仅可以处理单个找形设计中的复杂信息，还能够创立不同找形方法的组合逻辑，结合计算机优化算法，同时进行多种类多层次的优化找形设计，从传统单一的结构找形方式发展到更加自由和多样化的找形方式。

5.2　杆系结构形态找形

　　杆系结构是点与点之间进行力流传递的最基本也是最直接的路径方式，不同的杆系形态与杆件轴力、弯矩大小以及杆系整体平衡状况息息相关。在传统找形方法中，图解静力学方法、自然路径模拟以及内力拟形方法都能够获得合理且多样的杆系结构形态。基于数字化平台的杆系形态，不仅能够在结构形态的复杂程度和范围上进行扩充，还能拓展出新的逻辑规则和操作路径。

5.2.1 湿网格及分支结构

分支路径问题本质上是研究节点与节点连接关系，基于数字化平台的分支结构找形，即是将各个节点信息转换为参数变量关系，并结合结构分析验证，通过控制节点间力流传递的方向大小与数量来寻找高效的形态演变。

数字化分支路径找形是对传统物理找形方法的进一步拓展，在自然模拟的模型中，传统控制分支路径的力学方法通常是借助模型材料的自组织作用自主生成，例如在奥托著名的湿网格模型中，浸湿的羊毛丝线之间由于水分子的吸力相互黏结，在每一次试验中都会自主形成随机的分支形态。在数字化找形模型中，这种方式可以通过对节点的操作和过程的调控达成：在已知节点位置与数量情况下，分支路径的生成首先依靠节点数据，其次通过模拟弹簧拉伸力、弯曲变形、重力悬垂的生成过程，调整相关参数控制节点连接方式，获得能量消耗相对小的形态的演变，从而寻找多样化的最优路径（图5-4）。

以分支形态为原型，分别以直线路径的湿网格竖向分支（图5-5）和弯曲路径的湿网格面形态（图5-6）生成机制为原型，进行数字化找形。整个过程由四部分构成：节点与初始路径设置—力学模拟调控—结构模型分析—多样化形态调控（图5-7）。

1. 布点与初始路径： 在两个模型中分别采用了两种不同的布点方式，在直线路径的支柱形态中，保留了奥托实验中传统的间隔为1 m的均质网格布点（表5-1（1）），由于传统直线路径分支在张力作用下会生成纯轴力受拉的直杆，因此以平行且等距的初始路径为基准；而在曲线路径的支柱和屋面网格中，则以更加自由的非规则布点方式保留了自然

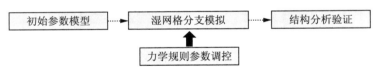

（胡克弹簧定律、弯曲变形、引力斥力、重力悬垂模拟）

图 5-4 湿网格分支模拟的数字化结构找形策略；图片来源：作者绘制

图 5-5 直线路径的湿网格分支，图 5-6 曲线路径的湿网格分支

图 5-5/6 来源：www.freiotto.com

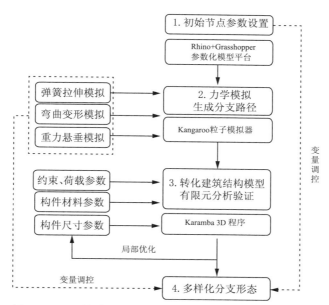

图 5-7　湿网格分支模拟的数字化结构找形流程；图片来源：作者绘制

生成的痕迹，正是由于羊毛分支间不同的间距或柔性相交的情况从而获得丰富的网格形态，因此初始路径采用了随机斜向交叉形式（表5-2（1））。初始的布点数量和位置可作为变量，输入到后续的形态调控中。

2. 力学模拟：在确定点阵后，利用犀牛中 Grasshopper 平台的 Kangaroo 粒子模拟程序进行力学模拟，其原理是胡克定律，通过将杆件视为弹簧影响粒子所建立起来的非刚体结构，根据点的布置、质量的分配使得结构产生拉伸变形，从而获得接近于真实物理动力的模拟。在直线分支路径的动态的模拟过程中，当点与点的距离小于设定值时输入点将被拉伸黏结，静止后进入预应力张拉状态（表5-1（2））；同样的原理也应用在曲线湿网格找形过程中，弯曲路径的形成是由 3 个点控制角度的弯曲力模拟器生成，使得线系构件在连接过程中进入无预应力状态的自然弯曲，最终曲线分支路径形成的过程中更加精确地接近羊毛线的自然弯曲形态（表5-2（2）），其中调整抗弯强度和控制点弧度变量便能够获取局部的线段弧度。除此之外，在曲线路径的屋面网格分支找形中，还需要考虑到重力对结构形态的影响，因此在重力变形的过程中给予粒子一个沿重力方向的重量参数，这也类似于湿网格找形中的自然悬垂现象，最终在多个作用力模拟的合并下，产生了接近真实的合理且多样化的分支结构形态。

3. 结构模型与有限元分析：对于模拟生成的结构形态，在作为精确的建筑结构之前，还需要根据构件尺寸、材料、建筑荷载以及结构的合理性情况，进行简化与结构分析验证。对于直线路径的分支柱而言，由于底部伞形会出现占用空间的局限性，因此通常选用顶部力流汇聚的方式，可以将下部分支简化为合力竖杆；在曲线湿网格模拟中则以定制放样的弧形构件保留自然的结构形态。

在此基础上，将简化的几何模型输入并转化到Karamba 3D结构模型中进行有限元分析。首先，分别在底部布点处设置约束，其次，在密集的直线支柱结构中施加节点荷载10 kN，将分支杆和底部竖杆分别设置为直径0.15 m和0.35 m的圆形钢管；在随机的曲线分支柱中初始施加节点荷载50 kN，曲线杆件为直径0.35 m的圆形钢管，壁厚0.4 cm；在曲线分支屋面中给予自重荷载，圆形钢管直径0.25 m；在进行结构有限元分析后发现，由于逼近真实的力学模拟实验，随机生成的几组形态都呈现出较为稳定的结果，其结构整体刚度较高，位移较小（表5-1（3）、表5-2（3）），这意味着基于传统物理分支模型的数字化模拟找形，同样具有高效的结构效能，在此基础上加大构件直径参数，结构位移继续变小。

4. 结构形态调控： 通过调控找形过程中的各项参数：布点位置、数量、拉伸长度、出现拉伸现象的最小距离、弯曲强度等参数，即可生成更多合理的分支结构形态（表5-1（4））。

表5-1　数字化模拟张力作用下的直线路径分支找形

1. 布点与初始路径：1 m等距布点，高6 m，网格分别为6 m与8 m，节点之间为平行路径

2. 力学模拟：弹簧张拉＋引力变形

3. 自重荷载下的钢结构位移分析（分支杆直径0.15 m，竖杆直径0.3 m，点荷载10 kN）

D= 0.0028 m	D= 0.00024 m	D= 0.0017 m	D= 0.0087 m

续表

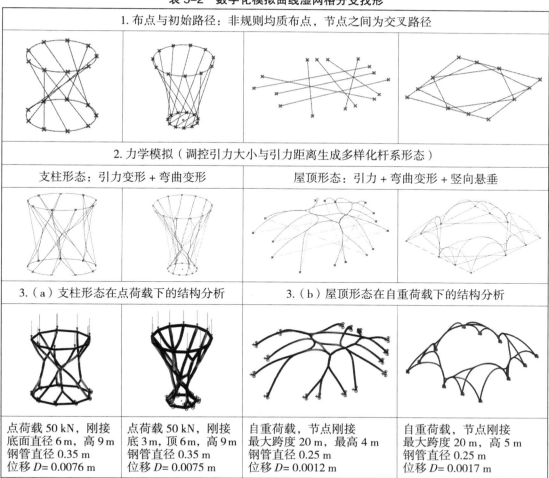

4. 形态调控（改变布点位置与数量生成多样化分支支撑形式）

图表来源：作者建模编程、分析与绘制。（注：D 为最大竖向位移）

表 5-2 数字化模拟曲线湿网格分支找形

1. 布点与初始路径：非规则均质布点，节点之间为交叉路径

2. 力学模拟（调控引力大小与引力距离生成多样化杆系形态）

支柱形态：引力变形 + 弯曲变形	屋顶形态：引力 + 弯曲变形 + 竖向悬垂

3.（a）支柱形态在点荷载下的结构分析	3.（b）屋顶形态在自重荷载下的结构分析

| 点荷载 50 kN，刚接
底面直径 6 m，高 9 m
钢管直径 0.35 m
位移 D= 0.0076 m | 点荷载 50 kN，刚接
底 3 m，顶 6 m，高 9 m
钢管直径 0.35 m
位移 D= 0.0075 m | 自重荷载，节点刚接
最大跨度 20 m，最高 4 m
钢管直径 0.25 m
位移 D= 0.0012 m | 自重荷载，节点刚接
最大跨度 20 m，高 5 m
钢管直径 0.25 m
位移 D= 0.0017 m |

（a）支柱形态的结构应力																
-1.01e+01	-9.53e+00	-8.97e+00	-8.41e+00	-7.85e+00	-7.29e+00	-6.74e+00	-6.18e+00	-5.62e+00	-5.06e+00	-4.50e+00	-3.94e+00	-3.38e+00	-2.83e+00	-2.27e+00	-1.71e+00	>-1.15e+00
-1.23e+01	-1.16e+01	-1.09e+01	-1.01e+01	-8.41e+00	-8.69e+00	-7.96e+00	-7.23e+00	-6.50e+00	-5.78e+00	-5.05e+00	-4.32e+00	-3.59e+00	-2.86e+00	-2.14e+00	-1.41e+00	>-6.82e-01

（b）屋顶形态的结构应力																
-1.11e+00	-1.05e+00	-9.87e-01	-9.24e-01	-8.60e-01	-7.96e-01	-7.33e-01	-6.69e-01	-6.05e-01	-5.42e-01	-4.78e-01	-4.14e-01	-3.51e-01	-2.87e-01	-2.23e-01	-1.60e-01	>-9.59e-02
-8.73e-01	-8.19e-01	-7.65e-01	-7.10e-01	-6.56e-01	-6.02e-01	-5.47e-01	-4.93e-01	-4.39e-01	-3.84e-01	-3.30e-01	-2.76e-01	-2.21e-01	-1.67e-01	-1.13e-01	-5.85e-02	>-4.18e-03

4. 最终结构形态
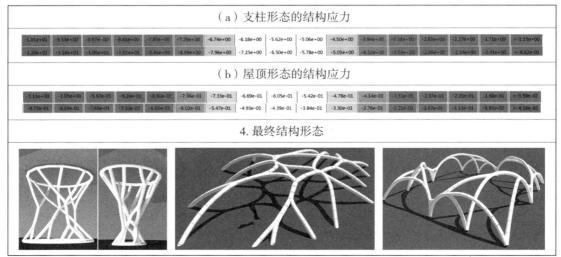

图表来源：作者建模编程、分析与绘制。（注：*D* 为最大竖向位移）

5.2.2 桁架结构

结构分析结果不仅能够以多元化的图形方式呈现，而且包含了力学上关键的数据信息，诸如杆件内力、位移以及弯矩等。借助计算机逻辑运算，几何模型与结构模型之间的数据交互处理，能够突破传统找形方法在图形化操作流程上的局限性，将结构相关信息应用在更多的环节中，从而探索其在形态设计中更广泛的应用。

以桁架杆件为例，在常规梁构结构形态中，通常是标准构件以一定的几何规则构成（图5-8），当梁构作为空间载体时，杆件的组织方式便同时承载着力学与美学的双重属性。B&G设计的法兰克福机场的连接廊道，便是以一种新的几何形式挑战着传统的标准构形，斜杆之间以多样化的方式相互连接（图5-9），这种随机的几何形式同时也带来了新的问题：如何在不确定的形态变化中寻求到力与形的整合。传统的内力拟形方法通常是基于图像进

图5-8　传统规则桁架梁形态　　　　　　　图5-9　桁架梁形态拓展：法兰克福机场连接天桥

图5-8来源：www.google.com；图5-9来源：www.detail.de/artikel/schmuckstueck-im-chaos

行规律性总结的操作，主要针对相对规律且概念性的梁构系统，然而对于杆件随机分布且需要精细化的受弯体系形态而言，则具有一定的局限性。借助数字化算法可以通过两种拟形设计路径实现：一种是以结构性能数据直接作为优化目标，自主获取顺应受力规律的杆件布局形态，另一种是以内力数据作为构件尺寸依据，补强或修正形态的同时呈现出丰富的内力变化。

为了进一步探索多样化的找形路径，本节采用两种找形路径的组合，对随机布局的桁架结构形态进行拟形设计探索（图 5-10）。不同的组合顺序也会呈现不同的设计结果，考虑到首先在整体布局上的合理性，选择先布局拟形再截面拟形的策略，其找形过程可以描述为：初始几何参数设定—结构模型分析—性能数据调控构件布局—内力数据调控截面尺寸（图 5-11）。

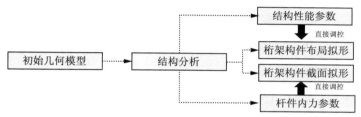

图 5-10 两种拟形策略的组合；图片来源：作者绘制

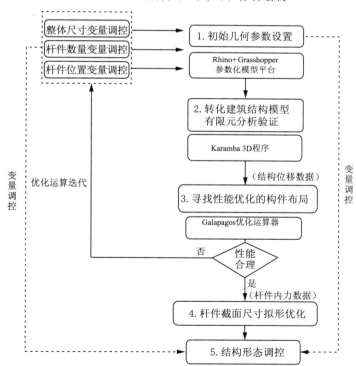

图 5-11 基于参数化平台结构内力数据作为设计依据的找形流程
图片来源：作者绘制

179

1. 初始几何参数设置：在整体形态上，为了探讨不同形态下相同的找形规律，基于 Grasshopper 平台从三种不同的形态出发建立初始几何参数模型（表 5-3（1）），分别是平面直桁架梁（a）、平面起拱桁架梁（b）以及部分起拱部分悬挑的平面桁架梁（c）形态。每个模型都包含了三种初始参数，首先是整体尺寸，其中包含了整体的桁架梁段跨度皆为 15 m，梁截面高度均为 3 m，内部能够容纳行人通过。起拱桁架梁（b）的起拱矢高为 2 m，一端悬挑的梁段（c）悬挑尺寸为 4 m。在构件布局组织的设计上，将左右两端处的杆件保持竖向平行，上下横向杆件保持平行，中部斜腹杆件作为梁的界面形态进行随机布局，由上下 27 个控制点控制，梁段总共由 46 个杆件单元构成。

2. 结构模型分析：在初始几何参数模型的基础上，首先需要进行结构模型的分析以获取结构内力的相关数据，为下一步拟形找形做准备（表 5-3（2））。借助 Karamba 3D 有限元分析程序，将三种形态的平面桁架梁统一给予线系荷载 100 kN/m，初始杆件采用截面直径为 0.2 m 的圆形钢管。在将随机布局的初始模型转换为结构模型分析后发现，由于梁段为整体桁架结构，起拱并悬挑的梁段（c）与起拱的梁段（b）性能相似，起拱的梁段比直梁具有更小的位移和高效的抵抗。

3. 寻找性能优化的构件布局：在结构分析数据生成后，借助 Galapagos 的遗传优化算法运算器，以最大位移值的最小量为优化目标，以两端的 27 个控制点位置为变量参数，在结构优化的同时获取合理且多样的布局形态（表 5-3（3））。在 569 次迭代优化后，直梁的最大位移从 0.14 m 优化到了 0.024 m，并得到了该初始变量集合内的所有精英解。在三种形式的结果中发现，直梁段 a 的几何构形并没有呈现出平行规律的排布，而是呈现出以一种随机斜向张拉的形态布局，在起拱的梁段 b 中则呈现出一种类似三角形拱的集中分布，在悬挑起拱梁段 c 中两种情况都出现，这也恰恰符合了梁段利用起拱与张拉抵抗弯矩的力学原理。类似于实体梁段中的应力线分布规律，但与其不同的是，这种方式下的结构形态更加的多样化和不确定。如果进一步改变初始参数，例如杆件数量和整体结构跨度高度等，其优化的形态解也会有所不同。

4. 截面尺寸拟形优化：在优化后的模型基础上进一步对截面尺寸重新分配。以结构各个构件的内力数据为参考依据，给予杆件不同的截面尺寸，从而将内在的差异性从材料分布的层面上外显表达（表 5-3（4））。首先对直径为 0.2 m 的圆形钢管(壁厚 0.4 cm)的初始模型进行有限元分析，会生成每一个杆件的内力数据信息，将这些数据分为 16 组列表，分别对应着 16 种不同直径的截面尺寸，并将钢结构选择范围定位于 0.05 m 到 1 m 的梁截面标准，基于这些数据，重新分配到每一个杆件截面尺寸进行拟形设计。在结果中发现，截面拟形后的结构位移较小，不仅性能得到了提升，这同时也是一个力外显的转化过程，结构内在的受力变化也映射在形态表现中，而借助计算机算法的自我优化特征，无疑为建筑师利用结构分析进行建筑形态设计拓展了更加多样化的途径。

表 5-3　基于参数化平台进行平面桁架梁段的找形过程

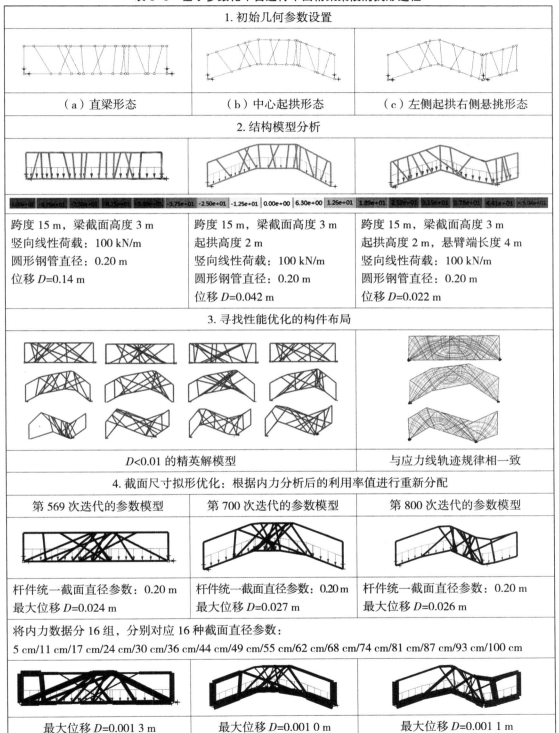

1. 初始几何参数设置		
（a）直梁形态	（b）中心起拱形态	（c）左侧起拱右侧悬挑形态
2. 结构模型分析		
跨度 15 m，梁截面高度 3 m 竖向线性荷载：100 kN/m 圆形钢管直径：0.20 m 位移 D=0.14 m	跨度 15 m，梁截面高度 3 m 起拱高度 2 m 竖向线性荷载：100 kN/m 圆形钢管直径：0.20 m 位移 D=0.042 m	跨度 15 m，梁截面高度 3 m 起拱高度 2 m，悬臂端长度 4 m 竖向线性荷载：100 kN/m 圆形钢管直径：0.20 m 位移 D=0.022 m
3. 寻找性能优化的构件布局		
D<0.01 的精英解模型		与应力线轨迹规律相一致
4. 截面尺寸拟形优化：根据内力分析后的利用率值进行重新分配		
第 569 次迭代的参数模型	第 700 次迭代的参数模型	第 800 次迭代的参数模型
杆件统一截面直径参数：0.20 m 最大位移 D=0.024 m	杆件统一截面直径参数：0.20 m 最大位移 D=0.027 m	杆件统一截面直径参数：0.20 m 最大位移 D=0.026 m
将内力数据分 16 组，分别对应 16 种截面直径参数： 5 cm/11 cm/17 cm/24 cm/30 cm/36 cm/44 cm/49 cm/55 cm/62 cm/68 cm/74 cm/81 cm/87 cm/93 cm/100 cm		
最大位移 D=0.001 3 m	最大位移 D=0.001 0 m	最大位移 D=0.001 1 m

最终形态示意
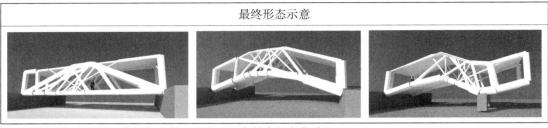

图表来源：作者编程、分析与绘制。（注：D 为最大竖向位移）

5.3　面系结构形态找形设计

5.3.1　逆吊曲面

虽然传统物理逆吊方法具有较高的力学效能，但是在调控几何以及力学相关参数的操作方面仍然具有局限性，随着数值分析技术的发展，通过程序也能模拟逆吊实验的过程。相比传统的物理逆吊模型，数字化模拟方法首先能够将网格划分、荷载大小位置等转变为数值变量，更精确地控制结构性能和形态参数。例如 2012 年美国实验建筑工作室 MATSYS 与 SOM 合作设计的香港贝壳广场展亭（Shell Star Pavilion）（图 5-12），通过参数化模型在荷载作用下的悬垂变形模拟，1500 个单元以最少结构耗材塑造了轻质曲面；除此之外，数字化逆吊找形方法还能够在改变支撑点位置、增加或减少支撑点的情况下，发展逆吊曲面的多样性，例如哈佛大学的 Steve Y. Huang 基于 MODE 脚本编写程序[1]，探讨了通过逆吊方法在不同的支撑网格下的适应性（图 5-13）。

逆吊曲面的数字化找形，其原理是模拟结构面在自重或外力下的悬垂变形，可以通过两种途径获得：一种是设定初始参数，利用算法模拟真实变形过程获取几何模型，例如借助 Kangaroo 的粒子模拟器模拟重力作用下的曲面变形过程（图 5-14），由于模拟环境单一，

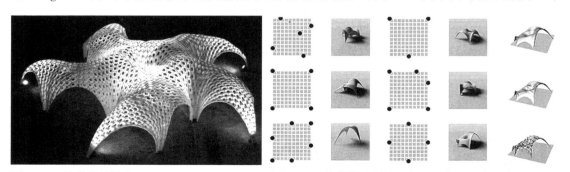

图 5-12　贝壳广场展亭　　　　　　　　　图 5-13　数字化逆吊找形方法下曲面形态的多样性

图 5-12 来源：www.herskhazeen.com；图 5-13 来源：www.cargocollective.com

---

[1] www.cargocollective.com

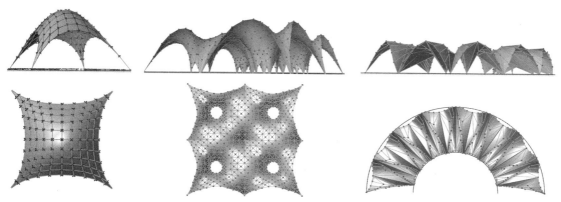

图 5-14　基于 Kangaroo 生成的不同形态的逆吊曲面；图片来源：作者建模与绘制

需要进一步进行结构验证（图 5-15）；另一种是对初始几何模型进行结构分析，获取变形参数调控逆吊曲面的生成（图 5-16），这种方式能够在成熟的有限元分析软件基础上获得精确的形态结果。

　　由于最终曲面的结构性能取决于逆吊模型中的荷载、支撑点以及截面尺寸等参数，为了获取更精确的形态结果，本书采用第二种策略（结构分析后的变形参数调控）。借助 Karamba 3D 有限元分析程序，探索在不同平面布局下逆吊壳体曲面的数字化找形设计，其整个过程可以描述为：初始几何参数设置—结构模型分析并获取变形结果—变形参数调控逆转模型并进行有限无分析验证（图 5-17）。

　　1. 初始几何参数设置： 初始平面布局和悬垂固定点是决定最终结构形态的重要参数，为了保证结构在变形后保持张力而非松弛状态，通常情况下将平面边界的角点作为约束固定点。在此案例中，随机设定四种平面和不同固定方式的初始模型，分别为四角固定的矩形平面（a）、中部有孔洞的矩形平面（b）（固定点位于拐点和孔洞处），中部孔洞的多边形平面（c）以及非规则平面布局（d）（表 5-4（1）），四种平面的最大跨度均为 50 m。

　　2. 结构模型分析并获取变形结果： 在初始平面布局与固定点设定的情况下，借助参数化程序 Grasshopper，将其转换为结构模型，首先支撑位置位于先前设定的固定点处；其次，在混凝土壳体找形中，壳体截面厚度设置为 0.2 m。在钢网壳找形中，钢管形式为

图 5-15　利用算法模拟变形过程生成曲面；图片来源：作者绘制

图 5-16　基于有限元分析后的变形数据调控曲面；图片来源：作者绘制

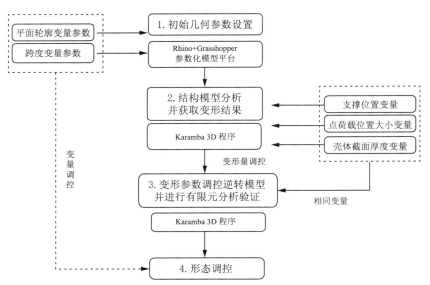

图 5-17　基于计算机平台进行逆吊曲面的模拟找形流程；图片来源：作者绘制

直径 0.3 m 的圆形钢管，随后借助 Karamba 3D 分析运算器进行有限元分析并获取自重荷载下的变形数据（表 5-4（2）），如果增加额外的点荷载还能够在后期生成更多的逆吊形态（表 5-4（6））。

3. 变形参数调控逆转模型并进行有限元分析验证：在整个结构变形过程中，支撑位置和点荷载位置共同决定了最终的结构形态，荷载大小和截面尺寸决定变形量，变形量同时又作为下垂高度决定最终的逆吊形态。基于传统物理逆吊实验中，重力荷载下结构发生自然悬垂变形的原理，通过成倍地增加荷载并调整可允许的最大变形量参数，即可实现变形量调控曲面的找形。例如在矩形平面（a）布局中，设定荷载增加倍数为 1、最大变形参数为 15 m，这意味着在最终的壳体形态中，其起拱的最高点为 15 m。

与高迪的逆吊模型相似，由于在悬垂形态下，整个结构体受拉，因此将其逆转后即可获得高效受压的结构形态。将逆转后的模型转换为结构模型，设置逆吊模型中相同的固定支撑位置、相同的荷载大小与类型、相同的结构截面形式与尺寸，并进一步结构分析验证与评估（表 5-4（4））。在分析后发现，由于支撑形式为点支撑，因此靠近支撑位置的结构部分受力较大。在四种布局中，对称平面布局的位移相对较小，非规则布局形态中应力变化相对不均匀，但四种布局下的逆吊曲面其最大位移都较小，皆呈现出较高的结构性能。

数字化逆吊方法的结构找形过程与传统的物理实验找形具有较高的一致性，但更为高效，而这一方法更为有价值的是，在整个逆吊模型的找形过程中，不仅可以通过调控几何变量来获取更多样的结构形态，还能够通过荷载和变形量精准控制逆吊后的结构形态，更加智能与便捷地帮助建筑师获取形态丰富且高性能的曲面壳体形式。

表 5-4　逆吊曲面的数字化找形过程

1. 初始几何参数设置			

（a）矩形平面 最大跨度 50 m 四角点固定	（b）中部孔洞矩形平面 最大跨度 50 m 四角、中间孔洞固定	（c）中部孔洞多边形平面 最大跨度 50 m 拐角点、中间孔洞固定	（d）非规则平面 最大跨度 50 m 拐角点、中间点固定
2. 转化为结构模型进行有限元分析并生成变形形态			

自重荷载 壳体截面厚度 0.2 m 变形量：15 m	自重荷载 壳体截面厚度 0.2 m 变形量：13 m	自重荷载 壳体截面厚度 0.2 m 变形量：11 m	自重荷载 壳体截面厚度 0.2 m 变形量：13 m
3. 将变形后的参数模型进行反转			

4. 结构分析验证			
混凝土壳体结构（应力图）			
		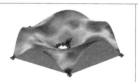	
最大位移 d=0.006 m	最大位移 d=0.014 m	最大位移 d=0.005 m	最大位移 d=0.02 m
钢网壳结构（位移变化图）			
	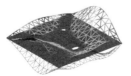	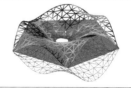	
钢管截面直径 0.3 m 最大位移 d=0.009 m	钢管截面直径 0.3 m 最大位移 d=0.021 m	钢管截面直径 0.3 m 最大位移 d=0.005 m	钢管截面直径 0.3 m 最大位移 d=0.017 m

5. 形态示意与拓展

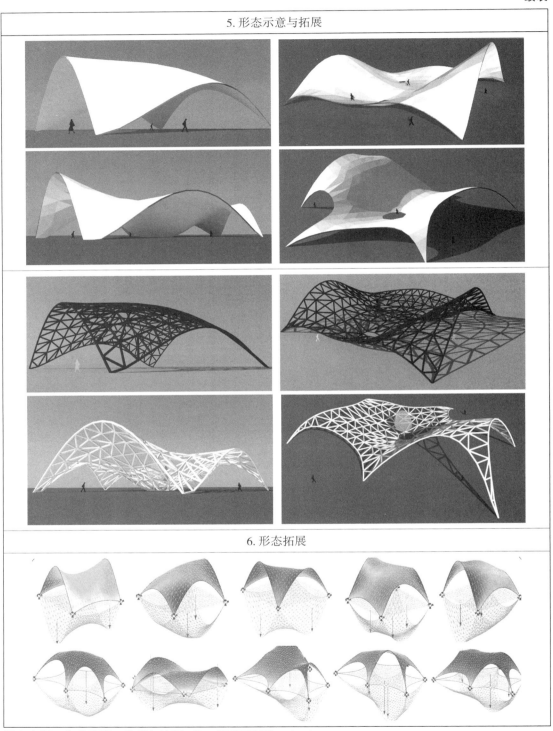

6. 形态拓展

图表来源：作者建模、分析与绘制（注：钢管壁厚为 0.4 cm）

5.3.2 极小曲面

5.3.2.1 几何调控

在几何层面上，极小曲面的优势是无限可能的光滑等值曲面形式，但由于严格的极小曲面很难实现，数学家往往采用逼近的办法近似极小曲面。目前在计算机图形学领域，已经发展出大量由参数方程形式调控的等值极小曲面几何，主要类别有单周期、双周期曲面和三周期（Triply Periodic）曲面，其几何设计的拓展大多归功于数学家，例如黎曼（Riemann）曲面，J.B.M.C. Meusnier 提出的螺旋曲面，1835 年 H. F. Scherk 提出的曲面（单双周期曲面），Schwarz 曲面以及 Costa 曲面[1] 等（图 5-18）。这些曲面都有明确的数学定义，也都具有平均曲率为零的特征，借助结构分析（力密度法、动力松弛法的程序编写或有限元分析），能够将这些数学几何进行可视化并结合力学参数进行调控。

借助计算机参数化平台，不同类型曲面对应的函数方程同样可以作为曲面生成的有效依据，与传统物理实验中利用弹性材料寻找复杂极小曲面的找形方式相比，数学几何方程获得的极小曲面能够被更加精确和简便地调控，不同的曲面类型也具有迥异的形态特征。以下基于 Grasshopper 平台以及 Millipede 运算器，分别对三周期空间曲面 Giroid 极小曲面、Schwarz P 极小曲面、Neovius 极小曲面以及 Scherk's Surface 极小曲面找形生成进行演绎探索，并与类似空间的传统水平墙板结构进行对比分析。其整个找形过程可以被描述为：初始空间布点—依据几何函数调控布点生成极小曲面—结构分析验证（图 5-19）。

1. 布置初始点空间阵点：由于极小曲面在空间上较为复杂，因此可以在一定的空间范围内，通过布点的方式确定极小曲面生成的轨迹（表 5-5（1））。基于 Grasshopper 平台在 10 m × 10 m × 10 m 的立方体内布置初始等距的点阵，布点的目的是依次构成曲线再生成曲面，因此点阵的密度和布点的数量决定了曲线的段数，同时也决定着最终曲面形态的精度，布点数量越多意味着最终形成的曲面越光滑，结构也越不容易出现不必要的集中应力。

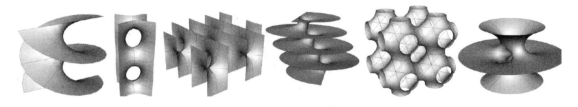

螺旋曲面　　　　单周期曲面　　　　双周期曲面　　　Riemann 曲面　　　Schwarz 曲面　　　Costa 曲面

图 5-18　数学方程定义的极小曲面类型；图片来源：www.google.com

---

[1] Shoichi Fujimori. Computer graphics in minimal surface theory[M]. Tokyo: Springer, 2015:9–18

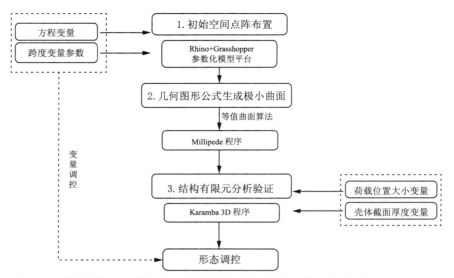

图 5-19　基于函数方程获取极小曲面形态过程；图片来源：作者绘制

2. 依据几何图形公式生成极小曲面： 在确定生成范围以及初始空间布点后，借助 Millipede 的等值面（Isosurface）算法，将不同类型的几何公式代入，并利用连续立方体算法，使得所有布点的 *X/Y/Z* 满足公式进行点阵的重构，并依据几何公式提取其相应的等值曲面（表 5-5-2）[1]。在生成的六种形态中都呈现出曲面光滑性与空间的连续性，在方程中乘以倍数变量还能够调控曲面生成的尺度。由于三周期曲面增加了空间维度，因此与二周期曲面相比，更方便处理空间复杂度的曲面问题，例如 Schwarz P 和 Neovius 极小曲面都呈现出一种腔体空间，而 Giroid 则呈现出一种曲面变化更为复杂多边的空间形态（表 5-5（4））。

3. 结构分析验证： 依据几何公式生成的极小曲面，虽然具有曲率为 0 的特征，但还需要进一步进行结构分析验证，借助 Karama 3D 运算器建立混凝土结构模型并进行有限元分析（表 5-5（3））。首先设置支撑位置位于立方体的底部，依据曲面形态的不同，其底部曲线的支撑位置不同。其次，除混凝土自重外，还在顶部施加 500 kN 的竖向荷载，在增加 100 kN 水平荷载后，并将壳体截面厚度设置为 0.25 m。在对极小曲面和类似的平面组合墙进行分析对比后发现，极小曲面由于连续顺滑性质，不同形式的荷载传递的应力变化都较为连续和均匀；水平面墙结构在不同形式下的抗侧力性能则大不相同（表 5-5（4）），例如相同空间围合下，水平墙面（a）在水平荷载下位移相对较大，在转折处应力较为集中，且上下部分应力对比明显不连续，而极小曲面由于为顺滑连续的曲面受力，因此位移较小。除此之外，极小曲面由于其三维曲面性质，能够进行整体空间抵抗，因此整体水平位移均较小且在不同形式变化下都较为稳定，尤其是对称形式（Schwarz P）和筒形空间形

---

① 极小曲面的公式见表 5-5，来源于维基百科

式（Neovius）的极小曲面抗侧力性能最好，能够作为高效的抗侧力支撑结构形态。

　　尽管几何方法生成的极小曲面结构形态缺少力学要素，但其几何特性下的力学稳定性以及最小面积（耗材小）的优势，使得结构整体上趋于稳定，在一些复杂曲面形态中，会出现局部受力需要加强的情况（例如 Giroid 极小曲面的上端），如果进一步结合结构分析进行局部的调整修正，能够弥补几何方法的局限，发展丰富的空间曲面结构形式。

表 5-5　基于函数方程的极小曲面找形过程

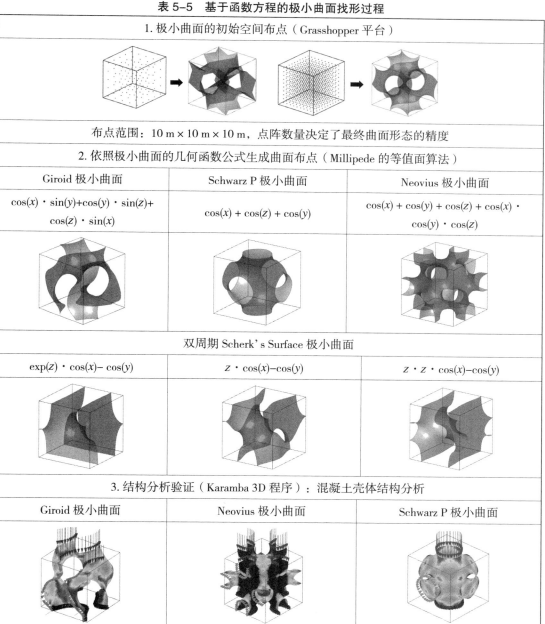

1. 极小曲面的初始空间布点（Grasshopper 平台）		
布点范围：10 m×10 m×10 m，点阵数量决定了最终曲面形态的精度		
2. 依照极小曲面的几何函数公式生成曲面布点（Millipede 的等值面算法）		
Giroid 极小曲面	Schwarz P 极小曲面	Neovius 极小曲面
$\cos(x)\cdot\sin(y)+\cos(y)\cdot\sin(z)+\cos(z)\cdot\sin(x)$	$\cos(x)+\cos(z)+\cos(y)$	$\cos(x)+\cos(y)+\cos(z)+\cos(x)\cdot\cos(y)\cdot\cos(z)$
双周期 Scherk's Surface 极小曲面		
$\exp(z)\cdot\cos(x)-\cos(y)$	$z\cdot\cos(x)-\cos(y)$	$z\cdot z\cdot\cos(x)-\cos(y)$
3. 结构分析验证（Karamba 3D 程序）：混凝土壳体结构分析		
Giroid 极小曲面	Neovius 极小曲面	Schwarz P 极小曲面

自重、500 kN 竖向荷载与 100 kN 水平荷载； 混凝土截面厚度：0.25 m 最大竖向位移：0.020 m 最大水平位移：0.004 m	自重、500 kN 竖向荷载与 100 kN 水平荷载； 混凝土截面厚度：0.25 m 最大竖向位移：0.001 m 最大水平位移：0.001 m	自重、500 kN 竖向荷载与 100 kN 水平荷载； 混凝土截面厚度：0.25 m 最大竖向位移：0.006 m 最大水平位移：0.006 m
双周期 Scherk's Surface 极小曲面（位移变化图）		
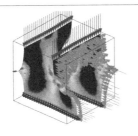	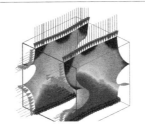	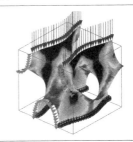
（a）自重、500 kN 竖向荷载与 100 kN 水平荷载； 混凝土截面厚度：0.25 m 最大竖向位移：0.001 m 最大水平位移：0.006 m	（b）自重、500 kN 竖向荷载与 100 kN 水平荷载； 混凝土截面厚度：0.25 m 最大竖向位移：0.001 m 最大水平位移：0.005 m	（c）自重、500 kN 竖向荷载与 100 kN 水平荷载； 混凝土截面厚度：0.25 m 最大竖向位移：0.003 m 最大水平位移：0.002 m
4. 与平板墙体对比		
	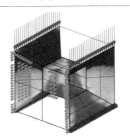	
（a）相同荷载与截面厚度 最大竖向位移：0.002 m 最大水平位移：0.042 m	（b）相同荷载与截面厚度 最大竖向位移：0.023 m 最大水平位移：0.0042 m	（c）相同荷载与截面厚度 最大竖向位移：0.028 m 最大水平位移：0.005 m
5. 极小曲面形态效果		
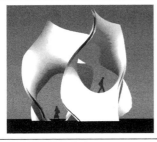	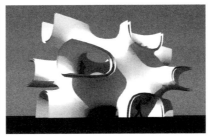	

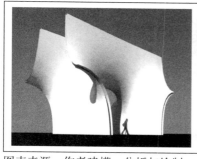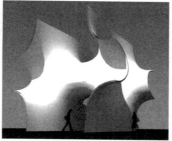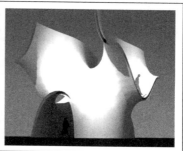

图表来源：作者建模、分析与绘制

5.3.2.2　边界调控

以几何图形公式为依据生成的曲面形式，虽然较为精确但由于类型固定，因此在形态的拓展上仍然具有一定的局限性。在传统极小曲面的结构找形试验中，决定曲面形态多样化的关键要素是边界形状，同样的基于数字化平台，边界形体不仅可以转换为实时调控的几何变量参数，在一些边界形状更为复杂的空间曲面中，结合力学模拟的找形方式则更为便捷且有效，能够帮助建筑师探索多样化边界下的曲面空间形态设计。

在传统皂膜物理实验中，极小曲面的生成主要依靠边界限定和皂膜表面张力，在数字化找形中即是控制边界参数以及模拟张力曲面。张力曲面的模拟可以通过两种途径获得：一种是边界确定后，在结构分析模型中给予预应力荷载，使其变形达到张力状态（图5-20），通常需要闭环的边界形式。例如图5-21以闭环皂膜为原型，设置类似的环形边界并划分网格，进行有限元分析并对网格施加预应力，最终获得该边界条件下相应的张力曲面形态。在 Zaha Hadid 设计的 KnitCandela 凉亭中（图5-22），还结合优化算法调控两个闭环边界形式，并沿 UV 网格方向施加预应力，最终生成合理优美的极小曲面；另一种是利用材料的张拉和延展，通过弹簧动力算法模拟力学环境，使任意曲面自主达到张力状态，这类似模拟皂膜的自组织生成过程（图5-23）。相比之下，这种方式只需要基本的约束点或边界线，便能够帮助建筑师在任意边界下快速找到全张力的极小曲面形态，而第一种方式往往需要明确的初始几何模型以及闭环边界系统。为了进一步探索极小曲面在不同边界下的多样性潜能，本节采用第二种张力模拟的策略，其过程为初始几何参数设置—张力曲面的模拟生成—结构有限元分析验证（图5-24）。

图5-20　在结构分析中利用预应力荷载参数调控极小曲面找形策略
图片来源：作者绘制

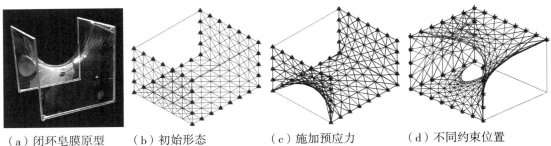

（a）闭环皂膜原型　（b）初始形态　　　（c）施加预应力　　　（d）不同约束位置

图 5-21　以闭环皂膜为原型的结构分析模拟过程；图片来源：www.google.com，其余为作者分析绘制

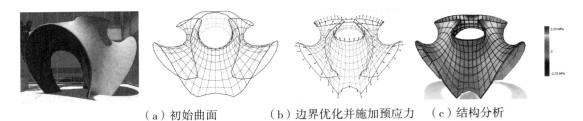

（a）初始曲面　　　（b）边界优化并施加预应力　（c）结构分析

图 5-22　KnitCandela 凉亭设计及其找形过程；图片来源：https://archinect.com

图 5-23　通过算法进行张力模拟自主生成极小曲面策略
图片来源：作者绘制

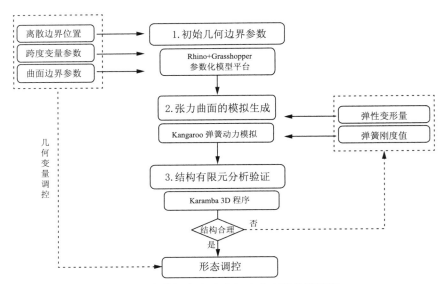

图 5-24　通过算法进行张力模拟自主生成极小曲面的找形流程
图片来源：作者绘制

通常极小曲面的边界方式有离散点控制、线性边界控制以及形体路径控制，基于Grasshopper平台，对三种边界形式案例进行找形探索。在离散点控制中，设计师可以在初始曲面内任意寻找离散约束点进行拉伸（表5-6（a）），线性边界直接决定了结构的最终轮廓（表5-6（b）），因此线性边界的布局本身需要有一定逻辑合理性，形体路径则需要构成形体的闭环边界和路径方向（表5-6（c））；在确定边界类型与位置后，借助Kangaroo的弹簧动力模拟器，通过调整弹簧刚度与变形量可以获得不同曲率的全张力曲面形式，最后，借助Karamba 3D将其转换为结构模型并进一步地分析与验证发现，三种极小曲面充分展现出极小曲面连续的内力变化特征，以极少材料实现高效的结构性能。

表5-6　三种几何边界控制下的极小曲面形态

	初始边界形态	张力曲面模拟生成	结构分析（应力）	结构形态
（a）离散点边界				
	圆形钢管杆件截面直径 0.1 m，自重荷载，尺度 20 m×20 m，高度 8 m，最大竖向位移 0.000 12 m			
	圆形钢管杆件截面直径 0.1 m，自重荷载，尺度 20 m×20 m，高度 8 m，最大竖向位移 0.000 7 m			
（b）线性边界				
	混凝土壳体：截面厚度 0.3 m，自重荷载，尺度 15 m×6 m，高度 5 m，最大竖向位移 0.004 m			
	混凝土壳体：截面厚度 0.10 m，自重荷载，边长尺度 6 m，高度 4.5 m，最大竖向位移 0.000 6 m			

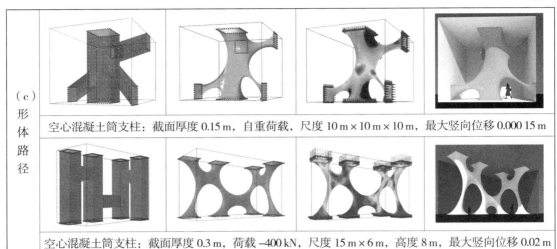

（c）形体路径	空心混凝土筒支柱：截面厚度 0.15 m，自重荷载，尺度 10 m×10 m×10 m，最大竖向位移 0.000 15 m
	空心混凝土筒支柱：截面厚度 0.3 m，荷载 −400 kN，尺度 15 m×6 m，高度 8 m，最大竖向位移 0.02 m

图表来源：作者建模、分析与绘制 (注：圆形钢管壁厚 0.4 cm)

5.4　结构界面肌理找形设计

随着建筑界面复合化、一体化的发展趋势，建筑表皮以及空间围合面也可能叠加结构性的功能，面系内的要素构形关系既决定了界面肌理，又作为结构系统的受力组织，同时关乎着界面形态和结构性能，这也意味着借助数字化找形方法，不仅能够找到性能优化的结构方案，还有可能挖掘具有信息时代特征且多样性的界面表现。

5.4.1　截面拟形的网格肌理

网格肌理往往是由单元要素如构件数量、构件布局和构件截面尺寸决定，传统人工的网格拟形通常以概念性的布局设计为主，很难深入到对大量网格单元的细部截面调控。一方面由于技术手段的限制，另一方面受到标准化构件的制约，因此在利用大量细部截面塑造网格肌理的找形上具有一定的局限性。数字化技术对内力拟形方法的拓展，首先就体现在多参数系统的交互调控上，以及处理大量复杂的分析数据信息的能力，能够同时操控结构网格数量、构件截面以及疏密组织变化，从简单的布局形态深入到每个微观构件截面精细调控设计中。

除此之外，批量定制的数控建造方式也解脱了传统标准化的约束，在数字设计和生产技术支持下，标准化和模数化不再是必需的原则，"只要将程序输入计算机，就可以

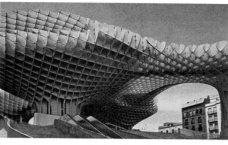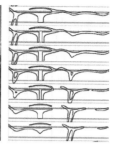

图 5-25　中钢国际广场的变截面结构网格　图 5-26　西班牙都市阳伞的变截面木梁构

图 5-25 来源：www.dezeen.com；图 5-26 来源：www.archdaily.com

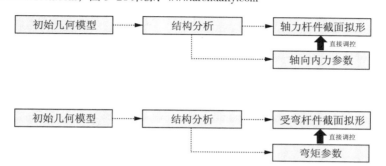

图 5-27　两种分析数据调控的网格截面拟形策略；图片来源：作者绘制

切割出一块不同的材料，或者在不同的材料上作出标记"①，构件的批量生产已经逐渐走向"批量定制"。新的技术支撑使得材料在整个结构系统的构件中的分配方式得到革新，实现了通过大量构件的材料重置进行的网格拟形设计，在一定程度上也拓展了找形方法和表现方式。

　　MAD 事务所设计的 358 m 天津中钢国际广场高层塔楼中，与传统标准网格截面不同，蜂窝状结构网格的大小以及构件尺寸都有所变化（图 5-25），在靠近底部支撑位置构件利用更多的材料和较大截面的单元构件构成。同样的，德国迈尔建筑事务所（J. Mayer H.）与奥雅纳（ARUP）设计公司在西班牙设计的都市阳伞（Metropol Parasol）廊道中（图 5-26），通过数字化设计和数控建造手段，对 3 400 个结构构件的截面尺寸进行精准的调控，以 3 mm 厚的胶合板以相互铆搭的方式，通过构件截面设计的方式，最终获得了整体结构效能上的价值，同时获得了网格界面上极具创新的表现力。

　　基于数字化平台的网格截面内力拟形，本质上依然是通过结构数据调控形态拟合的方式。通常性能优越的网壳结构中，杆件受力以轴力为主，而在水平网格中杆件主要受到弯矩影响，因此网格截面拟形设计的数字化方法有两种策略（图 5-27）：一个是内力数据

---

① （美）克里斯·亚伯. 建筑与个性：对文化和技术变化的回应 [M]. 张磊，司玲，侯正华，等译. 北京：中国建筑工业出版社，2003

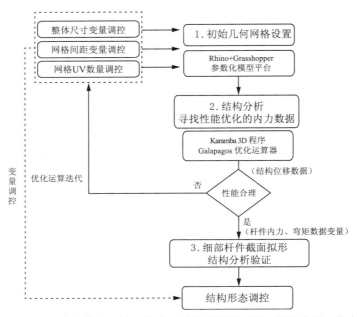

图 5-28　内力数据调控网格截面的拟形设计过程；图片来源：作者绘制

调控轴力构件的拟形；另一个是弯矩数据调控受弯构件的拟形。

　　本节就上述两种策略为例，结合优化算法，以轴力数据与弯矩数据为依据研究不同结构网格肌理的拟形设计。其整个过程可以描述为：初始几何网格设置—结构模型分析并寻找性能优化的内力数据—内力数据参数调控杆件截面并分析验证（图 5-28）。

　　1. 布置初始几何网格：整体结构尺度、初始网格的 UV 数量和间距都在一定程度上决定了结构性能，首先在两个案例中随机设置 20 m 左右跨度的等距网格，网格 UV 数量为区间 6~40 的变量。由于结构形态、支撑位置也同时决定了结构的受力变化，而通常形态越复杂其内力变化越多，呈现出的结构肌理也越丰富，因此在网壳案例中，分别设置了四种不同的形态（表 5-7（1）），包括四角支撑网壳（a）四角支撑的筒形网壳（b）底部连续支撑网壳（c）以及两端支撑的水平网筒结构形态（d）。在水平梁构网格中，还将支撑点位置作为变量（表 5-8（1）），以便观察最终的内力变化状况。

　　2. 转化为结构模型并优化性能：两个案例中均借助 Karamba 3D 程序将其转换为结构模型，将杆件初始截面设置为统一尺寸，并设置支撑约束和荷载，皆设置自重荷载。在网壳案例水平网筒 d 中，还在底部增加节点荷载 500 kN，可以作为廊桥结构，在此基础上继续增加其他类型荷载也同样可以获得相应的内力和弯矩值。

　　在网壳案例中，为了探索更优化和多样的内力数据，在初始网格基础上还进行了结构寻优过程（表 5-7（2））：借助 Galapagos 基因优化程序，以结构位移为目标，网格 UV 数量为变量，进一步地获取几何变量区间所有性能优越的网格布局，并同时获取结构中各个杆件的轴向应力值。

在两个案例的分析结果中发现，网壳案例中所有曲面形态靠近荷载和支撑局域的杆件应力较大，利用率较高，呈现出规律的变化。同样的，在水平梁构网格案例中由于梁柱节点为刚接，因此靠近支撑位置的梁构件弯矩较大，这也意味着需要更多的材料抵抗变形（表5-8（2））。

3. 以内力或弯矩数值为依据拟形：由于网格结构构件主要受轴力，因此在网壳案例中输出各个构件的轴向应力值（表5-7（3）），并设置杆件宽度0.2~1.5 m的阈值，即将最大应力值的构件给予1.5 m的宽度，最小应力值的构件给予0.2 m宽度，为了使得曲面网格平滑相接，宽度方向沿曲面方向设置；宽度值的设定决定了后期结构构造与材料的设置，例如杆系结构的阈值上限可下调，壳体孔洞形态的阈值上限可增加。

在水平梁构网格中，其构件主要受弯，因此基于结构分析数据输出各个构件的弯矩值（表5-8（3）），并乘以相应的系数获得构件的截面高度，将构件转换为肋板，调整系数可以改变高度变化，从而获取新的几何模型。

4. 转化为结构模型分析验证：轴力与弯矩值调控的几何模型还需要进一步结构分析与验证。在网壳案例中，由于内力值转换的阈值上限为1.5 m，宽度较大，杆件与杆件之间融合度较高，因此可以将结构模型直接转换为附有孔洞的板壳模型（Shell Model）进行分析，相应的如果需要转换为杆系模型（Beam Model），可以输出相应杆件编号进行截面尺寸的一一对应。

在网壳分析结果中发现（表5-7（4）），与标准化截面的原始网格相比，网壳截面拟形后的整体结构较好，尤其是受力差异较明显的两端支撑网筒形态（d），初始网格在底部荷载作用下应力极不均匀导致位移较大，而在截面拟形后由于材料得到合理分配，结构性能得到了很大的提升。在这一点上，水平梁构网格的优化更为明显（表5-8（4）），由于支撑位置为随机布置，初始网格出现悬挑会产生较大弯曲变形，统一增加杆件截面尺寸又会增加自重，而在对网格杆件拟形后，整体位移均较小且稳定，结构性能得到了提升。无论是轴应力拟形或是弯矩拟形，在最终形态表现中，截面孔洞肌理变化与内力规律高度吻合（表5-7（5）），若进一步对支撑位置和数量参数进行调整，可以获取更多样的表皮肌理（表5-8（5）），这种找形方式能够将内在力的规律转化为丰富且合理高效的表皮语言。

表5-7　网壳构件截面的轴力拟形

1. 初始形态（网格 UV 数量为变量）的参数化结构模型			
（a）四角支撑	（b）四角支撑筒形	（c）底部连续支撑	（d）两端支撑

2. 结构优化：调控网格 UV 数量 以位移最小为目标，从上至下依次为：10 次优化、35 次优化、60 次优化			
结构轴应力图			
跨度 20 m 自重荷载 截面宽 0.15 m 竖向位移 0.001 6 m	跨度 20 m 自重荷载 截面宽 0.15 m 竖向位移 0.0028 m	尺度 10 m×27 m， 自重荷载 截面宽 0.15 m 竖向位移 0.000 9 m	跨度 30 m 底部 500 kN 节点荷载 截面宽 0.15 m 竖向位移 0.41 m
3. 轴应力数据调控构件沿曲面上的宽度			
4. 结构分析验证（应力图）			
自重荷载，变截面 竖向位移 0.001 5 m	自重荷载，变截面 竖向位移 0.002 5 m	自重荷载，变截面 竖向位移 0.000 1 m	自重 + 底部点荷载 500 kN 竖向位移 0.011 m

5. 最终形态
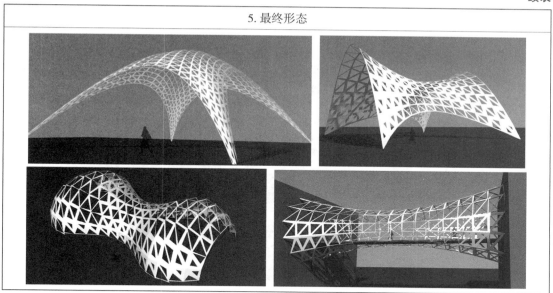

图表来源：作者建模、分析与绘制

表 5-8　水平梁构网格的弯矩拟形

1. 初始几何参数设置
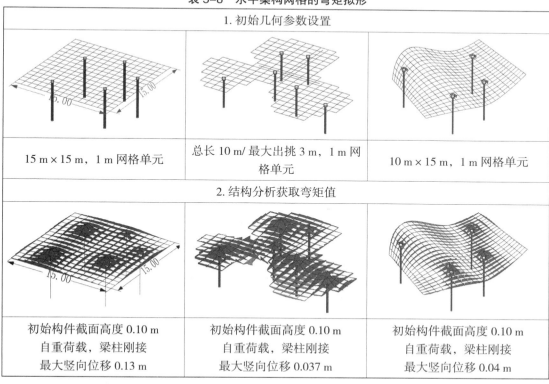

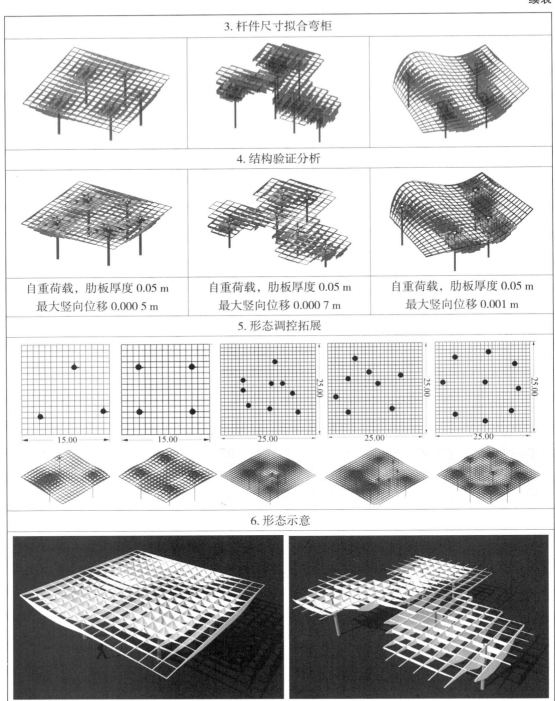

3. 杆件尺寸拟合弯柜		

4. 结构验证分析		
自重荷载，肋板厚度 0.05 m 最大竖向位移 0.000 5 m	自重荷载，肋板厚度 0.05 m 最大竖向位移 0.000 7 m	自重荷载，肋板厚度 0.05 m 最大竖向位移 0.001 m

| 5. 形态调控拓展 | | | | |

| 6. 形态示意 | |

图表来源：作者建模、分析与绘制

5.4.2　应力线肌理

应力线轨迹不仅能够提供明确的力流路径，还富有自然非规则的曲线特征，是极具天然艺术表现力的结构肌理形式。计算机前时代的工程师们往往需要基于微分单元，绘制大量的图解分析寻找应力轨迹线，因此通常局限在较为规则和对称的结构形式中。在这一点上，数字化和有限元技术可以处理任意复杂结构形式的分析，一方面使大量的应力轨迹线都可以被方便的可视化操作，另一方面能帮助建筑师将应力线拟形方法拓展到各种类型壳体形态的肌理设计中。

基于应力轨迹线的拟形设计本质上是以面为原型，依据连续材料下的应力线轨迹，直接作为肌理网格投射到结构界面中。其找形逻辑同样是需要基于初始几何模型，首先进行结构分析，获取到精准的应力轨迹，直接作为设计依据将其转换为几何网格（图5-29）。

图5-29　应力线轨迹调控网格肌理的拟形设计策略；图片来源：作者绘制

通常在面结构中，水平面结构应力线取决于支撑位置的变化，依据应力线布置肋梁会提高面的整体效率和减少耗材。而在形体较为复杂的板壳结构中，网壳结构及其类似的变体常常由非线性形态导致不均匀地受力，本身具有将复杂性应力线变化转化为表现的潜力。应力线轨迹不仅取决于支撑位置，很大程度上还取决于形态的曲折变化，以此可获得不同形式的应力网格肌理，在以轴力杆件组成的网壳面系结构中同样有效。以下借助Grasshopper平台的参数化程序Millipede和结构分析程序Karamba 3D，分别对平板和板壳两种形态，进行肋梁布置与轴力网格的转化拟形操作，其过程可以被描述为：初始几何面板设置—面板结构有限元分析—依据获取的应力线轨迹数据布置肋梁或转化为轴力网格—对生成的网格结构进行分析验证（图5-30）。

1. 初始几何面板设置：在初始形态中，分别采用平板与板壳两种形态。在平板形态中，平板（a）为10 m跨度的矩形面，支撑方式为一侧点支撑一侧为线性支撑（表5-9-（a））。平板（b）为异形平板，设置不等距的三个随机点支撑（表5-9-（b）），其中最大跨度为6 m。板壳形态由逆吊方法生成，其中（c）为四角支撑的对称形态（表5-9-（c）），其跨度为10 m，（d）为五个交点支撑，并且在壳体中部增加孔洞支撑（表5-9-（d）），跨度为10 m。

2. 面板结构有限元分析：基于初始形态与约束点设置后，进行结构有限元分析并获取应力线轨迹。基于有限元分析的应力线与传统手工绘制方法原理相同，是依据各个网格单元点的主应力和次应力方向连接确定。通过应力线轨迹可以看到靠近点支撑部分的壳体应

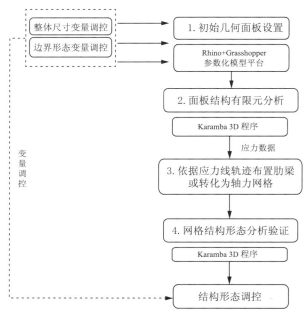

图 5-30　基于面板应力线轨迹的网格拟形过程
图片来源：作者绘制

力线较为密集，意味着应力集中。在线系支撑处应力线分布较为均匀，在平板的跨中位置较为集中，整体上压应力线与拉应力线以顺滑的弧线方式相交，同样的，在板壳结构中则沿弧面呈现出拱形曲线（表 5-9（2））。

3. 简化应力线并转化为几何网格： 应力线直观地呈现了结构内部最有效的力流传递路径，因此在 Grasshopper 平台设置最小间距将应力线进行简化，并且按照该路径在平板结构的下方增加布置肋梁结构，能够获得高效的网格肌理。同样的，在板壳结构中，直接依据简化后的应力线轨迹，将板结构转换为轴力网格支撑的网壳结构，与传统标准化规则网格相比，依据应力线的网格形态呈现出自然的曲线轨迹（表 5-9（3））。

4. 结构分析验证： 在生成的网格形态基础上还需要转换为结构模型进一步的分析与验证。其中将肋梁平板结构设置为 0.1 m 截面厚度，肋梁高度为 0.2 m，在自重荷载的基础上增加 100 kN/m² 均布荷载，在结果中发现，结构整体稳定位移较小，与传统单纯的面板支撑结构相比，在相同位移量下，应力线拟形的肋梁板耗材较小，其中 10 m 跨度的平板 a 在 0.02 m 位移量下只需要 0.1 m 的厚度，而单纯面板支撑则需要增加一倍，最大 6 m 跨度的平板 b 在 0.01 m 位移量下只需要 0.07 m 厚度（表 5-9（4））。

在拟形后的结构逻辑中，通过不同的建构方式也能够产生多样性的表达，例如斯图加特大学数字化设计与建造研究所在 2012、2014 年展亭设计中（图 5-31、图 5-32）分别利用 ETFE、轻型纤维复合材料展现了原本的自然形态。扎哈哈迪建筑事务所与 B&G

结构事务所合作设计的北京奥运村展亭设计中，将其转换为细钢管相互焊接与捆扎，以新构造逻辑方式将内部力流抽象呈现。

表5-9 基于面板应力线轨迹的网格拟形设计

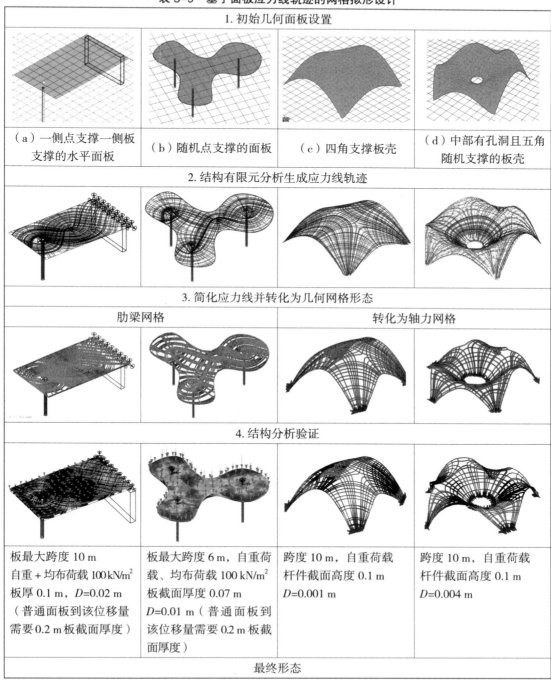

1. 初始几何面板设置			
（a）一侧点支撑一侧板支撑的水平面板	（b）随机点支撑的面板	（c）四角支撑板壳	（d）中部有孔洞且五角随机支撑的板壳
2. 结构有限元分析生成应力线轨迹			
3. 简化应力线并转化为几何网格形态			
肋梁网格		转化为轴力网格	
4. 结构分析验证			
板最大跨度 10 m 自重 + 均布荷载 100 kN/m² 板厚 0.1 m，D=0.02 m （普通面板到该位移量需要 0.2 m 板截面厚度）	板最大跨度 6 m，自重荷载、均布荷载 100 kN/m² 板截面厚度 0.07 m D=0.01 m（普通面板到该位移量需要 0.2 m 板截面厚度）	跨度 10 m，自重荷载 杆件截面高度 0.1 m D=0.001 m	跨度 10 m，自重荷载 杆件截面高度 0.1 m D=0.004 m
最终形态			

图表来源：作者建模、分析与绘制（D 为最大竖向位移）

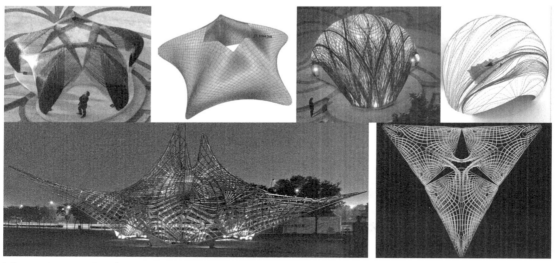

图 5-31（上） 斯图加特 ICD/ITKE 2012、2014 年设计的大学展亭及其应力线分布
图 5-32（下） 扎哈事务所与 B&G 事务所合作设计的北京奥运村展亭
图 5-31 来源：https://icd.uni-stuttgart.de；图 5-32 来源：www.bollinger-grohmann.com

5.4.3 应力调控的镶嵌几何肌理

结合计算机图形学的发展，还可以拓展出整合几何镶嵌（Tessellation 或 Tilling）的数

字化结构找形途径。几何镶嵌是丰富建筑界肌理的重要途径，它是将某种封闭图形按一定规则无缝隙、无重叠填充平面或空间的几何方式，例如建筑表皮中常用到的蜂窝多边形几何镶嵌、三角形分形几何算法、泰森多边形（Voronoi）几何算法镶嵌等。

作为建筑结构性界面肌理，首先几何镶嵌可以基于简单图形生成复杂的表皮肌理，由于镶嵌图形精确、规则有序性，非常利于构件的标准化生产；其次，由于几何镶嵌实现方式是按一定规则算法生成，具有极强的适应性和拓扑性，因此将结构应力规律作为调控几何变化的依据，既可以实现达成性能化的几何镶嵌，又能够在几何与受力的平衡之间实现界面肌理的找形设计；除此以外，由于镶嵌几何图形种类的多样性，能够帮助建筑师利用结构找形表达丰富的建筑语言。例如伊东丰雄设计在 Times Eureka 的展厅中，利用 Voronoi 网格作为整体盒子的表皮与承重（图 5-33）表达信息时代几何特征；在 SOM 和 ARUP 事务所合作以一种圆形泡泡的几何单元（图 5-34）重塑了传统标准化高层界面肌理。MIT 的 Digital Structure 团队通过对几个世纪前作为伊斯兰建筑中一种主要装饰为原型，将这种富有文化语义的几何符号整合到结构性表皮设计中（图 5-35），既扩展了传统的网格壳设计词汇，又为设计师提供了在现代建筑环境中借鉴乡土传统的另一种途径。

实现性能化几何镶嵌界面肌理的途径是结构应力拟形设计。与直接将应力线投射到界面的策略类似，结构应力数据是调控几何的主要依据，然而不同的是，镶嵌几何具有自己的逻辑规则，因此还需要将结构应力数据进一步的转换为镶嵌几何规则中的有效变量，才能够与新的生成逻辑相互对接，再进一步通过几何镶嵌调控界面肌理（图 5-36）。

图 5-33　Voronoi 几何镶嵌肌理　　　图 5-34　泡泡镶嵌肌理　　　图 5-35　传统符号几何镶嵌肌理
图 5-33 来源：www.morfotactic；图 5-34/35 来源：www.wordpress.com

图 5-36　应力数据指导几何镶嵌间接调控网格肌理的拟形设计策略
图片来源：作者绘制

应力线实际上是传力的最优路径，因此沿着应力线布置材料能够大大地减少整体耗材。在计算机图形学中，也存在几何上的最短路径的规划方法，例如 Dijkstra 算法、SPFA 算法、Floyd 算法[1] 等。比较典型的例子是 Voronoi 规划几何（又称泰森多边形或狄利克雷镶嵌，Dirichlet Tessellation），其建立网格的方式是以点出发寻找路径，根据到平面上一些点的距离，利用三角对偶图 Delaunay（图 5-37）将平面进行划分，每个单元不超过 6 个边，对每个点来说，它所对应的区域里的任何一个点到它的距离都比到其他点的距离要短。基于 Voronoi 几何的网格划分，能够根据面系或空间中的布点进行路径的自组织生成，这区别于传统设计中对称网格划分的镶嵌系统，有极强的适应性特征。除此之外，斯图加特大学 Milos Dimcic 博士还将 Voronoi 结合力密度法衍生出了 Voronax 图[2]（图 5-38），松弛后的 Voronax 网格单元具有更加相似的角度和长度，并且保留了每个单元少于 6 个边的特征，每个节点同样连接三个构件，能够更加有序地适应结构网格的应力变化，也更近似于物理泡沫组织，以及自然界中自组织进化的适应性特征。

虽然镶嵌几何已经被大量应用于建筑表皮形态设计中，但几何最短路径未必是结构力学形态上的最优路径，虽然包含了最短距离下材料消耗最小的传力路径，但顺应应力分布规律的几何规则，才能作为一种新的找形方法，实现真正自由且性能稳定的结构形态。以下基于适应性较强的 Voronax 几何，结合面板的结构应力分析，分别对三种不同的曲面形态进行网格拟形。其过程可以被描述为：初始几何面板设置—板壳结构的有限元分析—依据应力变化布置点阵调控 Voronax 几何镶嵌—结构分析验证（图 5-39）。

1. 初始几何曲面设置：为了使 Voronax 曲面网格更加有对比性，在 Grasshopper 平台建立三种不同规则生成的几何曲面，分别是常见的半圆形网壳曲面（a）、双曲面几何规则生成的混凝土壳体（b）以及力学极小曲面规则生成的薄壳结构（c）（表 5-10（1））。网壳曲面以约翰·麦凯恩事务所即合伙人（John McCain + Partners）设计的英格兰国王十字车站（King's Cross Station）为例（图 5-40），整个半圆形的广场由扇形的曲面连同圆

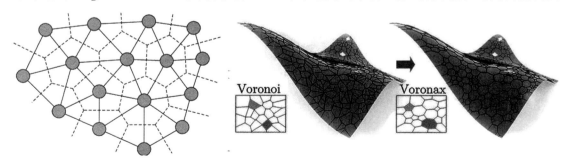

图 5-37　Delaunay 与 Voronoi 对偶图　　图 5-38　Voronoi 图与松弛后的 Voronax 图
图 5-37 来源：www.google.com；图 5-38 来源：Milos Dimci. Structural optimization of grid shells based on genetic algorithms[D]. Stuttgart：Stuttgart University，2008

---

[1] Dijkstra 算法是从一个顶点到其余各顶点的最短路径算法；SPFA 算法用于求含负权边的单源最短路径；Floyd 算法是一种利用动态规划的思想寻找给定的加权图中多源点之间最短路径。
[2] Milos Dimci. Structural optimization of grid shells based on genetic algorithms[D]. Stuttgart: Stuttgart University, 2008

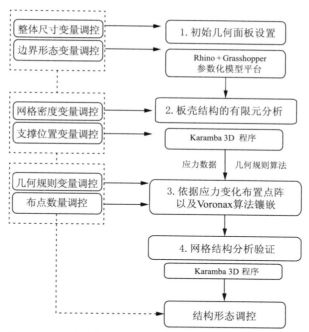

图 5-39 应力分析调控 Voronax 几何的网格找形设计过程
图片来源：作者绘制

心处的支柱一起，构成了整个屋面的网壳结构，其圆形直径约为 120 m，最高点为 22 m。双曲面以形态较为复杂的扎哈哈迪德事务所设计的墨西哥 MEX-HIRES 屋顶为原型（图 5-41），建立 20 m 跨度、高 8 m 的几何曲面，最后是以极小曲面规则生成的顶部孔洞的三向拱形曲面（图 5-42），跨度为 10 m，高 8 m。

2. 曲面有限元分析与 Voronax 布点：基于三种几何曲面形态，借助 Millipede 程序将其转换为面板结构模型进行有限元分析。其中有限元等距网格的数量密度划分决定了最终应力线中布点的数量。在最终的应力图解中，同样是基于单元点的应力状况进行生成，基于每个结构点的主应力与次应力方向，以及应力云图的数据信息，将初始等距单元重新布点，即可获得依据应力分布变化的点阵布局。而基于这些新的点阵，利用 Voronax 运算器即可生成新的网格图解（表 5-10（2））。在曲面结构的应力集中，布点越密集从而生成的网格单元也越密集，反之亦然。可以看到通常在靠近支撑的区域应力和网格较为集中，在曲面顶部和悬挑远端处网格较稀疏。在结果中发现，Voronax 几何网格在任意曲面下网格变化都较为均匀，具有较强的形态适应性，而基于应力分析后的 Voronax 图，则能够进一步更加准确地传达结构曲面的受力规律与变化。

3. 网格形态的结构分析验证：在进一步的结构分析验证中发现，由于 Voronax 几何镶嵌是基于路径的优化法则而生成的，是一种节点关系函数的形态技术，因此与传统标准网格相比具有更少的耗材。为了进一步说明，在应力拟形网格生成的基础上，与标准正交网

207

格、随机生成的 Voronax 网格进行对比，来阐释这一特性（表 5–10（3/4/5））。

图 5–40　英格兰国王十字火车站（King's Cross Station）三角单元网壳屋顶（上）

图 5–41　扎哈哈迪事务所设计的双曲面 MEX–HIRES 屋顶（左下），图 5–42　极小曲面壳体（右下）

图 5–40 来源：http://www.mcaslan.co.uk/；图 5–41 来源：http://www.zaha-hadid.com/；图 5–42 来源：作者绘制

表 5–10　基于应力分析的 Voronax 几何的镶嵌网格找形设计

1. 初始壳体曲面		
（a）底边与圆心处支撑的半圆形曲面	（b）四点支撑的复杂双曲面	（c）拱底支撑的极小曲面

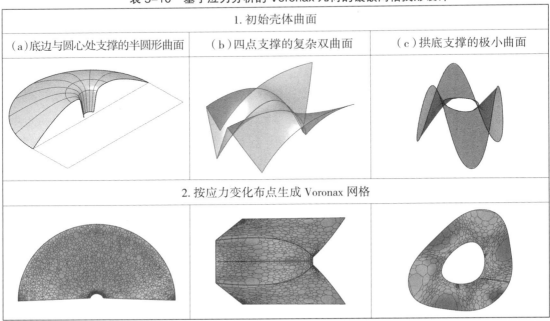

2. 按应力变化布点生成 Voronax 网格

3. 结构分析验证与对比		
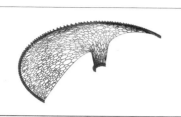	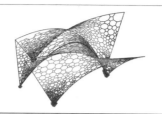	
跨度 120 m，高 22 m，自重荷载；Voronax 单元布点 1 700 个（单元）；杆件直径 0.3 m；$D=0.08$ m；质量 177 908 kg	跨度 20 m，高 8 m，自重荷载；Voronax 单元布点 1 000 个（单元）；杆件直径 0.15 m；$D=0.034$ m；质量 34 925 kg	跨度 10 m，高 8 m，自重荷载；Voronax 单元布点 500 个；杆件直径 0.1 m；$D=0.001$ m；质量 5 208 kg
4. 与随机布点生成的 Voronax 网格受力对比		
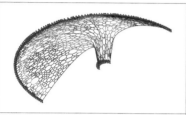		
跨度 120 m，高 22 m，自重荷载；Voronax 单元布点 1 700 个；杆件直径 0.3 m；$D=0.10$ m；质量 170 999 kg	跨度 20 m，高 8 m，自重荷载；Voronax 单元布点 1 000 个；杆件直径 0.15 m；$D=0.10$ m；质量 35 228 kg	跨度 10 m，8 m，自重荷载；Voronax 单元布点 500 个；杆件直径 0.1 m；$D=0.008$ m；质量 5 150 kg
5. 与类似节点数量下正交网格受力对比		
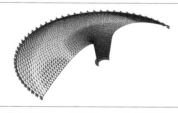	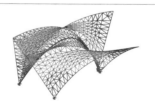	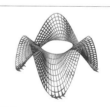
跨度 100 m，高 20 m，自重荷载；均匀网格，UV 数量 41×42（1 722 单元）；杆件直径 0.3 m；$D=0.06$ m；质量 353 300 kg	跨度 20 m，高 8 m，自重荷载；UV 数量 33×33（1 089 个单元）；杆件直径 0.15 m；$D=0.047$ m；质量 42 508 kg	跨度 10 m，高 8 m，自重荷载；节点 1 026 个；杆件直径 0.1 m；$D=0.002$ m；质量 8 682 kg
6. 最终形态		

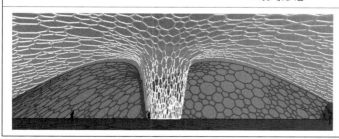 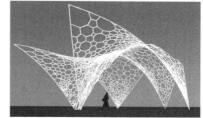

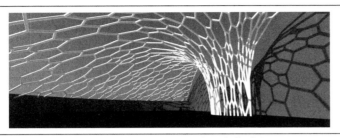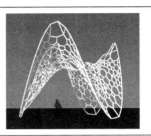

图表来源：作者建模、分析与绘制（D 为最大竖向位移）

在案例（a）网格中，调整初始网格密度使布点达到 1 700 个（单元数），并设置圆形钢管截面直径 0.3 m，壁厚 0.4 cm；在案例（b）中设置布点 1 000 个，圆形钢管截面直径 0.15 m；在案例（c）中设置布点 500 个，圆形钢管截面直径 0.1 m。在同样数量布点下，通过应力拟形的 Voronax 网格与随机布点的 Voronax 网格相比，结构性能较好，尤其是在更加复杂的曲面形态（b）与（c）中，性能对比越明显。例如案例（b）中，自重和在应力下拟形的网格位移为 0.034 m，而随机均匀布点的网格位移量达到了 0.1 m。与传统标准化的网格相比，在相同单元数量和自重荷载下，结构位移量较为接近，但是 Voronax 网格却具有更轻的质量，跨度越大耗材越少的情况对比越明显，例如在案例（a）中，1 700 个单元的标准网格质量为 353 300 kg，而 Voronax 网格则只有几乎一半的质量，而这也意味着整体性能得到了优化。

5.5 小结

本章讨论了基于数字化技术平台对传统找形方法的拓展，对比剖析了数字化找形的基本逻辑以及设计策略，并结合设计实验深入探讨了传统找形方法分别在杆系结构形态、面系结构形态以及截面肌理形态层面上的数字化操作策略和路径。

1. 数字化平台为结构信息与几何信息之间搭建了互通的桥梁，数字化找形的技术核心是基于参数关系的算法逻辑，因此在传统人工找形对力与形联动演绎基础上，进一步开拓了力与形的交互发展，从而拓展了找形方法的路径与创新维度。

2. 数字化找形与传统手工找形方法的操作过程相同，都是通过力学规则调控形态生成，但与传统手工找形方法的操作对象不同，数字化找形中的主要操作对象是参数和逻辑关系。依据不同的力学参数在整个设计流程中介入的方式和逻辑关系，本章提出了三种设计策略：力学规则参数调控生成过程、分析数据直接调控几何模型、分析数据间接调控几何模型。基于这三种逻辑策略，能够拓展传统找形的设计路径，帮助建筑师在设计中发展出多样化的形态。

3. 基于数字化的算法逻辑和三种设计策略，探讨了传统找形方法在杆系结构形态、面系结构形态以及界面肌理形态三个层面上的数字化路径和拓展。对湿网格分支、桁架结构、逆吊曲面、极小曲面、网格截面的内力拟形、应力线肌理以及应力调控的镶嵌几何肌理的多种生成路径进行了深入探索研究。

4. 在研究传统找形方法的数字化路径拓展的基础上，还进一步对案例和原型进行算法模型演示操作和量化分析：首先以随机几何的桁架以及奥托的湿网格实验为原型，对杆系结构形态进行找形和对比分析验证；其次以物理的逆吊实验为原型，对壳体和网壳进行找形和对比分析验证；对极小曲面空间支撑进行找形和分析验证，并演示了在不同边界调控下的极小曲面多样性；除此之外，对传统人工找形无法实现的网格截面拟形、复杂网壳的应力线拟形进行了演示操作和量化分析；最后，结合 Voronax 镶嵌几何算法，在实际建筑案例为原型的基础上进行了应力拟形的演示操作和量化分析。通过操作展示数字化找形的多样化实现路径和应用价值。

第六章　拓扑优化的找形设计试验

6.1　拓扑优化与结构找形

结构拓扑优化：最初被称为"最优布局理论"（Optimal Layout Theory），由普拉格和罗万尼（Prager & Rozvany）在 1977 年提出，又被称为"可变拓扑形状优化"（Variable Topology Shape Optimization）[①]。结构拓扑优化最早应用于航空设计领域，基于"同步极限"准则——一个构件的最优设计，应使它在受力后各部分都同时达到极限状态，通常这一结果的目的是减少结构重量、结构体积以及结构造价。拓扑优化的目的是寻求结构的刚度在设计区域的"最优布局形式"，或在设计域内寻求结构最佳的传力形式，从而能够在材料用量上进行最大程度的节省优化。

拓扑优化找形：结构拓扑优化问题集中于微观材料的分析和取舍。计算机有限元分析和优化算法是拓扑优化的实现基础，因此与其他找形方法不同，结构拓扑优化的找形设计是在削减材料提升性能的同时，自主获取拓变的形态，具有极强的自主生成特征，在表现上也是形对力极致的顺从。

拓扑优化开启了数字化时代的新找形途径，一方面是由于在实体结构中，结构拓扑优化找形是更加基于客观本质——材料的聚集特征出发，依据应力反应在材料汇聚和消除的过程中明晰力流与形式路径。例如 BESO 拓扑优化方法是通过材料的微分单元的分析进行筛检（图 6-1（a））；丹麦技术大学的尼尔斯教授（Niels Aage）利用 MMA[②] 实现从荷载点与支撑点之间依据应力生成的"力流轨迹"（图 6-1（b））；除此之外，东南大学戴航教授及土木方建筑工作室还利用应力图点矩阵的分析与筛选方法寻找最优的传力路径，并将其应用在结构性表皮的找形设计中（图 6-2）。拓扑优化以最本质的材料为对象，绕开了形态与其他成因的束缚，拓展了结构找形的广度，将结构优化对象定义扩展到所有材料构成的结构对象上——从局部的结构构件包括杆件、面板和节点形式，再到整体的模糊的结构体，都能够以拓扑优化方式，寻找合理的形态。

除此之外，由于拓扑优化是一个动态的去除材料的演变过程，具备"可变拓扑"的特征，因此也使得在设计域内存在无穷多潜在的解，拓扑优化基于力学模型以及运算规则，具备在结构优化的过程中寻求渐进变化的找形潜质，能够发展为一种在性能优化的同时，激发结构形态创新的设计方法。

[①] Rozvany G I N. Aims，scope，methods，history and unified terminology of computer-aided topology optimization in structural mechanics[J]. Struct. Multidisc Optim. 2001，21（2）：90-108
[②] MMA：the method of moving asymptotes，移动渐近线方法由 Svanberg 在 1987 年提出。

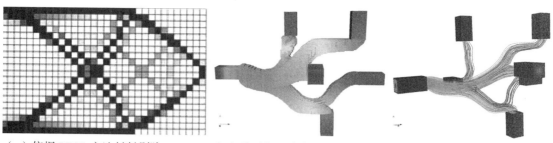

（a）依据 BESO 方法材料剔除　　　　（b）移动渐近线方法的材料聚集

图 6-1 基于材料剔除与聚集的拓扑优化方法

图（a）来源：www. researchgate.com；图（b）来源：http：//orbit.dtu.dk

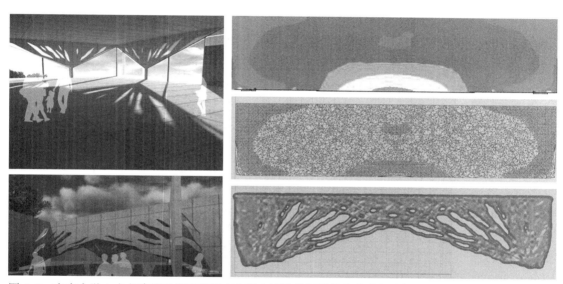

图 6-2　东南大学土木方建筑工作室利用应力图点矩阵分析寻找力流路径进行拓扑优化

图 6-2 来源：倪钰翔. 基于结构应力场的建筑空间界面形态生成方法研究 [D]. 南京：东南大学，2018

　　另一方面在离散结构组织中，借助计算机强大的运算能力，建筑师能够获取结构性能允许范围内丰富的几何形态解，并体现结构形态的逻辑演绎过程，因此其本身就是一个获取和调整形态的找形过程，并且优化目标更加广泛，调控的操作途径也更加多样化。为了达到结构位移量的最小，除了改变材料分布外，材料类型、构件位置、间距、数量、几何网格都能够作为变量参数进行调控，而这也意味着寻求最小位移的过程中具有更加多样化的表现方式和类型，因而也能够在更广泛的范围拓展结构形态设计。

　　无论是实体结构或是离散结构，拓扑优化找形的实现途径都是基于有限元分析基础上，依据性能目标参数，建立寻求路径或优胜劣汰的优化算法模型去除无效或低效的部分，从而在实现性能提升的同时，生成丰富的结构形态（图 6-3）。拓扑优化可以应用在结构从微观到宏观的各个层面上，实现从基本构件单元到结构性表皮以及空间结构组织的找形设计。

6.2 独立构件的优化找形

力流路径是设计师明确结构受力进行形态设计的主要依据，拓扑优化找形的过程即是寻找最佳传力路径的过程。弗兰姆普顿（Kenneth Frampton）认为"整体建构的潜在可能性有待于其组成构件的序列和诗艺的表现"[①]，这个序列首先包含了构件本身之间传递力流的方式，如果继续深究其更加微观层面上的含义，那么还可以回归到在力流传递中物质内部材料组织的序列方式。在工业化建筑发展中，结构构件往往是以标准化、规则化的基本结构单元呈现，而实际上，在不同的结构体系中，无论是线性构件单元或是面系构件单元，即使是受力最简单的标准化结构单元，其内部的力流路径也会存在很大的差异性。充分挖掘这种变化在构件形态设计中的潜能，便能够在建构系统中获得更具有差异性且丰富、高效的形式表现。

以下分别以标准线系梁单元与柱单元、标准二维面系墙单元以及三维结构单元为对象，借助 Grasshopper 平台的 Millipede 拓扑优化运算器，通过设置多点支撑以及多种荷载作用的复杂状况下，探讨实体构件单元在拓扑优化方法下的结构表现力。其过程可以描述为：初始几何区域的设置—结构有限元分析—结构拓扑优化（图6-4）。

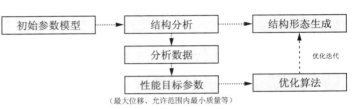

图 6-3 拓扑优化找形的实现途径；图片来源：作者绘制

1. 初始几何区域设置：传统结构形态优化的方法需要基于一定的既定形状进行其尺寸或形状优化，而在拓扑优化过程中，只需要确定一个模糊的范围并假定内部充满材料，再进行分析和剔除，因此，首先需要设置生成力流路径的设计区域。

在二维结构单元中，设计区域的长宽比以及约束位置决定了最终杆件的受力形式：在线系构件单元中拟设

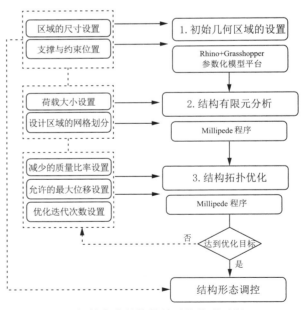

图 6-4 基于拓扑优化的构件单元的找形过程
图片来源：作者绘制

[①] 肯尼思·弗兰姆普敦. 建构文化研究 [M]. 王骏阳，译. 北京：中国建筑工业出版社，2007

置 4:1 的长宽比或长细比，在面系单元设置 2:1 比例；其次，在区域中设置约束点以及荷载，由于通常线系构件以轴力为主，在达到一定的长细比后会在水平力下产生一定的剪力或弯矩，因此在竖向支撑构件中分别设置了三种荷载形式（表 6-1-1）：常见的顶部竖向荷载、水平荷载以及前两者荷载的叠加（分别为 20 kN）。同样的，横向放置的梁构件为跨越性构件，分布设置了两端支撑以及悬臂支撑两种方式，梁段中以竖向荷载为主（设置 20 kN）（表 6-2-1）。在面系的构件中，由于其面积较大，因此常常在承担竖向支撑基础上，还担任着抵抗水平荷载的角色，在初始约束设置中，分别在墙底部设置了均匀线系约束、中部集中区域约束以及均布集中约束三种方式，荷载设置也是包括了竖向线性，水平线性荷载以及不同方向的点荷载（表 6-3）。

在三维结构单元中，首先设置 5 m×5 m×2 m 的初始空间区域，在顶部的不同位置分别设置线性荷载、点荷载与面荷载。与二维平面不同的是，空间性三维结构其整体刚度较大，能够抵抗多维方向的荷载，因此在模型中布置了多个支撑与各个方向荷载。

2. 结构有限元分析： 拓扑优化的原理是基于各个微分单元材料的受力进行删减，因此首先需要进行结构有限元分析获取受力状况。设置细分网格单元大小 0.01 m，在分析结果中发现，通常在较为简单的荷载下，应力在荷载与支撑区域之间形成明显的直线路径（表 6-1（a））、（表 6-3（a）），但在一些荷载方向不同或荷载位置不同的情况中，例如构件在顶部水平荷载或多个荷载方向下，会呈现出交叉的集中应力分布（表 6-3（b）（d）（e）（f））的复杂情况。

3. 拓扑优化生形： 在获取到应力分布的信息后，基于 Millipede 运算器进行拓扑优化：在二维结构中，设置拓扑优化的迭代次数为 10 次、目标密度设置为 25%、惩罚因子为 3.0，进行拓扑优化分析并获得几何边界。在最终结果中发现，形态直接匹配应力分布的布局，在应力集中部分保留了材料，材料的保留量与应力大小成正比，生成了材料最小消耗的最佳路径。在梁段结构中，一端线系荷载另一端点支撑的情况中通常会出现分支结构形态（表 6-2（b）（c））；在多个以及方向不同的荷载下，悬臂结构内部会呈现出拉压共同组成的交叉形态（表 6-2（d）（e））。

考虑到结构构件在实际情况中还存在与其他设备管线碰撞的开洞问题，在此基础上，进一步添加零密度区干扰拓扑优化过程。零密度区意味着该范围内的密度最终为零，换而言之是预先设定孔洞，建筑师能够通过孔洞的几何参数设置，在一定程度上掌控拓扑优化的最终目标。以下分别以一端集中荷载的悬臂构件和自由边界的悬臂构件、均布荷载下两端支撑构件以及拱形墙为例，通过预留不同数量、位置的孔洞来探索梁构形态的丰富表现力（表 6-4）。在拓扑优化过程中，设置优化迭代次数 10 次，目标密度 25%，惩罚因子 3.0。首先对无孔洞的结构构件进行分析与拓扑后发现，悬臂构件主要以下部受压和上部受压的路径构成，两端支撑的构件呈现出拱形应力路径，在拱形墙中则显现出分支路径。随后分别在路径上设置孔洞进行拓扑优化后发现，结构形态绕开孔洞重新生成合理的路径，并且在薄弱区域生成相互连接的网格形态（表6-4（1））。在此基础上进一步增加孔洞，改变空洞位置或将对称孔洞改为非对称空洞后，则逐渐呈现出更复杂的网格形态，例如在悬臂构件中甚至呈现出桁架的特征，在拱形墙中出现了类似张弦结构的形态（表6-4（2））。

在三维构件单元中，设置优化迭代次数15次，目标密度20%，惩罚因子3.0。随着迭代次数以及目标密度的接近，基于路径的几何形态随着收缩的力流开始拓变，在最终形态中显现出自然的分支与网格布局，即使在复杂的荷载与支撑情况下（表6-5（a）（d）），也会自主寻找出符合拉压平衡的合理路径。

在二维与三维的优化找形对比中发现，二维结构单元由于其平面受力性质，形态通常是单向发展的，而实体结构则能够承载更加复杂、多维的受力，这也意味着三维结构单元具有发展更多元化形态的潜力。传统方法通常会将三维实体结构分解为二维平面结构进行分析，而拓扑优化是将设计域划分为微小的三维单元，这种方法不再是降维的转换方式，而是一种以三维网格自由生长的模式进行找形，因此能够以更加直观的方式帮助建筑师了解三维结构单元的力流路径，激发三维结构体的创新设计。

表6-1 柱的单元拓扑优化找形

竖向柱单元的拓扑优化			
1. 约束与荷载位置	2. 应力场分析	3. 转化为边界形态	4. 结构形态
（a）顶部竖向荷载 20 kN			
（b）水平荷载 20 kN			
（c）水平与竖向荷载叠加			

图表来源：作者建模、分析与绘制

表 6-2　梁单元的拓扑优化找形

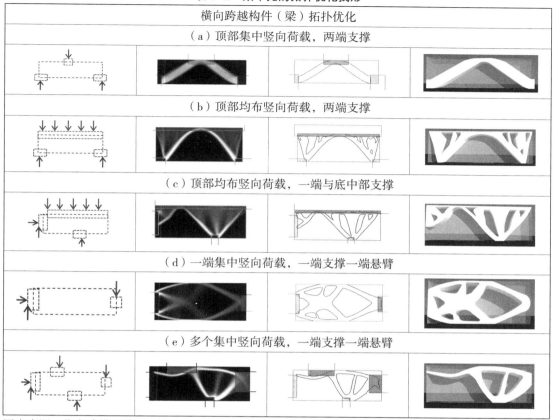

图表来源：作者建模、分析与绘制

表 6-3　二维墙板的拓扑优化找形

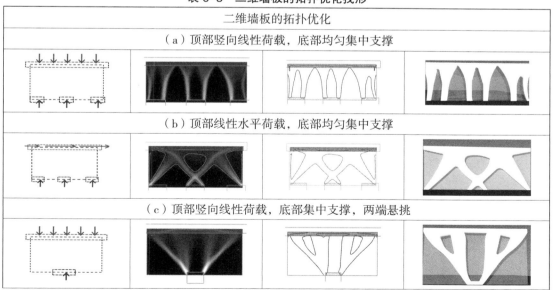

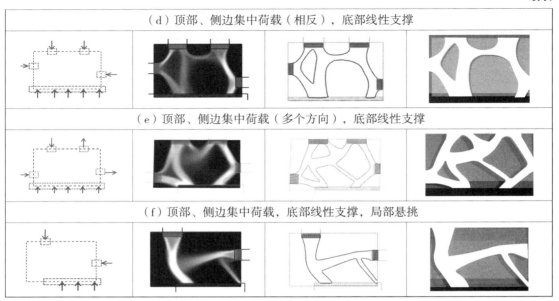

图表来源：作者建模、分析与绘制

表 6-4　孔洞干扰的拓扑优化

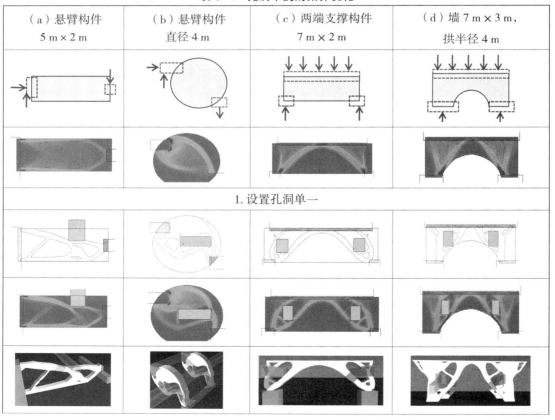

续表

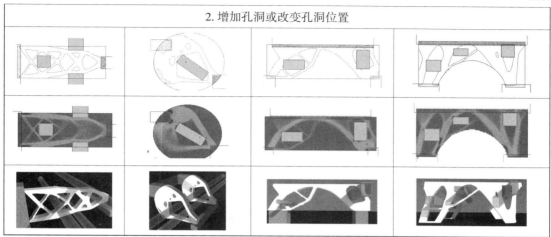

图表来源：作者建模、分析与绘制

表6-5 三维实体单元的拓扑优化

	（a）非对称支撑	（b）对称支撑	（c）多种荷载点	（d）多点荷载、支撑
约束与荷载				
应力分布				
拓扑优化迭代生形过程				

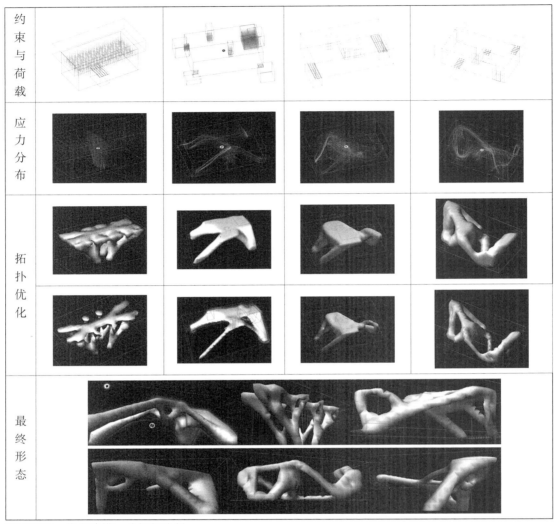

图表来源：作者建模、分析与绘制

6.3　拓扑优化找形设计

　　拓扑优化找形方法不仅能够挖掘标准化构件单元潜在的表现力，并且能够以适应性的方式重新定义结构构件的设计形式：拓扑优化可以基于设计范围而非具体形式展开，这允许设计和生成对象具有一定模糊性，也意味着建筑师可以依靠少量的设计条件和模糊的几何边界，寻找到合理的构件形式，而不再局限于工业特征下的标准化形式。为了进一步说明拓扑优化找形方法在设计实践中的应用优势，以及对不同构件形式的拓展，本书以建筑结构中最基本的两种功能性构件形式——连续步行梁桥以及竖向支撑为案例，对标准梁构、支撑及其衍变形式进行拓扑优化找形设计试验。

6.3.1　三跨连续步行梁桥设计

标准化梁构拓扑优化找形：在初始形式设定中，考虑到连续桥梁基本的受力方式和拓扑优化可行的操作对象，拟定三种梁构形式，分别为梁板组合桥（a）、空心梁桥（b）以及实心梁桥（c）（表6-6（1））。其中梁板组合（a）是以二维面受力为主，梁板高3 m桥面宽3 m，既作为桥梁界面表现的载体，又作为桥梁抗弯的主要构件；空心梁桥（b）在前者的基础上，以空间抗力方式增加整体桥梁的刚度，内部空心提供可行的通行空间。实心梁（c）是3 m×3 m×28 m的实体结构，由于受力形式的不明确性，通常不会作为传统标准化构件形式，但却可以作为拓扑优化找形方法的初始模型。

在确定初始几何参数的基础上，将三种梁构形式转化为结构模型进行受力分析以及拓扑优化（表6-6（2））。首先将连续步行桥转化为具有多个支承的连续梁，三种形式都采用8 m×12 m×8 m的三跨支撑形式，在梁板组合（a）和空心梁（b）中采用双排对称支撑，为了区分前两种形式，实心梁采取两端中点支撑以及中部两侧对称支撑的形式；其次在梁板组合（a）中施加线性竖向荷载10 kN/m，其他两种形式施加桥面均布荷载10 kN/m²。借助Millipede运算器进行结构分析（表6-6（3）），并在拓扑优化中设置惩罚因子为3.0，调控不同的优化迭代次数以及质量比率，可获得如表6-6（4）、表6-6（5）所示的相应材料分布的优化形式。

在分析中可以看到，首先无论是哪种形式，都在支撑点之间出现了出自然的拱形路径：梁板组合（a）呈现出三跨拱形张拉桥面板的结构形式；空心梁（b）在优化后则更加接近形式（a）的二维面特征，由于顶面部分不作为抗弯构件，因此被大部分剔除；实心梁（c）在优化过程中首先自主成为空心结构；其次，与前两种形式不同，由于支撑位置的移动，整个桥梁呈现出空间交织的拱形结构，支撑位置变量对最终梁构优化形态具有决定性的影响。

梁构衍生形态的拓扑优化找形：为了探讨拓扑优化方法在设计推演中的找形潜能，在标准梁构拓扑优化的基础上，对其拓变形式进一步进行找形实验。基于前面三种梁构形式以及在相同跨度支撑方式的基础上，首先进行初始几何形式的演变操作，操作策略为变化形式、变化边界、变化高度、形式组合以及增加孔洞。

基于梁板原型拓展为三种初始几何形式：第一种是依据梁的弯矩规律增大支撑初截面（表6-7（1a））；第二种是随意增大或减小截面，考虑到人行桥的视景需求，在大截面部分开设观景孔洞，除此之外，考虑到在实际环境中，人行桥有可能会出现支撑位置不等高的情况，因此设置了不等高的支撑方式（表6-7（2a））；第三种是将梁板结构拓展到立体的双层空间，形成上部起拱和下部不同高度支撑的两条通行路径（表6-7（3a））。

基于空心和实心的梁构原型拓展出三种初始几何形式：鉴于在标准构件优化结果中，

支撑位置对梁构的影响，在空心梁构的基础上也进行相同的操作（表6-7（1b））；在实际设计中，由于建筑环境与地形的复杂需求，在实心梁构原型中，首先在平面上将直线梁构拓扑为曲线的桥梁形式（表6-7（2b）），其次在高度上也进行相同的拓变（表6-7（3b））。

在确定初始几何参数的基础上，将三种梁构形式转化为结构模型进行受力分析以及拓扑优化。与标准构件原型一样施加相同类型和大小的荷载，在拓扑优化中设置惩罚因子为3.0，调控不同的优化迭代次数以及质量比率进行拓扑优化，在结果中发现：

首先无论是标准构件或是异形构件形式，最终梁构的拓扑优化受力都呈现出拱形特征，在立体梁构中，还呈现出向竖向发展的分支结构形式，而在几种实心梁构的拓扑优化结果中还呈现空间受力的出壳体形式；其次，在提前设置孔洞的案例中，当孔洞位于应力集中区域（力流路径上）时，拓扑优化过程中会在孔洞周围自动增加路径和材料进行补强；最后，支撑形式在高度变化不一致、非规则布局的情况下，最终的结构呈空间交织的丰富形态特征。

由于拓扑优化算法技术的特殊性，优化后的梁构形态拥有自然结构的有机特征，优化过程也类似于自然界的自组织过程，从设计过程到结果都能够直接表达出桥梁结构中自然形态的理性建构（表6-8（a））；除此之外，拓扑优化的动态变化过程也能为建筑师提供形态渐进的过程，有利于在动态的创新中判断内部力流路径的变化，控制形式拓变的发展方向，间接地作为利用几何规则设计合理桥梁结构形式的设计依据（表6-8（b））。

表6-6 连续步行桥梁的拓扑优化找形试验

1. 初始几何形态设置：跨度 8 m+12 m+8 m，桥面宽 3 m、高 3 m		
（a）梁板组合桥	（b）空心梁桥	（c）实心梁桥
2. 转换为结构模型：设置约束荷载和网格数量参数		
竖向均布荷载 10 kN/m	竖向均布荷载 10 kN/m²	竖向均布荷载 10 kN/m²
3. 结构分析		

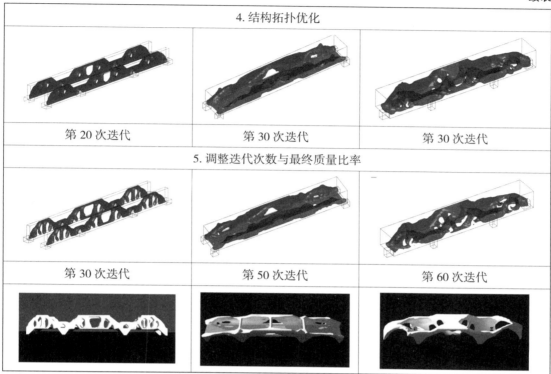

4.结构拓扑优化		
第 20 次迭代	第 30 次迭代	第 30 次迭代
5.调整迭代次数与最终质量比率		
第 30 次迭代	第 50 次迭代	第 60 次迭代

图表来源：作者建模、分析与绘制

表 6-7　连续步行桥梁的拓扑优化找形拓展

（a）梁板原型拓扑优化的形态拓展		
1.形式变化（高度变化 1~3 m）	2.形式/支撑变化（高度 2~5 m）	3.立体跨越（高度 3~9 m）

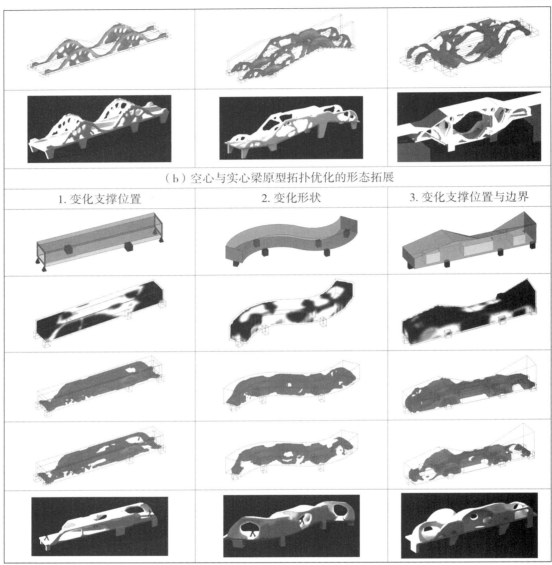

（b）空心与实心梁原型拓扑优化的形态拓展

1. 变化支撑位置	2. 变化形状	3. 变化支撑位置与边界

图表来源：作者建模、分析与绘制

表 6-8　连续步行桥梁的拓扑优化形态

（a）拓扑形态直接作为桥梁形态的自然表现

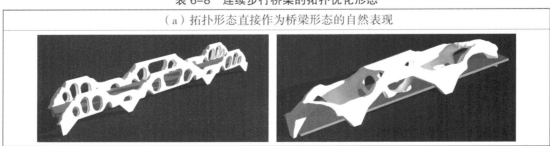

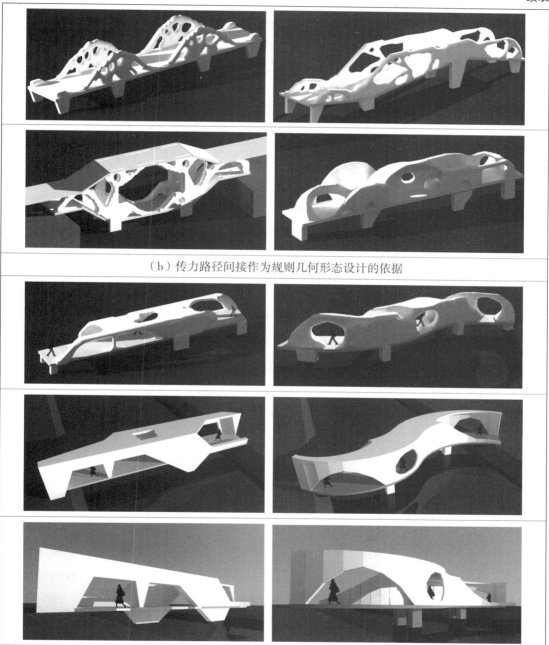

（b）传力路径间接作为规则几何形态设计的依据

图表来源：作者建模、分析与绘制

6.3.2 空间中的竖向支撑形态设计

标准竖向支撑拓扑优化找形：在初始优化对象设定中，依据竖向支撑的基本受力方式，

225

采用了三种常用形式，分别为实心柱支撑、墙支撑以及筒支撑，统一设置高度 3.5 m。其中，在柱支撑中采用了不同的截面尺寸来构筑空间结构体量，采用了从标准等截面到大截面实心柱的形式（1 m×1 m、1 m×3 m、2 m×2 m、2 m×4 m）（表 6-9（2a））；在墙支撑中，考虑到塑造空间形式的丰富性，除了拟定从 3~5 m 的不同宽度外，还包括正交组合的十字形墙和 L 墙，墙厚皆为 0.3 m（表 6-9（2b））；在筒支撑中，考虑到内部有可能承载电梯管井等功能性空间，墙厚统一为 0.3 m，采取了不同的体积尺寸（1 m×1 m×3.5 m、2 m×2 m×3.5 m、2 m×4 m×3.5 m、3 m×4 m×3.5 m）（表 6-9（2c））。

在确定初始几何参数的基础上，将三种支撑形式转化为结构模型进行受力分析与拓扑优化（表 6-9（2））。假定整体屋面为格构梁结构，竖向支撑依据网格交点布局，竖向荷载取 10 kN/m²，竖向荷载按承载面积，水平荷载取 5 kN/m²，水平荷载大致按刚度比进行分配，由于尺寸较大的支撑结构是以空间抗力的方式抵抗各个方向的荷载，因此在结构支撑构件中，都施加竖向及两个水平向荷载。借助 Millipede 运算器进行结构分析（表 6-9（3）），并在拓扑优化中设置惩罚因子为 3.0，调控不同的优化迭代次数以及质量比率，可获得如表 6-9（4）、表 6-9（5）所示的相应材料分布的优化形式。

从结果中可以看到，在最终比率 30% 的结果中，水平荷载与竖向荷载叠加下，三种支撑最终都自主地成斜交网格或孔洞形式；材料均在底部消减较多形成类似的点支撑形式；在水平荷载下皆在反作用力方向形成墙体形式抵抗。在截面尺寸较小的柱支撑中保留材料较多（表 6-9（6a））；在墙板支撑中，本身以足够的长度抵抗水平荷载，因此材料消减较为均匀，多呈现出轴力杆系的交叉网格的特征（表 6-9（6b））；而在尺寸较大的支撑中，由于有三个方向荷载的支撑，所以杆件也呈现出空间交叉的形式特征（表 6-9（6c））。

竖向支撑衍生形态的拓扑优化找形：为了探讨拓扑优化方法在设计推演以及塑造空间形式上的潜能，在标准支撑的基础上，对其拓变形式进一步进行找形实验。在前面三种支撑形式的基础上进行六种不同的拓展操作：变化截面尺寸、纵向扭转、变化体量、变化平面形状、变化边界形式以及纵向曲折（表 6-9（7））。其中，由于支撑柱为实心结构，重点是体积相关的操作，例如在小尺寸实心柱结构的纵向上进行中部缩小的变截面拓展（表 6-9（7a）），在大体量的实心柱结构中进行体积拓变以及纵向扭转操作（表 6-9（7b））、（7c））；支撑墙板关乎平面的空间布局，因此在平面形式上将其拓变为弧形围合的片墙（表 6-9（7d）），除此之外，在立面上，由于墙板同时承载着空间截面的属性，在界面形式上将其拓变为底部缩小的墙板形式（表 6-9（7e））；在筒支撑中，由于筒既能够在中部容纳空间，又能够作为空间界面，因此既在平面上拓变为圆形截面，又在纵向上进行曲折的变化（表 6-9（7f））。

在确定初始几何参数的基础上，将六种支撑形式转化为结构模型进行受力分析以及拓扑优化。与标准支撑原型一样施加相同类型和大小的荷载，在拓扑优化中设置惩罚因子为

3.0，调控不同的优化迭代次数以及质量比率进行拓扑优化。在最终的优化结果中，与标准形式相似，六种拓变形式，都呈现出墙板、交叉轴力杆系网格或两者混合的形式特征。除此之外，无论是标准构件或是拓展形式，由于力流路径通常是以最短的传力方式达成，都在优化后呈现出底部类似点支撑上部分支的形式特征，即使在体积扭转的支撑柱优化后，仍然呈现出同样的特点。在此基础上，变截面实心柱（a）和曲折筒支撑（f），其优化结果还呈现出力流收缩和分散特征；同样的，结构形式与荷载方式越复杂，其形态变化也越丰富。由于最终的网格中主要以二维墙体和杆系网格混合而成，在形式表现中，结构内在的自然路径肌理，可以直接作为构筑自然有机的空间界面（表6-10（a））；也可以将其转换为规则的二维网格面或三维的杆系网格形态（表6-10（b））。

　　拓扑优化方法不仅在初始形态的设定中具有很大的自由度，并且在其优化结果中呈现出模糊结构的极致特征：尽管在设计初期都采用了明确差异性的初始形式，但在最终的优化结果中都统一指向了内在具有共性的网格肌理，所有支撑似藤蔓一般相互融合生长，在结果中已然无法辨别其具体类型的边界，拓扑优化将所有形式置换生成一种直指内在路径的模糊结构，既能够为建筑师作为寻找合理路径的依据，又能够展现自然结构的表现力，塑造浑然一体且自然生长的空间形式。

表 6-9　竖向支撑的找形

1. 初始几何形态设置（网格单元 1 m）		
（a）柱支撑	（b）墙支撑	（c）筒支撑

2. 设置约束位置和荷载（水平荷载 5 kN/m² 竖向荷载 10 kN/m²）					
1 m × 1 m × 3.5 m	2 m × 2 m × 3.5 m	0.3 m × 3 m × 3.5 m	0.3 m × 5 m × 3.5 m	2 m × 4 m × 3.5 m	2 m × 2 m × 3.5 m

1 m × 3 m × 3.5 m	2 m × 4 m × 3.5 m	3 m × 3.5 m	3 m × 3.5 m	1 m × 1 m × 3.5 m	3 m × 4 m × 3.5 m
		2 m × 3.5 m	4 m × 3.5 m		

3. 结构应力分析

4. 结构拓扑优化（选择 15 次迭代）

5. 调整迭代次数与最终质量比率（30 次迭代，30% 比率）

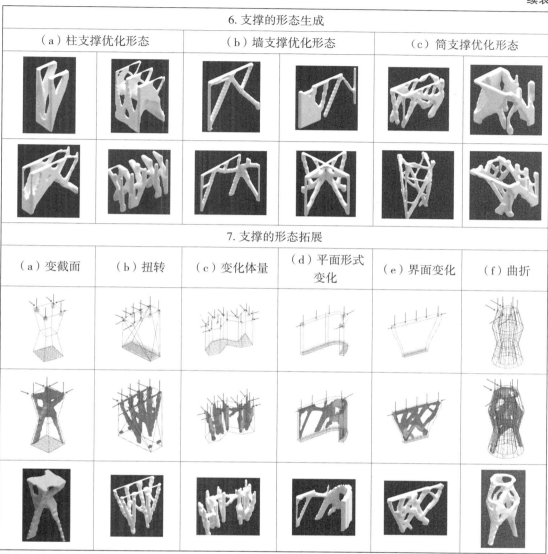

6. 支撑的形态生成		
（a）柱支撑优化形态	（b）墙支撑优化形态	（c）筒支撑优化形态

7. 支撑的形态拓展					
（a）变截面	（b）扭转	（c）变化体量	（d）平面形式变化	（e）界面变化	（f）曲折

图表来源：作者建模、分析与绘制

表 6-10　竖向支撑的找形拓展

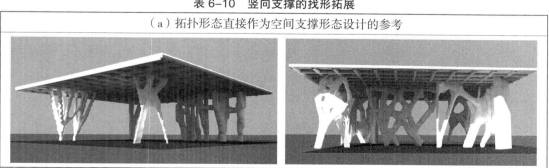

（a）拓扑形态直接作为空间支撑形态设计的参考

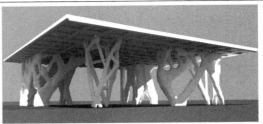

（b）拓扑形态转换为规则支撑形态

图表来源：作者建模、分析与绘制

拓扑优化找形为建筑师提供了一个关于三维实体结构形态设计的新设计方法，以一种新的方式诠释了人类早期利用砌筑夯土堆叠实体结构的材料聚集方式，并且进一步将希腊时期从外至内的艺术形态刻画，上升到由内而外的自我雕琢。可以说拓扑优化找形方法从更加微观和内在的层面上拓展了这两种途径。拓扑优化找形设计方法的重点及其价值主要在于：

传统优化设计中往往需要设定在具体形态基础上进行局部优化，其结果具有明确的预设性，而在拓扑优化中，取而代之的是模糊的设计范围，在优化过程中还能够依据空间使用和构件孔洞预留设定非优化部分。这一方面极大提高了设计的弹性，另一方面也需要设计师以不确定性的设计思维把控形态设计，充分发挥拓扑优化在形态探索方面的潜能。除此之外，由于拓扑优化是基于单元而非形式进行自主寻优，即使是在微观、标准化的构件单元中，借助拓扑优化找形方法也能够挖掘出多样的形式表现力，使得在固有标准化的设计思维模式之外，开启一种全新的、更加自由的探索方式。

在拓扑优化找形过程中，形态结果主要取决于支撑位置、荷载传递以及优化参数的调控，其规律是随着受力环境复杂程度的增加，反而显现出更加丰富的形式特征。例如步行桥对称布局与受力下呈现出二维特征，而在非对称荷载和支撑下呈现出三维空间的受力特征。在复杂形式的内部，还呈现出路径细分、层级分明、密度与质量优化的有序现象，这种随着受力复杂而自然形式特征越明显且有序发展的优势，一方面打破了传统标准范式对形式力求简单的要求，另一方面为建筑师提供了一个挖掘高性能自然艺术形式的途径。

6.4 结构性表皮的找形设计

6.4.1 面系结构表皮

自然孔洞表皮：拓扑优化的原理是在设计对象上依据传力或应力状况，去除无效或低效的部分，因此其最终结果通常具有孔洞特征。在形态表现上，拓扑过程中的极致细分又使得这种优化类似"分子"的自动聚合成形，因此拓扑优化的孔洞形态与自然孔洞结构拥有着极其相似的几何特征：一种潜在路径规律控制下的，在细节发展上不确定、平滑的材料自组织聚集，完全不同于传统几何孔洞规则的规划控制。

这种进化的相似性在 Irmgard Lochner–Aldinger 教授与 Axel Schumacher 博士的拓扑优化研究中得以明晰[①]（图6-5），其利用均匀化拓扑方法对壳体进行优化后发现，网格壳

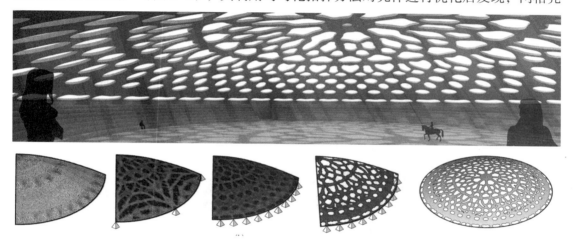

图6-5　Irmgard Lochner–Aldinger 教授与 Axel Schumacher 博士对壳体结构的拓扑优化研究
图片来源：Adriaenssens S，Block P，Veenendaal D，et al. Shell structures for architecture：form finding and optimization[M]. New York：Routledge，2014

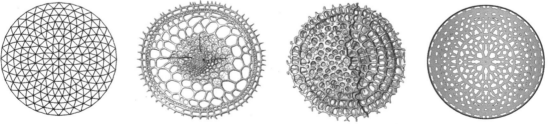

（a）传统几何规划　　　（b）硅藻类的自组织聚集结构　　　　　　　（c）拓扑优化的结构形态
图6-6　与传统几何规划的网格相比，拓扑优化的结构形态特征更趋向于自然界中自组织聚集
图（a）来源：www.google.com，图（b）/（c）来源：Adriaenssens S，Block P，Veenendaal D，et al. Shell structures for architecture：form finding and optimization[M]. New York：Routledge，2014

---

① Adriaenssens S，Block P，Veenendaal D，et al. Shell structures for architecture：form finding and optimization[M]. New York：Routledge，2014：222

的几何路径非常类似于 20 世纪初恩斯特·海克尔（Ernst Haecke）记录的微型硅藻类形式（图 6-6（b）），硅藻类结构形式是进化数百万年的优化结果，两种形式具有共同的路径方式与肌理特征。相比传统均等三角网格的网壳形式而言（图 6-6（a）），拓扑优化更加保留了自然物在形态与细节上最原始的复杂特征（图 6-6（c）），而恰恰是这种复杂特征使得在同一路径上具备了多样性的可能。

在结构形态设计中，孔洞同时具备功能性的表现，例如墙面窗洞、楼板的架空、梁的设备孔洞等。日本建筑师风袋宏幸 2004 年设计的 Takatsuki Akutagawa 办公楼是日本第一个利用结构渐近拓扑优化方法（ESO）找形的实际项目（图 6-7），作为火车站附近街区的城市界面，它的目的是让购物商场焕发活力，设计师结合内部采光需求以及建筑入口的合理位置，通过在四层高的混凝土外墙中模拟真实荷载下的结构受力并进行拓扑优化，经过多次迭代和几何规则，最终获得了动态新颖的表皮形态。

孔洞主动介入下的拓扑优化：拓扑优化中的孔洞提供了一个自然合理的孔洞布局依据，然而在很多情况下，这种建筑形态的功能性孔洞往往取决于综合因素而非仅仅是结构受力，并且孔洞生成的不确定性建筑师很难掌控，建筑形态的复杂性表现往往同时也会与自动拓扑优化后的孔洞相互矛盾，因此这就需要预先规划孔洞，通过拓扑优化找形调整或

图 6-7　Takatsuki Akutagawa 办公楼的结构立面设计中利用拓扑优化生成采光孔洞
图 片 来 源：Januszkiewicz K, Banachowicz M. Nonlinear shaping architecture designed with using evolutionary structural optimization tools[J]. Materials Science and Engineering, 2017, 245（8）：2-10.

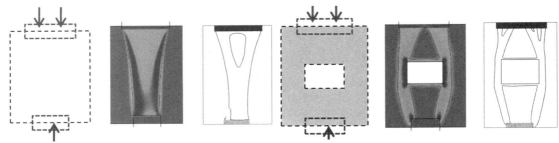

（a）无孔洞的应力分析与优化形态　　　　（b）预留孔洞的应力分析与优化形态
图 6-8　在预留孔洞下通过拓扑优化方法能够获取到新的结构传力路径；图片来源：作者分析绘制

重构孔洞形态。在拓扑优化的生成过程中，材料密度是拓扑优化过程中控制孔洞生成的参数，如果将设计域的某一区域内的密度预先设定为零，借助优化算法拓扑优化过程中将会自动避开零密度区域，既实现孔洞位置的预留，又能够调控几何位置参数进行形态与结构的整合设计。

拓扑优化的特征是在设计域内能够寻找到所有路径的可能，若区域边界或局部参数改变，也将重新进行运算生成合理的路径，因此孔洞介入的拓扑优化，其本质上是利用优化运算迭代，自动避开孔洞重新选择生成路径。基于 Millipede 的拓扑优化程序，分别对上部荷载下部支撑的无孔洞与预留孔洞的两种构件进行拓扑优化后发现（图 6-8），在无孔洞的情况下，其自动生成的结构应力主要集中在中部且受力均匀，而当在应力最集中，也就是通常认为最不适合开洞的地方插入零密度区，即进行孔洞的预设后，拓扑优化后的结果是自动绕开孔洞重新寻找适应该形状的路径，以保证力流传递的连通与顺畅，这一路径有助于帮助建筑师判断孔洞结构的设计，这一过程恰恰也是一个对孔洞设计极具适应性的找形方法。

预设孔洞的拓扑优化能够帮助设计师通过预先设定的窗洞位置重构合理表皮网格，以下分别以标准对称的立面开洞、伊东丰雄在日本设计的 Mikimoto Ginza 商店建筑非规则孔洞布局，以及妹岛和世的关税同盟设计与管理学院的结构表皮为原型，进行拓扑优化的孔洞重构与找形。其设计过程为：初始几何孔洞和设计范围的设置—结构应力分析—拓扑优化重构—结构分析验证（图 6-9）。

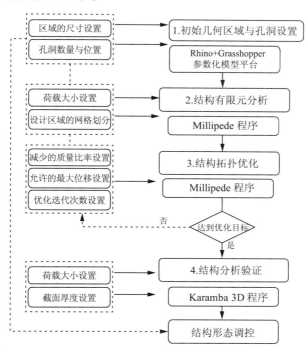

图 6-9　基于立面孔洞的拓扑优化找形流程；图片来源：作者绘制

标准立面窗位的孔洞重构： 在建筑表皮支撑结构的开洞中，通常情况下为了保持力流在竖向上传递的连续性，剪力墙中窗与门洞的位置往往以对称网格且较小尺寸的方式排布，然而作为城市要素的建筑界面，这种方式很难调和孔洞作为多样性"表皮"功能的矛盾。

基于 Grasshopper 平台，首先基于 18 m × 30 m 的建筑立面，建立三种常规开窗方式，分别为均等分布的规则窗洞（a）、竖向长窗（b）和横向带形窗（c）；随后借助 Millipede 运算器，在结构模型中给予顶部竖向荷载 300 kN 以及水平荷载 200 kN，底部支撑；最后设置惩罚因子 3.0，目标密度 25%，调控迭代次数，对三种不同形式进行受力分析和拓扑优化。

在结果中可以看到（表 6-11），首先在受力上，虽然标准窗洞（a）与（b）力流传递较为连续，但在标准窗洞的拐角周边都有不同程度的集中应力，尤其是在横向长窗中，由于阻隔了竖向力流传递，因此应力变化也较明显。拓扑优化后的结果中，则都呈现出自然的拱形孔洞，且连续顺滑，优化了拐角点的集中应力问题，整体应力变化较为均匀。其次，在结构表现上，拓扑优化方法重构了原始规则矩形的窗洞形式和均匀的布局关系，斜向拱形孔洞之间相互连续与平滑连接，且随原始受力和窗洞的大小变化呈现出疏密有致的立面肌理；除此之外，在拓扑优化的生成过程中，孔洞形态本身就具有不确定性，形态结果也只是多个变量调控和动态演变过程中的一个静态切片，与标准化的孔洞相比，借助拓扑优化方法不仅能够自动寻找到受力合理的窗洞位置，而且更加具有适应性，能够同时整合界面、功能以及力学特性作为建筑表皮孔洞形态设计的依据。

表 6-11 标准布局下立面孔洞的重构

1. 设置初始几何对象		
（a）均等窗洞	（b）竖向长窗	（c）横向带形窗
2. 应力布局		
3. 拓扑优化（第 8 次迭代）		

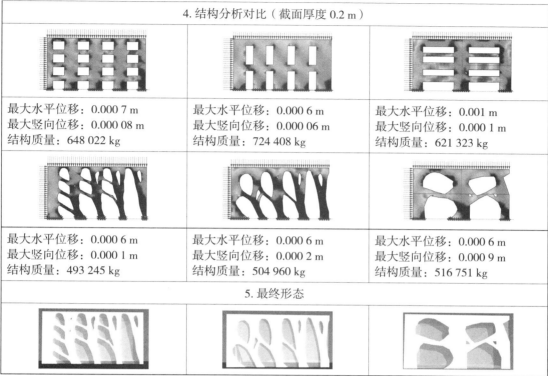

4. 结构分析对比（截面厚度 0.2 m）		
最大水平位移：0.000 7 m 最大竖向位移：0.000 08 m 结构质量：648 022 kg	最大水平位移：0.000 6 m 最大竖向位移：0.000 06 m 结构质量：724 408 kg	最大水平位移：0.001 m 最大竖向位移：0.000 1 m 结构质量：621 323 kg
最大水平位移：0.000 6 m 最大竖向位移：0.000 1 m 结构质量：493 245 kg	最大水平位移：0.000 6 m 最大竖向位移：0.000 2 m 结构质量：504 960 kg	最大水平位移：0.000 6 m 最大竖向位移：0.000 9 m 结构质量：516 751 kg
5. 最终形态		

图表来源：作者建模、分析与绘制

非规则布局下立面孔洞的重构——以 Ginza 建筑表皮为原型：Mikimoto Ginza 整体建筑墙面 9 层高 48 m、宽 17 m，在其表皮中，设计师采用准水晶几何形状（quasi-crystalline）衍生出的随机形状对支撑表皮的密度重新定义，将这些随机变化的三角形孔洞作为建筑每层的采光窗口以及立面形式（图 6-10）。

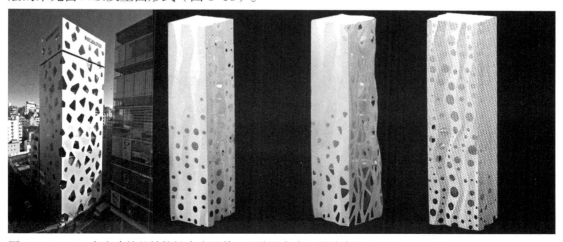

图 6-10　Ginza 商店建筑的结构性表皮及其立面孔洞方案；图片来源：El Croquis 147

　　首先，以 Ginza 墙体的立面尺寸比例为参考建立优化的对象区域，以水晶窗洞作为预设孔洞参数，并建立参数化几何模型。其次，将其转换为结构模型进行分析，Ginza 的实际墙体为钢板夹混凝土预制板，为了更加方便准确的受力分析，在结构模型中转换为连续的混凝土墙体，并在底部设置固结约束，在顶部设置 300 kN/m 竖向均匀荷载，侧向设置 200 kN/m 水平荷载。在结果中可以看到，传力路径并没有因为窗洞的介入而隔断，而是绕开孔洞传递保证了路径完整性（表 6-12（1））。随后基于 Millipede 拓扑优化程序，在孔洞相应区域设置零密度，设置惩罚因子 3.0，目标密度 25%，最大迭代次数 8 次，进行拓扑优化生成。随着迭代次数的增加，材料在保证避开孔洞的基础上逐步减少，在第 2 次迭代中是以孔洞的形态，到第 6 次迭代后逐渐转变为自然形态的分支结构。在竖向荷载下，网格呈现出竖向连续的非规则形态，在水平荷载叠加后，则呈现出斜向的网格形态（表 6-12（2））。在此基础上设置截面厚度 0.3 m，进行结构分析验证后发现，相比标准窗洞的拓扑优化重构，孔洞布局越复杂随机，优化形态结果具有更加细分和层级鲜明的网格形态（表 6-12（3））：在竖向荷载下，竖向传力路径材料保留较多，水平向则尺寸较小；在竖向和水平荷载叠加下，类似悬臂梁的斜交网格特征明显。总而言之，拓扑优化找形后的结构形态不仅具有高效的性能和更少的耗材，并且与原有随机布局的晶格孔洞相比，更加具有自然界中材料自组织聚集的网格特征。

表 6-12　基于 Ginza 表皮孔洞布局的拓扑优化找形

1. 竖向平力荷载下的拓扑优化（尺寸孔洞参考（48 m × 17 m）施加竖向荷载 300 kN/m）			
第 2 次优化迭代	第 6 次优化迭代	应力分析	应力分析

续表

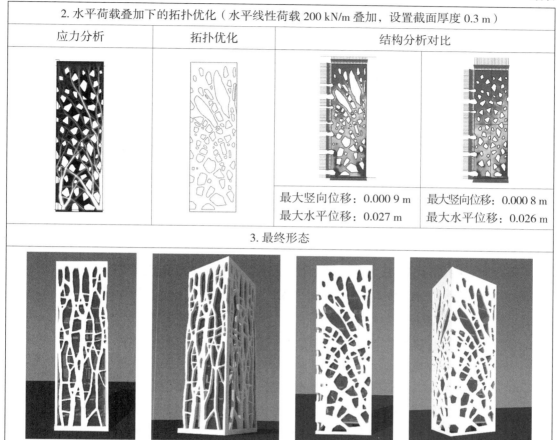

2. 水平荷载叠加下的拓扑优化（水平线性荷载 200 kN/m 叠加，设置截面厚度 0.3 m）		
应力分析	拓扑优化	结构分析对比

最大竖向位移：0.000 9 m
最大水平位移：0.027 m

最大竖向位移：0.000 8 m
最大水平位移：0.026 m

3. 最终形态

图表来源：作者建模、分析与绘制

不确定性布局下的孔洞重构——以关税同盟设计与管理学院建筑表皮为原型：墙体既作为立面窗洞的载体又作为整个建筑结构的支撑，如何在结构性能与功能需求之间获得平衡是至关重要。在 Ginza 公共空间的表皮支撑中，由于其模块化预制装配方式，孔洞仍然以较为均匀方式布局，遵循了力流路径连续的几何连通性，但在关税同盟设计与管理学院的表皮中（图 6-11），则以超乎寻常的不确定表现彻底颠覆了传统剪力墙中"均匀、规则、上下对齐、上多下小"的孔洞布局规律[①]。实际上，尽管关税同盟设计与管理学院与伊东丰雄在 TOD's 中遵循整体应力分布的孔洞布局大相径庭，前者看似用标准化的孔洞和不均匀的布局割裂力流路径，后者用非标准化的孔洞依据传统均匀化的布局规律，而无论是哪一种方式，在这两个案例中本质上都遵循了内在力流路径连续性的策略，不同的是，后者遵循了剪力墙初始形态下的应力网格，而前者利用预设孔洞的干扰在内部重新生成新的力流路径。

---

① 同济大学，西安建筑科技大学，东南大学，等. 房屋建筑学 [M]. 4 版 . 北京：中国建筑工业出版社，2006

图 6-11 关税同盟设计与管理学院建筑表皮窗洞和平面布局；图片来源：www.archdaily.com

为了扩大不确定设计的可能性，除对结构表皮进行拓扑外，结合原有平面功能中窗洞的位置以及其非均匀的布局，进一步利用拓扑优化方法探讨在孔洞位置变动下的下找形探索。首先以孔洞位置为变量，调控为（a）原型、（b）均质布局、（c）上密下疏以及（d）上疏下密型的四种布局（表 6-13（1））。与 Ginza 的拓扑优化过程类似，设置相同参数进行结构分析和拓扑优化后发现，在不同的窗洞布局下皆能够找寻到连续的传力路径，在施加 300 kN/m 竖向荷载后，网格形态成竖向分支状，分支随着孔洞的密集度逐渐增加（表 6-13（2））。叠加 200 kN/m 水平荷载后，同样可以获得斜向的分支网格表皮形态（表 6-13（3））。

在此基础上进一步地进行结构分析（表 6-13（4）），与原始矩形孔洞相比，首先拓扑优化后的结构都具有更少的耗材，在质量减少 25% 时仍然具有高效的结构性能；其次，原始矩形孔洞的四角周围都有明显的集中应力，拓扑优化后的应力皆较为均匀；在形态上都呈现出斜向交叉网格，其中形态（a），相较于其他布局具有明显的集中分散对比，因此在拓扑优化形态中也显现出非均衡的材料消减；（b）组由于在每层楼孔洞数量不变的基础上布局较为对齐，因此拓扑结果趋于均匀网格。而（c）和（d）为整体孔洞数量不变条件下进行大小均匀渐变，最终使得拓扑优化后的结果呈现出相反的树形分支的消减，其中上密下疏的孔洞布局（c）具有更好的结构性能，与原型（a）对比力流路径更加均匀分散。不仅能够判断窗洞位置的合理性，并且能够在可变的预设条件下进化出更加多样性、优化、更小消耗的拓扑形态。

表 6-13　基于关税同盟设计与管理学院表皮孔洞的拓扑优化找形

1. 孔洞布局（界面宽 25 m、高 25 m）			
（a）原型布局	（b）均质布局	（c）上密下疏	（d）上疏下密

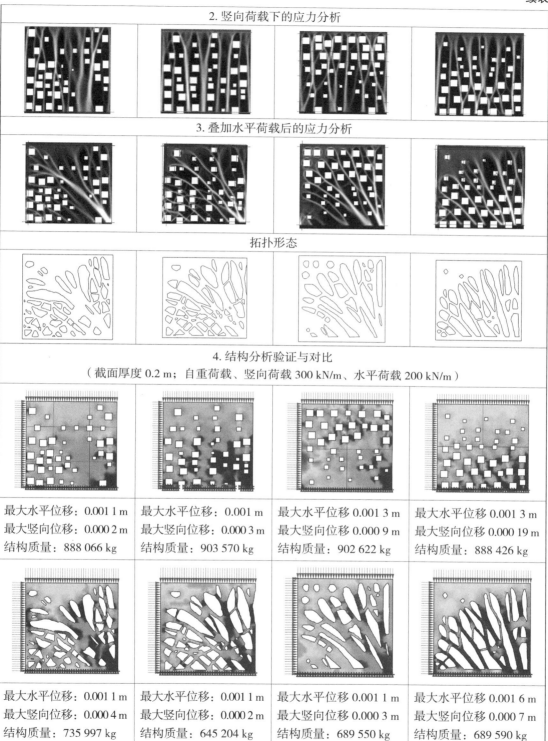

2. 竖向荷载下的应力分析

3. 叠加水平荷载后的应力分析

拓扑形态

4. 结构分析验证与对比
（截面厚度 0.2 m；自重荷载、竖向荷载 300 kN/m、水平荷载 200 kN/m）

最大水平位移：0.001 1 m 最大竖向位移：0.000 2 m 结构质量：888 066 kg	最大水平位移：0.001 m 最大竖向位移：0.000 3 m 结构质量：903 570 kg	最大水平位移 0.001 3 m 最大竖向位移 0.000 9 m 结构质量：902 622 kg	最大水平位移 0.001 3 m 最大竖向位移 0.000 19 m 结构质量：888 426 kg
最大水平位移：0.001 1 m 最大竖向位移：0.000 4 m 结构质量：735 997 kg	最大水平位移：0.001 1 m 最大竖向位移：0.000 2 m 结构质量：645 204 kg	最大水平位移 0.001 1 m 最大竖向位移 0.000 3 m 结构质量：689 550 kg	最大水平位移 0.001 6 m 最大竖向位移 0.000 7 m 结构质量：689 590 kg

5.最终形态示意
（a）竖向荷载下的拓扑优化形态
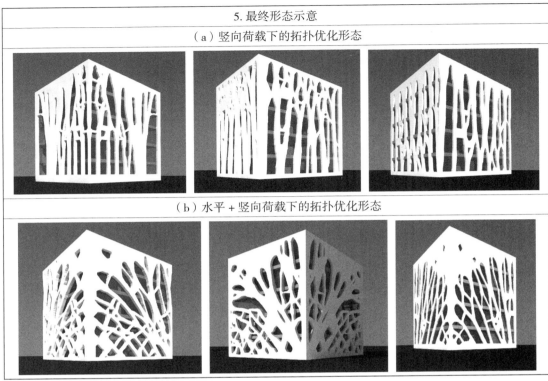
（b）水平＋竖向荷载下的拓扑优化形态

图表来源：作者建模、分析与绘制

　　总而言之，尽管在传统设计中，孔洞是剪力墙设计中要解决的主题矛盾之一，然而结构拓扑优化对孔洞的适应性赋予了其新的价值，一方面，孔洞变量的介入意味着在几何调控与结构自动优化之间建立了平衡的连接，能够很好地将孔洞功能、美学以及效率整合设计；另一方面，孔洞变量又能够拓展设计拓扑优化的找形优势和潜能，丰富结构优化形态的多样性。

6.4.2　杆系结构表皮

　　在有杆系构件组成的表皮组织关系中，位置布局决定着结构的整体稳定性与效能。例如通常在建筑空间变动设计中，支撑位置的改变，很有可能带来梁板面系内部低效以及混乱的形态秩序，并且随着支撑的进一步变动出现更加繁复的形态秩序。因此，在这一过程中结合优化性能的拓扑方法，可以在改变支撑位置的同时寻找到更加高效的梁板结构形态。

　　西交利物浦大学的 Thomas Fischer 和 Christiane Herr 对混凝土梁柱网格的研究发现，在规则网格基础上进行支撑点位置的几何操作变化后，由于次梁与主梁的间距变化差异较大且不规律，导致了受力不均匀，并需要增加支撑点进行解决，这额外增加了结构的复杂度（图6-12）。而当采用 Delaunay[①] 三角剖分算法寻找路径后，最终的布局在一次梁格内增加了二次梁布置密度，两端的长度区域均匀，支柱也在各个网格的中心位置，材料的总体消耗减少并且整体结构效能和形态秩序也得到了优化。Digital Structure 实验室也结合优化算法，通过对斜向几何构形的拓变操作直接将其应用到设计初期的找形探索中（图6-13），相比传统的标准化网格而言具有极强的表皮塑造力；与面系材料分布的优化相比，杆系构形的优化可以采用统一截面尺寸的构件，也更加适应标准化工业生产方式。

除了杆系的路径算法外，结合遗传算法的纯几何参数调控和 BESO 优化方法也能够实现结构杆系的拓扑优化：一种是以结构耗材或位移为目标，单纯调控构件的相对位置、数

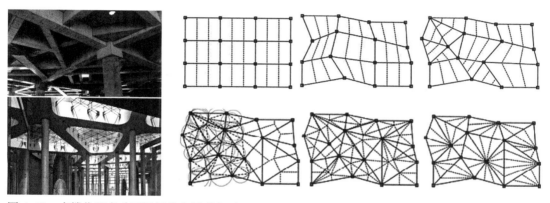

图6-12　支撑位置变动下梁网格布局形态对比：冗繁的秩序（上）与优化后的布局（下）
图片来源：Thomas Fischer, Christiane Herr. Generative column and beam layout for reinforced concrete structures in China[C]. Communications in Computer and Information Science, 2013

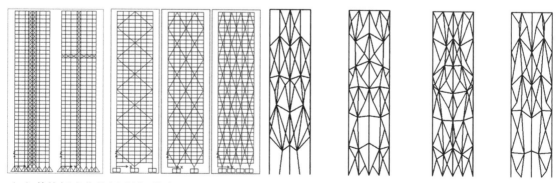

（a）传统标准化的杆系界面组织　　　　　（b）拓扑优化的杆系界面组织
图6-13　Giulia Milana 等学者对高层结构性表皮的优化找形
图片来源：Giulia M，Pierluigi O，Konstantinos G，et al. Ultimate capacity of diagrid systems for tall buildings in nominal configuration and damaged state[J]. Periodica Polytechnica Civil Engineering，2015，59（3）：381-391.

———————————
① Delaunay 是由与相邻 Voronoi 多边形共享一条边的相关点连接而成的三角形，在表皮设计中，三角剖分算法有最大化最小角、最接近于规则化的三角形几何镶嵌算法。

量、支撑位置等几何参数；另一种是通过结构分析删除低效的构件来提高结构效能。两者都能够寻找到更加优化和低耗的杆系界面组织。

为了进一步探索针对不确定且随机几何操作下的拓扑优化找形特征，以下结合上述两种方式，以SWECO公司设计的上海世博会瑞典馆的结构表皮为原型（图6–14），进行杆系界面表皮的拓扑优化找形。其找形过程可以描述为：初始面系构件组织设置—结合遗传算法调控几何参数的拓扑优化—基于BESO法删减低效杆件拓扑优化—结构分析验证（图6–15）。

图6–14　上海世博会瑞典馆结构表皮组织和内部空间；图片来源：www.archdaily.com

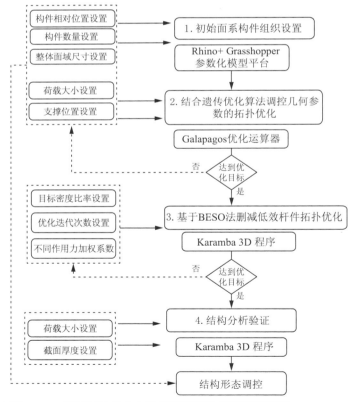

图6–15　基于拓扑优化方法的面系杆件组织找形流程
图片来源：作者绘制

1. 初始面系构件组织设置： 上海世博会瑞典馆的结构性表皮是由胶合木构件以斜交网格的方式构成，其入口底部架空，整个内部空间呈现出延展的城市网格意象，支撑构件在网格交织中自然地延伸到地面（图 6-14）。参照瑞典馆的网格布局，在初始面系构件组织设置中，设定面域范围 12 m × 10 m，底层架空 3 m。为保证初始受力的合理性，在面域内首先设定 16 个截面为 0.25 m 的方形竖向杆件同时保证杆件都能够连续传力，并且其底端延伸至地面作为支撑点设置。其中构件分布由顶端与底端的节点控制，为了将竖向构件在后期调控为相互交织的网格形态，将两端的节点位置设置为变量，调整节点位置，竖向杆件即可称为网格形态（表 6-14（1））。

2. 结合遗传算法调控几何参数的拓扑优化： 由于随机调控几何参数的结构形态并不能直接作为优化的参照，因此在设置几何参数与变量后，借助 Galapagos 遗传算法运算器和 Karamba 3D 结构有限元分析程序，进行第一轮以结构性能为目标的构件组织拓扑（表 6-14-（2））。在结构模型中，底部节点为支撑点，除自重外顶部节点各施加 100 kN 点荷载，侧向节点施加 100 kN 水平荷载，将杆件定义为 0.25 m 的方形钢杆件。在优化模型中，以结构最大位移的最小化为优化目标，调整杆件两端的节点位置。优化算法的优势是能够寻找到变量区间的所有解，对比分析后获得精英解，在进行了 50 次迭代后分别获取四组位移量小于 0.01 m 的精英解。由于在优化过程中节点位置的变化，导致了杆件斜向长度的改变，因此四组模型质量从 5 700 kg 到 6 051 kg 有不同的结果。

表 6-14　基于 2010 年瑞典馆表皮构件组织的拓扑优化找形

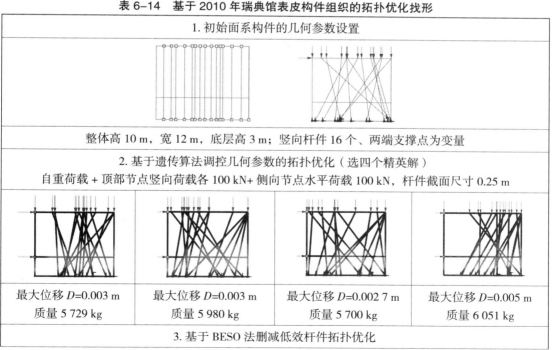

1. 初始面系构件的几何参数设置
整体高 10 m，宽 12 m，底层高 3 m；竖向杆件 16 个、两端支撑点为变量
2. 基于遗传算法调控几何参数的拓扑优化（选四个精英解） 自重荷载 + 顶部节点竖向荷载各 100 kN + 侧向节点水平荷载 100 kN，杆件截面尺寸 0.25 m

最大位移 D=0.003 m 质量 5 729 kg	最大位移 D=0.003 m 质量 5 980 kg	最大位移 D=0.002 7 m 质量 5 700 kg	最大位移 D=0.005 m 质量 6 051 kg

3. 基于 BESO 法删减低效杆件拓扑优化

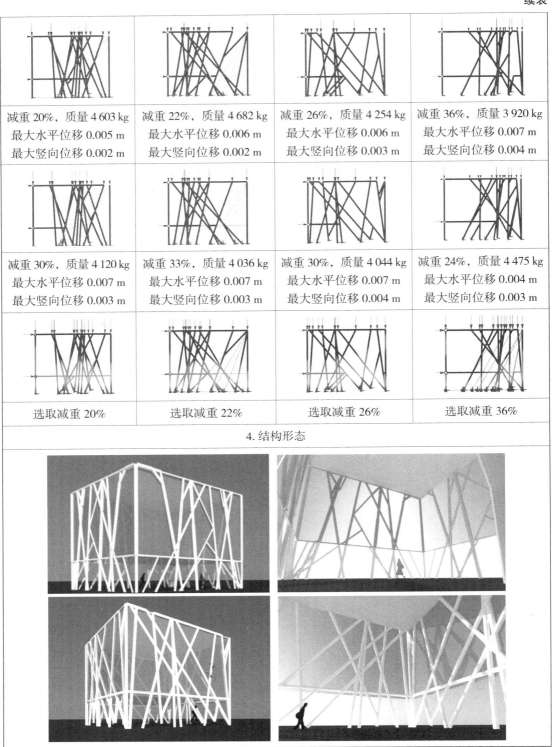

减重 20%，质量 4 603 kg 最大水平位移 0.005 m 最大竖向位移 0.002 m	减重 22%，质量 4 682 kg 最大水平位移 0.006 m 最大竖向位移 0.002 m	减重 26%，质量 4 254 kg 最大水平位移 0.006 m 最大竖向位移 0.003 m	减重 36%，质量 3 920 kg 最大水平位移 0.007 m 最大竖向位移 0.004 m
减重 30%，质量 4 120 kg 最大水平位移 0.007 m 最大竖向位移 0.003 m	减重 33%，质量 4 036 kg 最大水平位移 0.007 m 最大竖向位移 0.003 m	减重 30%，质量 4 044 kg 最大水平位移 0.007 m 最大竖向位移 0.004 m	减重 24%，质量 4 475 kg 最大水平位移 0.004 m 最大竖向位移 0.003 m
选取减重 20%	选取减重 22%	选取减重 26%	选取减重 36%

4. 结构形态

图表来源：作者建模、分析与绘制

3. 基于 BESO 法删减低效杆件拓扑优化： 在上一结果中发现，虽然借助遗传算法单纯地调控几何参数也能获取到较为高效的结构性能，但是由于缺乏力学参照，需要进行多次迭代后才能获得相对稳定的结果，如果在此基础上进一步增加材料消耗的目标优化，则需要更加大量的运算过程。因此，在上一结果的基础上，借助 Karamba 3D 程序的 BESO 运算器，参照杆件的受力状况，进一步进行同时以材料消耗为目标的拓扑优化（表 6-14（3））。在实体结构中，BESO 方法是依据单元材料的受力进行消减筛选，而杆系组织中，则是以杆件为单元，以各个杆件中压力、拉力、弯矩、剪力受力状况进行分析筛选，删除效率最低的杆件从而获得更轻质的整体组织。在这一案例中，由于杆件主要受压力与拉力，因此优化过程中，设置迭代次数为 10 次，优化后质量与初始质量比率为变量。在优化和分析结果中发现，依据组织布局不同，减重的比率可调整范围不同，整体上在去除低效杆件减重 30% 后，继续删除杆件结构性能会开始迅速下降，但在去除低效杆件减重 20% 的情况下，结构依然能够保证较高的性能同时也获得了新的网格布局。

6.5　空间结构的形态优化找形

空间结构系统主要包含支撑与跨越构件，其中跨件（梁）通常在横向上组织抵抗弯矩，既决定了结构空间跨越过程中的稳定性，也影响着空间的尺度、界面肌理。对于支撑柱而言，由于其竖向传力的特征具有较强的空间存在，其组织方式则直接影响着空间的围合、流通以及功能使用，与空间布局与构形息息相关，与平面构件组织相比，空间组织的拓扑优化更能够抵抗复杂的受力状况，同时调整这些构件在空间中的位置和布局，不仅有可能改变、优化结构整体效能，减少耗材还可以实现空间结构形态的拓变。

空间组织的优化可以是增加局部空间性结构要素的刚度，也可以是增强整体空间结构的刚度。第一种模式是表皮结构自身为空间性的组织，典型案例是墨尔本联邦广场的空间性结构表皮，结构虽然作为建筑的面系表皮，但其本身是由方钢管构成的空间结构（图 6-16左）。第二种模式是建筑功能空间支撑结构，例如 J. Mayer H. 建筑师设计的 Mensa Moltke

图 6-16　墨尔本联邦广场的空间性结构表皮（左），Mensa Moltke 食堂中的空间结构（右）
图片来源：http：//topocastlab.com（左）；www.google.com（右）

食堂建筑（图 6-16 右），空间维度方向路径的传递有利于整体结构抵抗不同方向上的稳定，另一方面又能够塑造建筑形态在空间维度上更多可能的秩序。与 Mensa Moltke 食堂的空间网格结构相比，墨尔本联邦广场的空间性表皮还采用了分形的运算规则，保证杆件能够以经济性的模块组建整个结构。

　　与平面组织的拓扑优化类似，空间构件组织的拓扑优化同样可以结合遗传算法的纯几何参数调控和 BESO 方法实现，除此之外还可以结合镶嵌几何算法增加空间形态的丰富性。以下以北京国家游泳中心水立方的结构形态为原型（图 6-17），探讨上述空间组织模式下的拓扑优化找形。其过程可以描述为：初始空间构件组织的几何参数设置—结合遗传算法调控几何参数的拓扑优化—基于 BESO 法删减低效杆件拓扑优化—结构分析验证。

图 6-17　水立方的结构性表皮及其 Voronoi 3D 网格；图片来源：www.google.com

表 6-15　基于水立方 Voronoi 3D 镶嵌组织的拓扑优化找形

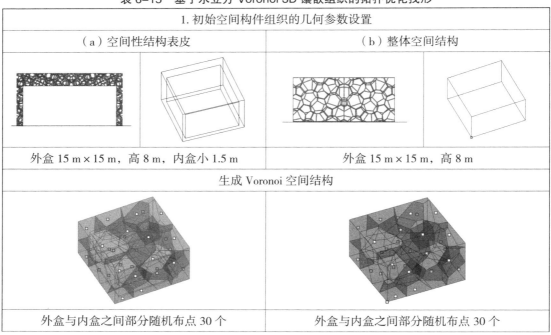

1. 初始空间构件组织的几何参数设置	
（a）空间性结构表皮	（b）整体空间结构
外盒 15 m×15 m，高 8 m，内盒小 1.5 m	外盒 15 m×15 m，高 8 m
生成 Voronoi 空间结构	
外盒与内盒之间部分随机布点 30 个	外盒与内盒之间部分随机布点 30 个

2. 遗传算法拓扑优化（依据轴应力生成的利用率图）

以位移与质量为目标，自重荷载＋顶部竖向荷载 50 kN＋侧面水平荷载 50 kN，杆件截面尺寸：0.3 m

布点 10；质量：16 897 kg D_1=0.032 m；D_2=0.004 m	布点 21；质量：20 502 kg D_1=0.029 m；D_2=0.003 m	布点 11；质量：12 500 kg D_1=0.037 m；D_2=0.004 m	布点 20；质量：17 864 kg D_1=0.019 m；D_2=0.002 m
布点 31；质量：27 484 kg D_1=0.04 m；D_2=0.001 m	布点 49；质量：71 635 kg D_1=0.019 m；D_2=0.0009 m	布点 29；质量：22 731 kg D_1=0.011 m；D_2=0.0008 m	布点 50；质量：30 882 kg D_1=0.0009 m；D_2=0.001 m

3.BESO 拓扑优化（选取结构分析精英解）

21 个 Voronoi 空间单元	29 个 Voronoi 空间单元

减重 6%；质量：19 417 kg D_1=0.034 m；D_2=0.002 m	减重 16%；质量：17 328 kg D_1=0.028 m；D_2=0.001 m	减重 11%；质量：20 342 kg D_1=0.013 m；D_2=0.0009 m	减重 36%；质量：17 235 kg D_1=0.017 m；D_2=0.002 m
减重 28%；质量 14 906 kg D_1=0.036 m；D_2=0.002 m	减重 40% 质量 12 454 kg D_1=0.047 m；D_2=0.003 m	减重 28%；质量：14 359 kg D_1=0.023 m；D_2=0.002 m	减重 50%；质量：11 410 kg D_1=0.15 m；D_2=0.005 m

4.结构分析（依据轴应力生成的利用草图）	
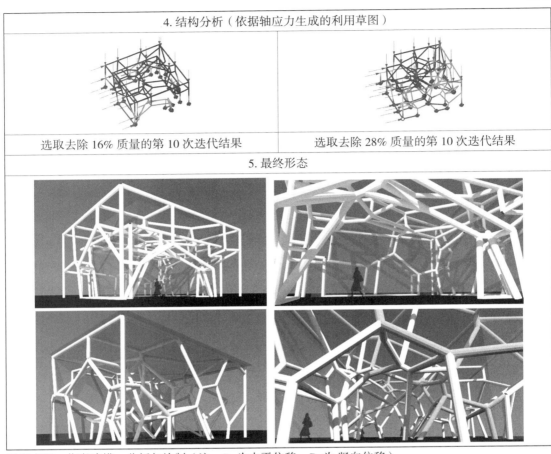	
选取去除 16% 质量的第 10 次迭代结果	选取去除 28% 质量的第 10 次迭代结果
5.最终形态	

图表来源：作者建模、分析与绘制（注：D_1 为水平位移，D_2 为竖向位移）

1.初始空间构件组织的几何参数设置：水立方的结构性表皮由钢结构空间网架构成，其组织单元采用了三维 Voronoi 镶嵌几何算法，生成了类似自然泡沫的结构形态。为了进一步探讨构件对空间的影响，在几何参数设置中，采用两种模式：一种是沿袭水立方原型的空间性表皮（表 6–15（a）），在 15 m×15 m×8 m 及其内移 1.5 m 的两层盒子中间镶嵌 Voronoi 3D 单元；另一种是将 Voronoi 3D 单元镶嵌填充在 15 m×15 m×8 m 盒子的整个内部（表 6–15（b））。两种模式皆设置相同的初始均布点阵 30 个，其中布点数量为 10~50 的变量。

2.结合遗传算法调控几何参数的拓扑优化：在 Voronoi 3D 单元镶嵌后，将其转换为结构模型，边界线转换为截面直径 0.3 m 的钢杆件，并在底部设置约束，顶部与侧向所有节点均给予 50 kN 竖向与水平荷载。在获得结构位移基础上，借助 Galapagos 算法程序，结构位移为目标调整布点位置与数量，寻找性能优化的空间布局。随后在两种模型中获取四组精英解（表 6-15-2），其中结构质量随着布点数量的增加而增加，随着空间杆件的增加结构位移得以减少。在拓变过程中也同时获得了众多合理的空间结构形态。

3. 基于 BESO 法删减低效杆件拓扑优化：尽管遗传算法调控几何变量能优化结构，但是随着布点数量的减少，抗力性能也逐渐下降，并且由于 Voronoi 3D 是以布点决定几何单元，每个布点决定至少 10 个杆件，因此，直接调控几何参数并不能精准地获得低耗高效的结构拓变。基于此，借助 Karamba 3D 的 BESO 程序，在上一结果中的精英解中选择最优化的结构形态，进一步进行杆件消减的拓扑优化（表 6-15（3））。首先设置杆件的压力和拉力的加权系数为 1.0，迭代次数为 10 次，优化后质量与初始质量比率为变量。在结果中发现，基于 BESO 方法的拓扑优化首先会逐步删减单个低效杆件，而不会删除整体单元杆件，在空间性表皮（a）中，减重 28% 依然能够具有高效的抗力能力，在整体空间结构中减重达到了 36%。

基于数字化平台的发展，除了结合遗传算法的纯几何参数调控和 BESO 方法进行空间杆件的拓扑优化外，一些实验性的探索方法也逐渐在形态拓展中崭露头角。例如 Sawapan 开发的基于力场模拟环境的 Graphemes 程序，是一种基于图论和动态弹簧力模型的实验设计程序。在弹簧力场中，允许参数模型具有动态拓扑结构和嵌入式逻辑，任意插入的杆件与节点都能够在力场作用下自主调整位置与长度，从而保持整体的张力状态，因此能够在形态拓变的过程中寻找到构件在空间场中的合理位置，从而获得高效的结构形态。

与结构分析后的拓扑优化不同，力场环境的模拟使得在初始几何建立的同时就能够在张拉作用下进行杆件长度、位置的动态拓变。例如在 10 m × 10 m 范围的场域里建立节点位置、约束方向以及初始杆件连接（表 6-16（1）），随后逐步插入节点以及增加杆件，由于弹簧模拟整体结构会自主生成张力状态，并且随着约束位置的调整，空间结构会调整为新的稳定形态（表 6-16（2））；在此基础上，再通过结构分析验证后进一步增加与剔除杆件，整体结构依然能够恢复张力状态（表 6-16（4））。

表 6-16　基于力场模拟环境的组织拓扑优化找形

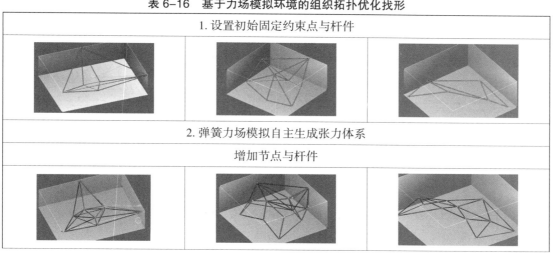

1. 设置初始固定约束点与杆件		
2. 弹簧力场模拟自主生成张力体系		
增加节点与杆件		

调整约束点位置

3. 结构分析

整体尺寸：10 m×15 m×3 m，杆件截面直径：0.2 m，自重荷载，D：0.003 m	整体尺寸 10 m×10 m×3 m，杆件截面直径：0.1 m，D：0.002 m	整体尺寸 10 m×10 m×3 m，杆件截面直径：0.15 m 自重荷载，D：0.001 m

4. 杆件拓扑优化：删除低应力杆件或增加杆件

5. 杆件截面大小对于内力大小

6. 最终形态

图表来源：作者建模、分析与绘制。（注：D 为竖向最大位移）

250

无论是借助优化算法调整几何参数，还是利用结构 BESO 优化方法。或是在力场模拟中进行张力形态的拓变，基于数字化的拓扑优化方法的空间结构体系找形能够在更加复杂和弹性变化的空间形式中，获得稳定且高效的结构性能，并且帮助建筑师挖掘传统方法下无法获取的丰富的结构形式。

6.6　小结

本章讨论了基于数字化技术平台的新找形方法——拓扑优化找形。对比剖析了基于拓扑优化找形的基本逻辑以及实现路径，并结合设计实验深入探讨了拓扑优化找形方法分别在结构构件、结构性表皮以及空间结构组织层面上的方法路径和拓展。

1. 与其他找形方法相比，拓扑优化找形方法是数字化设计中衍生的新找形方法，基于有限元分析和优化算法，具有在解决复杂问题中激发创新的潜能，不仅能够从结构材料的布局优化上既实现性能化的提升，同时又可以获取动态多样的结构形式。拓扑优化找形是数字化时代实现性能化、多样化设计的重要途径。

2. 本章探讨了拓扑优化找形方法从微观结构到宏观结构的设计途径。首先，拓扑优化找形方法颠覆了传统标准化构件单元形式设计，基于此深度挖掘了标准化构件背后丰富的力学表现；其次，拓扑优化找形的对象和结果具有模糊性，可以大大提高设计的自由度，除此之外，基于拓扑优化的自然孔洞肌理特质，本章结合案例分析提出了基于孔洞预设或对孔洞重构的找形设计策略；探讨了杆系表皮和空间杆系组织的拓扑优化找形，补充完善了从构件到体系的性能化设计系统。

3. 本章通过对不同形态、尺度和空间形态下的步行桥梁与竖向支撑及其衍生形态进行找形操作和分析对比；以标准开窗立面、Ginza 建筑立面和关税同盟设计与管理学院立面为原型，剖析了孔洞介入和孔洞重构的找形路径和操作过程；以上海世博会的瑞典馆和水立方的杆系网格结构为原型，从多个层面上进行拓扑优化和量化分析对比，探索拓扑优化找形方法在复杂结构体系中的应用价值和创新潜能。

第七章　建筑系统中结构找形的动态适应策略

结构找形设计的目的与价值在于，通过结构形态丰富建筑设计，从而适应不断变化的建筑语境与设计环境。因此本书从结构找形设计的"适应性"，而非结构找形设计"范式"层面，来探讨当代复杂性建筑趋势下，结构找形设计应用策略以及相应建筑适应的表现。

7.1　结构找形在建筑系统中的动态适应

7.1.1　形式逻辑下的技术思维

结构在塑造建筑形态中，既包含了第一性的技术逻辑，又包含了第二性的形式逻辑。结构逻辑具有"技术"思维属性的本原，它不仅仅达成了建筑形态的物理支撑功能，形成合理的力学逻辑，而且可能成为解决建筑形式以及相关问题的逻辑（即如何用力学逻辑解决建筑问题）。结构形态的技术思维是实现建筑形态多元化的基础，也是达成建筑形态复合化的重要手段；结构形态的形式逻辑，决定了语言表现力，是建筑学关注的主要话题，包含了结构形态如何表现、表现什么等，它是结构实现多元化建筑形态的源动力。

结构在塑造建筑形态的层面，传统的思维结构形态往往是以范式为指导进行设计：建筑形式的组合决定了结构形态的设计，建筑形式的类型决定了结构形态的表现。传统功能单一的结构形态往往只影响到形式表达的层面，而当代建筑形态对复合化的需求，使得结构形态不仅承载着支撑与形式功能，甚至还承载着文化内涵的传达、空间形态的塑造以及建筑表皮功能的整合等问题。形式的复杂可以用形式化手段解释，但是系统的复杂问题必定要回归到技术逻辑，正如格拉芙评价奥托的设计是"准确的提出问题，然后找出明确的答案"[①]的设计方法，技术逻辑不仅能够解决建筑的形式问题，也能够从根源上解决建筑形态设计中与结构形态相关的矛盾与差异。

这一点可以从鸟巢体育馆、福斯特大楼以及 S-House 三种尺度的建筑对比中明晰："鸟巢"建筑形式的象征符号决定了结构形态（图 7-1），高技派则试图用结构技术作为形式表达的主体（图 7-2），两者展现了结构在形式表达层面的表现力。然而在透明 S-House 中，结构形式既不是建筑形态后的产物，也并非形式化的结构表现，甚至说看不到结构的形式，

[①] 温菲尔德·奈丁格．轻型建筑与自然设计：弗雷·奥托作品全集 [M]．北京：中国建筑工业出版社，2010：67

图 7-1　鸟巢体育馆　　　　　　图 7-2　福斯特大楼　　　　图 7-3　S-House

图 7-1/2/3 来源：www.google.com

这种消隐的表达源于建筑透明性的需求，以及对日本轻质建筑形态文化内涵的表达。折叠的结构形态还复合了建筑"错层"与"楼梯"两种功能形态，同时也能看到互相支撑抵抗的技术逻辑（图 7-3）。S-House 更多的是利用技术逻辑达成"知觉化转变"[1]、文化的表达以及功能矛盾的解决，使得结构形态具备了复合化的特征，而非简单的形式表现。正如郭屹民对 20 世纪 40 至 70 年代日本建筑师的总结：从"寻求结构与形态新表现可能"到"从结构视觉化到知觉化转变"以及"反物质化表现"，结构技术已经作为一种传统再现的途径[2]。

在当代建筑语境下，建筑形态设计的技术思维越发重要，这也与当代数字化建筑设计的主要运行方式相契合。面对建筑形态多元化、可持续发展的问题，数字化建筑设计方法已经给出了明确的答案：大量信息要素的集合下，以一种逻辑方式运行，以参数化关系为载体，实现建筑系统内不同要素协同工作的可能性。尼尔·里奇（Neil Leach）认为"数字化时代孕育的不仅是一种新风格，而是全新的设计手法。在这全新的领域里，形式变得毫不重要，我们应专注于更智能化和逻辑化的设计与建造流程，而逻辑便是新的形式"[3]。在此基础上，一切结构形态的知觉、经验的形式化逻辑都需要转化为具体问题，通过技术逻辑进行解决。除此之外，逻辑规则控制下的参数可变是复杂性涌现的核心，从无序显现下达成有序进化，这也是技术逻辑思维实现多元化、可拓展的重要手段。

一言以蔽之，无论建筑语境如何变化，建筑环境如何更迭，结构形态表现的意义如何，在结构形态彻底解构的最后，其数理、力学相关的技术逻辑是其万变不离其宗的核心。结构形态塑造建筑形态的相关话题首先要实现对技术逻辑思维的回归，才能挣脱形式主义的束缚，从而在多元化的语境下进行形式逻辑重构，拓展建筑形态的丰富性与多样性。

① 大野博史认为所谓的知觉的表现，并不是这种将结构构件变得更小、更细的方法，而是将结构不加隐藏地与其他要素相融合，使其不被识别为结构的方法。陈笛 . 日常的结构：从 Hi-tech 到 Hide-tech[J]. 建筑师，2015（02）：115-118

② 郭屹民 . 传统再现的技术途径：日本的建筑形态与结构设计的关系及脉络 [J]. 时代建筑，2013（05）：16-25.

③ Neil Leach. Parametrics explained[J]. Next Generation Building，2014（1）：33-42

7.1.2 动态响应的力流逻辑

结构找形方法首先是在技术逻辑基础上建立的，同时又能够以适应性的方式发展形而上的力流思维。 在建筑形态设计中，结构找形的方法弥补了传统范式设计中力流概念的技术内核，将传统力学认知逻辑化，同时结构找形的动态多变特质又能拓展力流形式的丰富表现力。

力流概念在建筑学的体系发展中有着重要的作用，"力流逻辑"相较于"技术逻辑"更具备动态探索形态不确定性的特质，具有形而上的影响意义。然而需要指出的是，在以往形态学以及结构理性的建筑学讨论中，尽管涉及结构受力的"力流"逻辑的探讨，但也往往大多趋向于经验化和形式化，缺少技术内核的补充，正如佐佐木睦郎（Mutsuro Sasaki）认为："必须以基于数学理性的形态设计方法来替代传统的基于经验的结构设计方法"[①]。当代建筑学在结构逻辑层面上的瓶颈，正是在讨论类似"力流"逻辑的同时，缺失了对生成性技术内核的关注。

结构找形首先能够弥补这一技术性的缺失。在传统力流概念中，通常以抽象的箭头示意并解释传力规律来作为形态设计的参考（7-4），而在结构找形设计中，其背后的技术手段允许以更加精准、量化以及可评估的科学方式探讨力流的相关问题。其次，结构找形设计是一个开放的系统，对力学规律的解释方式往往是多样化的，且包含了更全面的信息和动态的生成过程，并且其设计过程具有在外界刺激下自我调整的优势，因此也能够以动态适应性的方式进一步丰富力流概念的具体形式。假设力流是一种模糊的传力形式，以壳体形式为例，借助不同的找形方法可以获得不同的力流表现形式（表 7-1）。

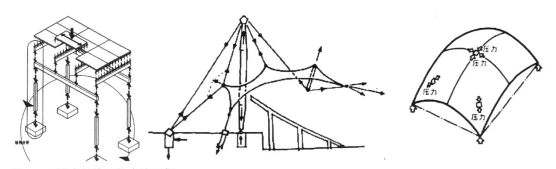

图 7-4 形式思维下的力流逻辑
图片来源：程大金，巴里·S.奥诺伊，道格拉斯·祖贝比勒，等，图解建筑结构：模式、体系与设计 [M].
天津：天津大学出版社，2015

---

① 佐佐木睦朗, 余中奇 . 自由曲面钢筋混凝土壳体结构设计 [J]. 时代建筑 ,2014(05):52–57

表 7-1　基于找形方法的力流逻辑和丰富表现力

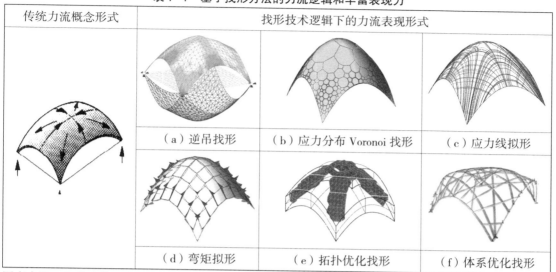

图表来源：作者建模、分析与绘制

在逆吊模型找形与分析下，其板壳不同区域的利用率，表达了力流经过不同材料区域中的痕迹（表 7-1（a））；在依据应力分布的最短路径 Voronoi 网格找形中，网格密度的变化潜在地展示了力流汇聚的规律（表 7-1（b））；在应力线拟形中压应力与拉应力线则以线性的方式更加指明了力流传递路径（表 7-1（c））；在弯矩拟形中不同区域构件在力流传递下做出了截面的反应（表 7-1（d））；在利用拓扑优化的找形中，材料以力流路径为依据聚集，低效区域则自动消减最终形成交叉拱的形式逻辑（表 7-1（e））；在体系优化中，利用优化算法，结构体系内的构件直接指向了力流最佳传递的布局形式（表 7-1（f））。尽管这些壳体对力流的表现方式不同，但都统一地指向了一种力流规律，即在壳体结构的支撑底部区域，力流最集中、应力最大、弯矩最大、需要消耗的材料最多，构件需要直接将荷载传向支撑部位，在顶部则相反。这种多样化的方式不仅将箭头示意的力流概念更加规范化、逻辑化，同时任意改变设计参数即可以获得不同的力流表现，并且也能够通过选择不同的找形方式来表达建筑形态生成的力学逻辑，并作为建筑形态推演的操作依据。

总而言之，结构找形在建筑形式类型的应用上具有多样性，因而带来具有弹性的设计方式。同时由于结构找形方法具备技术逻辑支撑，不仅能够从技术根源上应对建筑形态中的结构矛盾，也能整合到建筑形态逻辑的序列中，进行共同推演与拓展，最后也能够对传统力流概念进行技术弥补和内容的扩充，拓展形而上的设计思维。从各个层面上，结构找形方法都能够通过形态的多样化适应当代复杂建筑环境，同时这种价值和优势也亟待被应用与拓展。

7.2 结构找形的动态适应策略

力流概念是构形设计与找形设计的思维起点，它指导结构形态生成的方向。结构找形一方面是力流逻辑实现的手段，将力流概念量化、视觉化的方法；另一方面，力流逻辑又指导着找形方式或形态秩序的生成方式。力流逻辑主要从三个方面影响形态秩序：路径、集度与层级；在力流思维指导下，结构找形通过不确定的路径，集度流变和非固化层级的策略生成建筑形态秩序。

7.2.1 不确定的路径

力流路径（Path）是指力流传递的连续轨迹，在结构找形设计中，力流路径意味着形态变化的轨迹。单纯从结构承载而言，建筑物上所有的荷载无论是竖向还是水平，力的传递过程越直接越好，路径越短越好，因为力流传递的过程正是结构构件承载的过程，力流的迂回会导致构件受力复杂，节点受力劣化等问题。然而对于形态找形设计而言，力流的间接迂回恰恰可能是建筑空间演变的找形潜力。

例如在梁系机构中，直梁是靠材料将力用最短路径传向柱子（图 7-5），若想获得更大空间跨度，则需要更多材料抵抗。通常起拱是有效办法之一，弧形拱因为内部力流路径比折梁受力更加直接，但两者都会在梁柱交接点产生较大的推力，因此需要其他构件如柱子和墙，用更多材料抵抗来协调。而张弦梁则利用撑杆和索将力流导向支撑点构件协作产生力流的迂回（图 7-6），并且在梁系内部产生力流回路生成自平衡体系，能提高结构整体的承载力，同时极少的材料消耗还能够弱化结构的视觉感知。上海浦东机场的屋顶结构即是采用了力流迂回的策略，并且将两端的支柱整合到幕墙表皮中，同时赋予钢索以黑色与撑杆以白色的差异质感，无论从力流路径上还是钢的材料语言上都极大地弱化了结构的存在感，使梁构消隐在整个漂浮的屋面之下。

同样的，卡拉特拉瓦（Santiago Calatrava）在卢塞恩火车站（Lucerne Station Hall）的

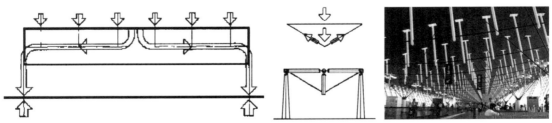

图 7-5　直梁中力流传递的轨迹　　　　　图 7-6　张弦结构中力流的迂回（上海浦东机场）

图 7-5 来源：海诺·恩格尔 . 结构体系与建筑造型 [M]. 天津：天津大学出版社，2002；图 7-6 来源：www.google.com

雨篷设计中，并没有采用传统直接的悬臂或斜撑形式，而是利用受拉与受压的杆件协作方式将力流路径进行刻意的迂回曲折（图7-7），使梁构与支撑单元内部形成一个自平衡机构，再以水平向的联系保持其平面外稳定，最终形成节奏感强烈的有机结构形态。除此之外，在外立面的支柱形态中，卡拉特拉瓦还将力流迂回所产生的非均衡弯矩转换为结构找形的创新契机，根据力流折返改向过程中所产生的弯矩变化，将不同构件的截面在末端收分处和改变方向处做了放大处理（图7-8）。只要保证构件内部传力路径的直接与连续，在构件间进行合理的力流迂回，也能让构件协作达成较高的整体效能和较少的材料消耗。

多样化的路径可变找形：在结构找形设计中，通过改变构件传力的方向或角度参数，便能够轻易实现力流路径可变的找形操作。例如利用图解静力学方法对屋架形态的找形中，首先改变力图解线段的方向即可以实现对力流路径方向的控制（图7-9（a）），在改变力图解中线段的方向后，线段长度也有所改变，这同时也导致了屋架的受力方式，从以拉索支撑为主的张弦结构，转换为以压杆支撑为主的三角屋架形式。其次，在平衡系统中，增加新的刺激平衡力系杆件即能够增加新的力流路径（图7-9（b）），在新的平衡下力流大小也会重新分配，这样就达成了力流的迂回，也同时获得了新的形态逻辑，建立了迥然不同的屋架形态秩序。

同样在更复杂建筑系统中，通过找形方法能够获得更加多样化的力流路径。在赫尔佐

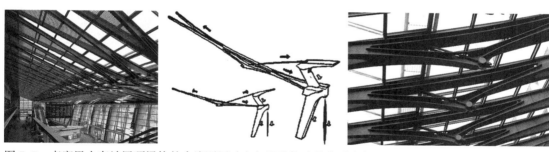

图7-7　卢塞恩火车站屋顶梁构的力流迂回（左）以及构造节点（右）

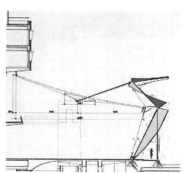

图7-8　卢塞恩火车站支柱（左）以及弯矩图分析（右）

图7-7/8来源：程云杉．从支撑系统到建筑体系：面向结构一体的案例研究[D]．南京：东南大学2010；照片来自https://structurae.net

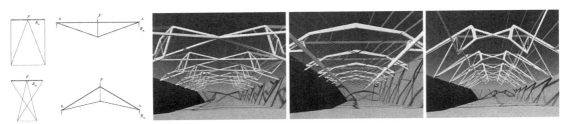

（a）改变力图解线段方向　　（b）增加平衡力系杆件

图 7-9　图解静力学找形中实现可变力流路径

图片来源：Lee J，Fivet C，Mueller C . Modelling with forces：grammar-based graphic statics for diverse architectural structures[M] Modelling Behaviour. Springer International Publishing，2015.

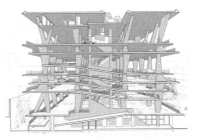

图 7-10　迈阿密海滩林肯大道 1111 号停车场建筑及其内部空间

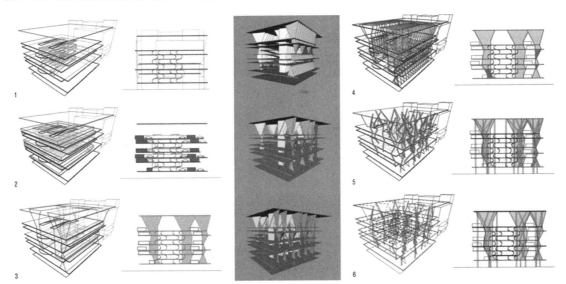

图 7-11　立面支撑结构的找形过程

图 7-10/11 来源：Chevrier J F. El Croquis No.152/153: Herzog de Meuron 2005-2010. El Croquis,2011

格和德梅隆（Herzog & De Meuron）设计的迈阿密海滩林肯大道 1111 号的开放空间中（图 7-10），由于其功能的综合性，整个建筑需要容纳停车场、休息广场、零售以及餐馆酒吧的混合使用功能，从而导致内部具有不同层高的楼板、层与层之间不同方式的连接（坡道、楼梯）以及不同尺度的空间布局。对于这些问题，设计师借助优化算法，采用了一种寻找多样化而非传统固定传力路径的方式（图7-11）。首先由于每层楼板与出挑的位置不同，传统垂直的支撑结构无法连续传力，设计师将支撑位置的范围扩大到更大尺度的、具有弹性的设计范围，并寻找层与层之间连续传力的可放置结构区域。其次在避开车行流线、停车范围以及功能限制的基础上进一步缩减这一结构支撑区域，最后以结构性能最优和材料最少为目标利用优化算法在这一区域内进行找形探索，寻找所有合理的支撑方式，最终实现了既开放、又灵活自由的力流路径。

7.2.2　流变的集度

力流集度（Intensity） 是指接受或传递荷载过程中的荷载密集程度，集度源于土木工程学科中材料力学的专业术语[①]。在建筑形态设计中，力流集度所呈现出的形式化表现，决定了承力构件的个数和相对位置的秩序关系；一般情况下，力流的接收点越密集，布置越均匀，结构的受力就越均匀，力流就会越分散，受力构件的材料消耗就相对较少。单一支柱与树形分支柱的力流逻辑区别即在于力流集度的不同，树形支柱是改变受力集度、减小柱间跨度的典型案例。在同等跨度与荷载下，树形支柱的单个构件截面会相对较小，增加树形的分支还能够增加承载能力（图7-12）。奥托设计的斯图加特机场的树形结构即体现了不同分支的轴力方向及截面大小变化，其树形结构呈三级分支，顶端的铰接点保证了各分支构件以承受轴力为主，且可以适应屋面的不均匀变形，整个结构体系由单元树状结构组成，没有采用单一大跨结构，整体支柱也呈现自然纤细的形态秩序（图7-13）。

多样化的流动集度找形： 汇聚与分散是力流密集度改变下建筑形态秩序的主要体现，当结构系统中原本分流传力的构件，通过各个构件汇聚到同一条路径上时，就是力流汇聚的表现，相反则是分散。在结构找形中实现这一秩序的方式是在受力点的平衡中加入更多的分力参数，或将分力转化为单一的合力参数，从而建立一个力流可在自由聚散中流动的形态秩序。

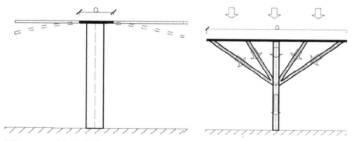

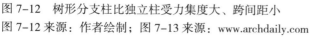

图7-12　树形分支柱比独立柱受力集度大、跨间距小

图7-13　斯图加特机场的树形支柱

图7-12来源：作者绘制；图7-13来源：www.archdaily.com

---

① 铁木辛柯.材料力学 [M]. 天津：天津科学技术出版社，1989：32

　　韩国现代汽车公司办公楼的入口支柱很好地呈现了集度改变下的力流汇聚行为（图7-14），与在梁下端进行支撑的常规形态不同，入口的支柱通过对悬挑部分不同的力流荷载集中汇聚，构成了具有标示性的建筑入口形态。在新加坡国立大学结构设计展的多层建筑模型中（图7-15），则是以整体建筑受力规律作为依据，对支撑柱集度进行改变，根据楼层的不同高度改变Y形支柱的尺寸和位置布局，进行趣味性的建筑形态演变。

　　在穆勒（Caitlin Mueller）与约翰·奥克申多夫（John Ochsendorf）教授的张拉桥结构形态研究中，以更加多样的方式呈现了力流汇聚与分散秩序下形态创新的潜力（图7-16）[①]。研究团队利用优化算法，结合弯矩和内力大小，对拉索以及支撑柱集度进行了重构找形，其中变量是从各个节点出发分散出的构件数量、间距尺寸，以及角度。在单一支柱中，两端的荷载通过拉索以及支柱分支集中汇聚到结构支柱，对称的两端由于分力一致显现出均等的秩序，而在非对称形态中，力流承载较多的两端其拉索的密集程度也相对较大；在下端具有分支的支撑结构中，力流继而被分流到更大范围的基础，在非对称形态

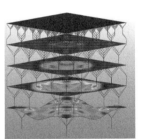

图7-14　韩国现代汽车公司办公楼入口支柱　　　　图7-15　随层数改变力流集度的建筑形态设计
图片来源：https://moody.rice.edu　　　　　　　　　图片来源：https://dfabnus.files.wordpress.com

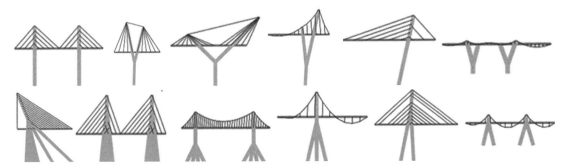

图7-16　利用优化算法，结合弯矩与内力大小调控力流集度的桥梁找形
图片来源：Caitlin Mueller，John Ochsendorf. An integrated computational approach for creative conceptual structural design[C]. Proceedings of the International Association for Shell and Spatial Structures（IASS）Symposium，2013

---

① Caitlin Mueller, John Ochsendorf. An integrated computational approach for creative conceptual structural design[C]. Proceedings Of The International Association For Shell And Spatial Structures Symposium, 2013

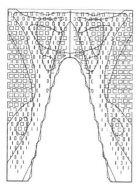

图 7-17　APTUM Architecture 的凉亭表皮；图片来源：www.aptumarchitecture.com

中，同样也是在截面与集度上显现出不同的秩序形态。这个案例显示了力流集度改变下的找形潜力，尽管都是基于弯矩拟形和优化找形，但通过对集度相关参数的调控，同样能够获得不同的建筑形态。

通过找形方法塑造可变力流集度的方式，不仅可以呈现在杆系形态上，还能够在面系结构形态中获得更加有机的形态秩序。由于应力变化决定了力流在不同区域所需要的材料消耗，应力分布是构成建筑面系形态中网格、单元、孔洞等布局的技术依据，因此遵循应力调控网格密度，即是力流密集度可变对建筑形态秩序的另一种体现。例如在 APTUM Architecture 设计的混凝土凉亭中（图 7-17），设计师利用拓扑优化找形方法，通过控制材料裁罚的程度以及目标密度，在表达力流路径秩序的同时，又获得了表皮孔洞的肌理变化。

7.2.3　非固化的层级

力流层级（Hierarchy）是荷载在结构组织的传递过程中经历的等级次序。科学家奥林（Arvid Aulin）将系统层级理论总结为必要的层级定律（Law of Requisite Hierarchy），认为"调节与控制能力的缺乏，可以在一定程度上用增加组织层级来补偿"[1]，这意味着通过改变（增加）结构组织的层级就可以获得更优越的性能，传力层级的清晰与有序能够更好地适应复杂化的结构系统。

多重层级找形： 在竖向传力过程中重力荷载由小到大聚集的过程，决定了力流在结构内部传递过程中的次序组织。一方面，在较为复杂或较大跨度的结构中，这种隐藏的渐变过程往往很难在一种层级内实现，而增加层级来共同分担不仅可以减少单一层级的负担，例如在寻常的"板—梁—柱"框架体系中添加新的层级"次梁"，使之成为"板—次梁—

① Arvid Aulin. Cybernetic Laws of social progress[M]. Oxford：Pergamon，1982：115

主梁—柱"的井字梁结构，可以获得更大的跨度；另一方面，同时也有可能在相邻层级之间增加"过渡层"，获得层级之间的自由从而提供解决建筑问题的方式，并获得竖向空间上丰富的建筑形态。

皮亚诺设计的教士朝圣教堂（Padre Pio Pilgrimage Church）结构形态中（图 7-18），拱结构矢高的改变会同时影响屋顶形态以及空间布局的变化，因而拱形态对形态的变动以及空间布局设计变动上产生了限制。设计师在增加层级"撑杆"之后，不仅使得拱形支撑在平面布局上获得了自由，并且屋顶形态的变化也得到了解决。除此之外，与单一拱构件相比，V 形撑杆也减少了屋面的跨度，间接的传力不仅获得了结构性能的提升，同时也解决了结构与建筑形态、空间布局上的矛盾。同样的，在卡拉特拉瓦设计的沃勒恩高级中学集会厅（Wohlen High School Hall）拱形屋顶中（图 7-19），将这种方式直接作为建筑空间形态的塑造，通过增加"富有韵律的撑杆"进一步提供线性拱构件在空间营造上的新途径，拱交接的次级撑杆构件所具有的上升的、重复性韵律，充分体现出广泛分布的荷载经由构件向拱汇聚的过程，建筑形态也从支撑结构形态转向了空间结构形态，获得了新的艺术表达。

在结构找形方法中，这种结构层级的变化本质上是对几何参数的调控，并且基于数字化方法，还能够适应更加复杂的形式变化。丹麦皇家美术学院 2014 年 Utzon（X）展亭空

图 7-18（上）　教士朝圣教堂拱结构屋顶中增加的"撑杆"传力层级
图 7-19（下）　沃勒恩高级中学集会厅的"撑杆"传力层级营造拱形空间；图片来源：左上为作者绘制，其余来自 www.archdaily.com

间设计中，便采用了悬链线以及优化算法的找形方法，由单一的拱结构生成不同层级和分支变化的空间结构（图7-20）。在其找形过程中，借助优化算法，在以结构性能为目标的基础上，对几何参数调控。其中，每一个悬链线两端的支点以及分支数参数决定了拱结构层级的位置与数量，悬链线的方向决定了空间位置的变化，这些变量直接决定了竖向传力层级的秩序模式：悬链线拱的一端落地另一端为分支、悬链线拱的一端分支另一端分支再分支、拱的两端皆落地而线段中部进行分支，拱的一端作为另一条悬链线的分支而另一端作为第三条拱的分支的分支等，这些不同可能的层级组合构成了建筑形态无限变化的可能性。

在跨向结构系统中，当力流以水平方向进行传递时，整体结构会随着离支撑点的距离而产生较大变化的弯矩，因此通过在结构内部有序的安排和增加传力介质，可以实现短构件跨越大尺度获得经济的结构形态，同时也能够丰富建筑形态在水平延伸上的秩序。在考克斯·雷纳（Cox Rayner）设计的澳大利亚库利尔帕桥（Kurilpa）中（图7-21），其空间的魅力是轻质且大跨，张拉整体由六组受压支柱和内部受拉钢索构成。整个桥梁的主要支撑以靠近河岸的两组较高的张拉组，这是传统常见的张拉形式，而设计师在此基础上继续增加了次级组织，并且所有构件向着不同的方向延伸，进一步打乱了等级秩序，这一操作也将跨中的力分散来保证整个跨度的均匀受力，最终形成了"漂浮"而轻质的桥梁形态。设计师试图通过增加层级并削弱层级间的等级秩序来获得形态上的随机与均质，而不是将力流集中在单一层级上获得传统标志性的"塔索"形态。

这种通过增加传力介质弱化等级秩序来获得形态的方式，早在中国古虹桥结构中就已经出现，一种以短段构件作为传力介质实现大跨度的结构——互承结构（Reciprocal

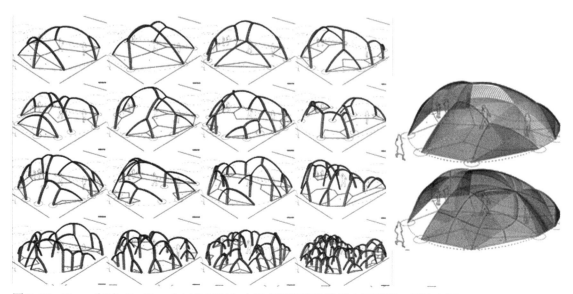

图7-20　Utzon（X）Pavilion（AAU 2014）中的多层级拱形建筑空间找形；图片来源：www.kadk.dk

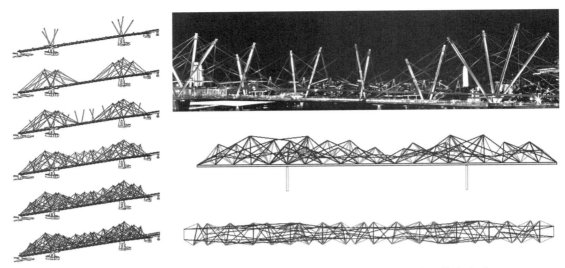

图 7-21 大利亚库利尔帕桥 Kurilpa 中增加次级撑杆拉索，作为力流水平传递中的传力介质
图片来源：www.archdaily.com

frame），如汴水虹桥 [1]，其原理是在增加传力介质的同时，使构件之间没有等级区分，同一个构件既被一端相邻构件支撑，又在另一端支撑下一个相邻构件。在结构找形中，增加杆件数量、位置等变量便能够调控传力介质的逻辑。在 SOMA Architecture 和 Bollinger + Grohmann 设计的 White Noise 凉亭中，即是利用这种力流逻辑策略（图 7-22）。借助数字化的优化算法，整体结构以位移为优化目标，以杆件的布点和连接角度为变量进行调控，最终获得了富有张力的、看似混乱但有序的建筑形态。与此类似，在 Underwood 展亭结构中，还将杆件单元形态也进行了找形研究（图 7-23）。首先通过图解静力学方法建立自平衡的空间单元体，再以单元体的边界作为约束条件，利用极小曲面找形与优化算法对张力膜单元进行找形，并进行拼接优化。Underwood 亭在 White Noise 亭的基础上，通过单元构件的空间化进一步消解了层级秩序，基于找形技术逻辑呈现出随机、动态却内在有序的建筑形态。

基于结构找形的力流层级设计具备塑造丰富建筑形态的潜能，这一点在多维度多方向的空间层级中更为明显。昆明长水国际机场内部的拱结构"丝带"即是通过竖向层级间的混叠构成（图 7-24），其整体屋面的主要支撑是由两组连续拱结构构成，一组为平面内拱结构的竖向层级组织，另一组为拱结构的空间混叠组织。在前一组合中，底层一排连续的等跨拱作为主要支撑层级，而上部等跨不等高的次级拱的高度则塑造了中国传统大坡屋顶的形态，在此基础上还增加了次级拱间的联系拱，使得在水平方向上共同承担推力并相互抵消。在后一组合中，设计师将这种连续拱、多层级以及共同分担的特征延伸到了空间

---

① 唐寰澄. 中国古代桥梁 [M]. 北京：文物出版社，1957

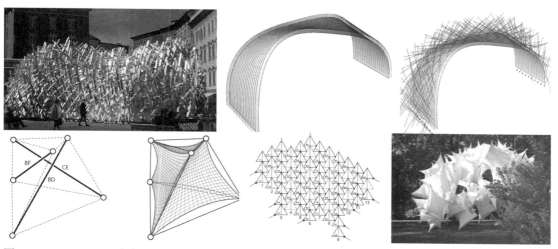

图 7-22 White Noise 凉亭的设计是利用互承载式传力原理，借助优化算法进行找形获得

图 7-23 Underwood 展亭在互承式逻辑基础上，利用静力学和极小曲面方法对单元结构进行找形

图 7-22 来源：www.soma-architecture.com

图 7-23 来 源：Wit A，Riether G . Underwood pavilion[C]. Association for Computer-Aided Design in Architecture（ACADIA），2015

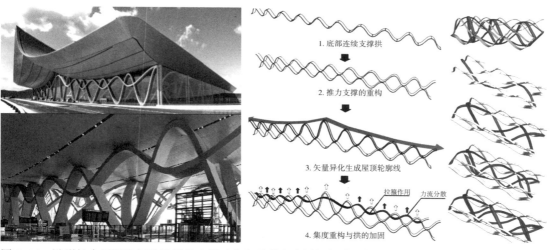

图 7-24 昆明长水国际机场连续拱带支撑（左）及其竖向层级的分解与混叠分析（右）

图片来源：www.archidaily.com，右图为作者分析绘制

维度中，并且进行斜向交叉混叠，连续拱不仅避免了单跨拱受力不均的问题，也使得连续拱在一个方向上既承担了支撑作用，又在另一个方向上作为塑造屋顶结构的支撑，从而获得了相互交缠且波澜起伏的空间结构形态。

7.3 建筑系统设计中结构找形的表现

7.3.1 动态变形

变形（**Deformation**）是当代数字建筑理论以及复杂性哲学思想指导下，建筑形态适应环境的主要特征之一。正如皮特·塞纳（P. Zellner）所述，"建筑正在自我重塑，开始进入到对拓扑几何的研究中，介入到数控材料建造的交响乐中，参与到生成、动力学的空间营造中"[①]。面对社会意识的多样性诉求，当代数字技术下的建筑形态开始从静态的方式转向拓扑学作为科学依据的 "动态变形"趋势。数字建筑与复杂性理论下的"变形"概念并非某一形状向另一形状的变形，而是一种新的操作机制与思考过程。

一方面，"变形"的概念涉及了建筑的"动态性"与"时间"。数字技术实现了建筑动态拓变的过程，设计模型一致的、连续的、动态的变化改变了传统过程中的静态原则。支撑这一转变的，是数字技术将建筑形态的重心从形式转移到了内部逻辑的关注，内部逻辑驱动着建筑自我调整的过程，这种变化的贡献在于"去形态"De-formation，即对已有和现有形态的脱离与去除 [②]——内在逻辑演绎的过程中，建筑形态以一种不确定的方式作为变形的内容与结果，而非决定变形的控制要素。除此之外，变形本质还是一个过程性的概念，这意味着加入了时间的维度，设计者能够选择其中的一个中间状态来进一步发展设计。

在物质性层面，结构找形设计能够解释与表现"变形"的动态性与时间性，并作为变形策略的操作方法之一，激发建筑对环境的动态适应。弗雷奥托在其结构找形研究中认为："建筑的造型应该根据结构条件来确定，其设计过程可以被**随意干涉**"[③]——无论环境的变化，结构找形都能够基于其核心逻辑进行拓变对应，周而复始地从无序达到有序的稳定状态。一方面，结构找形方法之所以能够被随意干涉，是因为基于技术逻辑而非几何形式，换句话说，无论是自主生成还是力流逻辑指导下的结构找形，结构找形都是以技术逻辑为核心进行拓变。因而其形态的变形过程具有力学支撑，而不会因"变形"行为产生建筑内部的混乱。另一方面，正是结构找形可以"被随意干涉"的潜质，其形态结果也具有不确定的易变体特征。

ETH 的 Lorenz Lachauer 等人以 Grimshaw 事务所设计的滑铁卢火车站（Waterloo Station）为原型进行了结构的拓变找形研究。滑铁卢火车站的建筑形态本身由变跨变高拱形阵列构成（图 7-25），每一榀拱梁采用了拟合弯矩的张弦结构（图 7-26 左、中），在其静力学图解中也能看到张弦梁中各个构件的受力状况（图 7-26 左、中）。在整个建筑

---

① Zellner P. Hybrid space[M]. London: Thames & Hudson, 2000:17-20
② 刘先觉，现代建筑理论 [M]. 北京：中国建筑工业出版社，1999：477
③ 温菲尔德·奈丁格等. 轻型建筑与自然设计 [M]. 北京：中国建筑工业出版社，2010：71

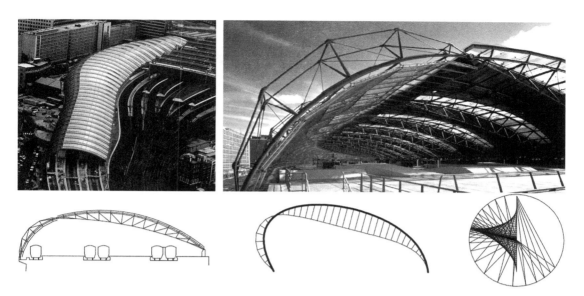

图 7-25（上）　滑铁卢车站的张弦拱结构形式；图片来源：www.archdaily.com，

图 7-26（下）　滑铁卢车站的结构剖面形式（左）、结构弯矩图（中）与静力学图解（右）

图片来源：Lachauer L，Kotnik T. Geometry of Structural Form[M]. Advances in Architectural Geometry 2010:193-203.

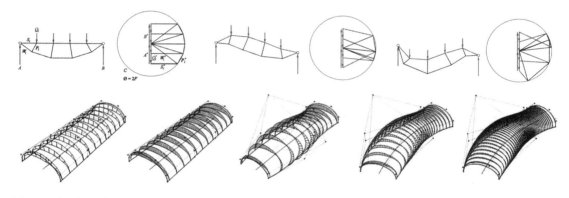

图 7-27（上）　张弦梁在顶部变形对应力学图解中线段的角度变化

图 7-28（下）　建筑形体变化下的结构变形：依据弯矩变化和力学图解对每一榀梁进行调整

图 7-27/28 来　源：Lachauer L，Kotnik T. Geometry of structural form[M]. Advances in Architectural Geometry 2010. New York: Springer, 2010:193-203.

依据场地环境进行拓变变形时，由于其每一榀梁的起拱高度与位置产生了变化，因此对应的弯矩与内力分布会产生较大的变化，因而形态拓变很容易会产生结构内部的混乱。Lorenz Lachauer 团队借助参数化图解静力学的方法，研究了张弦梁在力图解原型下拓变的可能，并利用了力图解的优化策略（绘制圆将所有杆件内力限制在一定范围内并使其均匀，图 7-27）。除了图解静力学方法，还结合弯矩拟形的方法，在 NURBS 曲线点控制的几何参数的干扰下，自主地找到最优化的结构形态指导变形操作（图 7-28）。滑铁卢火车站的结构变形案例很好地展示了结构找形适应建筑变形的优越性。

另一方面，**"变形"意味着"关联""力与场"**[①]，杰弗里·基普尼斯（Jeffry Kipnis）认为建筑形式的"变形"借助的是与偶然因素之间的临时形态联系来实现，即关联（Affiliation）。受到德勒兹的"块茎""褶子"与"单子"思想的影响[②]，格雷戈·林恩在其泡状物理论中，对"变形"的概念描述到"任何一个变形球体周围都存在着内外两个决定其形态变化的力场圈，如果相互接近的两个变形球体之间的距离接近外围力场圈，就会相互影响并发生变形"[③]，并且"对任何以坐标为基础的设计，都呈现出一个不断展开的内在系统以及不断纠缠进去的信息场所"[④]。换句话说，复杂环境系统下的建筑不再是一个孤立的、稳定的单体，而是类似受到环境力场影响的、可塑性的易变体，它承受与回应外部的动力和社会环境的多重影响，并能够从环境中得出的信息反馈融入设计过程中，同时与复杂环境之间建立关联从而产生变形。这种关联也能被综合到某种既定形态秩序中进行体现，使得建筑形态从根本上获得了以变化取代稳定，多样取代单一的特征。

结构内部的力流能量也是一种建筑力场，基于结构找形的建筑形态变形，即是将结构力场与建筑、环境力场相互关联并给予响应的过程。一方面，结构找形设计是基于开放的参数调控系统，与传统形式控制结构形态相比，开放的参数条件不仅包含了形式要素，还有可能包含关联场所环境、审美判断、文化符号等等的相关参数，**通过各种关联下的参数调控来重构建筑形态，进行建筑环境的适应与拓变。**例如伊东丰雄的冥想之森殡仪馆设计，呈现出一种非物质性屋顶形态，曲面形态映射了人与自然、建筑与山体的关系，其原本设计是基于初始形态利用 Nastran[⑤] 结构有限元分析生成并优化形成。在此原型基础上，阿尔贝托·普耐尔（Alberto Pugnale）等学者以一种开放的参数系统代替了原本的初始形态概念：将起伏的混凝土壳体屋面的几何参数定义为变量，依据建筑轮廓、柱子位置、屋面弧度、空间高度、跨度来进行变形演绎（图 7-29）。在几何变量的设置中，屋面壳体主要以相互垂直的抛物曲线定义，并且依据曲线的高度 x 变量和组合关系，演绎出四种形式的参数配置来调控整体形式，分别是平面、高斯曲面、等高曲面（图 7-30），随后利用优化算法进行优化找形探索[⑥]，使得原有屋面曲面转变为自由的变形状态，并且关联着环境、场地内空间等要素，从形态与山的静态呼应衍生到形与山的延续关联。

在数字化技术下，单纯实现建筑几何形式的变形已经是轻而易举的事情，然而，实现能够被合理建造、整合结构技术逻辑和可持续发展的建筑形态"变形"，仍然需要相应的

① 格林格·林恩在《折叠、身体与泡状物》《几何背后的建筑》《建筑中的折叠》《建筑实验室》《动态之形》中都有提到变形与"力场"的概念。
② [法] 吉尔·德勒兹·福柯.褶子 [M].于奇智，杨洁，译.长沙：湖南文艺出版社，2001：153.
③ 刘先觉，现代建筑理论 [M]，北京：中国建筑工业出版社 1999：480
④ 赵榕.当代西方建筑形式设计策略研究 [D].南京：东南大学，2005
⑤ Nastran 是 1966 年美国国家航空航天局（NASA）为了满足当时航空航天工业对结构分析的迫切需求主持开发大型应用有限元程序。
⑥ Sigrid Adriaenssens, Philippe Block, Diederik Veenendaal, et al. Shell structures for architecture form: finding and optimization [M]. London: Routledge, 2014

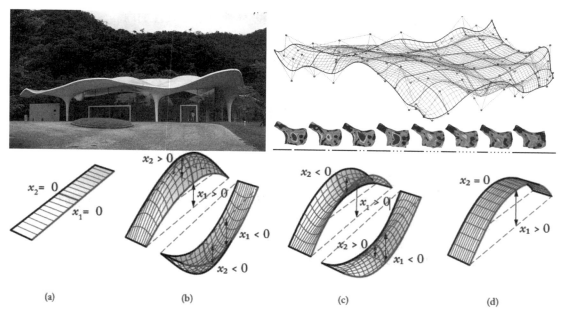

图 7-29（上）　　冥想之森殡仪馆及其屋面优化找形的变形探索
图 7-30（下）　　四种控制抛物曲面的参数配置：（a）水平形式：两正交曲线在一平面内；（b）与（c）高斯曲面形式：两组曲线互反；（d）等高曲面形式：一条曲线为抛物线另一条为直线；
图 7-29/30 来源：Sigrid Adriaenssens，Philippe Block，Diederik Veenendaal，et al. Shell structures for architecture form：finding and optimization[M]. London：Routledge，2014

理性技术策略，结构找形即是这样一种应运而生的设计方法。结构找形设计既具有开放的参数逻辑系统，又具有与环境、与建筑其他要素系统相互动态关联的变形可能，在变形的同时又能够保证性能的高度优化，能够使得建筑变形特征从形式主义的混乱走向内在有序而多元，具有激发建筑适应复杂环境的创新潜力。

7.3.2　差异性

在复杂性思维中，德里达（Jacques Derrida）反对固有僵化的观念与思维模式，取而代之的是**"差异性 / 异质性"（Heterogeneity）**的特征[①]，哲学家让·弗朗索瓦·利奥塔（Jean Francois Lyotard）认为异质标准是接纳不同的歧见，拒绝专制、一致性、绝对性[②]，从而形成一种多元化并存。20 世纪 60 年代德里达提出的"解构"（Deconstruction）[③] 即是针对结构主义的整体论，反对二元对立的西方语言文化，解构思想被一大批先锋建筑师们引荐到建筑学中，指导着建筑形态从现代主义固有模式推向了适应当代社会的异质性的发展。

① Jacques Derrida. Margins of philosophy[M].Chicago：University of Chicago Press，1982：8-15
② 让·弗朗索瓦·利奥塔尔，车槿山 . 后现代状态：关于知识的报告 [M]. 上海：三联书店，2012：83.
③ Jacques Derrida. Margins of philosophy[M].Chicago：University of Chicago Press，1982：8-15

当代复杂性思维下的建筑观允许差异性，或者说差异性就是复杂性的内涵，作为建筑系统的新鲜基因，在不同地域文化、不同场域状态、虚拟与现实、材料物质与空间形态等差异性要素的融合下，激发着新的建筑语言，促进建筑形态多元化发展。

基于结构形态的差异性特征，主要表现在两个方面，一个是**复合化结构形态对差异性冲突的消解，另一个是结构形态对建筑差异性表达的融合。**

一方面，与现代主义中皮骨分离的结构系统不同，差异性理论下的结构形态与建筑系统的其他要素，并不是各司其职相互对立，结构本身担任着不同功能的复合而产生差异性的表达，因而能够在性能与形式、空间等冲突中找到平衡状态。换句话说，结构找形不仅能够激发建筑形态的多样化，还能利用结构性能的提升来解决建筑内部和外部矛盾或冲突。

迈克尔·沃拉夫（Michael Wallraff）和B&G事务所在Public Space–InfoBox项目的结构形态设计中便是从结构形态出发，在不同专业要求和限制下，找到了各个方面相互协调优化的解（图7-31）。InfoBox建筑高出地面22 m，由于城市地下水管、停车场和公共汽车终点站严重限制了底层的空间布局，因而建筑无法以传统对称的正交网格设置结构支撑。面对这一困难，设计师利用优化找形方法，探索了现有条件下所有合理的结构布局可能，由于支撑位置的不确定，将其转换为变量反而能够获取到更加多元化的空间布局；设计师在数字化找形过程中，还进一步的结合结构性能和空间布局进行多目标优化，既整合了空间和结构性能优化，又解决了空间与结构布局的矛盾冲突。

另一方面，由于结构找形首先并不具有任何先验的几何规则，因而其形态能够以

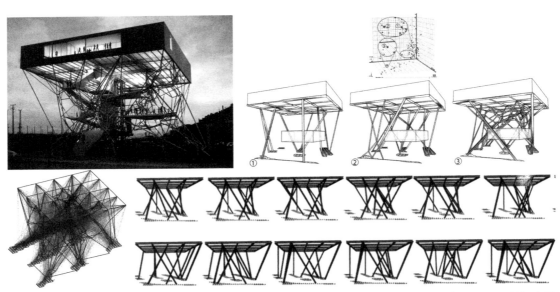

图7-31　Public Space–InfoBox项目中整合结构性能和空间布局的多目标优化找形探索（右上：增加支撑杆数量调控优化，下：在现有可支撑范围内的所有可能的支撑位置）；图片来源：www.karamba3d.com

自由的方式融合建筑的差异性，其主要表现是能够生成合理的**"差异化重力"**①。林恩
（Grey Lynn）批判现代主义建筑传统中对单一的、垂直重力的执着，阿恩海姆（Rudolf
Arnheim）认为"垂直充当了所有其他方向参照的轴线和框架"②，它主导了传统建筑理想
的参照面与轴线，是一种先验既定的参照与规则，所有结构要素遵循着这样的规则垂直向
上或向下，将建筑形态限制在有限的空间方向上运动。林恩在折叠建筑思想中提出了"差
异化重力"作为打破这种既定规则的解决方案——关键在于将重力从理想的中心规则中解
放出来走向差异化。这样，"建筑与大地的关系就不再仅有垂直这一种可能（地面也不再
是终极的水平面），而是进一步演变为流动开放的多重向度。空间不再被限定于物理空间

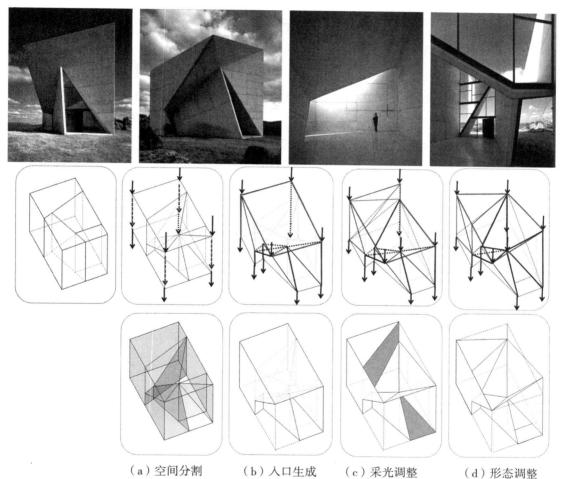

（a）空间分割　　　（b）入口生成　　　（c）采光调整　　　（d）形态调整

图 7-32　Valleacerón 教堂（上）及基于静力学分析整合结构和空间折叠的过程（下）
图片来源：照片来自 www.archdaily.com，图解为作者绘制

---

① Greg Lynn. Folds, bodies & blobs,collected essays[M].New York: Princeton Architecture Press,1998
② 鲁道夫·阿恩海姆.建筑形式的视觉动力[M].宁海林，译.北京：中国建筑工业出版社，2006：19

或几何空间的度量框架之中，而是展现出自身动态综合的全部异质性能量"①。

在SMAO设计的西班牙Valleacerón教堂中，能够看到整合结构与空间两种不同属性的"异质性能量"对建筑形态的影响。除了视觉形态上的要求，SMAO事务所的设计强调实体之间"空"的部分来主导结构形态，因而建筑形态的折叠并非简单的物理折叠，而是结合静力学分析通过改变力流路径来实现"折叠"（图7-32）。首先基于垂直重力的原型建立垂直力系并进行空间的分割（图7-32（a）），其次通过内折形成入口空间，由于打断了直接传力的途径，原有力流路径转折为悬挑的拉力以及其他方向的压力继续传递（图7-32（b））。随后，通过屋顶的内折在内部空间体量错动下生成的天窗采光，同上建立新的平衡力系（图7-32（c）），最后是建筑空间高度与形态的调整和整合力流优化的一并达成（图7-32（d））。

与此类似的还有意大利建筑师皮诺·彼兹高尼（Pino Pizzigoni）设计的Longuelo教堂，其中不仅用到了静力学分析方法还用到了极小曲面的找形方法（图7-33），"教堂折叠不是要推崇一种曲线风格，而是要保持一种生成逻辑，这是非常重要的"②。ETH的Pierluigi D'Acunto以及莱斯大学的Juan José Castellón基于折叠建筑概念还进行了空间形态上更多可能的探索（图7-34），建立了一种基于三维图形静力学的参数化数字工具，并发展了一套折叠的设计程序③：①生成四面体网格；②改变力流路径创建折叠平滑建筑空间等突发性事件；③通过图形静力学方法进行优化与修正（粗虚线为压缩，粗实线为拉伸）。

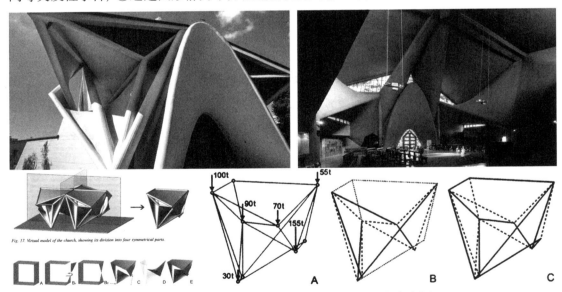

图7-33　Longuelo教堂（上）及其结构构成和静力平衡（下）；图片来源：Carlo Deregibus, Alberto Pugnale. The church of Longuelo by Pino Pizzigoni: design and construction of an experimental structure [J] .Construction History，2010

① 姜宇辉. 从另类空间到折叠空间——福柯、德勒兹与当代大地艺术中的灵性维度 [J]. 文艺研究，2015（03）：31-38.
② （法）吉尔·德勒兹. 普鲁斯特与符号 [M]. 姜宇辉，译. 上海：上海译文出版社，2008：3.
③ Pierluigi D'Acunto, Juan José Castellón. Folding augmented: a design method folding in architecture[C]. The Sixth International Meeting of Origami in Science, Mathematics, and Education, Tokyo,2014

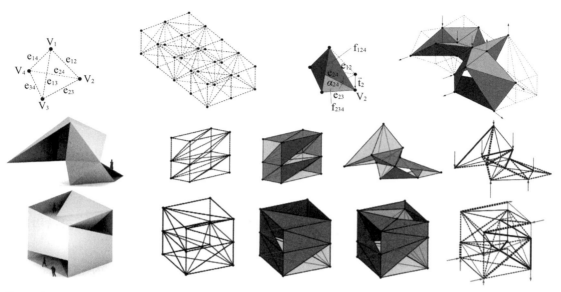

注：e 为边，V 为顶点，f 为面

图 7-34 Pierluigi D'Acunto 等学者基于静力网格基础上，几何空间布局进行建筑折叠的拓变

图片来源：Pierluigi D'Acunto, Juan José Castellón. Folding augmented: a design method folding in architecture[C]. the Sixth International Meeting of Origami in Science, Mathematics, and Education, Tokyo, 2014

　　在几个案例中可以看到，类似将异质性信息保存在自然折叠的褶皱中，建筑的折叠系统是一个过程性的、与向外界环境的异质性能量相互交换和协调的结果，整个过程通过折叠来整合与连续，而非简单的物理折叠过程。力流的操作通过一些异质性要素的引导，例如空间形状、虚实，尺度，视觉感受、采光功能等，折叠将物理与空间操作交织在一起。一方面随着更加多元更广范围的异质性要素的叠加，板的力学操作与空间操作的耦合性也逐渐变高，另一方面也使物理性折叠同时创造了类似"间隙空间"的新的组织，达到空间形态的重构。结构形态在这一过程中不仅是以内部性能提升为目的，也是一种与直接重力组织差异性的呈现方式。

　　折叠是一种差异化重力的表现，它脱离笛卡尔空间，同时也促进了平滑空间的发展。因此结构找形下形态发展的自由不仅体现在差异化重力上，还体现在不同差异性密度的连续性上[①]。平滑（Smoothing）的概念也来源于后现代哲学，德勒兹（Gilles Louis Rene Deleuze）认为"平滑"是一种"连续的形态发展"，它替代了"冲突""对抗""独立"[②]，平滑使得建筑形态呈现出"差异而连续"的特征。不同于层级分明并相互独立的内部系统，在平滑策略下的建筑系统中，各个要素在一个连续区域中相互混合，相互吸引以及相互融

---

① 刘先觉. 现代建筑理论 [M]. 北京：中国建筑工业出版社，1999：483
② 刘先觉. 现代建筑理论 [M]. 北京：中国建筑工业出版社，1999：477

合，构成一种柔性的系统，从而"在异质而连续的系统中整合差异"①。在 UNStudio 设计的芝加哥 Burnham 城市展亭中，建筑由三个相互连接的模块构成，每一个模块采用了极小曲面的找形方法将墙、地面、屋顶甚至是开洞平滑地连续在一起，并通过联系外部要素进行不同方向上的变形，并最终连续为一个整体（图 7-35）。在不同的城市背景和框景下 Burnham 展亭与环境相互关联，同时平滑连续使得建筑并没有明确的方向性，从而在各个方向与视角上具有连续性。

极小曲面找形在边界的变形下具有很高的自我调整特征，在建筑设计中能够很好地将力流连续传递，因而平滑所采用混合的流动性整合各种自由的强度，也源于结构内部平滑受力的力学本质。当力流偏离标准正交轨道后，差异化重力愈加需要平滑而连续的传递方式，从而消除建筑形态变化中突如其来的集中应力，平滑思想下的建筑形态使得结构形态在保证性能的同时能高度复合建筑系统的其他要素。

在阿纳姆中央车站的设计中，其空间原型采用克莱茵瓶的拓扑关系，UNStudio 与 ARUP 采用 Seifert 曲面算法②进行极小曲面找形设计（图 7-36），将其内部大尺度的无柱空间由两个异形墙筒支撑，同时控制曲面的边界和分支方向来融合不同方向的楼板、坡道以及屋顶。极小曲面结构形态的平滑连续，不仅使得建筑的各层空间、空间界面（楼板、屋面、坡道、地面）的异质性要素平滑地连续在一起，并且还充分表达了力流连续下的建筑形态自由发挥的潜能。利用极小曲面体现平滑特征的另一个典型的案例是安德鲁·桑德斯（Andrew Saunders）在乔治·华盛顿大桥公交车站的改造方案，同样是采用了极小曲面的找形方法，

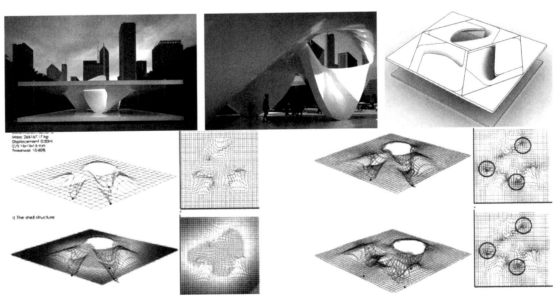

图 7-35　Burnham 展亭（上）以及 IAAC 对其结构分析与找形探索（下）；图片来源：www.iaacblog.com

① Greg Lynn. Architectural curvilinearity: the folded, the pliant and the supple[J]. Architectural Design , 1993, 63: 24–31
② Seifert 曲面是由纽结界定的可定向曲面，由 Herbert Seifert 在 20 世纪 30 年代提出。

图 7-36　阿纳姆中央车站的极小曲面结构

图片来源：Hanif Kara，Daniel Bosia. Design engineering refocused[M]. Toronto：John Wiley & Sons，2016.

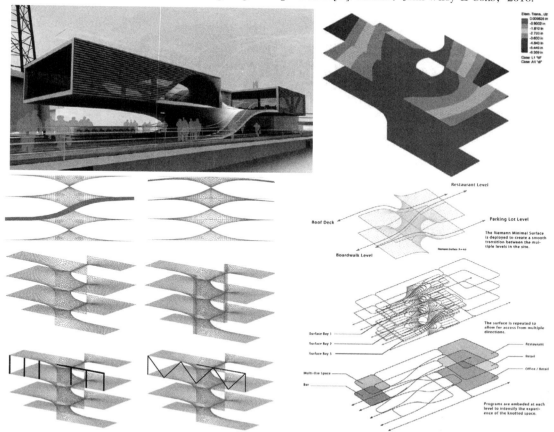

图 7-37　华盛顿大桥公交车站改造方案（左上）及其最小结构分析（右上）优化调整（左下）、流线功能分析（右下）；图片来源：Andrew Saunders, Amie Nulman. Surface logic: architectural investigations into equation-based surface geometries[J]. The Mathematica Journal, 2010,11(3):404-429

设计师将不同层空间的高度差异性连续在一起的同时，还将室内室外的空间相互融合，三维曲面的墙既作为空间围合又作为空间支撑，同时还作为楼板与楼梯要素（图 7-37）。在结构上，极小曲面不仅充当楼板的主要支撑，同时也需要支撑悬挑，最终的方案通过与桁架梁共同协作解决两端楼板的变形问题，同时也承担了建筑表皮的支撑作用。

基于结构找形的建筑形态异质性特征，并不是杂乱无章的各种力量的并存，而是系统的适应性整合，一种非线性的涌现。结构形态高度自由的目的，也不仅仅是实现建筑形态的高度自由，更多的是提供一种在充满异质性要素的系统中，进行合理整合以及多样化的拓展，从而在不同的建筑思想（折叠、平滑变形）指导下，使建筑形态适应复杂环境的潜能大大扩张。

7.3.3 重塑

自现代主义建筑皮骨分离以来，随着建筑功能、技术和审美意识的发展变革，建筑表皮逐渐由封闭转向开放、由静态转向动态、由单一转向复合，并向着多重语义的复杂建筑特征发展，呈现出信息时代动态多变、有机和气候适应性等特征。建筑表皮（Building Skin）已不再是传统单纯的覆层概念，而是成为集结构、功能、生态以及美学为一体的重要表皮系统（Building Skin System）。结构作为建筑表皮系统的重要要素，通过结构找形的方式，一方面能够深度挖掘结构其内在的表现力，帮助建筑师寻找到适应信息时代的动态多变的表达；另一方面同时能够解决结构与建筑和表皮系统内其他要素之间的矛盾，推动建筑表皮向着高性能、高度集约以及多样化的方向发展。

与瓦赫宁根大学及研究中心 Atlas 楼（Wageningen University and Research Centre, Atlas Building）的经典标准化斜交网格相比（图 7-38（a）），伊东丰雄设计 Tod's 旗舰店的树形表皮（图 7-38（b））、扎哈·哈迪德设计摩珀斯（Morpheus）酒店中平滑拓变的斜交网格（图 7-38（c）），以及奥地利 Nordwesthaus 船务俱乐部的混凝土水纹孔洞肌理

（a）标准化斜交网格 （b）Tod's 树形表皮肌理 （c）摩珀斯平滑拓变的肌理 （d）船务混凝土水纹肌理
图 7-38 结构性表皮对标准化网格肌理的重塑；图片来源：www.archdaily.com，www.nordwesthaus.at/

（图7-38（d）），都是对斜交网格肌理的重塑以及对传统静态范式的突破。可以看到这种寻求差异、表达动态和自然有机的肌理形式，既能够准确地表达内部传力的差异性（结构面系网格组织本身在力流上就具有差异性，三个案例都依据受力规律对网格找形），又对外部城市界面环境做出积极的响应。

解决建筑矛盾的肌理重塑： 当结构界面同时作为建筑界面时，结构网格肌理便同时具有性能与表皮两大功能属性，尤其是在解决大跨或大尺度形态悬挑问题中。传统笛卡尔几何规则下的网格界面，很难突破各自的操作规则，因而往往形式取决于标准化尺度。然而在结构找形设计中，结构肌理不仅是易变体，更是能够在易变的过程中利用性能的改变寻找到解决问题的方法。法兰克福屋顶北门房（Fair Frankfurt Roof North Gate）以及Barkow Leibinger建筑事务所门房屋顶（Barkow Leibinger Architects – Gate House）即是这类典型案例。在法兰克福屋顶北门房建筑中，矛盾之一是亭子的支撑位置，由于亭子是后建的，因而在桥身上除了桥墩位置并未预留其他支撑点，除此之外由于考虑到交通问题，亭子需要很大的悬挑，轻薄漂浮的形态追求与支撑位置和结构要素的巨大冲突，而设计师则利用优化算法在梁的位置参数调控下进行了结构找形，最终将极薄尺寸与巨大悬挑的差异性融合在结构屋面中，也将场地与形态的差异性消散在第五立面网格中（图7-39）。同样的，在Gate House中，也出现了建筑悬挑的问题，不同的是设计师采用了不同的结构找形策略，依据应力分布进行内力拟形，通过力流集度（网格密度）的控制，用极少的材料单元组合生成了超越常规的横向尺度（图7-40）。总之，在建筑界面的表皮系统中，物质性的冲突矛盾都能够通过技术方法得到解决，而结构找形既是这样一种技术方法，同时又是形态生成的方法，具有复合化特征，因而具备在复杂建筑系统中消解差异性冲

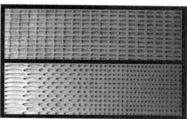

图7-39（上）　法兰克福屋顶北门房屋顶结构肌理及其结构分析
图7-40（下）　Barkow Leibinger建筑事务所门房屋顶结构肌理及其细部构造
图7-39/40来源：www.bollinger-grohmann.com；www.barkowleibinger.com

突的潜质。

适应建筑界面的肌理重塑：西塞尔·巴尔门德在 2002 年和 2005 年的两个蛇形画廊结构形态中，分别演绎了面系网格形态对结构性能以及建筑形态界面的影响。前者以起拱的方式实现了双向短梁搭接跨越的可能性（图 7-41 左），而后者则是在传统盒子式的空间界面上探讨了多向的连续交叉梁段形态构形的可能（图 7-41 右），但两者相似的是，都是通过对界面参数的控制实现了肌理重塑下的结构效能。

为了在蛇形画廊静态结构基础上，进一步阐释结构性肌理对不同建筑形态的适应性，或建筑曲面整合结构网格肌理进行合理拓变的可能。以下以这两个案例为原型，进一步将其转换为可拓变的形态界面，结合优化算法，探讨在形态变化下的网格找形实验。首先，在平面跨度为 10 m×10 m 的范围内，将曲面屋顶形式转换为由高度 h 和起拱位置 a 的变量控制（图 7-42（b）），控制中心与四边高度升高为区间 0 m 到 5 m，升高的起始位置为边界上的随机位置。其次，在这个案例中加入类似蛇形画廊的双向网格和多向网格的两组参数控制（图 7-42（c）），每个方向网格数量为 0~20 个，为了更好地适应不同的曲

图 7-41　2002 年蛇形画廊（左）和 2005 年蛇形画廊（右上）及其结构网格（右）
图片来源：www.archdaily.com

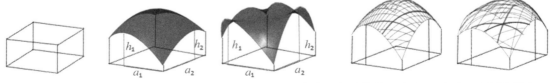

（a）10 m×10 m×5 m 空间体积　　（b）曲面由位置 a 和高度 h 变量控制　　（c）双向和三向网格形态
图 7-42　基于蛇形画廊为原型，将其曲面高度、形式和网格形式和数量转换为变量调控找形
图片来源：作者绘制

面形态，网格角度、间距均可变。最后，借助 Karamaba 3D 程序和 Galapogas 运算器，在设置杆件截面为 0.1 m 的钢材 I 型截面、荷载为自重、支撑方式为两侧线性边界支撑的基础上，进行结构有限元分析，并进一步以结构竖向位移 D 为目标进行优化化找形。

在最终的结果中（图 7–43、图 7–44），由于几何变量较多，相同形态下的不同网格的结构性能差异性较小，相同网格下的不同边界形态的结构性能差异性较大（图中颜色深截面对应内力大的杆件，颜色浅对应内力小利用率低的杆件）。两组网格变量（双向和多向）共同运算将生成更多的形态可能。虽然每一种网格并非是边界内性能的最优解，但是这种相对优化的解充分体现了复杂的几何变量与结构性能之间的协调优化，如果不断增加变量区间或增加新的变量，还能够找到更加丰富多样的合理结构肌理。这种基于结构找形

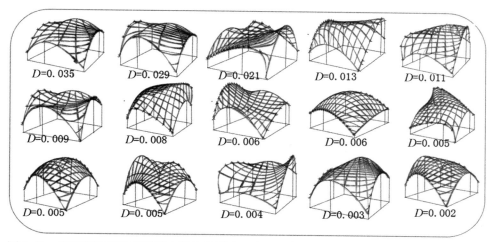

图 7–43　双向网格下的界面形态优化找形（D 为竖向位移，单位：m）；图片来源：作者建模、分析与绘制

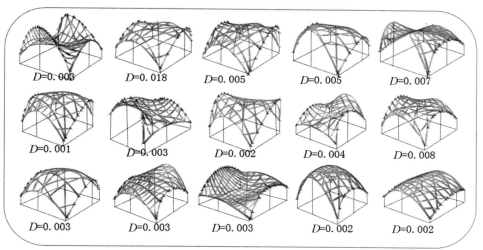

图 7–44　多向网格下的界面形态优化找形（D 为竖向位移，单位：m）；图片来源：作者建模、分析与绘制

方法进行肌理重塑的设计方式，是传统几何设计方法无法企及的。

气候适应的肌理重塑：建筑适应的过程是适应主体与环境的交互作用的过程，正如温斯托克所言："能量的交换与建筑及城市的代谢系统对现代城市适应气候变化的能力同样是至关重要的"[①]。基于结构找形的建筑适应，除了能够对不同文化语境、艺术审美等人文环境的差异性有所响应外，物理气候环境也是复杂系统中主体适应环境需要考虑的重要方面。基于结构找形方法，建筑形态能够以一种新的集约方式适应气候环境，并且在环境调控下激发更加多元的形态潜能。一方面，结构形态功能的复合化趋势，使得结构被赋予了新的功能，例如史蒂芬·佩雷拉（Stephen Perrella）提出的"超表皮"概念，就提到了"图/底、外部/内部、结构/装饰以及真实与虚拟之间并不存在明确的界限"[②]，结构的责任不再仅仅是支撑，而是延伸到建筑与环境、室内室外、结构与装饰的相互关系中，结构找形能够作为驱动建筑适应环境的一种有效手段；另一方面，数字信息平台为建筑的各向性能化评估与分析提供了整合的机会，面对不同地域多变的气候环境，作为建筑表皮的结构形态，其孔洞、形式、肌理、细部形态等都能够作为建筑界面形态的调控要素，使得建筑形态在动态变形中保持与气候环境的相互适应。

图 7-45　卢浮宫阿布扎比的屋顶结构布局及其三层网格的几何形式（上）、屋顶结构应力分析以及光照遮阳分析（下）

图片来源：Frédéric Imbert，Kathryn Stutts Frost，Al Fisher. Concurrent Geometric，Structural and Environmental Design：Louvre Abu Dhabi，www.archdaily.com

---

① Hensel M，Menges A，Weinstock M. Emergent technologies and design：towards a biological paradigm for architecture[M]. New York：Routledge，2010.
② 刘先觉. 现代建筑理论 [M]. 北京：中国建筑工业出版社，1999：488

建筑结构界面的肌理决定了建筑内部气候环境与外部环境的能量交换，因而结构找形也涉及多个性能指标的影响，这包含了采光遮阳的调控、温度湿度的控制、内外通风的控制等。这种基于结构形态系统的多重性能的关联，能够帮助建筑师对气候适应的复杂建筑表皮进行整合与重塑，不仅能够提升建筑整体性能，同时在不同的环境要素下产生丰富的建筑表现力。在法国建筑师让·努维尔（Jean Nouvel）设计的卢浮宫阿布扎比中，设计师则将光照孔洞、文脉符号共同作为结构找形生成的参数，来获得地域性精神上的空间营造（图7-45）。卢浮宫阿布扎比整个建筑由跨度180 m的钢结构穹顶覆盖，圆顶仅由四个永久性桥墩支撑，每个桥墩相距110 m。穹顶由10 000个结构单元构成，网格单元形态的原型是伊斯兰文化中提取的星状几何符号，通过结构受力分析、光照和遮阳分析以及优化算法的迭代找形（图7-45下），星状符号分别在五个结构层中旋转、缩放、重叠最终生成了编织状的阳光过滤器（图7-45上）。卢浮宫阿布扎比不仅将不同空间区域、不同时段的光照以及结构受力系统高度地整合在一起，还将地域文化的元素符号以及宗教精神整合到结构形态中，在各种参数的调控下，穹顶网格不断迭代变化的过程中使得建筑不再是单一理性的孤立体，而是与气候环境、文脉语境相互关联的复杂多变体。

7.4 小结

本章基于结构找形的思维特征以及技术性思维与形式逻辑的关联，提出了结构找形以适应性方式融入并拓展建筑设计的思路；剖析了结构找形对传统建筑构形设计中力流思维逻辑的拓展和补充，同时在力流逻辑的指导下提出了三种适应策略，并且结合案例探讨了当代复杂性建筑在结构找形设计影响下的特征和具体表现。

1.结构找形方法不是仅局限于传统的结构范式类型（图7-46），也能够适用于从构形到界面形态的建筑形式（图7-47）。由于结构找形自身开放系统、自我调整的优势，又能够突破传统范式，以适应性的方式发展力流逻辑，拓展力流概念的表现形式，指导建筑师拓展建筑形式的多样性。

2.路径、集度和层级是力流逻辑关联建筑形式的三个重要层面，结构找形首先是挖掘了力流逻辑的动态可变的属性，以此适应建筑形态设计的多变。本章提出了不确定的路径、流变的集度以及非固化的层级三种适应策略，并结合案例分析进一步阐释了其实现路径。这三种策略本质上是结构找形适应建筑形态拓变的应用策略，它们不仅指导建筑师在结构找形中如何建立逻辑关联、调控何种参数、如何调控参数，还为建筑师如何在动态结构秩序中发展多样化建筑形态提供了方向性路径。

3.结构找形以适应性的方式融入建筑设计，其主要表现特征是能够以动态变形的方式发展复杂和多样化的建筑形式、以融合差异性的方式解决复杂的建筑矛盾并进行多元的形式表达，以及对传统标准化或形式化肌理进行高性能、高度集约与多样化的重塑。当代建筑形态正向着多元化、可拓展以及复合化方向发展，结构找形设计不仅能够对动态多变的建筑形态进行适应性发展，还能从物质性层面推进建筑在复杂环境下的适应性，从而为当代建筑师研究和拓展性能化的复杂性建筑提供指导。

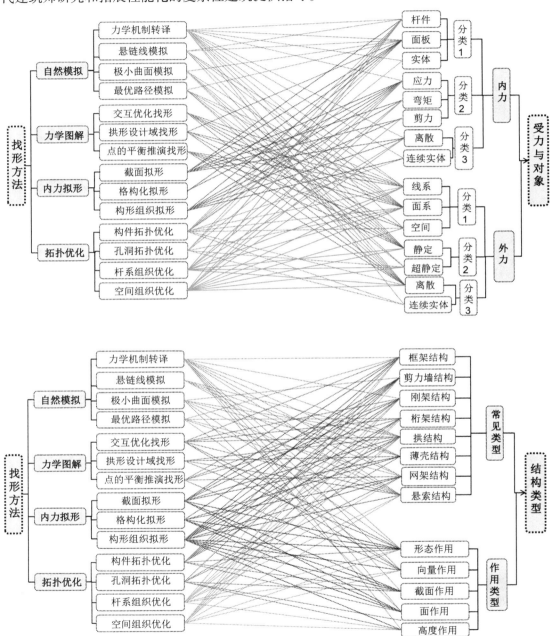

图 7-46　结构找形适用的结构类型
图片来源：作者绘制

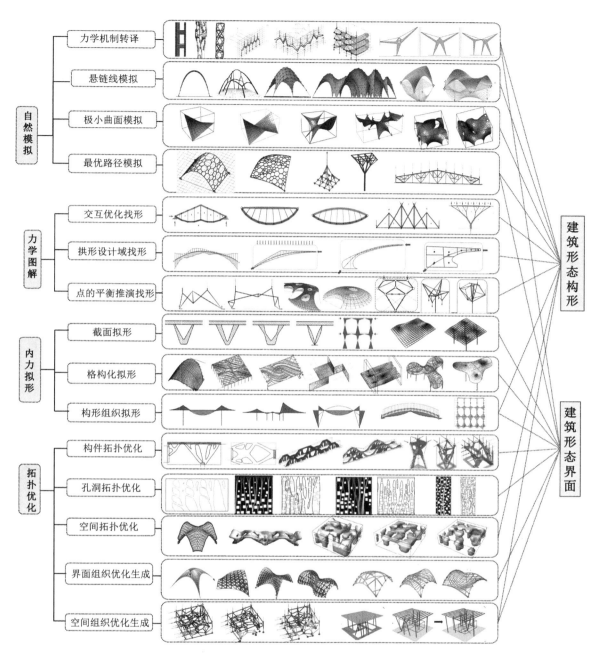

图 7-47　结构找形适用的建筑形式
图片来源：作者绘制

第八章　融入建筑设计的结构找形

当代建筑空间的发展正在从各个层面上对结构形式提出"变"的要求，由于结构找形方法的不确定性和多样性特质。"动态拓变"正是结构形态适应建筑空间的主要特征，本章基于结构找形方法，进行空间适应的动态结构找形研究，并基于结构对空间的基本作用，提出三种适应策略：作为基本支撑实现空间尺度与网格的拓变适应、作为空间容器整合空间体积的拓变适应，作为表现要素进行重置的拓变适应。

8.1　从突破范式到融入空间

作为建构空间的结构形态，建筑师对其设计思维方式的建立主要源于结构体系的分类。依据建筑造型和跨度选择工程领域既定的结构体系形式进行匹配，是传统而普遍的结构介入空间设计的思维方式，它是伴随着结构体系发展的扩充而出现。然而，这种结构形式与空间形态对应的方式，是一种静态范式的设计模式，随着建筑空间的不确定变化对结构形态和体系提出的要求，促使着建筑师从结构范式转向了以拓扑学思维指导的结构形态设计，从关注结构体系的范式分类应用，到寻求变化规律的拓扑思维的适应性探索。结构找形之所以能够作为一种适应性设计方法，并能够整合建筑空间推演和拓展主要有两个方面原因：

结构找形的本质在于其开放的参数系统，找形具有分析、评估与优化的性能化协调过程，因此一定可以具备适应空间构形的共同推演的能力。拓扑思维的本质是以复杂性、关联性的思维看待结构形态。传统分类思维下的结构选型局限性在于，人工经验的形式类型仅是固定关系的参数系统，尤其是以工程的经济性和性能为主的角度进行的结构分类中，空间参数只局限于跨度与高度简单的参数，性能分析优化也只是基于已有的建筑几何模型。因而有限的参数调控以及很小程度的变量范围很难解释这些变量以外的复杂情况。而在结构找形设计中，空间的尺度、边界、高度、截面、位置布局甚至是变化走势都可以作为调控的参数变量，在这些信息的融合下，就可以解决在空间推演过程中与结构的碰撞矛盾、布局矛盾、流通度矛盾以及性能矛盾等，从而作为一种结构性的方法，在不断调控中实现与空间拓变共同的推演。

在这个新的结构性思考方式中，结构与空间参数类似拓扑学中的可变要素，模型关系即是内在的不变要素，只需调控变量，即可以生成该模型下不同的结构拓变形态（例如用悬链线数学模型生成的空间跨越，调控高度、跨度、截面等就可以得到该拱形空间的所有拓变形态）。除此之外，拓变的潜力在于融合差异性，并且越多差异性的刺激下拓变的可

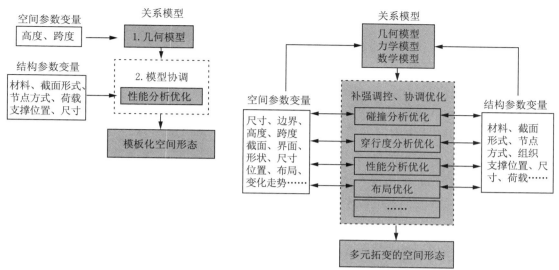

（a）传统结构选型模式下的空间形态设计　　（b）基于结构找形的空间结构形态整合设计

图 8-1　不同结构方法下的空间设计；图片来源：作者绘制

能性越丰富。在参数关系的图表中可以看到，传统工程领域提供的结构分类由于缺失差异性，从而导致参数系统是一种单一变化的协调行为，导致最终模式化的空间形态（图 8-1（a）），而结构找形系统则体现了一种利用交叉学科的差异性进行的非线性作用：在多种参数的调控中，不仅提供了一种矛盾互相交融的机会，同时也提供参数变量相互补强、相互协调优化的多种行为（图 8-1（b））。例如当一种空间参数变量作为目标进行限制时，可以调控其他的参数实现；而当独立的结构系统无法达到优化目标时，也可以通过空间参数变量协调优化；当调控某些参数无法解决空间矛盾时，可以牺牲某一结构变量，从其他参数方面对结构性能进行补强（例如在空间营造中对结构弱化需求下，就可以通过减小截面参数，但加密梁参数进行性能的补强等）。总之，利用不同领域参数间的非线性关系，不仅能够解决不同领域的矛盾，并且能够实现参数关系进行空间变动下结构形态的拓变，从而在拓变中挖掘更丰富的可能性。

结构的不确定性建立在对参数反复调整的非线性设计过程中，因此新的结构性设计方法也是基于结构属性上进行逻辑转换、变动与解构的动态方法。这种在合理性基础上不断寻找与联动变化的思维，即是结构找形设计融合建筑的核心，它是当代建筑师跨越不同学科，寻找实现理想空间与结构形态相统一的诉求——一种崭新的建筑空间设计策略。

8.2　从静态体系到动态适应

结构找形之所以能够动态适应和拓展空间设计，首先是能够突破传统静态的结构分类范式，从技术逻辑和力学原理出发，自下而上地建立结构体系的动态拓扑关系，将传统被结构限制的空间设计，转向整合结构变动、真正自由的空间设计。

8.2.1 基本结构体系

建筑立面形态注重外部空间界面及建筑体量特征的界定，而空间剖面则更加关注建筑内部尺度关系，其中梁构体系主要提供了水平维度空间剖面上的"度"与"形"的逻辑秩序[①]，即空间跨度、高度与形态。在梁构体系中，水平直梁、拱梁、桁架等是常见的形态类型，海诺·恩格尔从作用原理上将其分类为截面作用、推力作用、向量作用[②]。其中截面作用梁的形态主要取决于如何抵抗弯曲截面力，在推力形态作用中主要取决于拱形态下的压力作用，向量作用的桁架形态取决于向量的分解。在结构找形设计中，这些不同的力的传递和抵抗方式，都可以通过力学图解进行描述解释，并且基于结构找形设计的适应性特征可以建立不同作用体系之间形态拓变关系，以此探索体系间更多形态可能。

在拓扑思维下的结构找形设计中，结构并不是一个固定不变的实体，而是一个由截面尺寸、高度、跨度、角度等各个参数共同构成的可变系统，一种体系形态本质上是一种参数关系模型。从一种体系形态向另一种形态拓变的过程，实际上是选择力学模型调控参数的过程，结构找形方法即是这个转变过程中的依据与手段，并且结构找形中的力学图解能够以动态的方式说明这一过程中结构受力参数的关系变化。

在框架梁柱系统中，水平梁是控制空间尺度的主要参数，在静力学图解中，可以将其视为一个平衡体系，在力图解中不断增加平衡力系后，分力逐渐分解为更多分力的过程即直梁向拱形的转变过程（图8-2-1）。在力图解中可看到，拱高度不断增加并且杆件内力逐渐减小，同时还能通过角度参数调控构件内力的变化；当加入角度参数以及不断分解角度向拱作用转换的同时，可以在弯矩图中看到高度不断增加以及梁的截面弯矩逐渐减小；如果通过悬链线方法，还可以达到零弯矩的拱形结构（图8-2-2），这意味着梁构体系中的主要控制因素，由截面要素转变为控制矢量（轴力构件）角度的参数。在整个拓变过程中，弯矩图解释了截面弯矩在角度参数变化下逐渐减小的特征，静力图解方法解释了在对力图解进行优化找形后，杆件内力优化的特征，两种找形图解互相补充，都不约而同地指向了截面梁构向拱作用体系转变过程中的共同力学变化，以及结构剖面高度与结构受力关系规律——矢高与弯矩、内力以及截面尺寸成反比。这种有规律的、力学性能不变但形态参数变化的关系，是建立不同结构体系形态拓扑关系的本质，在此基础上加入空间尺度的参数，便有可能在调控空间尺度的同时进行拱梁的高度、跨度与截面尺寸的共同拓变，这种拓变关系可以描述为以空间和结构性能为目的的不同参数之间的协调调控，例如当空间

[①] 戴航，高燕.梁构·建筑[M].北京：科学出版社，2008
[②] 海诺·恩格尔.结构体系与建筑造型[M].天津：天津大学出版社，2002

跨度增大时梁弯矩增大，从而增加截面或调整角度参数增加矢高予以补强。

　　类似的，水平板面也需要以弯矩内力对抗荷载，通过逆吊找形方法即可直接获得从板到壳体作用体系的转变（图8-3），而在逆吊过程中改变重力荷载、荷载位置、变形量参数，便可进行壳体形态在空间高度上的拓变。除此之外，在板内进行格构化或转化为矢量承力系统，就可以得到网壳作用体系。

　　同样的，如果从微观层面上将截面梁构视为一个无限单元构成的可变系统，控制要素为边界参数、单元密度数以及决定空间跨度的支撑点位置等，那么通过拓扑优化的找形方法，可以实现从截面作用向矢量作用的格构形态的拓变，而随着材料的逐渐消减最终转化为轴力的桁架作用形态（图8-4-1）。这一转换也可以通过应力线拟合的找形方法实现，并且能够以直观的拉压应力线判断桁架结构中各个构件的拉压状况（图8-4-2）。在整个拓变过程中，传统标准化杆件的桁架形态可以看作是其中一种合理结果，如果利用图解静力学进一步找形，还能获得多样化的桁架形态，也可进一步获得不同的张拉桁架结构形态（图8-5）。

　　框架结构通过弯矩图拟形方法可以获得张拉的向量结构体系，通过支撑点进行面板的逆吊悬链线找形可以获得壳体结构，网格化后即为网壳结构。以此类推，以墙体为初始形态，通过拓扑优化找形方法，可以获得非规则形态的分支特征的墙柱结构；通过极小曲面的找形设计，可以获得曲墙或墙体结构；在此基础上，对负高斯曲面的墙体施加预应力荷

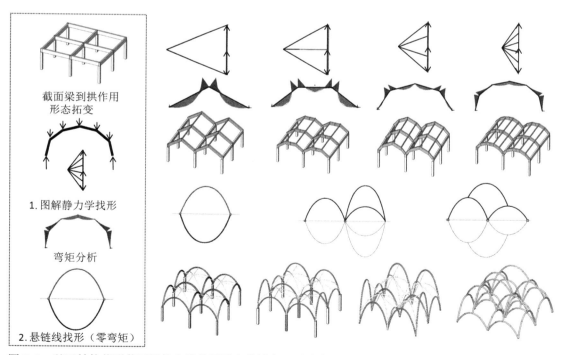

图8-2　基于结构找形截面梁构向拱作用形态的转变；图片来源：作者分析绘制

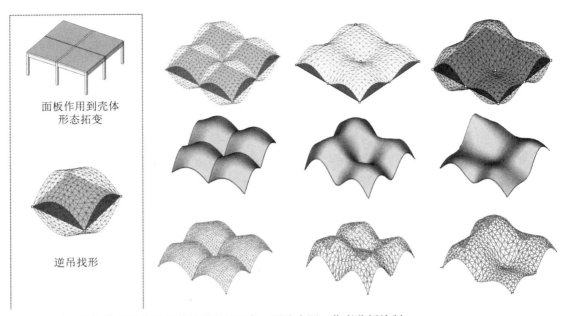

图 8-3 基于结构找形板作用到壳体形态的拓变；图片来源：作者分析绘制

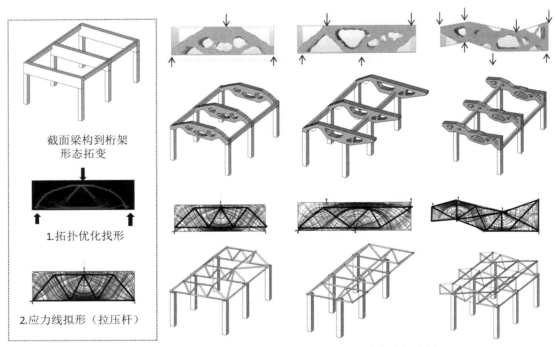

图 8-4 基于结构找形截面作用到桁架结构形态的拓变；图片来源：作者分析绘制

载可以获得合理的膜结构形态；对三周期曲面特征的墙体进行网格化可以获得网筒结构形态；通过应力线的网格化也可以获得非规则网格的网筒结构形态等。

在整个拓变过程中，拓扑优化解释了面域内低效及无效单元、高效受力单元的分布关

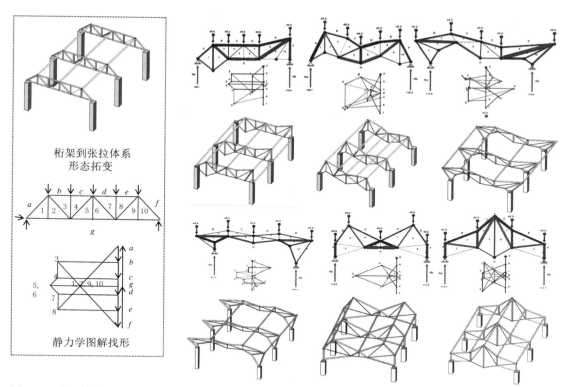

桁架到张拉体系
形态拓变

静力学图解找形

图 8-5　基于结构找形桁架结构形态到张拉结构形态的拓变；图片来源：作者分析绘制

系，应力线在此基础上还解释了转变过程中各个部分拉压的受力关系，而在图解静力学的找形方法中，力学图解能够精准性地解释不同形态下各个内力杆件的内力状况和形态关系，几种找形方法也是相互补充，共同指向在一定层次、不同形态下的规律关系。

8.2.2　空间中的结构体系

梁构体系很大程度上决定了空间剖面的尺度，因而不同体系形态的拓变是应对空间尺度变化下的适应性策略。而在建筑平面与空间布局中，结构不仅关系到尺度问题，也关系到建筑空间的界面围合、空间构形与拓变的方式，因而需要建立结构体系布局的拓变关系，这既包含了梁构体系的尺度，又包含了支撑柱墙的位置和平面网格关系。与体系间形态类型的拓变相似，结构找形设计既能够解释不同空间体系形态的拓变关系，也能提供相应的操作方法。

一方面，基于结构找形的支撑组织拓变，能够实现与空间拓扑共同推演与优化。传统标准化分类匹配的局限性在于，建筑设计初期空间拓扑的要求与标准化结构布局的矛盾，因此实现与空间拓扑共同推演的可能，其本质上是如何在结构形态拓变的同时，利用结构形态解决结构布局与空间布局的矛盾与冲突。

　　以 8 m×8 m 柱网尺寸的刚性框架为例,分别在消减支柱、变动平面网格的拓变目标下,来阐释结构找形方法对体系布局拓变的适应。原有对称的空间在需要消减支撑和变动平面网格的情况下,超出框架结构标准范围的尺度就会产生结构性的矛盾。首先,通过弯矩图分析可以看到(表 8-1(1)),尽管进行了截面优化,但在消减四角支柱尤其是变动结构网格的情况下,框架结构中具有较大的变形,因而作为空间边界的结构不能被轻易变动。而在依据弯矩内力图进行梁柱的拟形重构和截面优化找形后(表 8-1(a)),不仅结构性能得到了很大的提升,同时也实现了空间拓变中对柱网变动与构件消减的可能,使得结构在一定程度上实现了变动的自由。这一点在板的逆吊找形(表 8-1(b))中尤为明显,逆吊模型能够在任意约束位置下寻找到最佳拱轴线的壳体结构,因而其反转后的支撑点布局也是相对自由的,改变支撑位置就能够自主生成合理的拱形结构,同时改变支撑点悬吊的位置和起拱高度,就有可能从结构对空间顶部界面形态的影响拓展到空间围合形态的影响,从点支撑的自由平面发展到面围合的平面自由。除此之外,通过将结构范围限定在一定面域进行拓扑优化找形,也能够实现结构与空间的自由变动(表 8-1(c)),并且在更多参数的调控下,还可以依据不同布局与空间界面的属性(开放或封闭)调整材料的消减区域和其传力的路径,随意调整支撑位置即可以获得新的支撑方式;在极小曲面找形方法下(表 8-1(d)),结构布局的自由不仅在平面上影响空间的拓扑关系,还在多维层面上影响空间的流动性和连通性,平滑的结构曲面和腔体孔洞将空间的拓扑关系从平面布局拓展到空间内外的平滑拓扑转换中,这是传统平面化结构布局无法描述和操作的结构形态。简言之,结构找形提供了一种保证结构性能稳定前提下自由变动的可能,因而能够在空间拓变的过程中排除结构矛盾,适应不断变化,并将功能、界面、环境与结构要素整合思考,实现实质意义上的一体化研究。

　　另一方面,以拓扑思维为基础的结构找形设计,建立了一种新的形态可能:可以将不同的结构体系类型简化为一种不断变化中的某一种形态,由于这种形态一直处于不断变化的过程中,因而这一种形态既有可能具有初始形态的特征又同时具有另一个形态的特征。以应力线网格为例的网筒结构(表 8-1(e)),既具有墙筒结构的特征,又可以看作是矢量作用的格构化,具有网架结构特征,但同时其两种不同流向的网格分别代表着拉力与压力,又具有不同于任何传统欧氏几何的特征。在极小曲面找形的腔体结构中(表 8-1(d)),水平与垂直的筒状结构类似台中大都会的巨型刚性空心梁柱结构,而在空心部分逐渐扩大并与相邻空间相互融合,空心梁柱结构形态的特征被逐渐弱化,又出现了壳体与曲墙的特征(表 8-1(c))。类似的还有拓扑优化的墙体结构,在悬挑较大的受力密集区域结构明显呈现出完整的墙的特征,而在受力直接的区域则显现出分支柱的特征,同时在跨度较大的两端支撑情况下又呈现出类似伊东丰雄设计的 Tama 图书馆中拱受力的特征。在一种结构支撑组织的界面中呈现出了不同的结构形态连续变化的、模糊的、混合的特征,这是传统模式化形态分类绝对不能达成的结果。

表 8-1 基于结构找形的结构体系空间布局拓变

1. 以框架结构为原型的布局变动		
标准 8 m×8 m 跨度	消减支撑柱	变动平面网格

（a）找形操作：基于弯矩拟形方法转换为张拉结构体系适应布局变化
（圆钢管压杆件截面直径 0.12 m；圆钢管拉杆截面直径 0.05 m；自重荷载 + 竖向线性单位荷载）

D=0.004 m	D=0.07 m	D=0.002 m	D=0.034 m	D=0.002 m

2. 以板柱结构为原型的布局变动（混凝土板厚 0.12 m；自重荷载）		
	D=0.01 m	D=0.012 m

（b）找形操作：基于逆吊方法转换为壳体、网壳结构体系适应布局变化（网壳圆钢杆件截面直径 0.15 m、自重荷载）

D=0.002 m	D=0.000 3 m	D=0.003 m	D=0.000 9 m	D=0.004 m

3. 以墙板结构为原型的布局变动		

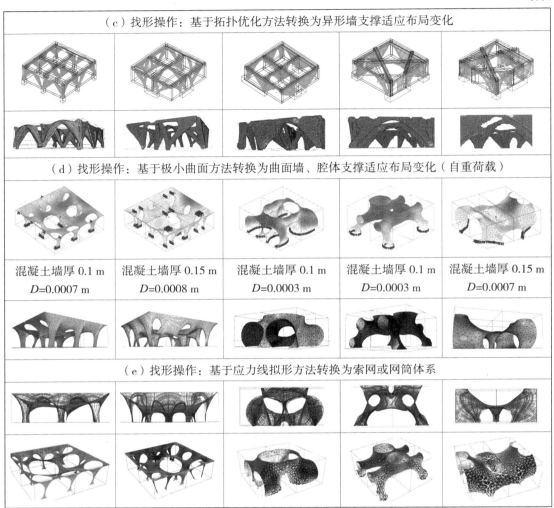

（c）找形操作：基于拓扑优化方法转换为异形墙支撑适应布局变化

（d）找形操作：基于极小曲面方法转换为曲面墙、腔体支撑适应布局变化（自重荷载）

混凝土墙厚 0.1 m　　混凝土墙厚 0.15 m　　混凝土墙厚 0.1 m　　混凝土墙厚 0.1 m　　混凝土墙厚 0.15 m
D=0.0007 m　　　D=0.0008 m　　　D=0.0003 m　　　D=0.0003 m　　　D=0.0007 m

（e）找形操作：基于应力线拟形方法转换为索网或网筒体系

图表来源：作者建模、分析与绘制（分析工具为 Karamba 3D）；（注：D 为竖向最大位移）

传统结构体系形态的分类能够为建筑师提供界限分明和相对独立的操作方法，而结构找形设计能够为建筑师解释不同体系形态之间的关系，并提供一种随着空间尺度、平面等需求而变化的适应性形态。一方面可以进一步深入探讨结构形态类型之间的关系，解释不同类型之间的模糊形态，并且建立不同结构类型拓扑关系的依据以及操作方法；另一方面可以在分析、协调与优化的过程中拓展不同类型间形态的更多可能，激发空间的拓变。适应性结构探讨不仅是对结构分类在更广泛应用的一种补充，弥补了传统模式化结构形态分类在当代复杂性建筑发展中无法适从的缺憾，又是对未知形态的探索，将结构驱动建筑空间设计推向了一个新的高度。

8.3　结构主导的空间与网格拓变

8.3.1　自由的空间跨度

　　基于结构找形的空间尺度拓变过程并非类型的耦合，而是一种适应设计推演的过程，正如伊东丰雄认为"建筑的整体形象并不是一下子就决定的，而是从一个大概的印象开始，通过反复地进行各种模拟而逐渐明确的"[①]。基于结构找形向更大尺度的拓变与单纯选择大跨结构类型的区别在于，类型是相对于确定后的形式而言，而找形相对于反复调整的过程而言。在空间尺度还未确定或正在形成的过程中，结构找形方法随时可以介入其中，获得更高跨越性能并实现尺度的拓变，换句话说是在空间尺度变化的过程中，随时利用结构找形方法解决尺度拓变下的矛盾，从而实现空间的自由。

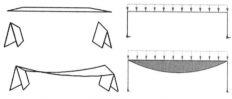

图 8-6　大阪城公厕屋面结构及其弯矩示意；图片来源：www.archdaily.com，弯矩图作者绘制

表 8-2　大阪城公厕的屋面钢板结构的逆吊找形过程

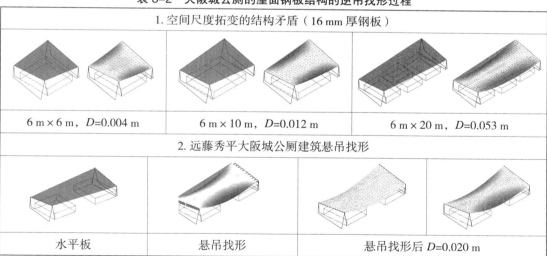

1. 空间尺度拓变的结构矛盾（16 mm 厚钢板）		
6 m × 6 m，$D=0.004$ m	6 m × 10 m，$D=0.012$ m	6 m × 20 m，$D=0.053$ m
2. 远藤秀平大阪城公厕建筑悬吊找形		
水平板	悬吊找形	悬吊找形后 $D=0.020$ m

图表来源：作者建模、分析与绘制（分析工具为 Karamba 3D）；（注：D 为竖向最大位移）

　　例如在远藤秀平与清贞事务所在 2005 年设计的大阪城公厕中（图 8-6），设计师采用了 16 mm 厚的钢板跨越包含休息、盥洗、男女卫生间的将近 20 m 跨度空间。由弯矩图

---

① AC 建筑创作 176. 伊东丰雄 [M]. 建筑创作 ArchiCreation，2014

和模拟分析可以看到（表 8-2（1）），16 mm 钢板在跨越不同尺度（6 m、10 m、20 m）时在自重下产生了较大差异的变形，在较小的跨度下钢板变形较小但空间受到限制，在 20 m 的跨度下空间布局自由但产生了较大结构变形。对于这一矛盾，建筑师通过逆吊找形的方法，使得钢板在自身重力作用下消减弯矩，并且还依据内部空间的高度，从平面转向了三维扭曲的操作，最终的设计将钢板转为拉力结构，结构性能得到了提升的同时，也以极少的材料营造出轻质的空间形态（表 8-2（2））。

图 8-7　茸田馆休息亭；图片来源：www.archdaily.com

表 8-3　茸田馆休息亭屋面与地面钢板结构的逆吊找形过程

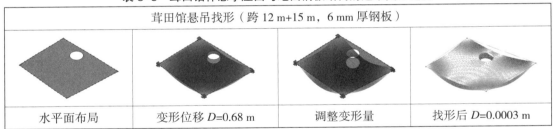

茸田馆悬吊找形（跨 12 m+15 m，6 mm 厚钢板）			
水平面布局	变形位移 D=0.68 m	调整变形量	找形后 D=0.0003 m

图表来源：作者建模、分析与绘制（分析工具为 Karamba 3D）；（注：D 为竖向位移）

类似的找形设计还有西沢立卫事务所在 2015 年的茸田馆休息亭子（图 8-7），利用悬吊找形以 6 mm 厚钢板跨越了 12 m 与 15 m 的空间。6 mm 钢板在水平跨越下会产生非常大的变形，然而这一问题在找形设计中却是一种优势，在悬垂找形后弯矩几乎为零。不同于前者利用单向悬垂解决大尺度空间，茸田馆亭子中从四角垂吊了分别承担顶面与底面围合的两层垂吊钢板（表 8-3），在最终的空间形态中蕴含了整个变化的过程而非先前预设的特定目标，这更趋向于在垂吊变形过程中两个不同节点片段的叠加，并且能够根据变形量、荷载等参数进行应变调控，恰恰体现了空间动态适应的过程。

两个垂吊案例体现了结构找形过程中，连续材料截面以及面系形态向不同空间尺度调整的动态适应性，池原义郎和斋藤公男设计的唐户市场则体现了梁构找形塑造空间跨度的潜力（图 8-8）。唐户市场是由中部的 30 m 跨菜场空间、两边分别为三层办公和两层食堂加工处理的小空间构成，整个楼板是由 22 个钢筋混凝土预制板以及拉索单元构成。单

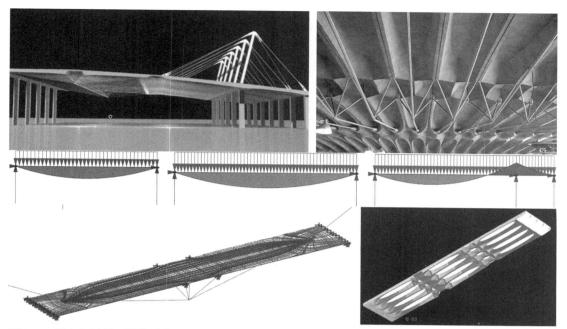

图 8-8　唐户市场屋面结构形态（上）整体两梁构的弯矩拟形（中）混凝土梁板的内力拟形设计（下）
图片来源：www.google.com，弯矩图与应力线为作者分析绘制

纯的混凝土梁板在跨越不同空间时，截面弯矩会随着跨度的增大而增大导致材料浪费，因而通常较大跨度时会改用轻质桁架结构体系。在唐户市场结构中，建筑师与结构师保留了传统的混凝土梁构，将这一问题通过两个找形策略进行解决：首先采用弯矩图拟形的方式，将直梁转换为板与张拉结构的张弦梁组合；其次依据内力对混凝土板进行拟形设计为异形构件，来减小梁截面，同时解决拉索与混凝土板的连接问题，最终以很小截面实现了由曲面混凝土板塑造大空间尺度的转变。

8.3.2　模糊的平面网格

结构网格决定着局部空间围合支撑间的各个跨度，也同时影响着空间本身，尤其是在塑造流动性的开放空间中。空间的流动性本质在于空间与空间相互关系的模糊性和关联性，在传统静态的标准设计中，支撑点的位置往往是作为限制要素参与到空间拓变设计中，而在结构找形设计中，则是将支撑点间位置关系作为变量控制网格和尺度的拓变，从而能够改变结构网格先入为主的僵化空间布局模式。

结构找形驱动的平面网格拓变，也使得当代建筑中的流动空间被赋予了新的意义。平面结构网格不再局限于明确的对称规则，而是能够呈现出随机偶然、模糊与自由，这同时带来了空间功能上的模糊性发展。正如伊东丰雄注重需求的变化，认为由于未来很难预测，当今时代特征的"流动"使建筑应该处于持续的动态中，并鼓励使用者不断以创新性的方式自由地使用空间，现代主义流动空间中固定的秩序与意义，已经逐渐转向包容差异性和对立并存的"模糊功能"以及"多重叙事"[①]等不确定的创新发展，流动空间逐渐突破本身客观的限制，转而根据人们的需求向着随机性、偶然性以及自主性的方向发展，并且从纯粹的空间与空间的模糊关系，渗透到空间与结构网格的模糊关系。

　　结构与空间网格的模糊关系首先体现在建筑师试图对传统均质网格的突破。例如从伊东丰雄 2004 年冥想之森利用壳体找形改变平面支撑网格开始，先后经历了 2007 年 TAMA 图书馆中以拱形弧墙塑造的"浮动网格（Emergent grid）"[②]（图 8-9），以及在 2014 年台湾辜振甫先生纪念图书馆中，利用 Voronoi 找形方法打破传统固有的均质空间并营造了螺旋线网格的阅读空间（图 8-10），最后在 2015 年的岐阜媒体中心中，又回归到类似冥想之森的柔性壳体找形下的自由支撑布局（图 8-11）。基于各种结构找形的方式，伊东丰雄及合作的结构团队将现代主义建筑中使用固定网格限定空间和结构的方式，实践性地

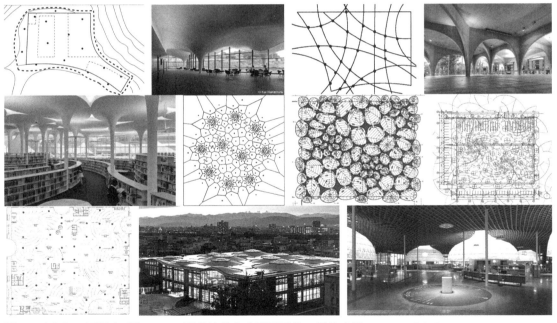

图 8-9（上）　　冥想之森与 TAMA 图书馆的自由平面网格；图片来源：www.archdaily.com
图 8-10（中）　　辜振甫先生纪念图书馆的 Voronoi 网格；图片来源：www.archdaily.com
图 8-11（下）　　岐阜媒体中心的自由网格布局；图片来源：www.archdaily.com

---

① "多重叙事空间可以容纳差异与对立，且空间是开放的、多层次的，个体体验到的是多个重叠的事件……空间更像一个'场域'：空间要将一部分内容组织的工作留给使用者，并处于未完成的状态，其有种与使用的随机性和偶然性相关的不确定性；它支持并创造了多种可能。"引自董馨潞.扎哈·哈迪德的"塑性流动"理论与建筑空间探析：以辛辛那提当代艺术中心为例 [C] // 全国高校建筑学学科专业指导委员会，建筑数字技术教学工作委员会.计算性设计与分析：2013 年全国建筑院系建筑数字技术教学研讨会论文集，2013：4.
② Gregory R. Reading matter[J].Architectural Review, 2007:47–54

转向了适应当代信息化的语境下的流动性空间，结合技术策略创造出合理的、不断变化的、赋予创新意义的结构布局和空间营造[①]。

其次，模糊的网格还体现在结构与空间的构形关系中，结构网格的变动意味着结构与空间不再是相互独立的系统，而是可以在空间构形中联动拓变、互相协调，甚至既是结构又是空间的融合体，例如上海喜马拉雅中心（图8-12），其巨大的空心混凝土筒本身具有模糊的属性，既是实体结构，又是空间，同时因为支撑具有足够的刚度和抗侧力能力，在空间布局上得以自由。

以下借助拓扑优化找形方法，以空间构形关系为依据，进行混凝土实体结构适应空间拓扑的实验研究，来进一步说明结构找形适应空间拓扑的潜能，以及突破传统实体与空间的二元对立、建立新的关系。在传统的结构范式设计中，往往依据空间首先规划清晰的结构网格，但明确的网格对于空间拓扑关系研究则具有很大的局限性，在这一点上，结构找形的优势首先就是基于空间形态的不确定性，拓扑优化的初始模型可以是可变性设计范围而非具体形式。同样的，回到结构平面网格的本质，即是各个传力支撑点之间的尺度关系，在拓扑优化中支撑点也可以成为可变的范围参数。

空间拓扑关系取决于空间单元功能、面积以及流线关系，首先基于这些要素设置空间单元A、B、C、D、E的初始位置以及流线关系（表8-4（1））。借助Pirouz Nourian开发的空间句法Space Syntax运算器[②]，可以通过对空间单元面积的调控得到相关的空间关系数据，并得到不同的构形关系。确立空间构形的拓变关系下，建立容纳这五个单元的空间设计域立方体，以前面生成的空间单元位置关系作为拓扑优化设计域内的孔洞预留位置，即设置零密度区，剩余部分则为可支撑范围。由于拓扑优化后的单元面积会有所增加，因此以前面生成的面积作为控制孔洞预留的最小底面积来控制空间布局（表8-4（5））。在拓扑优化的过程中，设置空间顶部均布荷载，在底部避开空间单元的空白区域设置支撑约束，并设置不同的支撑位置以及拓扑优化的迭代次数、目标密度、位移量以及惩罚因子[③]等参数，

图8-12　上海喜马拉雅中心及其混凝土筒结构和平面布局；图片来源：www.google.com

① 杨菁、朱振骅、李江.传统的新生：多摩艺术大学图书馆结构体系和材料运用评析，AC建筑创作。
② Space Syntax是基于Rhino-Grasshopper平台的空间句法运算器，具体解释见附录。
③ 在结构拓扑优化中，常用的密度法插值模型有固体各向同性惩罚微结构模型（SIMP）和材料属性的合理近似模型（RAMP）。它们都是通过引入惩罚因子对中间密度值进行惩罚，使中间密度值向0-1两端聚集，使连续变量优化模型能很好地逼近0—1离散变量的优化模型。

借助 Millipede 工具 ① 进行空间结构的拓扑优化找形（表 8-4（5））。

表 8-4　基于拓扑优化找形方法对空间构形的动态适应

1. 空间组合关系

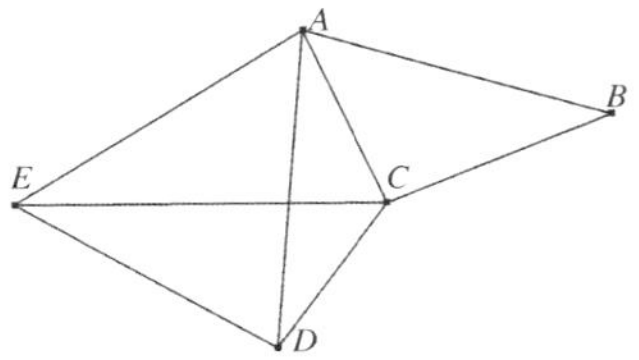

2. 空间拓扑

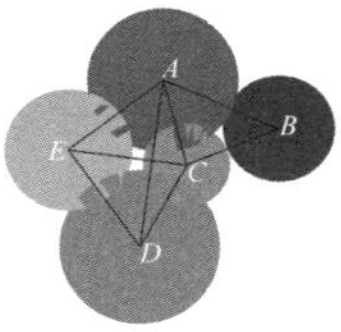

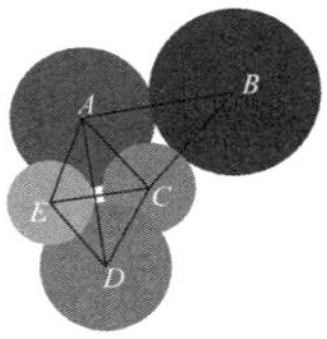

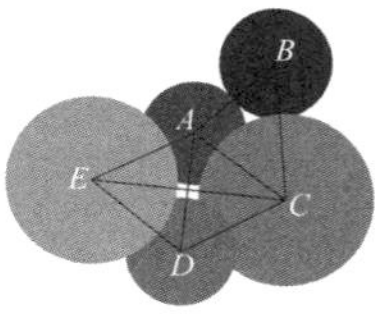

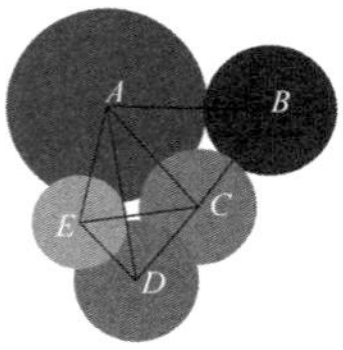

3. 最小面积

| A=18.0；B=9.5；C=7.0；D=9.5；E=10.0 | A=18.0；B=9.5；C=7.0；D=9.5；E=10.0 | A=18.0；B=9.5；C=7.0；D=9.5；E=10.0 | A=18.0；B=9.5；C=7.0；D=9.5；E=10.0 |

4. 确立孔洞位置

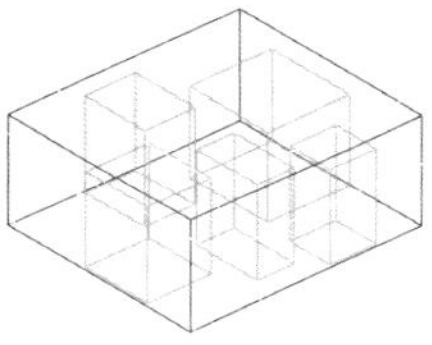

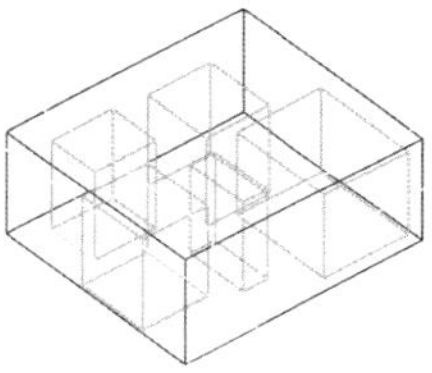

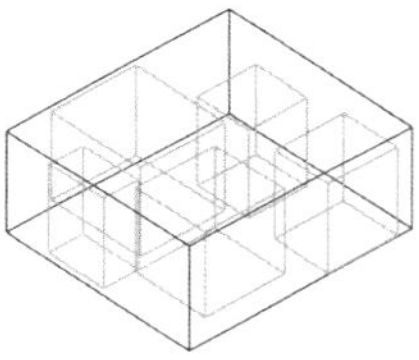

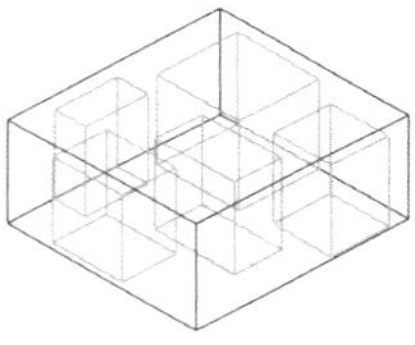

5. 结构拓扑优化过程

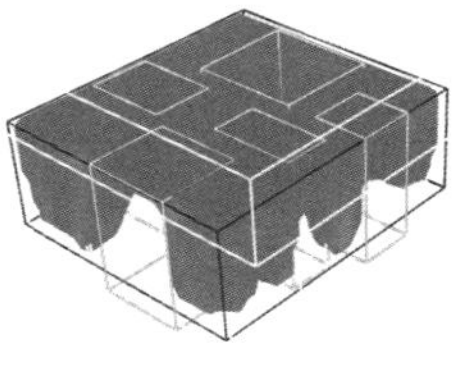

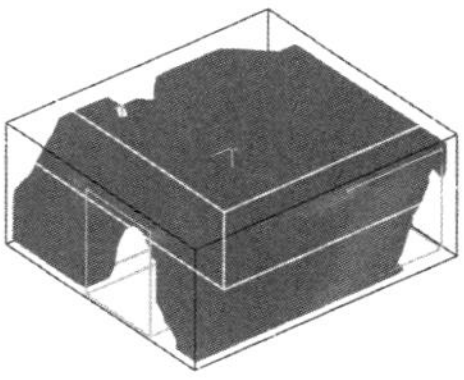

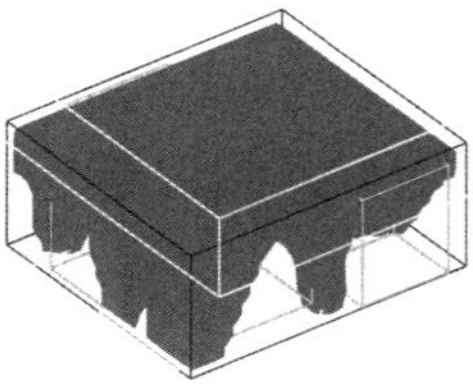

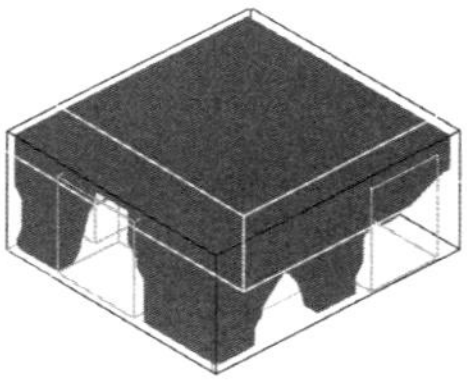

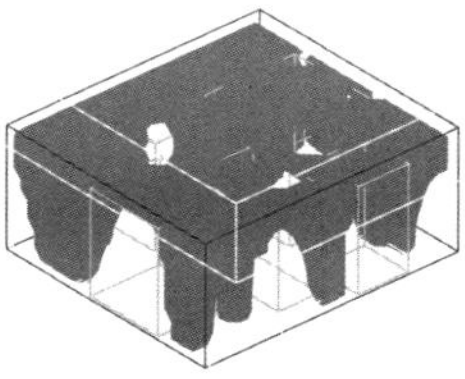

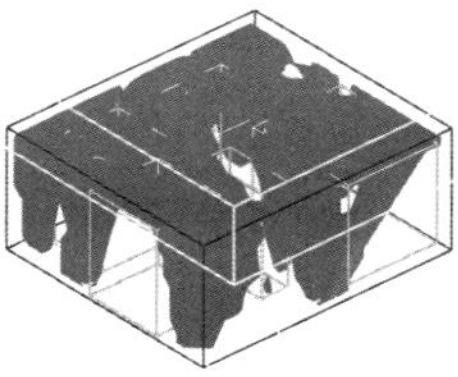

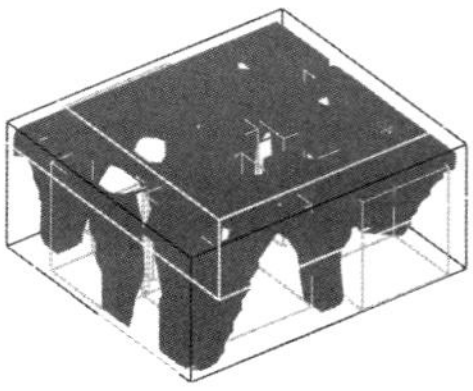

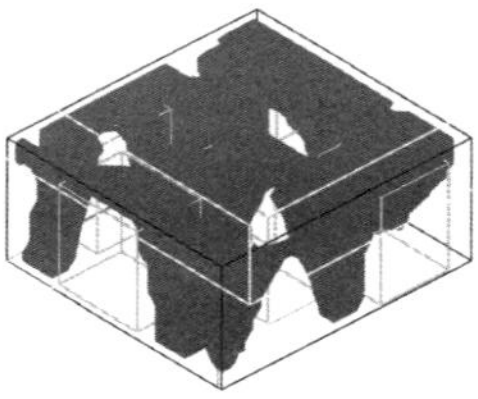

---

① Millipede 程序工具说明见附录。

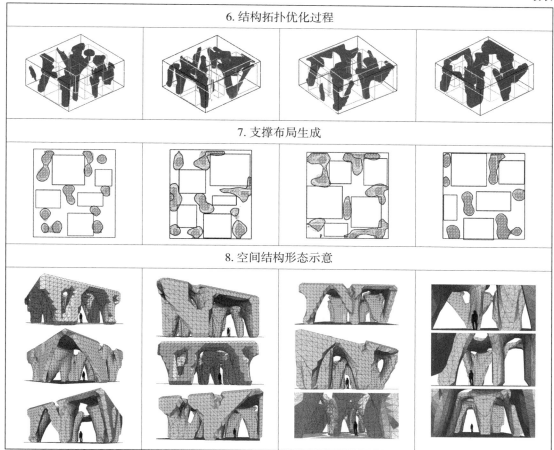

6. 结构拓扑优化过程

| 7. 支撑布局生成 |

| 8. 空间结构形态示意 |

图表来源：作者建模、分析与绘制

　　其结果显示，与传统正交网格控制相比，拓扑优化的空间形态不仅能够解决优化问题，并且能够向多个方向发展，很好地解决空间领域中不同位置悬挑处问题。例如在转角的较大悬挑中（表8-4（8）），支柱能够自主地通过调控支撑的三维角度与体量，在一个支柱中出现不同方向延伸的分支以及孔洞。拓扑优化的平面布局与传统网格中以交点为准则的支撑布局相比，更加具有灵活度与空间的适应性，这不仅取决于整体结构的受力关系，并且同时取决于空间的布局设计，因而能够很好地适应空间布局进行空间结构形态的找形。

　　结构拓扑优化找形不仅能够帮助建筑师在空间设计域内寻找到最优的传力路径，并且还能够在空间构形的参数调控下，与空间拓扑构形共同推演。除此之外，在拓扑优化迭代次数、惩罚因子、质量比率等参数调控下，设计范围内的任意填充部分既有可能作为实体同时又有可能作为空间，在形态未确定之前，都具有一种模糊的状态属性（表8-4（7）），这将实体与空间模糊关系进一步拓展到了动态的时间维度上。

8.3.3 生长的竖向支撑

基于结构找形设计，结构网格还能够随着空间范围的扩张，自主寻找路径生长，这有可能彻底改变传统设计中结构支撑与空间的对应关系，以一种可生长的方式影响建筑空间设计。例如在结构找形方法中，拓扑优化具有自主寻找最优路径的特征，以单元盒子的竖向增叠的空间为例，竖向空间通常以上下柱网对齐，而在找形过程中，底层盒子拓扑优化后的自然结构网格，能够作为上部空间支撑位置的依据，以此类推最终生长成为自然网格的空间。除此之外，在传统设计中往往是通过局部的梁悬臂实现出挑空间，但悬挑过大时就影响到结构的整体位移，通过结构找形方法，梁柱不再独立承载，而是将拉力、压力依据整体受力最佳的布局方式调整到最终的形态（图 8-13），与此同时，空间形态也在结构网格拓变过程中发展出更多的可能性。

普拉特学院（Pratt Institute）DORA 实验室 [1] 通过建立空间内部、空间与空间的一系列组合，研究空间扩张下合理结构路径的生成。拓扑优化的方法使得空间设计域中的实体能够自主寻找路径，在空间盒体的不断组合中连续生长（图 8-14 上）。在城市公共空间中结构自主生长的找形研究中，彼特·玛卡皮还依据场地布局改变拓扑优化设计域的边界形态，将增加的立方体盒子转变为适应场地环境的锥形体，以此适应不同的城市公共空间并带来丰富的空间形态（图 8-14 下）。

类似的，还有代尔夫特理工大学 Robotic Building（RB）团队在对生物骨骼结构的研究基础上，利用路径拓扑优化找形方法，以模块组合的方式演绎了随着模块变化而变化的空

图 8-13　基于拓扑优化生成的高层空间网格结构；图片来源：刘玲华, 罗峥, 王雯, 等. 基于连续体拓扑优化的建筑结构设计方法初探 [J]. 结构工程师, 2014, 30(2): 6-11

---

[1] https://www.petermacapia.com

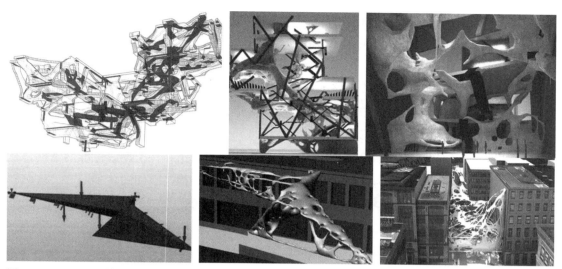

图 8-14　DORA 对结构网格在空间组合（上）以及城市公共空间（下）自主生长的找形研究
图片来源：https：//petermacapia.com

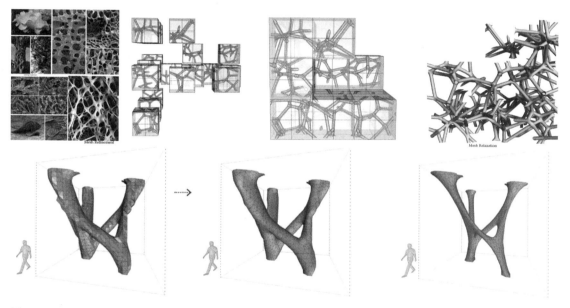

图 8-15　Robotic Building 团队利用拓扑优化方法寻找空间模型的路径（上）并利用极小曲面找形光滑处理（下）；图片来源：http：//cs.roboticbuilding.eu/index.php/Dia2：Group

间网格形态[①]。RB 团队在均等尺度的空间模块中，从支撑底部开始，依据相邻体积内的结构分支确定下一单元体积内的支撑以及力流传递的位置，从而进行材料消减的拓扑优化找形（图 8-15 上）。最后再利用极小曲面的找形方法使之光滑（图 8-15 下），通过不同体积单元的衔接获得最终的空间结构体系。基于结构找形的方法，随着空间单元体之间位置

---

① http：//cs.roboticbuilding.eu/index.php/Dia2：Group

的变化以及衔接方式的改变，就能够自主改变内部分支结构网格的大小，改变单元体之间的连接数和位置就能够进行空间分支网格的形态拓变，最终形成不断生长和适应变化的空间网格。

基于结构找形的空间尺度或网格拓变充满了动态性和不确定性，无论是茸田馆两层悬吊钢板间的扁平空间，还是伊东丰雄的自由平面网格，或是拓扑优化对空间构形的适应，都能够看到其最终实现的空间形态只不过是找形过程中无数拓变形态中一个片段或一种可能。这种推演过程和结果的不确定性从根本上改变了传统利用结构类型或标准网格耦合空间设计的方式，同时更是作为一种有效的技术手段，解决结构与空间的各种矛盾，从而创造具有技术逻辑的、自由的、创新性以及适应性的建筑空间。

8.4　结构作为空间容器

多维性质的空间结构构件除具有建筑的支撑作用外，还能够作为占据空间本身的体积而存在，这超越了一般意义上结构作为离散的围合边界属性。正如路易斯康的"盒体"（Encasement）空间以及"空心结构"①，他认为空心结构中"一个开间系统即是一个空间系统"，其内部还承担着一部分空间体积，从而有机会整合建筑的功能、设备以及其他要素。占据空间体积的结构并不同于古典建筑中的"房间"结构，空间性构件本身具有双重属性，一方面是一个受力完整的构件要素（例如康的空心柱与空心梁），能够作为跨越构件或支撑构件进行空间划分与联系上的自由操作，但另一方面同时又与离散的一维要素构件不同，空间性构件又能够以一种空间体积的姿态，塑造空间之间的自由性。换句话说，它既能够作为空间体积进行空间之间联系的操作，又能够保持内部空间的完整。例如在瓦尔斯温泉浴场中，卒母托利用将附属功能空间容纳在盒体结构中，这些盒体结构同时又充当着每个模块化楼板的支撑筒（图 8-16 左），盒体结构之间的滑移塑造了公共泳池中的流动空间和光的容器，瓦尔斯温泉浴场中充分体现了结构整合小空间并同时营造流动性空间的特征。

随着 20 世纪末多元化的建筑发展，盒体结构已经不再局限于现代主义的笛卡尔正交模式，而是呈现出更加连续、柔性和充满差异性的空间形态。在扎哈·哈迪得设计的斐诺科学中心（Phaeno Centre）中，混凝土空心筒体结构不仅容纳了服务功能空间还有主要的使用空间，自由分布在一层的架空区域，从各个方向引导公众行为（图 8-16 中）。如果说斐诺科学中心的空心结构仍然保留着空心柱与板的结构层级关系，那么台中大都会则从各个维度上混淆了原始的架构关系，层与层、单元与单元空间的关系在既是板又是筒又是墙的复杂筒体结构中相互融合和流动（图 8-16 右）。尽管与卒母托的盒体空间的平面模式类似，

---

① 肯尼思·弗兰姆普敦. 建构文化研究 [M]. 王骏阳，译. 北京：中国建筑工业出版社，2007.

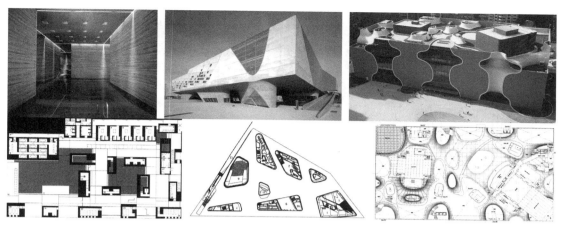

图 8-16　盒体结构与功能的整合以及对流动空间的塑造：瓦尔斯温泉浴场光的容器（左）、斐诺科学中心底层引导入口的支撑筒（中）、台中大都会的腔体空间（右）
图片来源：www.archdaily.com，www.google.com

但在空间维度上台中大都会的空间具有更加复杂的连续性与单元体积的模糊性。

　　显然，这些建筑现象源于在结构与空间整合设计的思维下，结构以一种自身作为容器的方式逐渐介入了空间体积拓变的过程，并潜移默化地刺激着新的空间形态的拓变。在这样的思维下，结构对空间的适应，就从解决空间与结构的矛盾问题，变成了解决"容器与容器"关系的问题，这意味着结构实体与空间不再是两个独立的形态操作系统，而是基于"空间容器"共同融合生成的系统，基于结构找形设计，能够更加理性与创新性的开拓"盒体结构"的疆界。

　　一方面，在力学性能上，与一维构件相比，三维构件在空间体量、尺度、多向荷载传力以及抗力机制上都具有更强的容纳度，通过结构找形方法能够充分发挥其空间维度上的抗力能力。例如空间中的支撑构件，只能受轴力的线性柱子承载侧向力的能力较弱，而被放大体量的拓扑优化后的空心柱，则可以抵抗侧向力并且同时作为内部空间的容器。同理，在水平跨件中，线性梁的悬挑能力主要取决于材料性能，通常混凝土梁跨度超过 3 m 会降低经济性，而作为空间尺度的桁架梁其悬挑能力非常强，因而桁架梁及其组织方式不仅决定着结构力学机制，同时还决定着空间布局，通过力流组织的找形能够获得不同的空间组织。

　　克雷兹（Christian Kerez）和席沃扎（Joseph Schwartz）设计的 Leutschenbach 校舍建筑中，设计师利用静力学结构分析，巧妙整合空间布局调整与优化大尺度桁架梁的悬挑位置（图 8-17）。每一层空间都有不同的功能属性和巨型桁架的围合方式（图 8-18），首层的公共门厅内部只有六个支座支撑整个建筑结构，来保持底层空间极大的开放性；二至四层为教室空间，巨型桁架与外围桁架共同分割并围合出三个明确的体积，而在三层的教师办公与公共使用空间中巨型桁架以相互垂直的方向进行悬挑，中部公共与交通部分的围合空间与四周向外开放的空间形成鲜明对比（图 8-19）；最后在顶层中只保留了外围的巨

图 8-17（上）　Leutschenbach 校舍及其结构和静力学分析

图 8-18（中）　Leutschenbach 校舍每层结构为交叠布置，底层由 6 个点支撑组成

图 8-19（下）　Leutschenbach 校舍不同层结构交叠下的空间；图片来源：童佳旎 . 建筑素描 182：克里斯蒂安·克雷兹 2010 2015 石上纯也 2005 2015[M]. 北京：民主与建设出版社，2016

型桁架将顶层的运动空间最大化。在整个建筑中，结构以一种静力平衡的方式整合不同的空间进行悬挑、交叉、旋转和围合，空间尺度的桁架的设计操作具有双重属性，既作为空间体积的边界又作为支撑的主体，同样的理念和策略也出现在了克雷兹的 Salzmagazin 校舍设计中（图 8-20），并且以更加明确的巨型箱梁充当各个使用空间的容器，这同时也对结构的整体刚度提出了要求。

　　类似的，在赫尔佐格·德梅隆（Herzog & De Meuron）设计的维特拉屋 VitraHaus 中（图 8-21），盒体结构也以空间体积的方式相互交叠悬挑，设计师还采用了优化算法对支持巨型盒体的独立柱的布局进行找形，使其荷载通过桁架构件之间进行连续的传递，与 Leutschenbach 校舍中高度整合梁、柱以及围合界面的桁架相比，增加的独立支柱系统使得盒体空间单元的交叠布局方式更加自由。

　　另一方面，基于结构技术以及找形设计，盒体结构能够以多样化的方式表达不同的空间属性。伊东丰雄认为"虚拟的和真实的是人类固有的两种差异性自然身体，如何在建筑和当代都市空间中整合与适应这两种身体，是建筑师要研究的课题。我试图去建构一个在重力场中却感受不到重力的、虚拟的'非物质'的真实空间"[1]，仙台媒体中心充分的体

---

① 在塚礼子，西出和彦 . 建筑空间设计学：日本建筑计划的实践 [M]. 郑颖，周博，译 . 大连：大连理工大学出版社，2011

图 8-20　Salzmagazin 校舍中盒体结构既作为空间又作为支撑；图片来源 El Croquis 182：克里斯蒂安·克雷兹，2016

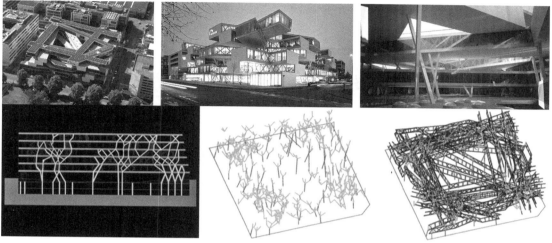

图 8-21　维特拉屋由盒体结构相互交错搭接，内部支撑布局是利用优化算法找形而成；图片来源：Chevrier J F. El Croquis No.152/153: Herzog de Meuron 2005-2010 [M]. El Croquis, 2011

现了这一理念，伊东丰雄与佐佐木基于多米诺体系的基础上，将单一的柱要素转换为承载空间功能的空心结构，并将空心柱优化为焊接的网状空心柱结构，与钢肋梁楼板组合为一个整体（图 8-22 上）。这些柱形管道有的可以作为垂直运动的路线（如作为电梯使用）（图 8-22 中），有的可以进行各种资源（光、空气、水、声音）或者信息的交换，网状筒柱不仅消解了柱子的存在和增强了水平空间的流动性，还在纵向上呈现出不确定的、动态的空间形态。

　　在 ETH 的 BLOCK 团队以及南大孟宪川对仙台媒体中心的网状筒柱的图解静力学形态分析[1] 中可以看出，斜交网格能够更好地抵抗扭曲变形，而变截面的网状筒柱不仅能够增加刚度承担纵向荷载，还能够以矢量作用的姿态抵抗水平荷载，形成一个空间的拉压系统（图 8-22 下）。网状筒柱不仅在材料上更加优化，并且在康的空心柱[2] 的基础上向透明性以及流动性的空间方向拓展。

　　基于结构找形的新几何规则，还有可能以盒体结构作为主要的使用空间容器，进行整

---

[1] 孟宪川 . 图解静力学的塑形法初探 [D]. 南京：南京大学，2014
[2] 路易斯·康以空心结构的方式划分服务于被服务空心，将空间与结构整合。

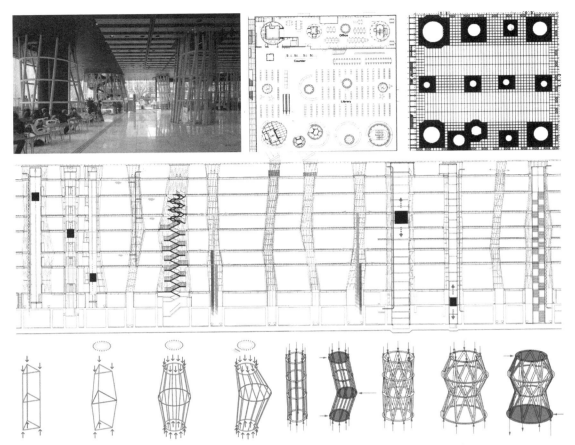

图 8-22　仙台媒体中心及其平面图（上）、剖面图（中）以及力学分析（下）；图片来源：www.archdaily. com；block.arch.ethz.cn；分析图解来源：孟宪川.图解静力学的塑形法初探 [D].南京：南京大学，2014.

体空间体积关系上的拓变，例如在台中大都会剧场中（图 8-23 上），伊东丰雄试图将腔体结构塑造成一个连续的声音涵洞（Sound Cave），来实现 "舞台艺术是将观众、演员、身体、艺术、音乐、信息……所有人类能量融为一体的空间艺术"[1]，所有的空间可通过腔体结构而诉诸身体感觉，有机且柔性地进行 "多样化活动的融合"。在台中大都会中，这一腔体结构与空间的融合也是基于创新式的结构找形方法完成的，整个空间结构连续复杂，因而布局是在预定面积和功能分区的基础上，以 Voronoi 最优路径规则进行统一规划和协调（图 8-23 中）。Voronoi 能够将复杂的平面布局回归到对点的控制，根据局部的网格单元进行整体性的协调；随后在确定平面布局的基础上，再利用极小曲面找形进行结构的平滑处理，从而消除集中应力保持力流传递的连续（图 8-23 下）。台中大都会剧场采用的极小曲面原理是空间边界限制下的三周期曲面，也可以理解为 Voronoi 单元在纵向拉伸和张力作用下的相互衔接，最终在有限元分析和实体模型的反复实验下，实现了这一创

---

① El Croquis 147:Toyo Ito[M].El Croquis,2009

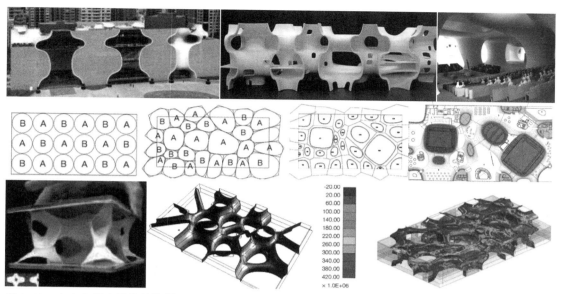

图 8-23　台中大都会及其结构模型和内部照片（上）、基于功能分区和 Voronoi 网格生成平面布局（中）、极小曲面的结构找形及其结构分析（下）；图片来源：www.archdaily.com；ArchiCreation NO.176

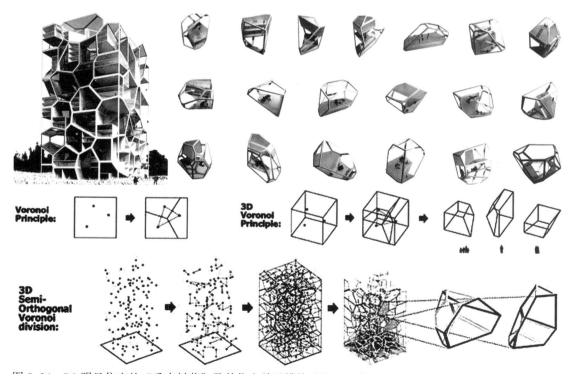

图 8-24　D3 明日住宅的"垂直村落"及其住宅单元模块（上）、由 Voronoi 3D 规则生成空间单元（中）并控制地面为水平方向、整体住宅的布点和单元的找形生成（下）

图片来源：www.archdaily.com

新性的结构形态与腔体空间。

无论是在台中大都会剧院设计中腔体空间结构，还是以空间场域变量调控的极小曲面结构，都体现了一种激发动态的空间流动性的结构形态拓变，这非常适用于开放性的空间类型。然而，通常在标准化的均质体积的空间中，则需要小尺度的、单元性的拓变方式，基于结构找形的生成规律同样也能实现适应性拓变可能，例如利用 Voronoi 生成自组织的三维单元结构，改变点之间的位置变量即是改变六个方向相邻空间单元的距离，在此基础上就可以通过布点来调控单元体积的形态与大小，同时生成空间结构支撑，结合结构分析与优化就获得空间单元体积的拓变。在 2011 年 D3 明日住宅竞赛的垂直村落（Vertical Village）项目中就采用了这种找形方法来应对高层住宅中的多样性问题（图 8-24），在 Voronoi3D 单元生成的过程中，设计师还加入了单元底部保持水平连接的算法规则，通过控制布点的数量和间距，自主生成不同层高、尺度和体积的空间单元，同时空间单元的衔接又能够保持空间结构的有序性，这也推进了传统标准化单元空间的高层住宅向多样化适应性空间方向的发展。

8.5 表达空间属性的结构

建筑空间的边界是分隔空间的必要要素，它决定了不同空间联系的方式。空间边界拓变的过程本质上是探索空间关联下的多样性，通过对空间多重功能、多重行为以及不同空间感知的可能性探讨，从而实现空间适应的灵活性。在建筑空间中，空间通过界面与边界的划分保持独立或相互连通，空间流动性驱使边界隐匿于空间之中从而彼此连通，空间的透明性则在空间的连续性上进行了多重的释义，这就需要对结构要素的围合属性进行削弱或增强，因而空间边界的拓变往往需要改变结构局部的截面尺寸以及其固有的空间位置等，这也潜在地导致了各种各样的空间与结构的矛盾。而结构找形方法是以一种全局观的适应性的策略来探讨结构的多样性，通过调控截面尺寸、位置属性，以及其他参数或力学模型，达成相互协调，因而也能在拓展空间边界要素多样性的同时，保证结构的高效性。基于结构找形设计，空间边界拓变可以在三个层面上得到拓展：结构要素向空间的渗透、结构要素尺度的消减、结构要素的重置。

8.5.1 空间的渗透

结构边界在建筑空间尤其是大跨或高层空间中，由于需要增强整体刚度来抵抗多向荷载，而往往会密集且规则性的布置，呈现出空间边界的完整性，例如作为高层中的柱筒以及表皮筒结构，在完形心理学上相当于面系围合的空间边界。结构要素向空间的渗透即是将这种完整性的结构边界消解为空间内的离散要素，一方面参与到空间内部功能中，另一方面削弱结构作为边界的存在，从而实现空间边界从强化到弱化的拓变。

在奥加提（Valerio Olgiati）的2011年公寓方案（图8-25左）以及日本日建设计事务所的乃村工艺社本社大厦中（图8-25右），两者都是以结构为表皮界面又作为外筒的支撑，同时试图突破传统笛卡尔的传力方式，通过将一部分支撑柱转换为斜撑来抵抗水平荷载，尽管在视觉感知上弱化了传统结构密柱围合的边界，但仍然是表皮边界内的操作，结构与空间之间仍然保持着独立性。而在克雷兹和同济大学建筑设计院合作的2011年郑州120 m高层设计中（图8-26），设计师则试图通过对支柱的角度、截面尺寸、空间位置变量进行调控找形，将以独立大截面支柱的构件受力转为离散细柱拉压作用的体系受力（图8-27），当构件改变角度后结构的失稳由其他支柱以及整个拉压系统来平衡补强，抵抗水平荷载的原理类似埃菲尔铁塔的拉压系统（图8-28左）。在第一阶段中，为了创造一个轻盈的结构体系但同时保证结构的稳固性，在高层的外部设计了拉索结构以承受拉力（高层内部垂直柱承受压力）；由于外部的拉索结构固定在建筑外侧一圈，会带来消防扑救的问题，因此在第二阶段设计中，设计师将直柱与拉索系统整合为斜柱系统，这个斜柱结构系统同时抗压与抗拉，随着建筑高度、内力的变化以及每层的自重与荷载，利用优化算法

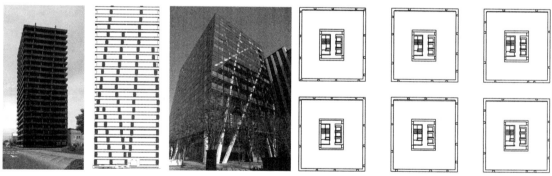

图8-25 结构作为表皮界面兼作外筒的支撑：奥加提的2011年公寓建筑及其结构支撑（左）、乃村工艺社本社大厦及其结构平面布置图（右）；图片来源：www.gooood.cn

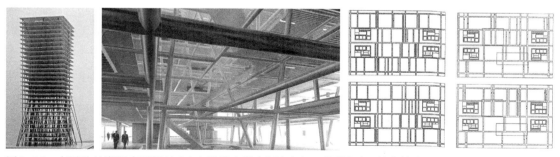

图8-26 克雷兹的郑州高层设计（左）及其内部空间（中）、不同层平面的支撑布局不同（右）；图片来源：El Croquis 145；Christian Kerez[M]. El Croquis，2011

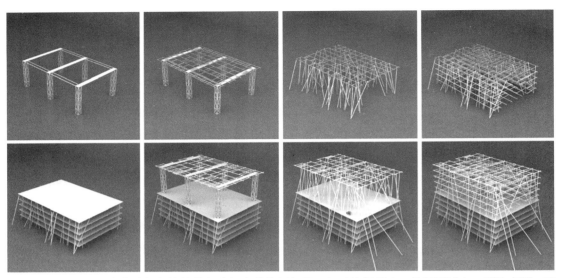

图 8-27　高层结构将传统框架结构分解为细小的拉压杆件，相互协调受力，并逐层减少；图片来源：El Croquis 145：Christian Kerez[M]. El Croqui，2011

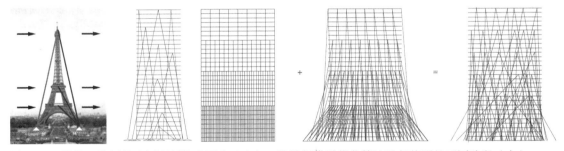

图 8-28　结构以拉压抗力原理抵抗水平力（左），设计师借助优化算法进行找形的不同阶段（右）；图片来源：El Croquis 145：Christian Kerez[M]. El Croquis，2011

找形生成每层的结构布局、斜撑角度、厚度以及横梁的深度，斜柱的数量也随着层数的增加而递减（图 8-28 右），最终预制钢斜撑系统比传统意义上用结构核心筒和粗大柱体支撑的耗材减少了 70% 的重量，得到了极大的优化。

　　与前两个案例中表皮内的斜撑网格布局相比，后者通过结构系统的转换将结构从完整的界面抽离并分散，利用协调优化算法实现了从均质空间向不确定的非均质流动空间的拓变。与传统每层相同体验的空间布局不同，在整个建筑高层的空间布局中产生结构变幻无穷的氛围（图 8-26），正是由于结构渗透到空间的不确定性使得空间的使用和体验也随着每层的变化而产生不确定性。

　　不同于伊东丰雄对自然系统自主找形的浓厚兴趣[1]，克雷兹更倾向于系统性思维策略

① TN Probe. 蜕变的现代主义 1 伊东丰雄 [M]. 北京：中国建筑工业出版社 .2012

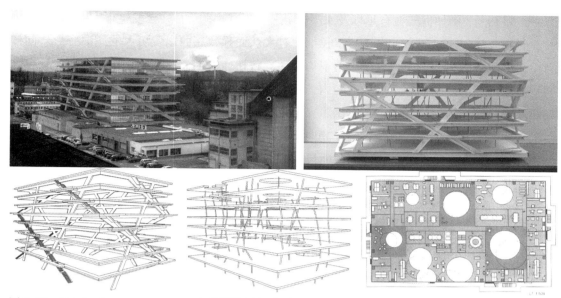

图 8-29　Holcim Competence Center 也采用拉压组合受力的方式消解传统的标准空间模式；图片来源：ELcroquis No.182 克里斯蒂安·克雷兹，中文版建筑素描，El Croquis，2016

创新[①]，克雷兹直接对传统结构系统解构并重构，探讨了结构边界对空间不确定性的影响。在其设计的 Holcim Competence Center 中，也采用了类似的将强构件转化为强体系受力的策略（图 8-29），并且还用两种结构尺度明确地划分了抵抗水平荷载的外围斜撑构件，以及内部承受竖向荷载的、动态变化的梭形柱，在外围大尺度斜撑下，内部空间的边界与上下连通的庭院才能够得以自由与流动。尽管在其合作的工程师例如康策特的工作过程中，也将结构找形作为探索结构形态可能的主要方法[②]，但更多的是通过对结构找形进行新的诠释达成了这一复杂建筑环境下的平衡与协调，正如克雷兹基于中国的塔为原型，在郑州方案中回应"塔是累积的系统，由无尽的重复一致的小尺度的元素一起所形成的大尺度"[③]，并且在每向上到达一层空间时，都能够拥有不同的空间边界与景象，正是在众多参数的调控下增强整体系统的有序性，才有可能在协调中使得局部产生富有创新意义的拓变。

8.5.2　尺度的消解

利用结构要素向空间渗透从而实现的空间流动，本质上是减弱原有结构边界的完整性，将边界离散到空间内部，是对结构边界的一种弱化拓变，而直接减小结构尺寸也能够在空间体验和感知层面上实现这种目的。在传统结构类型匹配设计中，结构构件尺寸往往是具

① ELcroquis No.182 克里斯蒂安·克雷兹，中文版建筑素描，陈瑾曦、周静
② Denis Zastavni, Entretiens avec/ in discussion with Jürg Conzett[M]. UCL,2017
③ ELcroquis No.182 克里斯蒂安·克雷兹，中文版建筑素描，陈瑾曦、周静

有一定限制的，例如框架在自重以及水平荷载下，当减小截面后，会发生很大的侧向变形；在空间高度拓展的过程中，由于柱子长细比过大从而导致屈曲以及更大的侧向变形；同样的，在空间网格拓变下还会由于受力不均衡而导致扭曲，因此框架下柱截面需要保证合理的长细比因而被限制在一定尺寸范围内，超过该范围则为不合理的布局方式等。然而这些局部性的、先验的规定为建筑师提供了安全范围的同时，也在创新性上造就了一种僵化的技术态度，尤其是在当代建筑空间正趋向于轻型化、透明性以及流动性特征的情况下。而结构找形的开放参数系统，能够在截面尺寸上进行系统性的协调与平衡。

在 Grasshopper 平台借助 Karamba 3D 和 Galapogas 运算器，基于截面优化以及优化算法，通过对 15 m×15 m 的框架网格进行调控，改变截面、柱子数量、柱间距等参数进行结构找形。与标准框架作对比分析后发现，标准框架在改变整体高度、减小柱子截面或改变柱子间距位置的情况下，会发生较大的变形，并且变形会随着参数的增大而增加（图 8-30）。而基于优化算法的找形是通过在几种参数间相互协调，并以结构性能为优化目标的拓变。例如增加柱子数量能够将力流分散到更多的构件中形成高效的拉压系统。而再将柱子截面尺寸减小到一定范围内，例如 0.1/0.3/0.5 m 三种圆形钢管杆件直径尺寸，壁厚 0.4 cm，同时调控柱子位置和数量，并依据受拉受压构件进行截面匹配，依然能够获得稳定高效的结构形态（图 8-31）。

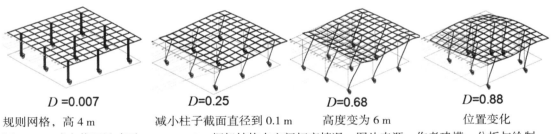

D =0.007　　　　D=0.25　　　　D=0.68　　　　D=0.88

规则网格，高 4 m　　减小柱子截面直径到 0.1 m　　高度变为 6 m　　位置变化

图 8-30　减小截面尺寸下，15 m×15 m 框架结构在空间拓变情况；图片来源：作者建模、分析与绘制

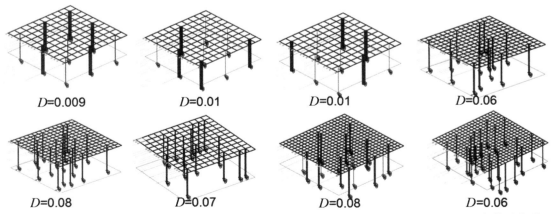

D=0.009　　　　D=0.01　　　　D=0.01　　　　D=0.06

D=0.08　　　　D=0.07　　　　D=0.08　　　　D=0.06

图 8-31　基于优化算法，调控截面直径（图中为对应支柱细 0.1/ 中 0.3/ 粗 0.5 m）、柱间距与数量找形
图片来源：作者建模、分析与绘制

这种开放参数相互协调系统不仅能够对结构薄弱部分进行补强，同时还能够在减小截面尺寸的基础上实现空间边界的拓变，从而实现不同环境下的空间营造。这种相互协调的设计策略在 J. Terrace 咖啡馆、KAIT 工坊、金泽立艺术中心以及 OMA 的阿加迪尔会议中心（Agadir Convention Centre）中也有所体现，对柱子截面进行了削减并且都进行了结构位置的拓变而实现感知上的透明与流动（图 8–32）。J. Terrace 咖啡馆和 KAIT 工坊都试图寻求扁平化空间的流动性，以及塑造透明的、不确定的空间感知，在增加柱子数量、减小柱子间距进行协调补强的同时还进行了柱网的拓变。在 J. Terrace 咖啡馆中柱距有 2.4 m 左右，高度 3.25 m；在 KAIT 工坊中一共有 305 根柱子，由于尺寸的消解，整体结构为拉压杆共同组成的整体系统，其中 42 根受压、263 根受拉，其最小的受压构件截面尺寸为 63 mm × 90 mm，细密的柱子已经超越了传统巨大印象的柱子概念，亲切的细柱仿佛家具一般的存在。空间的不确定同时也提供了不同的行为流线和空间的分隔方式，实现了信息时代的多重功能的特征（图 8–33 左、中），使得建筑作为景观的延伸，结构的美在此转化成为宛如树林般的景致。

在金泽立艺术中心中，设计师则巧妙地通过整合空间的密柱来抵抗建筑水平荷载，从而使得外围立柱主要受压从而减小截面尺寸，整合到内部空间盒子的密柱以及公共区域极小截面的细柱，使得结构消隐在整个建筑体量中，强调了超级扁平和超薄的视觉效果（图

图 8–32　结构柱尺寸消减下的流动空间：金泽立艺术中心（左）、KAIT 工坊（中）、J. Terrace 咖啡馆（右）
图片来源：www.archdaily.com

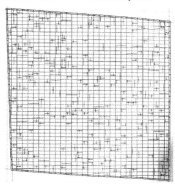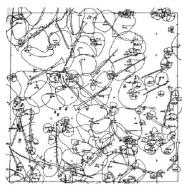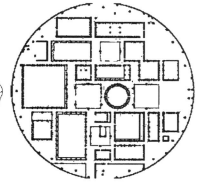

图 8–33　KAIT 工坊立柱的平面位置图（左）及其多重流线和多重功能空间示意（中）、金泽立艺术中心立柱与密柱盒子共同协作实现结构的消隐表达（右）；图片来源：www.archdaily.com

图 8-34　阿加迪尔会议中心模型及其平面图；图片来源：https://oma.eu

图 8-35　瓦杜兹能源办公楼；图片来源：www.karamba3d.com

8-33 右）。而在阿加迪尔会议中心中，库哈斯提供了一种人活动的多样性和不可预知的空间场所，其结构协调的方式则更加丰富，不仅增加了柱子数量、减小了柱子间距，还依据不同位置与使用的可能性增加局部柱子尺寸，其中还包括了能够作为空间体积的空心支柱（图 8-34）。

8.5.3　要素的重置

无论是结构构件向空间的离散渗透还是构件尺寸的弱化，都是向着探索更具有流动性的空间拓变方向发展，在一些特定的空间需求或场所下，甚至会上升到对结构构件删减需求，来实现空间目的和消隐效果。这不仅需要结合其他结构参数将结构要素重置，并进行补强协调，还需要将空间参数作为变量，参与到结构布局的优化过程中，与结构优化一同进行协调。

在 Falkeis Senn 和 B&G 事务所设计的瓦杜兹能源办公楼建筑中，不同于传统基于规则直柱网格的空间布局方法，由于公寓每层空间布局不同，会导致结构位置的移动甚至无法放置支柱，因此设计师则在能够布置结构的范围内，通过优化算法对结构空间布局进行重置与优化，并且将大截面尺寸的垂直立柱分解为多个细 V 形支柱，从而实现空间边界的自由与通透（图 8-35）。首先，将各层平面分成无柱区域以及可布置结构的两个区域（图 8-36上），以此为边界在可布置结构处设置了 V 形支柱，与以截面抗力的单一支柱相比，V 形支柱在竖向传力上，能够显现出拉压系统的整体效能（图 8-36下）；其次，结合结构分析和优化算法获取 V 形支柱在空间布局上的精英解，同时协调了空间与结构的布局优化，形成了功能和建筑参数的和谐关系，并在优化过程中生成了多样化的合理的结构布局形态，自由布局的 V 形支柱也更加增强了流动空间的边界效果。

结构要素的重置不仅能够重塑建筑空间的边界，同时又能够解决空间与结构的矛盾。以立柱边界为例，来探索结构边界要素与空间的共同拓变。首先建立初始平面 15 m × 15 m 的平面范围，并在内设置三个高度、位置、长宽都为变量的空间体积，无论三个空间如何拓变，在这三个体积内均为无柱空间。在此基础上利用优化算法，结合多目标优化 Octopus 运算器，来探索所有立柱支撑与围合空间的可能。

首先，建立屋顶几何模型，除了设置三个控制空间的基本变量外，还设置四组不同的屋面形态，分别为混凝土板、混凝土板壳、平面网格以及网壳（图 8-37），屋顶网格决定了接收荷载点所在的位置；随机设置支柱数量（10-20 个）变量，且将支撑位置限定在三个空间以外的位置。其次，将几何模型转换为结构模型，设置支撑约束变量，并设置统一的初始截面直径 0.2 m 和节点形式；随后进行结构有限元分析，得到结构最大位移量并进行评估；最后，借助 Octopus 多目标优化运算器，以无柱空间的边界与支撑柱的碰撞点数量 C、结构位移 D 以及总结构质量 M（耗材情况）等目标共同进行优化，调控迭代参数搜寻合理的结构布局可能以及精英解。以可视化的三维数据对比轴来显示优化结果，其中

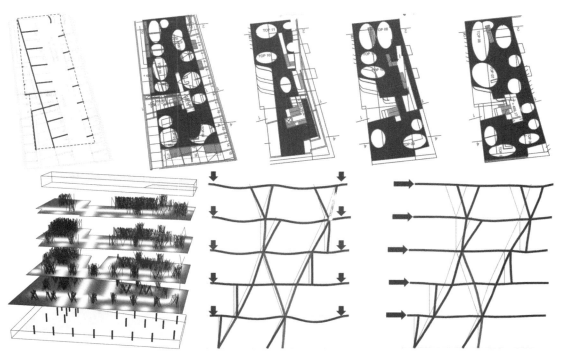

图 8-36　每层平面的空间布局与结构支柱的可布置区域（上）、V 形支柱能够更好地抵抗水平荷载（下）
图片来源：www.karamba3d.com

靠近坐标原点的为兼具位移量、质量以及碰撞数最少的精英解（图 8-38）。

在最终的生成结果中挑选精英解进行分析对比发现，虽然以随机参数控制结构的布局，但是最终四组结果仍然显示出符合力学规律的布局方式（图 8-39）。例如屋顶为混凝土板的结构支柱布局中，由于楼板跨度和整体性限制，支柱的布局主要集中于四个角区域，

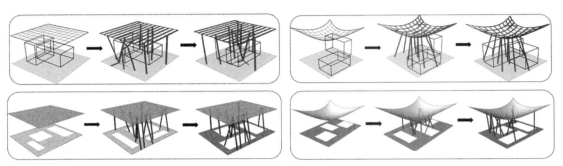

图 8-37　平顶网格屋面形式（左上）、平板屋面形式（左下）、网格壳屋面（右上）、板壳屋面（右下）
图片来源：作者建模、分析与绘制

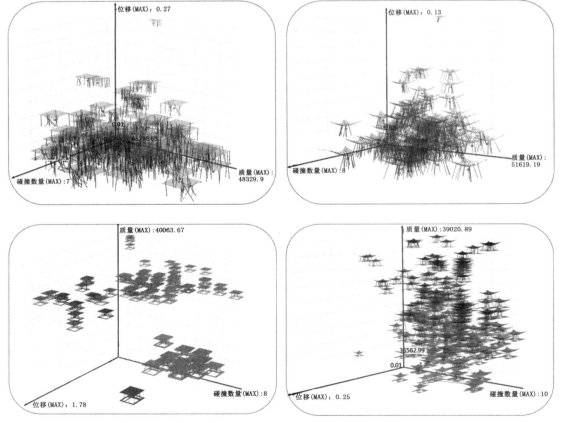

图 8-38　多目标的优化求解的三维数据对比；图片来源：作者建模、分析与绘制（注：质量单位 kg，位移单位 m）

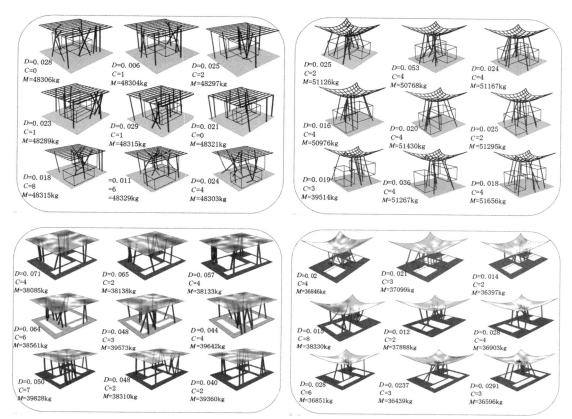

图 8-39　最终优化的精英解：平顶网格屋面形式（左上）、平板屋面形式（左下）、网格壳屋面（右上）、板壳屋面（右下）；图片来源：作者建模、分析与绘制（注：D 为最大竖向位移（m）、C 为碰撞数、M 为质量（kg））

这也符合传统四角布置柱网的规律；而在屋顶为板壳结构的屋面中，支柱主要集中于板壳中部并向中心倾斜，这也符合通常悬挑屋面起壳的支撑方式；在屋顶为网格和网壳的布局生成中，同样保持了板与板壳的布局规律，但是由于网格的次梁对跨度分担以及自重的减小，柱子布局较为随机和自由。

　　除此之外，结构支柱的数量和结构耗材也受到空间体量位置的影响，当空间体量与支柱集中的区域相冲突时，就会在其他结构区域增加更多的支撑来进行补强，并呈现出向原有该区域倾斜的趋势，而当符合结构受力的集中区域没有空间冲突时，该区域的支柱会相应地减少，并呈现出直接垂直传力的趋势，这也与传统支撑方式类似，但不同的是，支撑柱数量和方式更加的多样化。总而言之，在最终的四组找形结果中，结构布局都向着受力规律合理及有序方向进行优化，并且在与空间体量的冲突中不断进行重置，同时在矛盾中激发更多的边界形态和空间属性。

　　结构找形不仅能够实现自由立柱的空间边界效果，同样可以实现墙板边界与空间拓扑的同步推演。克里斯蒂安·克雷兹（Christian Kerez）和结构师约瑟夫·施瓦茨（Joseph

Schwartz）合作设计的一墙宅和五户住宅中，为了寻求建筑界面的透明，设计师以一种极少占据空间的方式将结构支撑消减到最少。在一墙宅中，由于每层空间布局的不同还需要支撑墙的位移，这种操作方式当然很可能会造成整个结构的失稳，然而通过将弯矩分析和静力分析整合到设计操作中（图 8-40），控制结构位移的合理位置，最终以一种悬臂梁层层交叠的方式实现了界面与内部空间布局的自由。

这种找形方式也从另一个层面意味着一种新的动态可变的要素关系，这使得现代主义中未能实现的四维分解法[①]，已经不再是一个乌托邦的构象。"四维分解法"是 20 世纪初俄国构成主义和纯粹主义的现代抽象艺术思想下，一场颠覆性的空间思维方式，其核心的空间思想是把传统的建筑空间要素（例如墙、柱、板）变成基本的几何构图元素，反复运用纵横几何关系把这些几何元素进行组合形成新的组合（图 8-41），从而打破固有封闭的房间，形成各个方向上的自由流动空间。布鲁诺·赛维（Bruno Zevi）称这是一种将时间作为变量的分解方法，因为"一旦各平面被分解成各自独立的，它们就向上或向下扩大了原有盒子的范围并且延伸出去，突破了一向用来隔断内外空间的界限"[②]，空间即可以变得自由。这种以抽象艺术引导的空间变革，有可能使得建筑师直接通过结构要素的空间组织，提升为既符合力学规律又产生空间自由的创造性设计，然而在当时大部分风格派

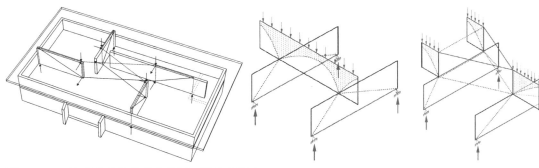

图 8-40　一墙宅及其结构受力分析；图片来源：www.researchgate.com

---

① 四维分解法是把建筑要素，例如墙、柱、板变成基本的几何构图元素，反复运用纵横几何关系把这些几何元素进行组合形成新的组合，是现代主义时期达成流动空间的设计方式之一。
② 布鲁诺·赛维. 现代建筑语言 [M]. 席云平，王虹，译. 北京：中国建筑工业出版社，1986：32

抽象建筑艺术中，其实现方式却是一种纯几何构图关系上的抽象变动，1961 年沃尔科姆（D. Van Woerkom）和艺术家巴尔朱（J. Baljeu）合作设计了具有抽象造型艺术的住宅方案 Family house，受到蒙德里安的抽象艺术作品的启发，他们试图以大面积悬挑和错动的独立板片创造一种新的连续的空间，但即使是在当代，这种竖向上不对应的承重墙以及大面

图 8-41　四维分解及其板片组合（左）　　图 8-42　反建构艺术的抽象模型

图 8-41 来源：布鲁诺·赛维.现代建筑语言 [M].北京：中国建筑工业出版社，2005；

图 8-42 来源：www.google.com

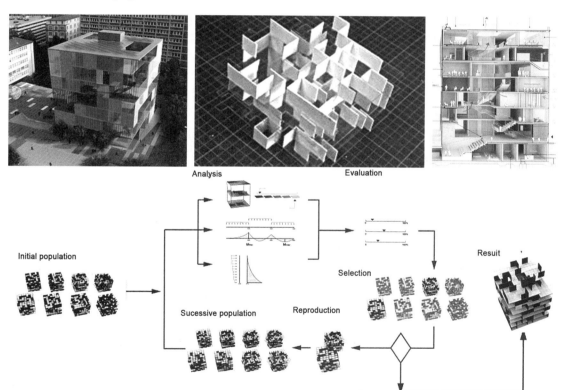

图 8-43　斯图加特新建筑学院的悬臂墙板结构（上）及其找形生成过程（下）

图片来源：http://www.l-a-v-a.net/

积的悬挑仍然是个复杂问题，最终成为停留在纸上的"反建构"艺术（图8-42）。

杜伊斯堡伯格那停留在纸上的"反建构"艺术之所以未能实现，其本质原因是在流动空间的板片推演中，结构规则的不在场导致了这种超越标准化的形式无法达成，而结构找形恰恰是能够将结构参数和分析过程加入板片推演中，将结构规则加入生成的参数关系中。这一点可以在LAVA与B&G合作的斯图加特新建筑学院设计中充分体现：由于整个建筑是由一系列的墙板支撑的三维空间构成，每一层的功能布局决定了空间属性以及围合方式的变化（图8-43上），类似于四维分解法的流动空间，同时又提出了功能上需要拓变的可能，因而其结构最大矛盾是剪力墙的位置和尺度既要保证围合功能，又要在拓变过程中保证结构的稳定性。基于此，设计师首先设置了整合结构和空间拓变的初始网格，在三维网格中，每个单元格都映射有两个属性中的一个：大空间单元格内没有任何结构边界，或者小空间单元格具有更高程度的细分和结构密度，据此生成并分析了初始生成的50个随机结果。随后通过遗传优化算法以三个优化目标进行找形（图8-43下）：在静载下楼板的最小垂直弯矩，横向荷载作用下剪力墙最小水平弯矩，以及与剪力墙的位置关系。最终经过200多次的迭代，产生了多个适应多种建筑标准和性能的结构系统。与传统多米诺原型相比，建筑空间的拓变参数中加入了结构的弯矩分析，提供了跨越多层次的灵活性和多样性，充分诠释了结构找形中结构与空间共同拓扑推演和相互协调的过程，也将杜伊斯堡伯格的"反建构"艺术转变为具有数字时代特征的建构艺术。

8.6 小结

本章探讨了结构找形设计以动态适应的方式融入建筑空间设计，基于结构找形的开放系统以及突破传统范式的拓扑学思维，提出了结构体系的动态拓扑关系，剖析了结构找形对传统结构类型的拓展，并基于结构对空间的基本作用出发，提出三种适应策略，同时结合案例阐释了当代不确定性建筑空间设计在结构找形设计影响下的特征和具体表现。

1. 结构找形设计中动态可变的开放系统，使得结构找形设计能够充分应对建筑空间的不确定变化对结构形态和体系提出的要求。结构找形设计突破了传统静态范式结构无法介入动态的空间设计的局限，同时也为整合结构的建筑空间设计提供了一个新的创新途径。

2. 基于结构找形方法能够实现结构体系之间可操作的拓变研究，本章从基本作用体系的形态拓扑和结构体系的空间拓扑两个层面进行了剖析和演绎。弥补了传统结构体系类型之间关系研究的空白；也为建筑师基于传统结构类型进行空间的整合推演提供了实现路径。

3. 空间尺度、空间体积以及空间边界是结构关联建筑空间的三个基本要素，本章提出了结构作为支撑拓变空间尺度与网格、结构作为空间容器、结构作为表现要素进行重置的三种适应性策略。这三种策略本质上是结构找形适应不确定性建筑空间设计的应用策略，它们不仅可指导建筑师在结构与空间共同推演中如何建立体系关系、设计逻辑以及调控方式，还可为建筑师利用结构找形设计拓展不确定、多样性的空间形态指明了方向。

4.本章在研究结构找形如何动态适应不确定性建筑空间设计的基础上，进一步结合案例分析和找形操作阐述了具体的实现路径及其相应的空间表现。对大阪城公厕、茸田馆、唐户市场等建筑进行了找形演示和量化操作分析、结合拓扑优化找形方法进行混凝土实体结构的空间构形实验，显示了结构找形塑造不确定性空间尺度和网格上的潜能；在凸显空间要素的结构研究中，对框架网格结构进行了杆件布局和截面优化找形，对随机立柱式的空间边界进行多目标优化找形，充分展现了结构找形在不确定性空间推演中，塑造轻型化、透明性以及流动性特征的潜能。

第九章 结　语

面对当代复杂性建筑与技术发展的挑战，跨学科的思维方式为当代建筑领域发展提供了重要的方向，结构找形正是在不同学科融合共生实践中，碰撞出的一种新思维方式。本书以这种新思维方式为切入点，建立一种适应当代以及未来复杂性建筑发展的结构性设计方法。

本书从结构找形的历史发展脉络、思维建立、方法路径以及应用策略四个层面进行了全面系统的研究，主要内容包括：一是明确了结构找形在建筑系统设计中的概念、建立了从技术工具到设计方法的找形思维，详细论述了结构找形在建筑系统中的定位、特征与目标；二是系统地梳理了结构找形的发展脉络，从不同的视野分析阐述了结构技术发展与建筑思维对结构找形活动的影响，并研判其发展趋势；三是全面系统地解析了传统和数字化结构找形方法，剖析了找形方法的原理、技术方法和实现路径，并通过大量结构形态生成案例的操作结合结构的定量分析，揭示形态的技术理性，从而验证结构找形设计方法的价值和意义；四是基于对传统标准范式策略的突破，提出了结构找形融合建筑设计的动态适应性策略和方法，探讨了结构找形对不确定、多样性、复杂性建筑形态和空间设计的拓展。

9.1　总结

1. 本书基于当代建筑发展的语境以及在复杂性哲学思想和理论支撑下，建立了结构找形在建筑系统中的思维逻辑。结构找形设计首先是一种指向建筑表现力的物质语言转换机制，因此必须以系统联系而非孤立的方式看待结构找形设计，才有可能对建筑创新有所启发；与传统标准化范式思维不同，结构找形是一种自下而上多向度发展的设计方法，能够探索建筑的不确定性潜质；同时结构找形又是性能化的形态创新方法，能够弥补传统形式化方法中缺失的技术内核，具有发展可持续建筑的潜力；基于复杂性思维，结构找形设计还能够以非线性作用的、动态适应性方式对建筑系统的复杂需求进行反馈，这为当代复杂性建筑发展提供了重要的实现途径。

2. 在结构找形的历史发展脉络中，力学理论与结构技术的进步催生了结构找形首先作为形态探索的技术工具的角色，并分别以静力学的形图解、材料力学的内力呈现、数值运算下的形态优化三种技术工具的形式，促进了结构体系形式极大的丰富和扩充；建筑思潮的变革指导着结构找形从技术工具向设计方法的转变；结构理性主义首先推动了结构找形作为创新方法的启蒙思维，尽管结构设计在现代主义时期的主流建筑中走向了制度化范式，但追求创新的思维意识从未间断，结构找形经历了从制度化到不确定性的转变后，在生态建筑思想和技术适应性的趋势下，自上而下地发展成为建筑形态设计的方法路径之一；在此基础上，跨学科交互平台也进一步驱动结构找形从作为技术工具到作为设计方法的角色转变，一方面计算机模型和信息交互技术在模拟找形技术、分析找形技术以及优化找形三个层面上，革新了传统人工的找形技术和设计方式，极大地拓展了建筑师设计维度和创作空间；另一方面，新设计思维方法具有跨学科联动设计、原理性操作以及自主生成的特征，颠覆了传统制度化范式设计方式，无论是从思维还是技术手段，结构找形已经真正的从技术工具转换为一种建筑的结构性设计方法。

3. 自然模拟找形和力学图解找形是两种传统的结构与建筑共识性找形方法。

在自然模拟找形中，力学机制和生成适应机制是两种结构原型，前者的模拟找形设计核心是探究静态自然结构形态背后的力学原理进行模拟类推，其中包括了材料组织、几何形态以及体系构成三种力学机制原型；而基于后者的模拟找形设计核心是探究动态自然结构生成过程中的力学规律，是力生形过程的模拟，其中零弯矩的悬链线、极小曲面以及最优路径是三种自然结构自我进化的特征，可以直接指导拱、曲面结构以及杆系结构的形态设计。

在力学图解找形中，结构找形是在挖掘力学图解的生成性潜质上实现形态的推演设计。其中静力学图解是基于静力学理论研究静力平衡问题，本身具有一定的操作规则，因此基于静力学图解的拟形设计主要依据操作规则进行形态的推演和论证，交互图解找形、合理拱轴线找形以及点的平衡推演找形是三种静力学图解找形策略，可以分别应用于拱结构、轴力杆系结构的形态设计。内力图解是基于材料力学理论研究结构内力问题，基于内力图解的找形策略主要为形态受力规律的拟合，构件截面的内力拟形、构件组织的优化拟形以及构件网格的应力拟形，是三种内力图解找形策略，面向杆件、体系组织到面系网格结构的形态设计。

4. 数字化技术平台一方面极大地拓展了传统找形方法的适用广度和实现路径，另一方面也为更多学科（计算机、生物学等）的融合搭建了交互的平台，开拓出了新的找形方法。

在对传统方法的拓展方面，数字化找形与传统人工找形方法的操作过程相同，都是通过力学规则调控形态生成；但与传统人工找形方法的操作对象不同，数字化找形中的主要操作对象是参数和逻辑关系，其中力学参数调控生成过程、分析数据直接调控几何模型以及分析数据间接调控几何模型，三种策略能够拓展传统找形方法在杆系结构形态、面系结构形态以及界面肌理形态层面上的创新；在衍生新的找形方法方面，拓扑优化找形方法基于有限元分析和优化算法，不仅能够从结构材料的布局优化上实现性能化的提升，同时又可以获取实体结构、杆系表皮以及空间杆系组织等动态多样的结构形式，具有在解决复杂问题中激发创新的潜能，是数字化时代实现性能化、多样化形态设计的重要途径。

5. 基于结构找形自身开放系统、自我调整的优势，本书提出了结构在建筑形态设计中动态适应性策略和方法。路径、集度和层级是力流逻辑关联建筑形式的三个重要层面，基于结构找形方法，首先能够挖掘力流逻辑的动态可变的属性，实现不确定的路径、流变的集度以及非固化的层级，这是结构找形适应建筑形态设计拓变的三种重要策略。其主要表现特征是：能够以动态变形的方式发展复杂和多样化的建筑形式；以融合差异性的方式解决复杂的建筑矛盾并进行多元的形式表达；以及对传统标准化或形式化肌理进行高性能、高度集约与多样化的重塑。当代建筑形态正向着多元化、可拓展以及复合化方向发展，结构找形设计不仅能够对动态多变的建筑形态进行适应性发展，还能从物质层面推进建筑在复杂环境中的发展。

6. 结构找形设计中动态可变的适应特征，能够突破传统静态范式无法介入动态空间设计的局限，充分应对建筑空间的不确定变化对结构形态和体系提出的要求。结构找形方法具有传统范式所缺失的技术内核，首先能够建立结构体系之间可操作的拓变关系，其次结构找形方法具有极强的适应性，能够实现结构体系在空间变动下的逻辑拓变。不仅可以弥补传统结构体系类型之间关系研究的空白，也为建筑师跳出传统结构类型进行空间整合推演提供了新的实现路径。

在适应空间拓变的层面上，空间尺度、空间体积以及空间边界是结构关联建筑空间的三个基本要素，结构作为支撑拓变空间尺度与网格、结构作为空间容器、结构作为表现要素进行重置，是三种适应不确定性建筑空间设计的应用策略。它们不仅可指导建筑师在结构与空间共同推演中如何建立体系关系、设计逻辑以及调控方式，还可以以性能化的方式推进不确定、多样性的建筑空间形态发展。

9.2　结构找形设计方法的发展

结构找形设计是从工程领域存在了上百年的找形技术中探索出的新设计方法。这一技术性设计方法在启发建筑创新方面前景光明：一方面结构找形设计方法具有适应和指导当代复杂性建筑设计的独特优势；另一方面，结构找形设计从思维逻辑、设计方式以及应用方式各个层面上彻底突破了传统静态的结构范式，为建筑师进行性能化的形态设计开拓了一片新天地。与传统结构范式设计相比，结构找形设计在建筑设计领域的优势在于：

1. 结构找形设计方法适用于所有物理范畴的建筑，不受限于建筑形式和结构类型，同时也能提供解决建筑形态相关矛盾的技术手段，这为建筑师提供了一种极具弹性的、科学化的设计方式。

2. 结构找形设计方法建筑师与结构师皆可操作，由于其动态适应性潜质，可以在任意设计阶段中驱动建筑形态创新，并同时具备结构的分析验证能力，可以指导建筑师实现结构性能化建筑创新设计。

3. 结构找形设计是直接基于技术而非范式的发展，因此它是以动态的方式（而非固有模式）推动建筑形态设计的发展。随着技术进步和建筑理论的扩充，将来还会出现新的找形技术和方法来丰富建筑设计，而随着交叉学科的丰富以及学科专业内容的扩充，结构找形影响建筑设计的广度和深度也会不断拓展。

如前所述，随着建筑设计理论、新技术、新哲学思潮以及教育模式的不断更新，以及未来建筑学科向工程、数学、生物、计算机等跨学科的不断融合，新的结构找形方法会不断呈现。例如与绿色技术相结合的结构找形、从数字化建造启发的结构找形方法等，这是一个不停扩展与更新的研究话题。本书是在现有结构设计技术、建筑理论和工程案例总结的基础上，提出目前建筑学与结构工程学中共识的设计方法，由于结构找形是一个跨学科的研究课题，书中案例分析、设计试验均受限于设计工具以及作者的专业背景、理论水平，在研究广度和深度上仍有较大提升空间，疏漏甚至错误的地方也在所难免，恳望各位专家与读者不吝指正。

参考文献

外文著作及论文

[1] Nervi P L. Aesthetics and technology in building[M]. Cambridge: Harvard University Press, 1965

[2] Torroja E. Philosophy of structures[M]. Berkeley: University of California Press, 1958

[3] Klaus Bach, Berthold Burkhardt, Frei Otto.IL 18– seifenblasen[M]. Stuttgart: Krämer, 1988

[4] Frei Otto.Tensile structures[M]. Cambridge: MIT Press, 1973

[5] Philip Drew, Frei Otto. Form and structure[M]. London: Crosby Lockwood Staples, 1976

[6] Edward Allen, Waclaw Zalewski. Form and forces: designing efficient, expressive structures[M]. New York: John Wiley & Sons Ltd, 2009

[7] Bjorn N. Sandaker, Arne P. Eggen, Mark R. Cruvellier. The structural basis of architecture[M]. London: Routledge, 2011

[8] Sigrid Adriaenssens, Philippe Block, Diederik Veenendaal, et al. Shell structures for architecture form：finding and optimization [M]. London: Routledge, 2014

[9] Michael Hensel，Achim Menges, Michael Weinstock. Emergence：morphogenetic design strategies [M]. New York: John Wiley & Sons Ltd, 2004

[10] Michael Hensel, Achim Menges. Morpho–Ecologies: towards heterogeneous space in architectural design[M]. London: AA Publications, 2006

[11] Michael Weinstock. Architecture of emergence：the evolution of form in nature and civilisation[M]. London: John Wiley & Sons Inc, 2010

[12] Nick Dunn. Digital fabrication in architecture [M]. London: Laurence King Publishing, 2012

[13] Beorkrem C. Material strategies in digital fabrication[M]. London: Routledge, 2012

[14] Archim Menges. Frei Otto in conversation with the emergence and design group[J]. Stuttgart: Architecture Design, 2004, 74(3):18–25

[15] Manuel De Landa. A thousand years of nonlinear history[M].New York: Zone Books, 1997

[16] Greg Lynn. Animate form[M]. New York: Princeton Architectural Press, 1999

[17] Aldo Van Eyck. Steps toward a configurative discipline [A]. New York: Architecture Culture: 1943 – 1968, 1993:348

[18] Archimedes L. Heath on the equilibrium of planes[M]. Cambridge: Cambridge University Press, 2009:189–202

[19] Galileo Galilei. Discourses and mathematical demonstrations relating to two new sciences[M]. Eastford: Martino Publishing, 2015

[20] Robert Hooke. A description of helioscopes and other instruments[M]. London:John Crosley, 1675

[21] Addis B . Building：3000 years of design engineering and construction[M]. London: Phaidon, 2007

[22] Eli Maor. E: the story of a number [M]. Princeton: Princeton University Press, 1994:140

[23] Kurrer K E. The history of the theory of structures：from arch analysis to computational mechanics[M]. Berlin: Ernst & Sohn, 2009.

[24] Edward Allen, Waclaw Zalewski. Form and forces：designing efficient，expressive structures[M]. New York: John Wiley & Sons Lt, 2009

[25] Mark R, De Sampaio Nunes P. Experiments in gothic structure[M]. Cambridge: MIT Press, 1982

[26] Mohsen Mostafavi, Bruno Reichlin. Structure as space[M]. London: Architectural Association, 2006

[27] Addis B . Building：3000 years of design engineering and construction[M]. London: Phaidon, 2007

[28] Simon Stevin. De beghinselen der weegh const [M].Leyden: Bavarian State Library, 1586

[29] Eduardo Torroja. Philosophy of structures[M]. Berkeley: University of California Press, 1958

[30] Eugène Emmanue Viollet-le-Duc，Entretiens sur l'architecture[M]. Paris: Morel&Cie, 1872

[31] Gruber P K. Biomimetics in architecture[M]. Vienna: Springer, 2011

[32] Colin Rowe.Le Corbusier: Utopian architect[M]. Cambridge: MIT Press, 1996

[33] Rasch B, Otto F . Finding form: towards an architecture of the minimal[M]. Stuttgart: Edition Axel Menges, 1996.

[34] Michael Hensel, Achim Menges, Michael Weinstock. Emergent technologies and design[M]. London: Routledge, 2010

[35] Neil Leach. Parametrics explained[J]. Next Generation Building, 2014, 1:33–42

[36] Peter Eisenman. Diagram diaries[M].London: Thames & Hudson, 1999

[37] Jerome Sondericker. J. Graphic statics[M]. New York: John Wiley & Sons Ltd,1903

[38] Gengnagel. Computational design modelling[M]. Berlin: Springer, 2011

[39] Arvid Aulim. Cybernetic laws of social progress[M]. Oxford: Pergamon, 1982

[40] Zellner P. Hybrid space[M].London: Thames & Hudson,2000:17–20

[41] Lachauer L, Kotnik T. Geometry of structural form[M]// Advances in Architectural Geometry 2010. Vienna: Springer, 2010:193–203

[42] Adriaenssens S, Block P, Veenendaal D, et al. Shell structures for architecture: form finding and optimization[M]. New York: Routledge, 2014

[43] Curt Siegel. Structure and form in modern architecture[M]. New York: Van Nostrand Reinhold, 1962

[44] Bow R H. Economics of construction in relation to framed structures[M]. London: Thomas Telford Ltd, 1873

[45] Tedeschi A, Lombardi D. The algorithms–aided design（AAD）[M]. Paris: Le Penseur, 2014

[46] Edward Allen, Waclaw Zalewski. Form And Forces: Designing Efficient, Expressive Structures[M]. New York: John Wiley & Sons Ltd, 2009

[47] Lee J, Fivet C, Mueller C. Modelling with forces: grammar-based graphic statics for diverse Architectural structures[M]. New York: Springer, 2015

[48] Jacques Derrida. Margins of philosophy[M]. Chicago: University of Chicago Press, 1982: 8-15

[49] Greg Lynn. Architectural curvilinearity, architecture and science[M]. London: Wiley-Academy, 2001

[50] Hanif Kara. Daniel Bosia. Design engineering refocused[M]. Chichester: John Wiley & Sons Ltd, 2016

[51] Hensel M, Menges A, Weinstock M. Emergent technologies and design: towards a biological paradigm for Architecture[M]. New York: Routledge, 2010

[52] Andrew Saunders, Amie Nulman. Surface logic: architectural investigations into equation-based sur face[J]. The Mathematica Journal, 2009, 11(3): 404-429

[53] Gregory R. Reading matter[J]. Architectural review, 2007, 222: 47-54

[54] Dorn W, Gomory R, Greenberg H. Automatic design of optimal structures[J]. J De Meanique, 1964,3(1): 25-52

[55] Bendsoe M P, Kikuchi N. Generating optimal topologies in structural design using a homogenization method[J]. Comput. Methods Appl. Mech.Eng, 1988, 71(2):197-224

[56] Querin O M, Steven G P, Xie Y M. Evolutionary structural optimization（ESO）using a bi-directional algorithm[J]. Engineering Computations, 1998, 15: 1034-1048

[57] Zhang X J, Maheshwari S, Ramos A S, et al. Macroelement and macropatch approaches to structural topology optimization using the ground structure method[J]. Journal of Structural Engineering, 2016,142(11):04016090

[58] Gerard C, Feldmann P E. Fallingwater is no longer falling [J]. Structure Magazine, 2005:47-50

[59] Av Monografías44. Louis I. Kahn[M]. Spanish: Arquitectura Viva, 1993

[60] Jacques Derrida. Margins of philosophy[M]. Chicago: University of Chicago Press, 1982

[61] Christian Kerez. Christian Kerez uncertain certainty [M]. Tokyo: TOTO, 2013

[62] Lopes J V, Paio A C, Sousa J P. Parametric urban models based on Frei Otto's generative form-finding processes[C]. International Conference on Rethinking Comprehensive Design,Tokyo, 2014:594

[63] R. Buckminster Fuller. Synergetics: explorations in the geometry of thinking [M]. London:Macmillan, 1982

[64] Sean Ahlquist,Achim Menges. Integration of behaviour-based computational and physical models-design computation and materialisation of morphologically complex tension-active systems[M]// Computational Design Modelling. Berlin: Springer, 2012:71-78

[65] Juney Lee, Corentin Fiveta, Caitlin Muellera. Grammar-based generation of equilibrium structures through graphic statics [C]. International Association for Shell & Spatial Structures Symposium, Amsterdam, 2015

[66] Mueller C T. Computational exploration of the structural design space[D]. Cambridge: MIT ,2014

[67] Akbarzadeh M, Van Mele T, Block P. On the equilibrium of funicular polyhedral frames and convex polyhedral force diagrams[J]. Computer-Aided Design, 2015,63:118-128

[68] Allison B. Halpern, David P. Billington, Sigrid Adriaenssen. The ribbed floor slab systems of Pier Luigi Nervi[C]. Proceedings of the International Association for Shell and Spatial Structures（IASS）Symposium, 2013

[69] Shoichi Fujimori, Computer graphics in minimal surface theory[M]. Toyko: Springer,2015:9–18

[70] Milos Dimci. Structural optimization of grid shells based on genetic algorithms[D]. Stuttgart: Stuttgart University, 2008

[71] Rozvany G I N. Aims, scope, methods, history and unified terminology of computer–aided topology optimization in structural mechanics[J]. Struct. Multidisc. Optim, 2001,21:90–108

[72] Januszkiewicz K, Banachowicz M. Nonlinear shaping architecture designed with using evolutionary structural optimization tools[J]. Materials Science and Engineering, 2017, 245: 082042

[73] Thomas Fischer, Christiane Herr. Generative column and beam layout for reinforced concrete structures in China[M]// Communications in computer and Information Science. Berlin: Springer, 2013:84–95

[74] Giulia M，Pierluigi O, Konstantinos G, et al. Ultimate capacity of diagrid systems for tall buildings in nominal configuration and damaged state[J]. Periodica Polytechnica Civil Engineering, 2015, 59(3):381–391

[75] Caitlin Mueller, John Ochsendorf. An integrated computational approach for creative conceptual structural design[C]. Proceedings of the International Association for Shell and Spatial Structures（IASS）Symposium, 2013

[76] Wit A, Riether G. Underwood pavilion[C]. Association For Computer–Aided Design In Architecture. Canada, 2015

[77] Clark R H, Pause M. Precedents in architecture: analytic diagrams, formative ideas, and partis[M]. London: John Wiley & Sons, 2012

[78] Rivka Oxman, Robert Oxman. The new structuralism: design,engineering and architectural technologies [J]. Architectural Design, 20101 80(4):14–23

[79] Candela F, Guy N. Seven structural engineers [J]. New York: The Museum of Modern Art, 2008

[80] Frei Otto, Bodo Rasch. Finding form: towards an architecture of the minimal[M]. Stuttgart: Edition Axel Menges, 1995:35

[81] Massimiliano Savorra, Giovanni Fabbrocino. Félix Candela between philosophy and engineering: the meaning of shape[C]. Structures and Architecture: Concepts, Applications and Challenges, Guimaraes, 2013

[82] Xie Y M, Steven G P. Shape and layout optimization via an evolutionary procedure[C]// Proceedings of the International Conference on Computational Engineering Science. Hong Kong, 1992

[83] Frattari L, Dagg J P, Leoni G. Form finding and structural optimization in architecture: case study on the pedestrian bridge Pegasus [C].Annual International Conference on Architecture and Civil Engineering, Singapore, 2013

[84] Clough R W . The finite element method in plane stress analysis [C].ASCE Conference On Electronic Computation, Pittsburgh, 1960

[85] El Croquis. Christian Kerez: El Croquis 145[M]. El Croquis, 2009

中文译著与著作

[1] 肯尼思·弗兰姆普敦. 建构文化研究 [M]. 王骏阳, 译. 北京: 中国建筑工业出版社, 2000

[2] 海诺·恩格尔. 结构体系与建筑造型 [M]. 林昌明, 罗时玮, 译. 天津: 天津大学出版社, 2002

[3] 柯特·西格尔. 现代建筑的结构与造型 [M]. 成莹犀, 译; 冯纪忠, 校. 北京: 中国建筑工业出版社, 1981

[4] 川口卫, 阿部优, 松谷宥彦, 等. 建筑结构的奥秘 [M]. 王小盾, 陈志华, 译. 北京: 清华大学出版社, 2012

[5] 安格斯·麦克唐纳. 结构与建筑 [M]. 陈治业, 童丽萍, 译. 北京: 中国水利水电出版社, 2003

[6] 马尔科姆·米莱. 建筑结构原理 [M]. 童丽萍, 陈治业, 译. 北京: 中国水利水电出版社, 2002

[7] 西塞尔·巴尔蒙德. 异规 [M]. 李寒松, 译. 北京: 中国建筑工业出版社, 2008

[8] 温菲尔德·奈丁格. 轻型建筑与自然设计: 弗雷·奥托作品全集 [M]. 北京: 中国建筑工业出版社, 2010

[9] 迈克尔·亨塞尔, 阿希姆·门奇斯, 迈克尔·温斯托克, 等. 新兴科技与设计: 走向建筑生态典范 [M]. 北京: 中国建筑工业出版社, 2014

[10] 保罗·西利亚斯. 复杂性与后现代主义: 理解复杂系统 [M]. 曾国屏, 译. 上海: 上海世纪出版集团, 2006

[11] 斯坦福·安德森. 埃拉蒂奥·迪埃斯特 [M]. 杨鹏, 译. 上海: 同济大学出版社, 2013

[12] 肯尼思·弗兰姆普敦. 现代建筑: 一部批判的历史 [M]. 张钦楠, 等译. 上海: 生活·读书·新知三联书店, 2004

[13] W. 博奥席耶, O. 斯通诺霍. 柯布西耶全集 [M]. 北京: 中国建筑工业出版社, 2005

[14] 托克. 流水别墅传 [M]. 林鹤, 译. 北京: 清华大学出版社, 2009

[15] 勒·柯布西耶. 走向新建筑 [M]. 陈志华, 译. 西安: 陕西师范大学出版社, 1991

[16] 马丁·海德格尔. 存在于时间 [M]. 陈嘉映, 王庆节, 译. 上海: 生活·读书·新知三联书店, 2006

[17] 克里斯·亚伯. 建筑·技术与方法 [M]. 北京: 中国建筑工业出版社, 2009

[18] 彼得 埃森曼. 图解日志 [M]. 陈欣欣, 译. 北京: 中国建筑工业出版社, 2005

[19] 尼尔·里奇, 袁烽, 等. 建筑数字化编程 [M]. 上海: 同济大学出版社, 2012

[20] 克里斯·亚伯. 建筑与个性: 对文化和技术变化的回应 [M]. 张磊, 司玲, 侯正华, 等译. 北京: 中国建筑工业出版社, 2003

[21] 铁木辛柯. 材料力学 [M]. 天津: 天津科学技术出版社, 1989: 32

[22] 吉尔·德勒兹·福柯. 褶子 [M]. 于奇智, 杨洁, 译. 长沙: 湖南文艺出版社, 2001: 153

[23] 让-弗朗索瓦·利奥塔尔. 后现代状态: 关于知识的报告 [M]. 车槿山, 译. 上海: 三联书店, 2012: 83

[24] 鲁道夫·阿恩海姆.建筑形式的视觉动力 [M].宁海林,译.北京:中国建筑工业出版社,2006

[25] 吉尔·德勒兹.普鲁斯特与符号 [M].姜宇辉,译.上海:上海译文出版社,2008:3

[26] 在塚礼子,西出和彦.建筑空间设计学:日本建筑计划的实践 [M].郑颖,周博,译.大连: 大连理工大学出版社,2011

[27] 布鲁诺·赛维.现代建筑语言 [M].席云平,王虹,译.北京:中国建筑工业出版社,1986

[28] 戴航,张冰.结构·空间·界面的整合设计及表现 [M].南京:东南大学出版社,2016

[29] 戴航,高燕.梁构·建筑 [M].北京:科学出版社,2008

[30] 刘先觉.现代建筑理论 [M].北京:中国建筑工业出版社,2008:393

[31] 郭屹民.结构制造 [M].上海:同济大学出版社,2016

[32] 林同炎,高立人,方鄂华,等.结构概念和体系 [M].北京:中国建筑工业出版社,1999

[33] 樊振和.建筑结构体系及选型 [M].北京:中国建筑工业出版社,2011

[34] 曲翠松.建筑结构体系与形态设计 [M].北京:中国电力出版社,2010

[35] 乔姆斯基.句法理论的若干问题 [M].黄长著,林书武,沈家煊,译.北京:中国社会科学出版社,1986

[36] 苗东升.系统科学精要 [M].3 版.北京:中国人民大学出版社,2010

[37] 林中杰.丹下健三与新陈代谢运动 [M].北京:中国建筑工业出版社,2011

[38] 吴焕加.现代西方建筑的故事 [M].天津:百花文艺出版社,2005

[39] 程大金,巴里·S.奥诺伊,道格拉斯·祖贝比勒.图解建筑结构:模式、体系与设计 [M].天津:天津大学出版社,2015

[40] 唐寰澄.中国古代桥梁 [M].北京:文物出版社,1957

中文论文与期刊

[1] 张冰.建筑与结构整合设计策略研究 [D].南京:东南大学,2015

[2] 程云杉.从支撑系统到建筑体系:面向结构一体的案例研究 [D].南京:东南大学,2010

[3] 王倩,戴航,高青.从结构找形看建筑的物质文化 [J].建筑与文化,2019(1):168-169

[4] 高峰.当代西方建筑形态数字化设计的方法与策略研究 [D].天津:天津大学,2007

[5] 冷天翔.复杂性理论视角下的建筑数字化设计 [D].广州:华南理工大学,2011

[6] 孙明宇,大跨建筑非线性结构形态生成研究 [D].哈尔滨:哈尔滨工业大学,2017

[7] 潘佳梦.建筑的语言学特征辨析:深层结构到表层结构的转换 [D].杭州:浙江大学,2015

[8] 李威.建筑秩序的回归 [D].天津:天津大学,2004

[9] 郭屹民.传统再现的技术途径:日本的建筑形态与结构设计的关系及脉络 [J].时代建筑,2013(5):16-25

[10] 袁中伟.找形研究:从高迪到矶崎新对合理形式的探索 [J].建筑师,2008,28(5):27-30

[11] 孟宪川,赵辰.图解静力学简史 [J].建筑师,2012(6):33-40

[12] 朱竞翔 . 轻量建筑系统的多种可能 [J]. 时代建筑，2015（2）：59–63

[13] 程力真 . 轻而强：朱竞翔的轻型复合建筑系统 [J]. 世界建筑导报，2019（1）：2–4

[14] 史永高 . 从结构理性到知觉体认：当代建筑中材料视角的现象学转向 [J]. 建筑学报，2009（11）：1–5

[15] 张弦 . 以结构为先导的设计理念生成 [J]. 建筑学报，2014（3）：110–114

[16] 袁烽，胡永衡 . 基于结构性能的建筑设计简史 [J]. 时代建筑，2014（5）：10–19

[17] 袁烽，柴华，谢亿民 . 走向数字时代的建筑结构性能化设计 [J]. 建筑学报，2017（11）：1–8

[18] 沈世钊，武岳 . 结构形态学与现代空间结构 [J]. 建筑结构学报，2014，35（4）：1–10

[19] 黄蔚欣，徐卫国 . 非线性建筑设计中的"找形" [J]. 建筑学报，2009（11）：96–99

[20] 孟宪川，赵辰 . 建筑与结构的图形化共识：图解静力学引介 [J]. 建筑师，2011（5）：11–22

[21] 李鸿渐，李飚 . 基于"悬链线"的"数字链"方法初探 [J]. 城市建筑，2015（19）：116–118

[22] 魏力恺，弗兰克·彼佐尔德，张颀 . 形式追随性能：欧洲建筑数字技术研究启示 [J]. 建筑学报，2014（8）：6–13

[23] 朱振骅，刘子吟 . 阿尔多·凡·艾克的构型原则 [J]. 室内设计，2012，27（2）：3–8

[24] 郭屹民 . 日本近现代结构设计的发展线索 [J]. 建筑师，2015（2）：51–61

[25] 帕特里克·舒马赫，郑蕾 . 从类型学到拓扑学：社会、空间及结构 [J]. 建筑学报，2017（11）：9–13

[26] 崔昌禹，严慧 . 结构形态创构方法：改进进化论方法及其工程应用 [J]. 土木工程学报，2006（10）：42–47

[27] 陆地，肖鹤 . 哥特建筑的"结构理性"及其在遗产保护中的误用 [J]. 建筑师，2016（2）：40–47

[28] 季元振 . 关于尤金—艾曼努埃尔·维奥莱—勒—杜克和他的结构理性主义 [J]. 住区，2011（6）：134–138

[29] 柯卫，江嘉玮，张丹 . 结构理性主义及超历史技术对奥古斯特·佩雷与安东尼·高迪的影响 [J]. 时代建筑，2015（6）：34–39

[30] 李凯生，彭怒 . 现代主义的空间神话与存在空间的现象学分析 [J]. 时代建筑，2003（6）：30–34

[31] 张琪琳，韩冬青 . 图解：期待未知 [J]. 新建筑，2008（2）：118–124

[32] 王兴鸿，戴航 . 建筑中柱的力与形 [J]. 新建筑，2013（6）：120–123

[33] 柳亦春 . 像鸟儿那样轻：从石上纯也设计的桌子说起 [J]. 建筑技艺，2013（2）:36–45

[34] 姜宇辉 . 从另类空间到折叠空间：福柯、德勒兹与当代大地艺术中的灵性维度 [J]. 文艺研究，2015（03）：31–38

[35] 孟宪川 . 图解静力学的塑形法初探 [D]. 南京：南京大学，2014

[36] 程云杉，戴航 . 明晰、张力和动态：对于结构配置及其表现性的思考 [J]. 新建筑，2009（5）：83–87

附录1 本书结构找形设计研究的相关参数化工具介绍

1）**Grasshopper**：是一款在 Rhino 环境运行的参数化软件，采用程序算法生成模型，特点是可以向计算机下达更加高级复杂的逻辑建模指令，使计算机根据拟定的算法自动生成模型结果；

2）**Karamba 3D**：是一款嵌入在 Grasshopper 环境的交互式结构分析工具，由 Clemens Preisinger 与维也纳的 Bollinger & Grohmann ZTGmbH 合作开发；该工具提供设计早期阶段对杆系与面系结构的精确有限元分析和结构优化；

3）**Millipede**：是一款嵌入在 Grasshopper 环境的交互式结构分析和优化工具，由哈佛大学的 Panagiotis Michalatos 和 Sawako Kaijima 开发；该工具提供设计早期阶段对杆系、面系以及实体结构的有限元分析和结构优化；

4）**Rhino-vault**：是一款嵌入在 Rhino 环境下的三维推力线网格的找形工具；由 ETH 的 Block Research Group 开发，Rhino-vault 基于图解静力学的交互图解以及悬链线原理，可找到全压力拱的推力线网格；

5）**Kangaroo**：是一款嵌入在 Grasshopper 环境的力学模拟生成工具，由 Foster + Partners 事务所合作的建筑师 Daniel Piker 开发；Kangaroo 可以动态地模拟不同物理环境，并简单直观地生成静态平衡结构；

6）**Topopt**：是一款嵌入在 Grasshopper 环境的实验性的建筑结构拓扑优化工具，由丹麦技术大学、以色列理工学院和奥尔胡斯建筑学院开发；针对连续实体结构的拓扑优化设计。

7）**Topostruct**：是一款既独立运行也可嵌入在 Grasshopper 环境中的实验性结构拓扑优化工具；由哈佛大学的 Panagiotis Michalatos 和 Sawako Kaijima 开发；该工具针对连续实体结构的拓扑优化设计。

8）**Ameba**：是一款嵌入在 Grasshopper 环境的结构拓扑优化工具，由谢亿民科技开发；该工具基于双向渐近结构优化法（BESO），可以提供精确的二维与三维结构的拓扑优化生成；

9）**GeoGebraGeometry**：是一款独立的连接几何和代数的动态参数化工具，可以用于图解静力学中交互图解的绘制，提供精确计算与动态可视化。

附录2　本书找形设计实例选